E-Book inside.

Mit folgendem persönlichen Code können Sie die E-Book-Ausgabe dieses Buches downloaden.

3r65p-6y240-
18201-44175

Registrieren Sie sich unter
www.hanser-fachbuch.de/ebookinside
und nutzen Sie das E-Book auf Ihrem Rechner*, Tablet-PC und E-Book-Reader.

Der Download dieses Buches als E-Book unterliegt gesetzlichen Bestimmungen bzw. steuerrechtlichen Regelungen, die Sie unter www.hanser-fachbuch.de/ebookinside nachlesen können.

* Systemvoraussetzungen: Internet-Verbindung und Adobe® Reader®

Hopmann, Michaeli

Einführung in die Kunststoffverarbeitung

Christian Hopmann
Walter Michaeli

Einführung in die Kunststoffverarbeitung

8., aktualisierte Auflage

HANSER

Die Autoren:

Univ.-Prof. Dr.-Ing. Christian Hopmann, Institut für Kunststoffverarbeitung (IKV), Aachen
Prof. Dr.-Ing. Dr.-Ing. E. h. Walter Michaeli, ehemals Institut für Kunststoffverarbeitung (IKV), Aachen

Bibliografische Information der Deutschen Nationalbibliothek:

Die Deutsche Nationalbibliothek verzeichnet diese Publikation in der Deutschen Nationalbibliografie; detaillierte bibliografische Daten sind im Internet über <http://dnb.ddb.de> abrufbar.

www.hanser-fachbuch.de
Herstellung: Jörg Strohbach
Coverbild: IKV Aachen
Coverconcept: Marc Müller-Bremer, www.rebranding.de, München
Coverrealisierung: Stephan Rönigk
Satz, Druck und Bindung: Kösel, Krugzell
Printed in Germany

ISBN: 978-3-446-45355-5
E-Book-ISBN: 978-3-446-45356-2

Vorwort zur achten Auflage

Die vorherige 7. Auflage hat sich erfreulicherweise sehr gut verkauft, so dass wir nur zwei Jahre später eine 8. Auflage dieses Buches herausbringen können.

Nach den umfangreicheren Überarbeitungen für die 7. Auflage umfasst die hier vorliegende 8. Auflage einige Verbesserungen und Aktualisierungen. Im Detail: Einzelne Darstellungen wurden inhaltlich erweitert und Bilder erneuert, so dass die Grundlagen der Kunststoffverarbeitung in Forschung und Praxis in weiterhin aktueller, umfassender und anschaulicher Weise abgebildet sind.

Auch dieses Mal gilt mein Dank meinen Mitarbeitern am Institut für Kunststoffverarbeitung, den Mitarbeitern beim Carl Hanser Verlag sowie den aufmerksamen Lesern, die uns auf Verbesserungsmöglichkeiten hingewiesen und so zum Gelingen dieser Überarbeitung beigetragen haben.

März 2017

Christian Hopmann

Vorwort zur siebten Auflage

Seit genau 40 Jahren begleitet das Buch „Einführung in die Kunststoffverarbeitung“ Studierende des Instituts für Kunststoffverarbeitung (IKV) an der RWTH Aachen durch ihr Studium. Mit seinem erstmaligen Erscheinen im Hanser Verlag im Jahr 1975 ist es darüber hinaus für Praktiker aus Industrie und Handwerk sowie für Studierende anderer Hochschulen zu einem verbreiteten Nachschlagewerk und Lehrbuch geworden, das die vielfältigen Möglichkeiten bei der Verarbeitung von Kunststoffen grundlegend und umfassend erläutert.

Die vorliegende siebte Auflage behält das bewährte Konzept des Buches bei. Es verzichtet weitgehend auf eine tiefe und allzu komplexe wissenschaftliche Darstellung von Werkstoffverhalten und Fertigungsverfahren, sondern versucht, mit zahlreichen Beispielen und Bildern ein grundlegendes Verständnis zu erzeugen und eine Faszination für die Möglichkeiten der Kunststofftechnik zu wecken. Mit der Neuauflage werden jüngere Entwicklungen berücksichtigt und einige Themen neu geordnet. Ein eigenes Kapitel zur Elastomerverarbeitung stellt dieses wichtige Thema nun kompakt und umfassend dar, auch der Verarbeitung von Polyurethanen wird in der vorliegenden Auflage erstmalig ein eigenes Kapitel gewidmet. Wir hoffen, dass diese Ergänzungen und Umstrukturierungen weiter zur Verständlichkeit und Zugänglichkeit der in diesem Buch beschriebenen Inhalte beitragen.

Die „Einführung in die Kunststoffverarbeitung“, die in den Lehrveranstaltungen von Prof. Dr.-Ing Georg Menges ihren Ursprung nahm, erscheint mit der vorliegenden überarbeiteten Auflage erstmalig in doppelter Autorenschaft: Im April 2011 trat Prof. Dr.-Ing. Christian Hopmann die Nachfolge von Prof. Dr.-Ing. Dr.-Ing. E.h. Walter Michaeli als Lehrstuhlinhaber und Institutsleiter des IKV an. Wir freuen uns beide sehr, dass uns dieses Buch mit seiner langen Geschichte im Hanser Verlag in die dritte IKV-Generation begleitet. Es ist weiterhin grundlegend für die Lehre am IKV und der RWTH Aachen, insbesondere für die einführende Vorlesung „Kunststoffverarbeitung I“. Auch in Zukunft soll es – vielleicht heute, in Zeiten so vielfältiger anderer Informationsmöglichkeiten, mehr denn je – als fundiertes und in sich geschlossenes Lehrbuch sowie als verlässliches und übersichtliches Nachschlagewerk für die Praxis dienen.

Die Erstellung und Überarbeitung eines solchen Buches ist ohne engagierte Unterstützung zahlreicher Helferinnen und Helfer nicht möglich. Daher danken wir unseren wissenschaftlichen Mitarbeiterinnen und Mitarbeitern, die Vorhandenes kritisch gesichtet, überarbeitet und ergänzt haben. Ein ganz besonderer Dank geht an Frau Dr. Scheller-Brüninghaus, die für die Redaktion, Koordination und permanente Abstimmung mit dem Carl Hanser Verlag verantwortlich zeichnete und mit ihrem hohen Engagement einen erheblichen Beitrag zum Gelingen dieses Buches geleistet hat. Herzlich danken möchten wir zudem dem Carl Hanser Verlag für die Bereitschaft, dieses Werk erneut aufzulegen, sowie namentlich Frau Wittmann, die mit Rat und Tat geduldig die Entstehung des Werkes begleitet und maßgeblich unterstützt hat.

Aachen im August 2015

Christian Hopmann, Walter Michaeli

Vorwort zur sechsten Auflage

Ich freue mich, dass dieses Buch auch weiterhin eine so gute Resonanz erfährt. Vielleicht ist dies ja ein Zeichen, dass die Wissensvermittlung der Kunststofftechnik bundesweit vermehrt in den Lehrplänen der Schulen und Hochschulen Berücksichtigung findet. Ich würde dies sehr begrüßen. Eine Welt ohne Kunststoffe ist nicht mehr vorstellbar, und die Entwicklung der Kunststoffe und deren Be- und Verarbeitung schreitet unaufhaltsam voran. Dies war auch wiederum der Anlass für die Überarbeitung dieses Buches. So finden Sie in dieser Auflage neue Kapitel zur Thematik „Biopolymere" und „Spaltimprägnierung", ein neu entwickeltes Verfahren zur Herstellung von Leichtbauteilen, welches zukünftig vielleicht die industrielle Herstellung revolutionieren wird.

Ganz herzlich möchte ich mich bedanken bei meinen Mitarbeiterinnen und Mitarbeitern sowie Herrn Dipl.-Ing. Lennart Ederleh, Abteilungsleiter Extrusion und Weiterverarbeitung, Herrn Dipl.-Ing. Jörg Strohhäcker, Abteilungsleiter Faserverstärkte Kunststoffe, Herrn Dipl.-Ing. Oliver Grönlund, Abteilungsleiter Spritzgießen/PUR-Technologie, Frau Dipl.-Ing. Ina Michaelis, Herrn Dipl.-Ing. Henning Seidel und Herrn Dipl.-Ing Mathias Weber für die tatkräftige Hilfe bei der Überarbeitung dieses Buches. Dank gilt besonders auch Herrn Dipl.-Ing. Leo Wolters, Abteilungsleiter Ausbildung für die redaktionelle Überarbeitung.

Dem Carl Hanser Verlag sei auch an dieser Stelle für die stets vorzügliche Kooperation bei diesem und vielen gemeinsamen Projekten gedankt.

Aachen im August 2010

Walter Michaeli

Vorwort zur fünften Auflage

Dieses Buch findet weiterhin vorzügliche Resonanz bei seinen Lesern. Ihnen allen sei hierfür herzlich gedankt. Gedankt sei auch für die Anregungen zur weiteren Verbesserung dieses Buches, welche gerne aufgegriffen und in diese überarbeitete Auflage eingearbeitet wurden.

Seit dem Erscheinen der letzten Auflage im Jahre 1999 haben sich einige neue und innovative Kunststoffverarbeitungsverfahren in der Praxis durchsetzen können, so dass über diese nun als „Stand der Technik" berichtet werden kann und sie daher auch zu Recht Aufnahme in dieses einführende Buch finden. Dies sind einige Spritzgießverfahren und Verfahren aus dem Bereich der Herstellung von langfaserverstärkten Kunststoffbauteilen.

Herzlich bedanke ich mich bei meinen Mitarbeiterinnen und Mitarbeitern sowie Herrn Dr.-Ing. *Torsten Schmitz*, Leiter der Abteilung Extrusion und Weiterverarbeitung, Herrn Dipl.-Ing. *Michael Schlumm*, Leiter der Abteilung Faserverbundwerkstoffe und Herrn Dipl.-Ing. *Christoph Lettowsky,* Leiter der Abteilung Spritzgießen am IKV für ihre tatkräftige Hilfe bei der Überarbeitung dieses Buches. Dank gilt auch Frau *Ingrid Zekorn* und Frau *Georgette Nelissen* für die redaktionelle Überarbeitung.

Dem Carl Hanser Verlag sei besonders gedankt für die vorzügliche Kooperation bei diesem und vielen gemeinsamen Projekten.

Walter Michaeli

■ Vorwort zur vierten Auflage

Viele Resonanzen haben mich zu diesem Einführungsbuch in die Welt der Kunststoffverarbeitung in der Vergangenheit erreicht. Hierbei war besonders erfreulich, dass sie vornehmlich positiv waren. Aber sie waren auch hilfreich und anregend, denn sie enthielten konstruktive Hinweise zur punktuellen Verbesserung. Alle diese Anmerkungen wurden in dieser vierten Auflage aufgenommen und eingearbeitet. So möchte ich mich herzlich bei allen Kritikern für ihren der Sache dienenden konstruktiv-kritischen Beitrag bedanken.

Diese vierte Auflage wurde um ein Kapitel zum Recycling von Kunststoffen ergänzt. Dies ist heute und auch in Zukunft eine Aufgabe unserer Industrie sowie unserer Gesellschaft. Daher gehört dies auch in ein solches Einführungsbuch. Auch haben Sonderverfahren des Spritzgießens an Bedeutung zugenommen, so dass dieser Teil im Buch erweitert wurde.

Ganz herzlich bedanke ich mich bei meinem Mitarbeiter und Leiter der Abteilung Spritzgießen im IKV, Herrn Dr.-Ing. *Frank Ehrig,* für die tatkräftige Unterstützung bei der Überarbeitung des Buches. Danken möchte ich allen Mitarbeitern, die einen Beitrag zu diesem Buch beigesteuert haben sowie Frau *Ingrid Zekorn* und Frau *Georgette Nelissen* für die redaktionelle Überarbeitung.

Dank gilt auch dem Carl Hanser Verlag für die traditionell gute Kooperation in dieser Sache und in vielen weiteren Buchprojekten.

Walter Michaeli

■ Vorwort zur dritten Auflage

Viele Jahre lang hat mein Vorgänger in der Leitung des Instituts für Kunststoffverarbeitung (IKV) an der RWTH Aachen, Professor Dr.-Ing. *G. Menges,* seinen Studenten und Studentinnen mit seinem Buch „Einführung in die Kunststoffverarbeitung“

einen ersten, umfassenden Einblick in die Faszination der Kunststoffe und ihre Verarbeitungstechniken vermittelt. Er nutzte dieses Buch als Basis für seine Vorlesungsreihe „Kunststoffverarbeitung I“. Sein Buch hat sich dabei vielfach bewährt.

So wundert es auch nicht, dass Professor Menges eines Tages vom Verband Kunststofferzeugender Industrie (VKE), Frankfurt, angesprochen wurde, auf seinem Fachwissen und seinen Lehrerfahrungen aufbauend ein Buch zu schaffen, welches weiterhin die Kunststoffverarbeitung in ihrer Breite darstellt, zum Eigenstudium geeignet und auch für Nicht-Techniker und Menschen ohne wissenschaftliche Vor- und Ausbildung gut verständlich ist.

Zur Umsetzung dieser Idee lag es nahe, dies zusammen mit dem Süddeutschen Kunststoffzentrum (SKZ) in Würzburg zu machen, mit dem unser Institut eng fachlich und freundschaftlich verbunden ist.

Mit meiner Rückkehr an die RWTH Aachen zum Wintersemester 1987/1988 lagen schon erhebliche Vorarbeiten zu diesem Projekt vor, die nun in den Folgejahren mit meinen eigenen Erfahrungen in der Fortsetzung der ehemaligen Vorlesungen von Professor Menges verknüpft und abgerundet wurden.

So liegt vor dem Leser nun ein Buch, welches versucht, in gut verständlicher Form und Sprache Lernenden und Studierenden sowie Praktikern aus Industrie und Handwerk eine Einführung und einen umfassenden Überblick über die wesentlichen Kunststoffverarbeitungsprozesse, ihre Funktionsweise und verfahrenstechnischen Hintergründe zu vermitteln. Hierbei werden nach einer Einführung in die Herstellung der Kunststoffe und ihrer Eigenschaften die wesentlichen, ihr Verarbeitungsverhalten beeinflussenden Größen aufgezeigt und die Grundprinzipien der wichtigsten Kunststoffverarbeitungs- und Weiterverarbeitungsverfahren dargestellt. Ein Stichwortverzeichnis dient der schnelleren Orientierung bei seiner Nutzung als Nachschlagewerk; auch wurde wesentlicher Wert auf die umfassende Darstellung weiterführender Literatur gelegt.

Wie eingangs dargelegt, ist dieses Buch ein Gemeinschaftswerk. Besonderer Dank gilt zunächst Herrn Professor Menges für die Vorarbeiten und die Tatsache, dass wir hierauf aufbauen durften. Weiterhin sei allen Mitarbeitern des SKZ und des IKV für ihren Beitrag zum Gelingen dieses Buches ganz herzlich gedankt.

Der VKE unterstützte uns großzügig – fachlich und finanziell – bei der Realisierung dieser Buchidee. Ihm, seinen Mitarbeitern und hierbei besonders Herrn Abele, sei besonders herzlich gedankt.

Dank gilt auch dem Carl Hanser Verlag, der unseren Text letztlich erst zu einem Buch werden ließ, von dem ich hoffe, dass seine Leser viel aus ihm lernen mögen und dabei auch Spaß haben.

Aachen, im Juli 1992

Prof. Dr.-Ing. W. Michaeli

Die Autoren

Univ.-Prof. Christian Hopmann

Seit April 2011 ist Prof. Christian Hopmann Leiter des Instituts für Kunststoffverarbeitung (IKV) in Industrie und Handwerk an der RWTH Aachen. Er studierte Maschinenbau mit der Vertiefungsrichtung Kunststofftechnik an der RWTH Aachen und promovierte 2000 bei Prof. Walter Michaeli. 2005 wechselte Hopmann in die Industrie und trat bei der RKW AG Rheinische Kunststoffwerke (heute: RKW SE) ein. Von Januar 2010 bis zu seinem Wechsel an das IKV war er Managing Director der RKW Sweden AB in Helsingborg/Schweden. 2014 wurde er für die Entwicklung der Spaltimprägniertechnologie für faserverstärkte Kunststoffe mit dem NRW-Innovationspreis ausgezeichnet.

Prof. Walter Michaeli

Prof. Walter Michaeli verabschiedete sich 2011 nach 23 überaus erfolgreichen Jahren als Institutsleiter am IKV und nach Erreichen der Altersgrenze in den Ruhestand. Michaeli studierte Fertigungstechnik an der RWTH Aachen, nach über acht Jahren Industrietätigkeit übernahm er 1988 als Direktor die Leitung des IKV. Er war Mitglied in mehreren bedeutenden wissenschaftlichen Akademien und in der Jury des Deutschen Zukunftspreises. Für seine Entwicklung einer innovativen Wasserinjektionstechnik beim Spritzgießen von Kunststoffen erhielt Professor Michaeli im Jahr 2002 den Otto von Guericke-Preis der AiF.

Kurzzeichen für Polymere

In Anlehnung an DIN EN ISO 1043-1, DIN 1629

ABS	Acrylnitril-Butadien-Styrol
AMMA	Acrylnitrilmethylmethacrylat
ASA	Acrylnitril-Styrol-Acrylester
AU	Polyesterurethan-Kautschuk
BR	Butadienkautschuk
CA	Zelluloseacetat
CAB	Zelluloseacetobutyrat
CO	Epichlorhydrinkautschuk
CP	Zellulosepropionat
CR	Chloroprenkautschuk
CSM	Chlorsulfoniertes Polyethylen
EAM	Ethylen-Vinylacetat-Kautschuk
ECB	Ethylen-Copolymer-Bitumen
ECO	Epichlorhydrin-Kautschuk
E-CTFE	Ethylen-Chlortrifluorethylen-Copolymer
EP	Epoxid
EPDM	Ethylen-Propylen-Kautschuk
ETER	Epichlorhydrin-Ethylenoxid-Terpolymer
ETFE	Ethylen-Tetrafluorethylen-Copolymer
EVA/EVM	Ethylen-Vinylacetat-Copolymer
FEP	Perfluorethylen-Propylen-Copolymer
FKM	Fluorkautschuk
FPM	Vinylidenfluorid-Hexafluoropropylen-Copolymer
FVMQ	Fluorsilikon-Kautschuk

IIR	Butylkautschuk
IR	Cis-1,4-Polyisoprenkautschuk
MBS	Methylmethacrylat-Butadien-Styrol-Copolymer
MF	Melamin-Formaldehyd
MP	Melamin-Phenol-Formaldehyd
NBR	Acrylnitril-Butadien-Kautschuk
NR	Naturkautschuk
PA	Polyamid
PAN	Polyacrylnitril
PAI	Polyamidimid
PB	Polybutylen, Polybuten
PBI	Polybismaleinimid
PBT	Polybutylenterephthalat
PC	Polycarbonat
PCTFE	Polychlortrifluorethylen
PE	Polyethylen
PE-HD	Polyethylen hoher Dichte
PE-LD	Polyethylen niedriger Dichte
PE-LLD	Lineares Polyethylen niedriger Dichte
PE-C	Chloriertes Polyethylen
PE-X	Vernetztes Polyethylen
PEEK	Polyetheretherketon
PEI	Polyetherimid
PES	Polyethersulfon
PETP	Polyethylenterephthalat
PMMA	Polymethylmethacrylat
PMP	Polymethylpenten
POM	Polyoxymethylen
PP	Polypropylen
PPB	Polypropylen-Block-Copolymer
PPH	Polypropylen-Homopolymerisat
PPO	Polyvinylenoxid
PPR	Polypropylen-Statisches-Copolymer
PPS	Polyphenylensulfid
PPSU	Polyphenylsulfon
PS	Polystyrol
PSU	Polysulfon

PTFE	Polytetrafluorethylen
PUR	Polyurethan
PVAC	Polyvinylacetat
PVC	Polyvinylchlorid
PVC-C	Chloriertes Polyvinylchlorid
PVC-P	Polyvinylchlorid weichmacherhaltig
PVC-U	Polyvinylchlorid nicht weichmacherhaltig
PVDC	Polyvinylidenchlorid
PVDF	Polyvinylidenfluorid
PVF	Polyvinylfluorid
PUK	Polyvinylcarbazol
Q	Silikon-Kautschuk
SAN	Styrol-Acrylnitril-Copolymer
SB	Styrol-Butadien-Copolymer
SBR	Styrol-Butadien-Kautschuk
Si	Silikon
TM	Thioplaste
UF	Harnstoff-Formaldehyd
UP	Ungesättigte Polyester
VMQ	Silikon-Kautschuk

Inhalt

1 Einleitung

Die Beschäftigung des Menschen mit organischen, hochmolekularen Werkstoffen, wie Holz, Textilien oder Leder, ist seit alters her dokumentiert. Dabei beschränkte er sich lange auf die Verarbeitung vorhandener Materialien. Die gezielte Umwandlung von Naturstoffen in die heute unter dem Begriff „Kunststoffe" bekannten Materialien begann erst im 19. Jahrhundert. Erst seit den 1930er Jahren jedoch kamen die Kunststoffe zu größerer wirtschaftlicher Bedeutung, nachdem Hermann Staudinger Anfang der 1920er Jahre das Modellbild vom Aufbau der Kunststoffe und den daraus resultierenden Synthesemöglichkeiten entwickelt hatte.

Kunststoff auf Erdölbasis

Der weltweite Aufschwung der Kunststoffindustrie begann nach dem Zweiten Weltkrieg. Als Ausgangsbasis diente zuerst die Kohle, bis Mitte der fünfziger Jahre die Umstellung auf das billigere Erdöl erfolgte. Der Vorteil dieser Umstellung lag darin, dass bis dato wertlose Raffinationsanteile, die beim Cracken von Rohöl als Spaltprodukte anfielen, sinnvoll verwendet werden konnten. Damit begann parallel zum steigenden Benzin- und Heizölverbrauch ein schnelles Wachstum der Kunststoffproduktion, das erst mit der Erdölkrise 1973 eine gewisse Dämpfung erhielt. Zwar hat sich seither die Wachstumsrate verlangsamt, dennoch verzeichnen diese Werkstoffe weiterhin eine überdurchschnittlich dynamische Entwicklung.

Die heutige Anwendung der Kunststoffe erstreckt sich auf nahezu alle Lebensbereiche. Sowohl bei Massenartikeln, wie sie in den Bereichen Bauwesen, Verpackung, Landwirtschaft, Haushaltsgeräten und Freizeit Anwendung finden, als auch bei höherwertigen Artikeln, wie in der Elektrotechnik, im Fahrzeug- und Feingerätebau bis hin zu High-Tech-Anwendungen in der Luft- und Raumfahrtindustrie, hat sich der Einsatz von Kunststoff in hohem Maße bewährt.

Großserienwerkstoff nach Maß

Bei der Eroberung neuer Einsatzgebiete tritt immer mehr die Substitution von klassischen (metallischen) Werkstoffen durch Kunststoffe in den Vordergrund. Die vielfältigen Möglichkeiten der Einflussnahme auf die Materialeigenschaften lassen den Kunststoff zum „Werkstoff nach Maß" avancieren. Ein weiterer Vorteil ist, dass Kunststoffe typische „Großserienwerkstoffe" sind. Die Gründe hierzu liegen in der leichten Verarbeitbarkeit zu auch komplizierter gestalteten Formkörpern in sehr wenigen Arbeitsgängen – beim Spritzgießen z. B. ist es nur ein Arbeitsgang – und dies bei einem vergleichsweise niedrigen Temperaturniveau, was niedrige Energiekosten bedeutet. Trotz einer leichten manuellen Bearbeitbarkeit findet man in der Kunststoffverarbeitung nur in geringem Umfang handwerkliche Einzelfertigung oder eine den Metallen entsprechende spanende Fertigung aus Halbzeugen.

Es ist durchaus nicht unbegründet, dass Kunststoffe eine so rasante Entwicklung durchlaufen haben. Denn Kunststoffe sind Werkstoffe mit einem außergewöhnlichen Leistungsspektrum. Ihre Eigenschaften lassen sich knapp zusammenfassen:

- Kunststoffe sind leicht. Ihre Dichte liegt zwischen 0,8 und 2,2 g/cm^3. Damit sind sie leichter als Metalle und auch Keramiken.
- Kunststoffe zeigen ein breites, einstellbares Spektrum an mechanischen Eigenschaften. Sie können weich und dehnbar wie auch hart und steif sein.
- Kunststoffe lassen sich einfach und wirtschaftlich bei niedrigen Verarbeitungstemperaturen zu oft nachbearbeitungsfreien, komplexen Teilen verarbeiten. Kunststoffe lassen sich mit relativ geringem Energieeinsatz erzeugen und verarbeiten. Kunststoffe sind jedoch thermisch begrenzt beständig.
- Kunststoffe sind gute thermische und elektrische Isolatoren (wobei in einigen Anwendungsfällen auch genau das Entgegengesetzte gefordert wird und auch in Grenzen erzielbar ist).
- Kunststoffe sind häufig transparent und lassen sich beliebig einfärben.
- Kunststoffe haben eine hohe chemische Beständigkeit.
- Kunststoffe sind durchlässig (Permeation und Diffusion). Dies ist nicht immer gewünscht, jedoch werkstoffspezifisch unterschiedlich. So gibt es Anwendungen, bei welchen gerade dies notwendig ist, z. B. bei Membranen zur Meerwasserentsalzung.
- Kunststoffe lassen sich nach unterschiedlichen Verfahren wiederverwenden bzw. -verwerten.
- Kunststoffe ermöglichen die Integration zahlreicher Funktionen in einem Bauteil und die Fertigung komplexer Produkte in integrierten Prozessen.

„kunststoffgerechtes Vorgehen“

Der Einsatz von Kunststoffen ist nur dann erfolgreich, wenn auf die besonderen Merkmale dieser Materialien Rücksicht genommen wird. Gerade bei der Substitution von klassischen Werkstoffen ist die Umstellung von der bisher üblichen Strategie, z. B. bezüglich Werkstoffauswahl und Bauteilkonstruktion, auf eine „kunststoffgerechte“ Vorgehensweise von essentieller Bedeutung. Dies erfordert die eingehende Beschäftigung mit dem Werkstoff, und zwar sowohl mit der Synthese und den Syntheseverfahren als auch mit den Materialkennwerten und dem Werkstoffverhalten sowie auch mit der Vielfalt der Urform- und Weiterverarbeitungsverfahren.

Hierzu eine einfache und übersichtliche Einführung zu geben, ist Zielsetzung dieses Buches.

■ Literatur zu Kapitel 1

Menges, G., Haberstroh, E., Michaeli, W., Schmachtenberg, E.: Werkstoffkunde Kunststoffe, 6. Aufl., Carl Hanser Verlag, München, 2011

2 Aufbau und Einteilung der Kunststoffe

2.1 Aufbau der Kunststoffe

Das Wort „Kunststoff", in dem die Definition „künstlicher Stoff" steckt, wurde für eine zunächst noch nicht klar definierte Stoffgruppe erstmalig von der Zeitschrift Kunststoffe (gegründet 1911) eingeführt und so im deutschen Sprachraum festgeschrieben.

erste Kunststoffe

Die ersten Kunststoffe wurden in der zweiten Hälfte des 19. Jahrhunderts durch chemische Umwandlung hochmolekularer Naturstoffe entwickelt (Galalith, Celluloid, Kunstseiden), zum Teil als Ersatz der teuren und hochwertigen Naturprodukte. 1905 gelang es *Baekeland*, die Harzbildung aus Formaldehyd und Phenolen so zu steuern, dass die dabei gebildeten Produkte als Werkstoffe verarbeitet werden konnten. Die ersten Versuche zur Herstellung eines synthetischen Elastomers („Gummi", Methyl-Kautschuk) – wiederum als Ersatz des durch die Blockade im 1. Weltkrieg nicht mehr zur Verfügung stehenden Naturkautschuks – wurden in Deutschland unternommen. Die Entwicklung der Kunstfasern geht vor allem auf Arbeiten von *Carothers* (USA) zurück, dem es gelang, aus Dicarbonsäuren und Diaminen Polyamide zu erhalten, welche sich zu Fasern verspinnen ließen.

Durch das Fehlen jeglicher Grundkenntnisse über die Struktur dieser Werkstoffe wurde allerdings zunächst ein echter Fortschritt verhindert. Lange Zeit war man allgemein der Ansicht, dass auch Stoffe wie Cellulose, Gummi oder Vinylpolymere im Wesentlichen aus Molekülen von relativ niedriger Molekülmasse bestehen würden. Man sah die besonderen Eigenschaften dieser Materialien als eine Folge der Zusammenlagerung der Moleküle zu Kolloidteilchen, sogenannten Micellen, an.

Makromoleküle

Erst durch die energische Pionierarbeit des deutschen Chemikers *Hermann Staudinger*, der 1922 den Begriff *„Makromolekül"* einführte, begann der eigentliche Fortschritt. Staudinger erkannte, dass die Hochpolymeren aus Molekülen von sehr hoher Molmasse, den sogenannten Makromolekülen, aufgebaut sind, in welchen die einzelnen Kohlenstoffatome untereinander in genau derselben Weise miteinander verknüpft sind wie in irgendeinem niedermolekularen organischen Stoff. Für diese Arbeiten erhielt Staudinger 1953 den Nobelpreis. Der „Normenausschuss Kunststoffe" schlug später für diese Werkstoffklasse folgende Begriffsbestimmung vor:

Definition: „Kunststoff"

„Kunststoffe sind Materialien, deren wesentliche Bestandteile aus solchen makromolekularen organischen Verbindungen bestehen, die synthetisch oder durch Umwandlung von Naturprodukten entstehen. Sie sind in der Regel bei der Verarbeitung unter bestimmten Bedingungen (Wärme, Druck) plastisch formbar oder sind plastisch geformt worden".

Diese makromolekularen Verbindungen werden Polymere genannt. Innerhalb eines Makromoleküls und somit einer Polymerkette liegt eine niedermolekulare Einheit vor, welche sich vielfach wiederholt aneinanderreiht und somit ein Makromolekül bildet. Je mehr dieser Wiederholungseinheiten verknüpft sind, desto länger ist die resultierende Polymerkette. Die Art (struktureller Aufbau) der Wiederholungseinheit und dessen Anzahl (durchschnittliche Kettenlänge) innerhalb eines Polymers legen chemische und physikalische Eigenschaften fest. Durch zugeführte Zusätze (Additivierung) können die Eigenschaften beeinflusst und somit angepasst bzw. optimiert werden. Das resultierende Produkt aus dem Polymer und seiner Additivierung wird als Kunststoff bezeichnet.

Anstelle von „Kunststoff" findet man vor allem in älterer Literatur ebenso wie im allgemeinen Sprachgebrauch auch die Bezeichnung „Plastik" oder „Plaste" (von lat. „plasticus" mit der Bedeutung weich, verformbar, elastisch). Plaste war ein in der ehemaligen DDR offiziell eingeführter Begriff für Kunststoffe.

2.1.1 Herstellung von Kunststoffen

Ein Kunststoff entsteht durch die Additivierung des zuvor gefertigten Polymers indem beispielsweise Stabilisatoren, Zuschlagstoffe, Weichmacher oder Flammschutzmittel sowie Zusätze in Form von Pigmenten und Füllstoffen zugefügt werden (vgl. hierzu Kapitel 5).

Die Herstellung von Polymeren basiert grundsätzlich auf drei zu unterscheidenden Reaktionsvorgängen:

- Polymerisation,
- Polykondensation und
- Polyaddition.

Die niedermolekularen Ausgangsmoleküle bezeichnet man bei allen Reaktionsvorgängen als *Monomere.*

2.1.1.1 Polymerisation

Monomere als Grundbausteine

Unter dem Begriff Polymerisation versteht man eine *Kettenreaktion,* bei der ungesättigte Moleküle zu Makromolekülen (Polymeren) verknüpft werden. Es bilden sich hierbei keine Reaktionsnebenprodukte.

Im Fall der Polymerisation besitzen die Monomere aufspaltbare Doppel- bzw. Dreifachbindungen. Nach erfolgter Reaktion stellen sie die Basis für die sich wiederholende Einheit dar und bilden somit den Grundbaustein eines Polymers. Als einfaches Beispiel ist die Entstehung von Polyethylen aufgezeigt:

$$\underset{\text{Monomer}}{n \cdot CH_2{=}CH_2} \rightarrow \underset{\text{Grundbaustein des Polymers}}{\left[CH_2{-}CH_2 \right]_n} \quad \underset{\text{(Anzahl der das Makromolekül bildenden Monomerbausteine)}}{n\text{: Polymerisationsgrad}} \tag{2.1}$$

Die Anzahl *n* der Grundbausteine, die eine Molekülkette bilden, nennt man auch Polymerisationsgrad. Die Gesamtheit der entstehenden Makromoleküle und somit der Polymerketten stellt das Polymer dar.

Der Ausdruck „Kettenreaktion" hat nichts damit zu tun, dass in diesem Falle Molekülketten entstehen. Er bezeichnet vielmehr die Kinetik und somit das zeitliche Voranschreiten einer Reaktion, die aus drei zeitlich aufeinanderfolgenden Phasen bzw. Reaktionsteilschritten besteht:

- Startreaktion,
- Kettenwachstumsreaktion und
- Abbruchreaktion.

Je nach Art der reaktionsfähigen Teilchen, die die Polymerisation der Monomere auslösen, unterscheidet man die folgenden Polymerisationsarten voneinander:

- radikalische Polymerisation,
- ionische Polymerisation (kationisch oder anionisch) und
- Polymerisation mit Übergangsmetallverbindungen.

Die Reaktionsteilschritte für die Polymerisation mit Übergangsmetallverbindungen können nicht ohne Einschränkung formuliert werden, da es bis heute noch nicht gelungen ist, den Reaktionsablauf dieser Polymerisationsart restlos aufzuklären.

2.1.1.1.1 Radikalische Polymerisation

Initiatoren bilden Radikale

Zum Start der Polymerisation zerfallen sogenannte Initiatoren durch Energiezufuhr in sehr reaktionsfähige Radikale (I*), die dann mit den Monomeren (M) reagieren. Eine typische Initiatorklasse sind Peroxide wie beispielsweise Wasserstoffperoxid (H_2O_2) oder Dibenzoylperoxid.

Reaktionsablauf (Bild 2.1):

1. Startreaktion, d. h. die Initiatoren (I-I) zerfallen in ihre Radikale (I*) durch Energiezufuhr.
2. Kettenwachstumsreaktion:
   a) Die Radikale reagieren nun mit einem doppelt gebundenen Kohlenstoffatom eines Monomers (M; in diesem Fall Ethen: $H_2C{=}CH_2$). Es resultieren eine Bindung zwischen dem Initiatorfragment und dem Kohlenstoffatom sowie ein Radikal am anderen Kohlenstoffatom der Doppelbindung.
   b) Die neue reaktive Gruppe (Position des Radikals) reagiert Schritt für Schritt mit weiteren Doppelbindungen, wobei stets die Position des Radikals um einen Grundbaustein verschoben wird. Dies führt zu einer Verlängerung der Polymerkette. Da diese Art von Wachstum sehr schnell abläuft, spricht man von einer Kettenreaktion.
3. Abbruch, d. h. die Polymerisation kommt zum Stillstand durch:
   a) Reaktion zweier Radikal-Enden von zwei Polymerketten unter Bildung einer Kohlenstoff-Kohlenstoff-Einfachbindung (Kombination). Es resultiert eine zu diesem Zeitpunkt vergleichsweise lange Kette mit vielen Wiederholungseinheiten (Grundbausteinen).

b) Reaktion der radikalischen Gruppe einer Polymerkette mit dem Initiatorradikal (ebenfalls eine Kombination).

c) Übertragung eines Wasserstoffatoms von einem Makroradikal zu einem anderen Makroradikal (Disproportionierung). Von den zwei entstehenden, unreaktiven Ketten kann diejenige mit der neu gebildeten Doppelbindung theoretisch wieder von einem Radikal angegriffen werden. In diesem Fall wird die bestehende Kette als Verzweigung eingebaut.

d) Eliminierung eines Wasserstoffatoms (der Radikalposition benachbart) unter Bildung einer Doppelbindung sowie eines neuen, eigenständigen Radikals.

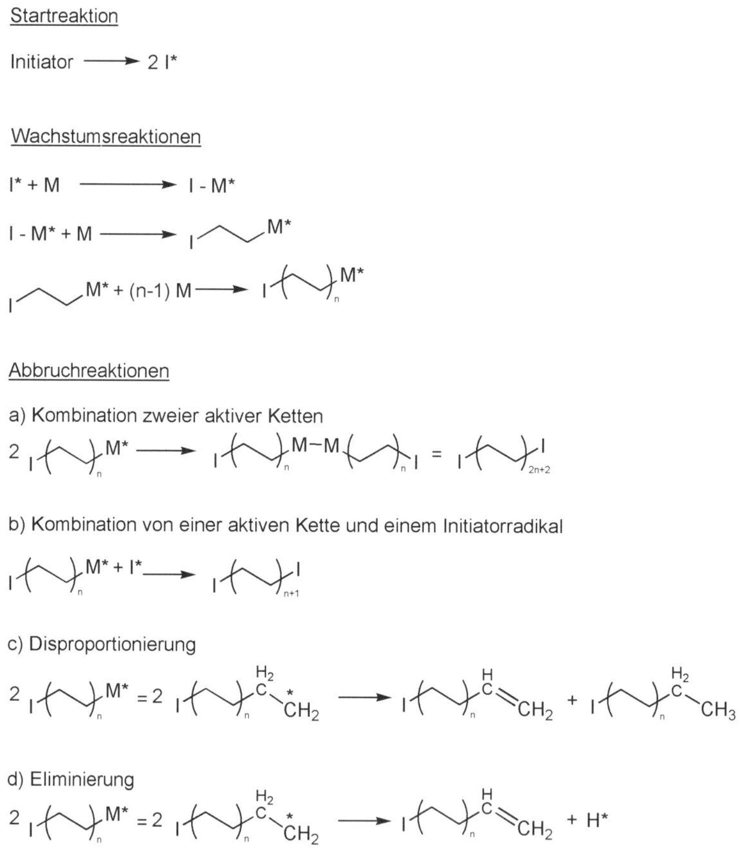

Bild 2.1 Polymerisation

2.1.1.1.2 Ionische Polymerisation

Reaktivität durch Ionen

Im Gegensatz zu der radikalischen Polymerisation, bei der die wachsenden Ketten an einem Ende eine reaktive Stelle (Radikal) besitzen, liegen bei der ionischen Polymerisation am Kettenende immer positiv (Kationen) oder negativ (Anionen) geladene Ionen vor. Dies basiert auf der abweichenden Initiierung, da an dieser Stelle ionische Katalysatoren verwendet werden.

Kationische Polymerisation

Protonenabgabe

Katalysatoren für die kationische Polymerisation sind Säuren (z. B. Schwefelsäure H_2SO_4 oder Phosphorsäure H_3PO_4) und sogenannte Friedel-Crafts-Katalysatoren (z. B. Bortrifluorid BF_3 oder Aluminiumchlorid $AlCl_3$). Diese Substanzen geben in Verbindung mit Wasser Protonen (H^+) ab. Infolge ihrer positiven Ladung sind Protonen elektronenanziehend und dienen – aufgrund ihrer Neigung sich an Doppelbindungen anzulagern – als Reaktionsstarter einer kationischen Polymerisation.

Beispielhaft ist die kationische Polymerisation von Isobutylen mit Bortrifluorid/Wasser zu Polyisobutylen, siehe Bild 2.2:

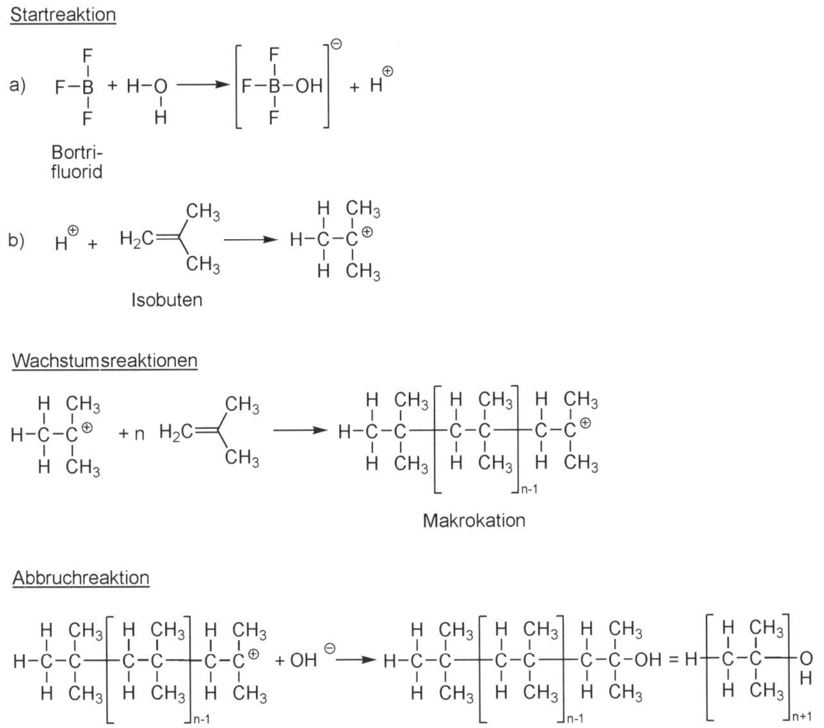

Bild 2.2 Kationische Polymerisation von Polyisobutylen

1. Startreaktion, d. h. Ionenbildung eines sauer reagierendem Katalysators,
2. Wachstumsreaktion,
3. Kettenabbruch: Dieser Abbruch erfolgt durch die Anlagerung eines Anions. Die willkürliche Beendigung der Reaktion kann durch den Zusatz von Basen oder analogen Stoffen herbeigeführt werden. Ein verfrühter, ungewollter Abbruch findet durch die Anlagerung des Katalysator-Anions statt.

Anionische Polymerisation

Protoneneinfang

Katalysatoren für die anionische Polymerisation sind starke Basen (z. B. Natronlauge NaOH oder Kalilauge KOH). In der Praxis werden häufig starke Basen auf Grundlage metallorganischer Verbindungen angewendet (z. B. Natriumalkoholate R-ONa oder Natriumamid $NaNH_2$). Diese Substanzen sind nucleophil („kernsuchend"). Sie sättigen mit ihrem freien Elektronenpaar ein positiv polarisiertes C-Atom in der Doppelbindung eines Monomers ab. Dadurch entsteht an dem anderen C-Atom der Doppelbindung ein Anion, das sofort mit einem weiteren Monomer reagieren kann. Es ergibt sich eine wachsende Kette. Durch Anlagerung eines Protons, z. B. aus einem Lösungsmittelmolekül, erfolgt jeweils der Kettenabbruch.

Die anionische Polymerisation ist beispielhaft anhand der Reaktion von Acrylsäuremethylester mit Natriumamid zu Polymethacrylat in Bild 2.3 dargestellt.

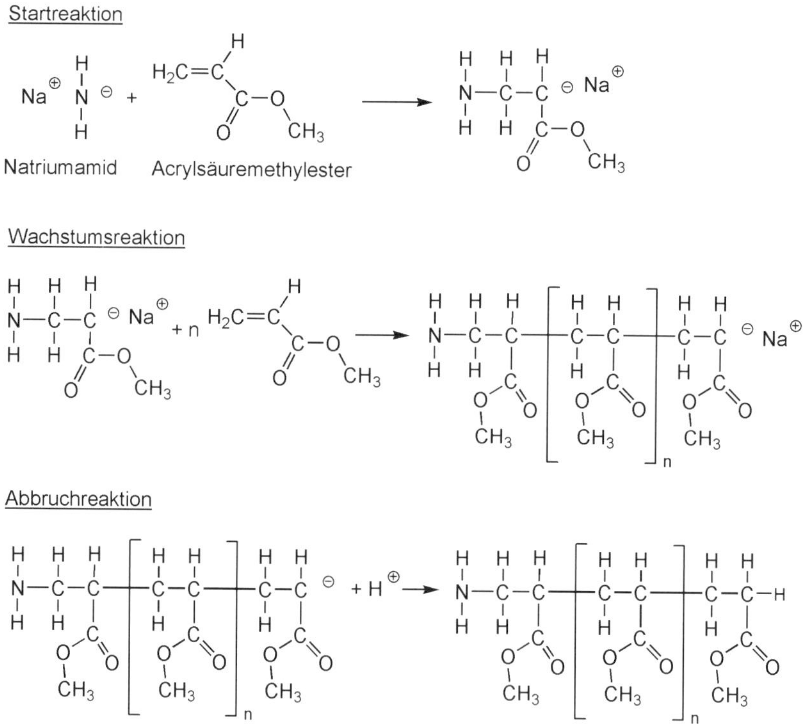

Bild 2.3 Anionische Polymerisation von Polymethacrylat

2.1.1.1.3 Polymerisation mit Übergangsmetallverbindungen

Metallkomplexe als Katalysator

Die große Bedeutung dieser Polymerisationsmethode besteht darin, dass sehr regelmäßig aufgebaute Ketten entstehen. Das nach diesem Verfahren (Niederdruckverfahren) hergestellte Polyethylen hoher Dichte (PE-HD) hat z. B. im Unterschied zu dem unter hohem Druck radikalisch hergestellten Polyethylen niedriger Dichte (PE-LD) keine oder nur wenige Kettenverzweigungen und damit infolge stärkerer Kristallisation eine höhere Dichte (Bild 2.4). Lineares Polyethylen niedriger Dichte

(PE-LLD), das nach verschiedenen Verfahren polymerisiert werden kann, hat nur sehr kurze Seitenäste, diese aber in großer Anzahl.

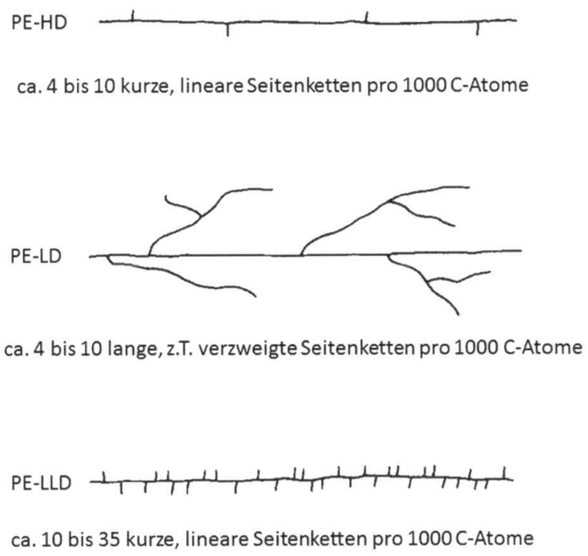

Bild 2.4 Molekülaufbau verschiedener PE-Typen

Als *Katalysatoren* verwendet man sogenannte *Metallkomplexverbindungen,* z. B. ein Gemisch aus Titantrichlorid und Triethylaluminium.

Der Mechanismus dieser Polymerisation ist noch nicht in allen Einzelheiten bekannt. Jedoch muss man aufgrund unterschiedlicher Polymerisationsmöglichkeiten sowie verschiedener Kettenabbruchreaktionen, welche parallel zueinander ablaufen, davon ausgehen, dass das so synthetisierte Polymer nicht aus Ketten mit einer einheitlichen Länge (Molekulargewicht) besteht. Man findet in Polymeren immer eine mehr oder weniger breite Molekulargewichtsverteilung der Ketten (Polydispersität) vor. Diese beeinflusst – neben der Art der Wiederholungseinheit – das Eigenschaftsbild des Werkstoffes massiv.

2.1.1.1.4 Die Technik der Polymerisation

Aktivierung durch Energiezufuhr

Um eine Kettenbildung zu starten, ist eine gewisse Aktivierungsenergie, meist in Form von zugeführter Wärme bzw. Strahlung, notwendig. Man unterscheidet die in Tabelle 2.1 aufgelisteten technischen Polymerisationsverfahren.

Tabelle 2.1 Übersicht über technische Polymerisationsmethoden

Polymerisationsmethode	Merkmale
Substanzpolymerisation	Direkte Polymerisation der Monomere unter Druck und Temperatur (ohne Zusatzflüssigkeit).
Lösungspolymerisation	Die Monomere werden in einem Lösungsmittel gelöst und polymerisiert. Das Polymerisat bleibt in Lösung.
Fällungspolymerisation	Die Monomere werden in einem Lösungsmittel gelöst. Das resultierende Polymerisat ist in diesem Lösungsmittel unlöslich und fällt aus.
Emulsionspolymerisation	Die Monomere werden in einem sogenannten Emulgator fein verteilt und in diesem polymerisiert. Das Polymerisat bleibt dispergiert.
Perl(Suspensions-)polymerisation	Die Monomere werden durch Rühren in Wasser zu kleinen Tröpfchen zerteilt und in diesen polymerisiert. Das Polymerisat fällt aus.

a) Substanzpolymerisation (Masse- oder Blockpolymerisation)

spontane Reaktion

Die Substanzpolymerisation besteht im Wesentlichen darin, dass Monomere – zusammen mit Initiatoren und Katalysatoren – ohne Zugabe von Flüssigkeiten unter bestimmten Reaktionsbedingungen (wie beispielsweise Druck und Temperatur) spontan miteinander reagieren. Das größte Problem stellt naturgemäß die Beherrschung der Reaktionswärme dar. Die Wärmeabfuhr wird durch die Beschränkung auf rohrförmige Reaktionsräume mit nicht zu großen Querschnitten kontrolliert. Das wichtigste Verfahren dieser Art ist die Hochdruckpolymerisation von Polyethylen, bei welcher das gasförmige Ethylen unter Druck von ca. 2000 bar und Temperaturen von 200 °C in Hochdruckreaktoren – Rohrleitungen mit sorgfältiger Temperierung – polymerisiert wird.

Styrol, Methacrylsäuremethylester, Butadien und Vinylchlorid polymerisieren ebenfalls auf diese Weise.

In einigen wenigen Fällen lässt sich eine Substanzpolymerisation direkt in Formen (und somit in situ) ausführen. Die schwierige Temperaturführung und der Volumenschwund (der oft auch bei anderen Gelegenheiten in der Kunststoffverarbeitung Schwierigkeiten bereitet) werfen jedoch Probleme auf, sodass sich das Verfahren nur bei besonders hochwertigen Polymerisaten, wie z. B. organischen Gläsern aus Polymethylmethacrylat (PMMA), realisieren lässt.

b) Lösungspolymerisation

Polymerisation in Lösung

Hier liegen sowohl Monomere als auch die entstehenden Polymere zwecks einfacherer Temperaturführung in einer flüssigen Umgebung gelöst vor. So entstehen z. B. Polyvinylacetat, Niederdruckpolyethylen und Polyacrylsäure. Nach der Polymerisation muss das Lösungsmittel gegebenenfalls durch Verdampfung entfernt werden.

Vielfach werden die Lösungen, in denen das synthetisierte Polymer in gelöster Form vorliegt, auch direkt verwendet, z. B. für Klebstoffe.

c) Fällungspolymerisation

Ausfällen aus der Lösung

Bei diesem Verfahren werden die Monomere in einem Lösungsmittel gelöst und in diesem polymerisiert. Das entstandene Polymer ist – im Gegensatz zu dem Monomer – unlöslich und fällt daher ab der Überschreitung einer bestimmten Kettenlänge aus. Dieses Verfahren ist wirtschaftlicher als die Lösungspolymerisation, da es schneller abläuft und das Lösungsmittel unmittelbar wieder verwendbar ist. Nach diesem Verfahren werden z. B. Niederdruckpolyethylen und Polyisobutylen hergestellt.

d) Emulsionspolymerisation

Polymerisation in einer Emulsion

Bei der Emulsionspolymerisation werden wasserunlösliche Monomere zunächst unter Verwendung geeigneter Stabilisatoren in Wasser emulgiert. Für diese Stabilisierung werden sogenannte Emulgatoren (z. B. Seifen) eingesetzt. Zum Start der Polymerisation werden wasserlösliche Initiatoren zugesetzt. Diese lagern nun Monomermoleküle unter Ausbildung der Polymerkette an. Die Polymerisation findet jedoch nicht in den emulgierten Monomertröpfchen, sondern an der Grenzfläche und somit in den Seifenmizellen statt. Es liegt folglich ein dreiphasiges Gemisch aus flüssigem Monomer, kurzkettigen Polymeren und festem Polymer (in wässriger Phase dispergiert) vor. Das Endprodukt fällt schließlich als pulverartig dispergierter Bodensatz an. Ein anschließender Trennungsprozess liefert ein sehr feinpulvriges Material (z. B. das sogenannte E-PVC). Nicht immer ist ein anschließender Trennungsprozess notwendig; teilweise werden die anfallenden Dispersionen direkt weiterverarbeitet (Anstrichmittel, Klebstoff oder Appretur).

Aus technischen Gründen ist eine vollständige Entfernung des Emulgators in der Regel nicht möglich. Die im Polymerisat verbleibenden Emulgator-Rückstände können einen negativen Einfluss auf die Eigenschaften des Polymers und somit auch auf den Kunststoff haben.

e) Suspensionspolymerisation (Perlpolymerisation)

Polymerisation in Suspension

Bei der Suspensionspolymerisation werden Monomere und Initiatoren durch entsprechend stärkeres, mechanisches Rühren in Wasser fein verteilt. Diese Methode hat den Vorteil, dass durch den Verzicht auf einen Emulgator dieser auch nicht nachträglich entfernt werden muss. Das Polymerisat fällt in Form kleiner Perlchen an, die leicht von Wasser getrennt werden können. Man erhält hochwertige Polymerisate. Die Perlen lassen sich teilweise direkt als Granulat verwenden. Auf diese Weise lassen sich z. B. Polyacrylnitril und Polyvinylacetat herstellen.

2.1.1.2 Polykondensation

Unter dem Begriff Polykondensation versteht man eine Stufenreaktion, bei der Makromoleküle („Polykondensate“) unter Abspaltung von Nebenprodukten (z. B. Wasser, Ammoniak, Alkohol) gebildet werden. Bei den Ausgangssubstanzen (Monomere) dieser Methode werden – im Gegensatz zu den Polymerisationen – keine Doppelbindungen vorausgesetzt. Stattdessen sind sogenannte „funktionelle Gruppen“, d. h. Atomgruppierungen, die besonders reaktionsfähig sind, notwendig. Dies sind z. B. folgende funktionelle Gruppen:

- Hydroxyl-Gruppe [-OH],
- Carbonyl-Gruppe [-C=O],
- Carboxyl-Gruppe [-COOH],
- Amino-Gruppe [-NH_2].

Sowohl lineare als auch verzweigte oder gar vernetzte Polykondensate können je nach Funktionalität der Monomere (bi-, tri- oder höherfunktional; d.h. zwei, drei oder mehrere funktionelle Gruppen besitzend) hergestellt werden (Bild 2.5).

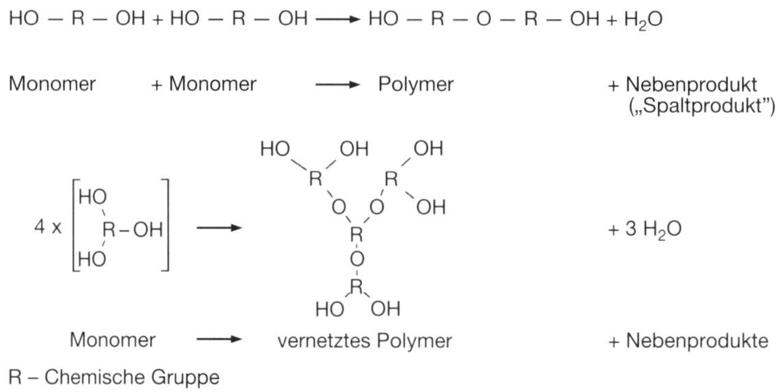

Bild 2.5 Polykondensation; oben: unverzweigt, unten: verzweigt

Gleichgewichtsreaktion

Die Polykondensation stellt eine echte chemische Gleichgewichtsreaktion dar. Werden die Nebenprodukte nicht abgeführt, so hört die Reaktion auf, wenn sich ein Gleichgewicht zwischen den Monomeren auf der einen sowie den Polymerketten und Abspaltprodukten auf der anderen Seite eingestellt hat. Die Reaktion lässt sich entsprechend in Stufen durchführen, d.h. sie kann unterbrochen und wieder in Gang gesetzt werden. Dies wird vielfach ausgenutzt. Ferner können verschiedene Arten von Monomeren aufgrund ihrer unterschiedlichen Funktionalitäten miteinander kombiniert werden. Auch das Gebiet der sogenannten Copolymerisation wird vielseitig angewendet.

Das Abführen der Nebenprodukte wirft oft technische Probleme auf, z.B. Blasenbildung, die den Einsatz von Polykondensationsprodukten nicht immer angemessen erscheinen lassen, z.B. beim Vergießen oder Laminieren.

Die wichtigsten Gruppen der Polykondensate sind: Melaminharze, Harnstoffharze, Phenolharze, Polyamide, Polycarbonate, Polyester und Silikone.

2.1.1.3 Polyaddition

Wie bei der Polykondensation müssen die Ausgangssubstanzen der Polyaddition besonders *reaktionsfähige funktionelle Gruppen* enthalten. Im Gegensatz zu den Kondensationsreaktionen werden jedoch keine Nebenprodukte, sondern – lediglich durch „Addition" der Monomere – hochmolekulare *Polyaddukte* gebildet (Bild 2.6).

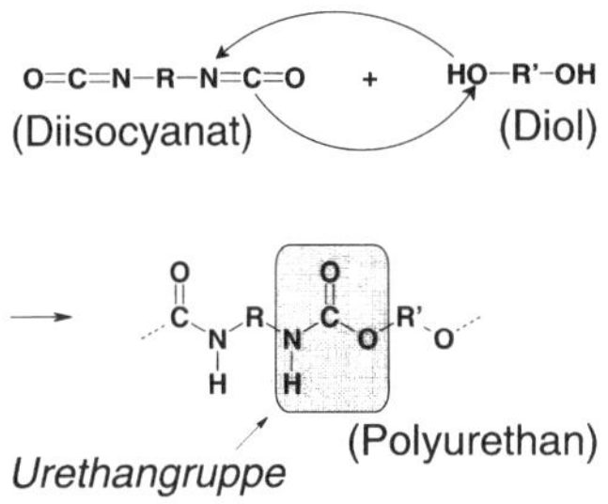

Bild 2.6 Polyaddition am Beispiel der Polyurethansynthese

Für diesen Reaktionstyp ist charakteristisch, dass Protonen einer funktionellen Gruppe (z. B. OH) des einen Ausgangsmoleküls zu einem freien Elektronenpar einer funktionellen Gruppe eines anderen Ausgangsmoleküls (z. B. am Stickstoffatom eines Isocyanates) wandern. Am verbleibenden Nachbarn (Sauerstoffatom) des wandernden Protons entsteht ein Elektronenüberschuss. Der – aufgrund des Umklappens einer Doppelbindung entstehende – Elektronenmangel am C-Atom (der Isocyanatkomponente) verursacht wiederum das Anbinden an den elektronenreichen Sauerstoff unter Bildung einer sogenannten kovalenten Bindung. Auf diese Weise werden zwei unterschiedliche Monomere miteinander verknüpft (beispielsweise über die Ausbildung einer Urethangruppe) ohne ein Abspaltungsprodukt zu bilden. Ursache der Polyaddition ist meist die Polarisierung der funktionellen Gruppe mit einer Positivierung des Kohlenstoffatoms. Typische Polyaddukte sind

- Polyoxymethylene,
- Polyurethane,
- Epoxidharze.

Polykondensations- und Polyadditionsreaktionen können nur unter verschiedenartigen Reaktionspartnern stattfinden, falls kein aufeinander abgestimmtes, bifunktionales Monomer vorliegt. Um das Voranschreiten der Polyaddition gewährleisten zu können, müssen mindestens zwei funktionelle, d. h. reaktionsfähige, Bausteine in einem Monomer vorliegen.

Sowohl bei der Polykondensation als auch bei der Polyaddition erfolgt die Zusammenlagerung der Monomere durch die Verbindung reaktionsfähiger Endgruppen verschiedener Monomere. Bei der Polymerisation basiert das Prinzip auf einem radikalisch induzierten Aufklappen einer Doppelbindung in zwei Einfachbindungen.

lineare und verzweigte Ketten

Handelt es sich – im Fall einer Polyaddition oder Polykondensation – um bifunktionelle Monomere, d. h. die Monomere können nur jeweils zwei Bindungen tätigen, so resultieren zwangsläufig rein lineare Kettenmoleküle. Handelt es sich hingegen um mehrfunktionelle Partner, so verknüpfen sich die gebildeten Ketten zudem untereinander. Es entsteht ein Netzwerk (Bild 2.7).

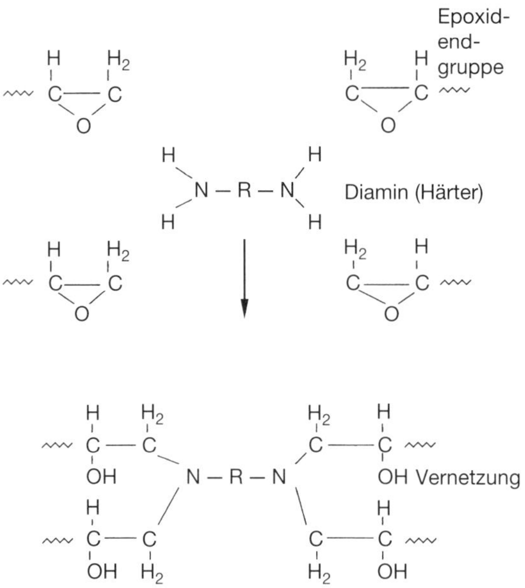

Bild 2.7 Vernetzungsreaktion der Epoxidharze

2.1.2 Bindungskräfte in Polymeren

Haupt- und Nebenvalenzkräfte

Innerhalb einer Polymerkette wirken *Haupt- und Nebenvalenzkräfte*, welche die Eigenschaften des Polymers beeinflussen. Bei den Hauptvalenzkräften handelt es sich um die chemischen Atombindungen, auch Kovalent- oder Elektronenpaar-Bindungen genannt. Je nach Anzahl der Bindungen zwischen zwei Atomen unterscheidet man zwischen *Einfach-, Doppel- und Dreifachbindung*.

Die Nebenvalenzkräfte, auch zwischenmolekulare Kräfte, sekundäre Bindungskräfte oder *Van-der-Waalssche Kräfte* genannt, sind im Gegensatz zu Hauptvalenzkräften physikalischer Natur. Solche zwischenmolekularen Kräfte sind die zwischen den Makromolekülen wirksamen Kräfte, die auf der Verteilung und Bewegung der Elektronen beruhen. Sie lassen sich ihrem Ursprung nach in folgende Gruppen einteilen:

- Dispersionskräfte,
- Dipolkräfte,
- Wasserstoffbrückenbindungen.

Temperatureinfluss

Die Stärke der Nebenvalenzkräfte und damit ihre Bedeutung für die Moleküleigenschaften sind abhängig von der Größe, der Gestalt und der Ordnung der Makromoleküle, ferner von der Molekülart und den äußeren Einflüssen. Beim Erwärmen werden beispielsweise Nebenvalenzkräfte zunehmend überwunden, was zu einem leichteren „Abgleiten der Ketten" führt. Das geschieht bei einer für jedes Molekül charakteristischen Temperatur.

a) Dispersionskräfte

Dispersionskräfte sind die allgemein in Materie wirkenden Anziehungskräfte. Die Bindungsenergie dieser Dispersionskräfte ist dem Abstand der Moleküle zur sechsten Potenz umgekehrt proportional und liegt im Bereich < 10 kJ/mol. Erwartungsgemäß sind die Dispersionskräfte in kristallinen Bereichen besonders groß, da hier die Moleküle die dichtest mögliche Packung, d. h. die größte Nähe zueinander, besitzen. Dies ist die Ursache der vor allem im hochverstreckten Zustand beachtlichen Festigkeit von Kunststoffen. $E \sim r^{-6}$

b) Dipolkräfte

Gehen zwei Atome mit verschiedener Elektronegativität eine kovalente Bindung ein, so entsteht ein Dipol. Ein Dipol zeichnet sich dadurch aus, dass die Elektronenverteilung und somit die Ladungsschwerpunkte permanent unsymmetrisch sind, d. h. das elektronegative Atom zieht die Elektronen stärker an und ist infolgedessen negativ polarisiert, während das andere, elektronenärmere Bindungsatom positiv polarisiert vorliegt. Über die elektronische Anziehung unterschiedlich polarisierter Gruppen zweier Polymerketten können diese, wenn sie sich in räumlicher Nähe befinden, die freie Beweglichkeit der Ketten beinträchtigen. Ladungsverschiebung

Dipolkräfte werden durch Wärmebewegung geschwächt, da das Dipolmoment (Maß der Polarisationsstärke) aufgrund der höheren Beweglichkeit der Atome geschwächt wird. Durch Verknäuelungen von Seitenketten wiederum kommen sich Dipole oft räumlich näher, sodass sich ihre Wirkung über größere Molekülabstände hinweg erstrecken kann (Initiierung neuer Dipole). Fernwirkung

Polare Makromoleküle entstehen, wenn in den Molekülketten die Ladungsschwerpunkte verschoben sind. Bei symmetrischem Aufbau der Makromoleküle (z. B. Polyethylen) liegen die Ladungsschwerpunkte hingegen je innerhalb der Molekülachse und sind infolgedessen unpolar.

c) Wasserstoffbrückenbindungen

Wasserstoffbrückenbindungen bestehen zwischen zwei verschiedenen Dipolen, die einerseits auf einem positiv polarisierten Wasserstoffatom und andererseits auf einem negativ polarisierten Atom mit mindestens einem freien Elektronenpaar, z. B. O, Cl, N oder F, aufgebaut sind. Aufgrund der stark ausgeprägten Anziehung zwischen einem polarisierten Wasserstoffatom und einem freien Elektronenpaar einer negativ polarisierten Gruppe ist die Bindungsenthalpie der Wasserstoffbrückenbindungen im Vergleich zu anderen Nebenvalenzkräften besonders hoch. Die entstehenden Anziehungskräfte bedingen die Festigkeit vieler Polymere, wie beispielsweise bei Cellulose, Proteinen, Polyamiden und Polyurethanen siehe (Bild 2.8). Elektronegativität hohe Kräfte

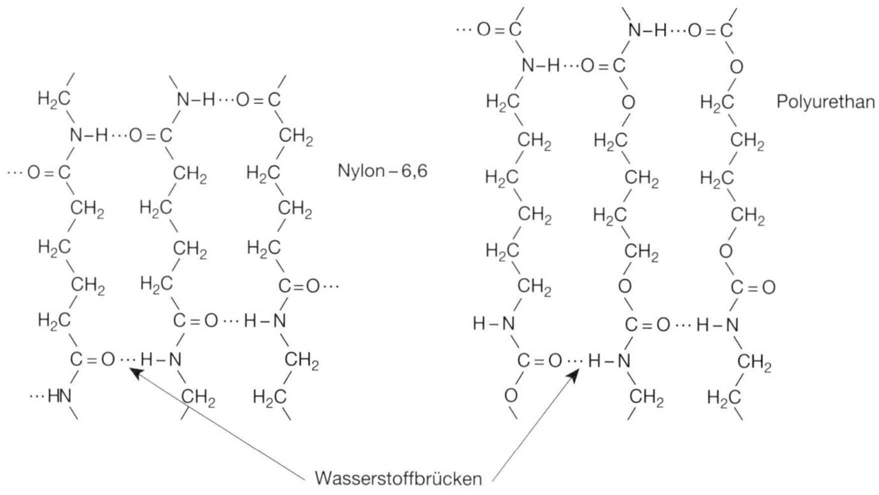

Bild 2.8 Wasserstoffbrücken in Polyamid 6,6 und Polyurethan

2.2 Einteilung der Kunststoffe

Die Einteilung der Kunststoffe in bestimmte Werkstoffgruppen ergibt sich aus der Struktur und dem Bindungsmechanismus der Makromoleküle, aus denen die Polymerkomponenten aufgebaut sind. Je nach Art der Makromoleküle (Bild 2.9) , unterscheidet man:

- lineare Kettenmoleküle → Thermoplaste
- verzweigte Kettenmoleküle → Thermoplaste
- schwach vernetzte Kettenmoleküle → Elastomere
- stark vernetzte Kettenmoleküle → Duroplaste

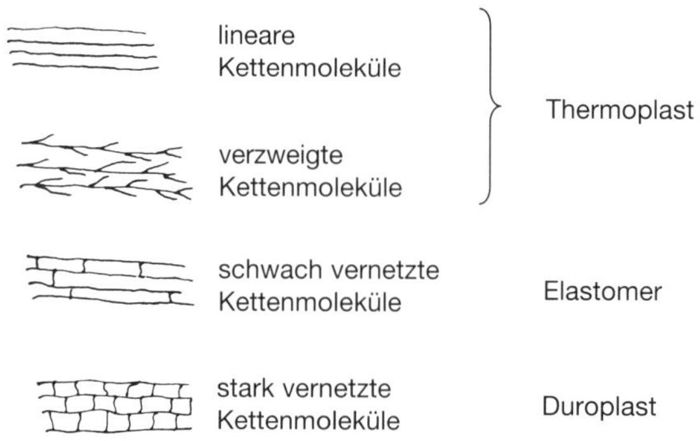

Bild 2.9 Schematische Darstellung der Anordnung der Kettenmoleküle in Polymeren

2.2.1 Thermoplaste

Seitenketten bedingen Kettenanordnungen

Die Polymere, deren Makromoleküle *lineare oder verzweigte Ketten* darstellen, nennt man Thermoplaste oder auch Plastomere. Die einzelnen Molekülfäden werden untereinander ausschließlich durch *sekundäre Bindungskräfte* zusammengehalten. Die Höhe der Sekundärkräfte ist unter anderem von der Art und Anzahl der Verzweigungen bzw. Seitenketten abhängig. Besitzen die Moleküle nur geringe Verzweigungen, d.h. kurze und wenige Seitenketten, so können sich die einzelnen Molekülfäden dicht nebeneinander legen. Diesen Vorgang der Entstehung des dichten Packungszustands der Moleküle bezeichnet man auch als Kristallisation.

Teilkristallinität

Aufgrund der langen Molekülketten, die sich bei ihrer Synthese auch um- und ineinander verschlingen, kann es nie zu einer vollständigen Kristallisation kommen. Daher spricht man auch von *teilkristallinen Thermoplasten.* Diese teilkristallinen Thermoplaste sind im nicht eingefärbten Zustand nie glasklar, sondern durch die Lichtstreuung an den Grenzen der Kristallite (kristalline Bereiche) immer etwas trübe oder milchig.

amorphe Thermoplaste

Polymere, deren monomere Bausteine komplexe chemische Strukturen darstellen (z.B. der Benzolring beim Polystyrol am C-Atom), deren Molekülketten stark verzweigt und deren Seitenketten lang sind, können den Zustand einer so dichten Packung wie in Kristalliten aufgrund ihres unregelmäßigen Aufbaus nicht einnehmen. Hier sind die Kettenmoleküle wie in einem Knäuel oder einem Wattebausch in- und umeinander verschlungen. Sie erstarren ebenso wie die anorganischen Gläser *amorph.* Kunststoffe mit solch einer amorphen Polymerkomponente bezeichnet man deshalb auch als amorphe Thermoplaste. Da sie im nicht eingefärbten Zustand immer glasklar sind, werden diese Thermoplaste auch als synthetische oder organische Gläser bezeichnet. In Bild 2.10 ist die Anordnung der Makromoleküle für einen teilkristallinen und einen amorphen Thermoplasten schematisch dargestellt.

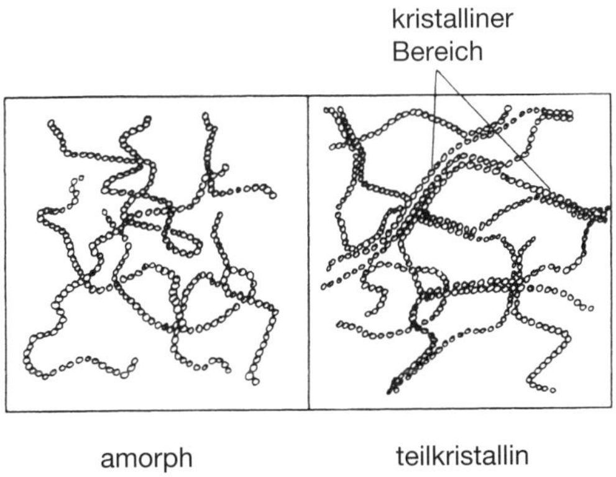

Bild 2.10
Amorphe bzw. teilkristalline Struktur von Thermoplasten

spröder bzw. zähelastischer Zustand

Im normalen Gebrauchsbereich (Raumtemperatur) verhalten sich Thermoplaste spröde (amorphe Thermoplaste) oder zähelastisch (teilkristalline Thermoplaste). Bei steigender Temperatur werden die sekundären Bindungskräfte der Kettenmoleküle infolge der erhöhten Wärmeschwingung herabgesetzt. Die einzelnen Molekülketten lassen sich gegeneinander verschieben, so dass der Werkstoff elastisches Materialverhalten zeigt.

plastisches Fließen

Wird die Temperatur noch weiter gesteigert, so gleiten die einzelnen Molekülketten aneinander ab und das Material geht in den Zustand des plastischen Fließens über. Dieser Übergang vom hart-elastischen in den plastischen Zustand kann bei Thermoplasten beliebig oft durch Aufheizen und Abkühlen wiederholt werden, solange nicht die Temperatur überschritten wird, bei der die Makromoleküle chemisch abgebaut oder zerstört werden. Thermoplastische Kunststoffe sind daher aufgrund der Beweglichkeit ihrer Molekülketten schmelzbar, schweißbar, quellbar und löslich.

amorphe Thermoplaste Glasübergang

Betrachtet man das Formänderungsverhalten eines amorphen Thermoplasten (Bild 2.11), so liegt dieser bei Raumtemperatur als harter, spröder Werkstoff vor. Mit steigender Temperatur sinkt die Festigkeit des Werkstoffs – gleichzeitig steigt die Dehnbarkeit an. Nach Überschreiten der *Glasübergangstemperatur* T_G, bei der die bisher eingefrorenen Makromoleküle beweglich werden, fällt die Festigkeit steil ab, während die Dehnung dagegen sprunghaft ansteigt. In diesem Temperaturbereich befindet sich der Kunststoff in einem kautschuk- oder hochelastischen Zustand. Wird die Temperatur weiter erhöht, geht der Kunststoff bei Überschreiten der *Fließtemperatur* in den Schmelzezustand über.

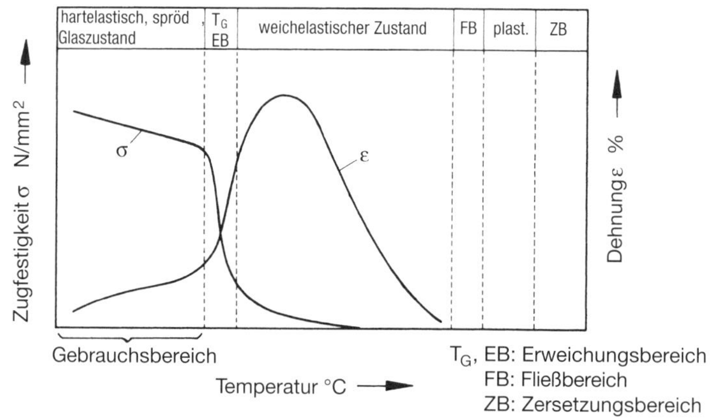

Bild 2.11 Zugfestigkeit σ und Bruchdehnung ε eines amorphen Thermoplasten

Fließfähigkeit

Als Fließtemperatur wird die Temperatur definiert, bei der eine für die Verarbeitung auf handelsüblichen Maschinen ausreichend niedrige Viskosität (Fließfähigkeit) erreicht ist, bei der eine Urformung möglich ist. Je höher z. B. das Molekulargewicht des Polymers ist, umso höher ist aufgrund der stärkeren Verschlaufung der Moleküle die Fließtemperatur. Wird die Temperatur zu weit erhöht, so wird der Werkstoff thermisch zersetzt, d. h. Hauptbindungen werden irreversibel gebrochen. Das Polymer – und somit auch der Kunststoff – verliert dadurch sehr schnell seine mechanische Belastbarkeit und unterliegt zudem diversen anderen Eigenschaftsveränderungen.

teilkristalline Thermoplaste zwei Phasen Glasübergang

Mithilfe des Formänderungsverhaltens lässt sich der Unterschied zwischen einem teilkristallinen und einem amorphen Thermoplasten anschaulich erklären. In Bild 2.12 ist das Verhalten eines teilkristallinen Thermoplasten als Funktion der Temperatur dargestellt. Wie oben bereits angesprochen, ordnen sich die Moleküle eines teilkristallinen Thermoplasten in einigen Bereichen in kristalliner und somit geordneter Struktur an; die Zwischenbereiche zeigen amorphe Strukturen. Im polymeren Werkstoff liegen somit zwei Phasen – amorph und kristallin – nebeneinander vor. Unterhalb der Glasübergangstemperatur T_G sind die amorphen Bereiche im Werkstoff erstarrt, sodass der Kunststoff hart und sehr spröde ist. Innerhalb dieses Temperaturbereichs ist der Kunststoff für praktische Anwendungen nicht brauchbar. Bei Überschreiten der Glasübergangstemperatur nimmt zuerst die Beweglichkeit der Molekülketten in den amorphen Bereichen zu. Innerhalb der kristallinen Phase können sich die Molekülketten aufgrund der höheren Nebenvalenzkräfte noch nicht bewegen. Die Glasübergangstemperatur üblicher teilkristalliner Thermoplaste liegt häufig im Bereich unterhalb der Raumtemperatur. Für den praktischen Anwendungsfall befindet sich der Kunststoff somit in einem Zustand, in dem die amorphen Bereiche erweicht sind, während die kristalline Phase noch fest ist. Der Kunststoff besitzt daher gleichzeitig Zähigkeit (aufgrund der Teilbeweglichkeit) und Festigkeit (aufgrund der Kristallite).

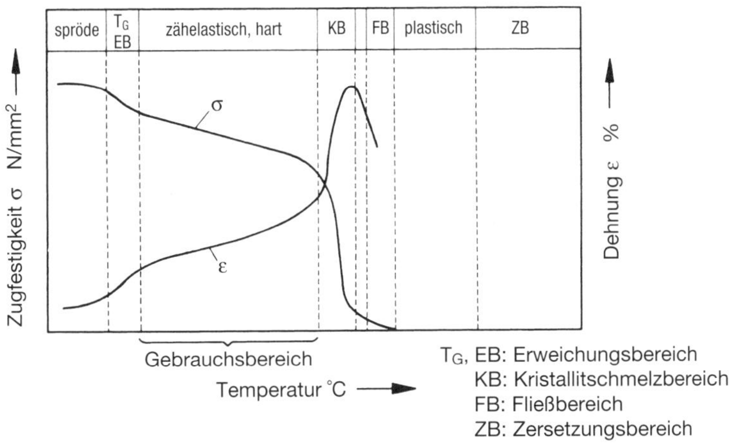

Bild 2.12 Zugfestigkeit σ und Bruchdehnung ε eines teilkristallinen Thermoplasten

Schmelzbereich

Mit steigender Temperatur wird die Beweglichkeit der Molekülketten in der amorphen Phase immer größer. Bei Überschreiten der Kristallitschmelztemperatur sind die Bindungskräfte innerhalb der kristallinen Bereiche zu schwach, um ein Verschieben und Abgleiten der Molekülketten zu verhindern. Die kristallinen Bereiche beginnen zu schmelzen. Dabei bildet sich bei einem hohen Molekulargewicht eine amorphe Phase aus. Die langen Moleküle, die sich unterhalb der Kristallitschmelztemperatur geordnet in den Kristalliten befanden, bekommen eine größere Bewegungsfreiheit, d. h. es bildet sich eine hochviskose Schmelze. Bei einer weiteren Temperaturerhöhung wird die Molekularbewegung so groß und somit die Viskosität so niedrig, dass die Fließtemperatur überschritten wird (siehe Bild 2.12). Somit tritt bei hochmolekularen Polymeren ein kautschukelastischer Bereich zwischen der Kristallitschmelz- und der Fließtemperatur auf.

Besitzt das Polymer jedoch ein niedriges Molekulargewicht, so wird der Kunststoff bei Überschreiten der Kristallitschmelztemperatur direkt dünnflüssig und niedrigviskos. Der kautschukelastische Bereich fällt weg, da die Fließtemperatur der amorphen Phase bereits überschritten ist. Dies ist bei den meisten handelsüblichen Thermoplasten der Fall.

Zusammenfassend kann festgehalten werden, dass Thermoplaste aus langen Molekülketten aufgebaut sind, die linear oder verzweigt sein können. Der Zusammenhalt der einzelnen Molekülketten wird durch sekundäre Bindungskräfte erzeugt. Ein Thermoplast kann deshalb immer wieder geschmolzen werden. Des Weiteren ist ein Thermoplast quellbar, schweißbar und löslich. Thermoplaste mit ungeordneten, ineinander verschlungenen Ketten nennt man amorph. Sie zeigen im erstarrten Zustand ein sprödes Verhalten und sind (im nicht eingefärbten Zustand) glasklar. Thermoplaste mit nebeneinander vorliegenden, geordneten Strukturen (kristalline Phase) und ungeordneten (amorphen) Bereichen nennt man teilkristallin. Sie sind im Bereich zwischen der Glas- und der Kristallitschmelztemperatur meist zähelastisch und durchweg leicht trübe, wenn sie nicht eingefärbt sind.

2.2.2 Duroplaste und Elastomere

weitmaschige Vernetzung

Neben der Gruppe der Thermoplaste, die aus linearen und/oder verzweigten Kettenmolekülen aufgebaut sind, gibt es Kunststoffgruppen, bei denen die einzelnen Molekülfäden im Polymer durch Querbrücken miteinander verbunden sind. Man bezeichnet diese Querverbindungen auch als Vernetzungsstellen und dementsprechend die Werkstoffe als vernetzte Kunststoffe. Bild 2.13 zeigt zwei unterschiedliche Molekülstrukturen, die beide für vernetzte Kunststoffe charakteristisch sind. In einem Fall sind die Molekülketten regellos verteilt und besitzen nur relativ wenige Querbrücken zu benachbarten Molekülfäden. Kunststoffe mit einer solchen weitmaschigen Vernetzung bezeichnet man als Elastomere oder auch kautschukelastische Stoffe (Gummi), da sie bei Raumtemperatur ein entsprechendes, meist voll reversibles Verformungsverhalten zeigen. Durch die Vernetzungspunkte sind die einzelnen Molekülfäden gegeneinander nur sehr bedingt beweglich. Elastomere sind daher weder schmelzbar noch löslich. In gewissem Maße können Elastomere aber quellen.

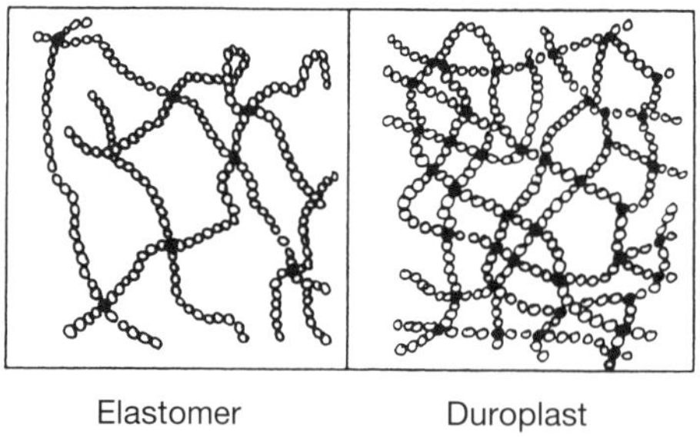

Bild 2.13 Struktur von vernetzten Kunststoffen, Elastomere bzw. Duroplaste

engmaschige Vernetzung nicht schmelzbar

Im anderen Fall handelt es sich ebenfalls um eine regellose Anordnung von Molekülketten. Im Vergleich zu der Elastomerstruktur besitzt diese Struktur aber wesentlich mehr Vernetzungsstellen zwischen den einzelnen Molekülfäden. Polymere, die aus solchen stark vernetzten Kettenmolekülen aufgebaut sind, nennt man Duroplaste. Die Makromoleküle, die über chemische Valenzbindungen dreidimensional miteinander verknüpft sind, bezeichnet man auch als „Raumnetzmoleküle". Kunststoffe auf Basis dieser stark vernetzten Polymere sind bei Raumtemperatur sehr hart und spröde und zeigen gegenüber den Thermoplasten eine wesentlich geringere Erweichung. Im Unterschied zu Thermoplasten zeigen sie auch unter dauerhafter Last kein Kriechverhalten. Sie lassen sich, ebenso wie die Elastomere, weder schmelzen noch sind sie löslich. Im Gegensatz zu den Elastomeren sind sie aufgrund der starken Vernetzung nur schwach quellbar.

Aggregatzustände

Die verschiedenen Aggregatzustände von vernetzten Kunststoffen lassen sich mithilfe des Torsionsschwingversuchs gut erklären. In Bild 2.14 ist der Verlauf des Schubmoduls, ein Maß für die Steifigkeit des Kunststoffs, für unterschiedlich vernetzte Kunststoffe in Abhängigkeit von der Temperatur dargestellt. Im Temperaturbereich unterhalb der *Glasübergangstemperatur* ist der Kunststoff unabhängig von seinem Vernetzungsgrad hart und spröde.

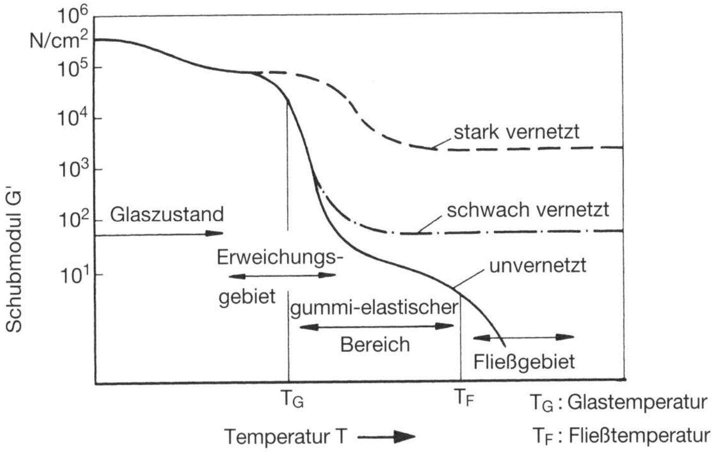

Bild 2.14 Schubmodulkurven von vernetzten und unvernetzten Polymeren

Die Schubmodulkurve des schwach vernetzten Polymers fällt ebenfalls nach Überschreiten der Glasübergangstemperatur ab, sodass der Kunststoff nur noch eine geringe Steifigkeit aufweist. Im Gegensatz zu dem unvernetzten Material behält das schwach vernetzte Polymer diese Steifigkeit aber auch bei weiterer Temperaturerhöhung bei. Der Grund für dieses Verhalten sind die Vernetzungsstellen, die ein Abgleiten der einzelnen Molekülfäden voneinander unmöglich machen. Das Polymer wird also nicht schmelzen, sondern sich bei weiterer Temperaturerhöhung zersetzen (*Zersetzungstemperatur* T_Z).

Ist der Werkstoff stark vernetzt, nimmt seine Steifigkeit auch im Erweichungsbereich nur wenig ab. Bedingt durch die vielen Vernetzungsstellen zwischen den einzelnen Molekülfäden (Raumnetzmolekül) ist die Beweglichkeit der Makromoleküle untereinander sehr stark eingeschränkt. Analog zu den schwach vernetzten Polymeren sind natürlich auch die stark vernetzten nicht schmelzbar. Bei Erreichen der Zersetzungstemperatur wird auch an dieser Stelle die Polymerkomponente zerstört.

Zusammenfassend kann festgehalten werden, dass man bei vernetzten Polymeren zwei Gruppen unterscheidet. Die schwach vernetzten Polymere bezeichnet man als Elastomere. Sie sind weder schmelzbar noch löslich, aber quellbar. Im Gebrauchszustand bzw. bei Raumtemperatur sind sie kautschukelastisch. Die stark vernetzten Polymere nennt man Duroplaste. Sie sind weder schmelzbar, noch löslich und auch kaum quellbar. Bei Raumtemperatur sind sie hart und spröde. Auch bei höheren Temperaturen verändern sich ihre mechanischen Eigenschaften wenig. Der wesentliche Temperatureinfluss äußert sich erst bei vergleichsweise hohen Temperaturen in Form von Zersetzung. Man zählt Duroplaste daher auch zu den temperaturbeständigen Kunststoffen.

2.2.3 Copolymere und Polymergemische

Eigenschaftskombination

Es gibt auch Kunststoffe, die nicht nur aus einer Wiederholungseinheit, sondern aus verschiedenen Wiederholungseinheiten aufgebaut sind. Je nach Art, wie die verschiedenen Wiederholungseinheiten miteinander verbunden sind, bezeichnet man diese Polymere als Copolymere oder Polymergemische. Ziel ist es hierbei, die positiven Eigenschaften eines jeden Polymeren gezielt auszunutzen und zu verbinden. So kann man z. B. durch Einbau von elastomeren Bestandteilen die Schlagzähigkeit eines Kunststoffs erhöhen.

Copolymere: Ketten aus verschiedenen Monomertypen

Unter dem Begriff Copolymer versteht man Polymere, deren Molekülketten aus mehreren und somit verschiedenen Monomertypen aufgebaut sind. In den meisten Fällen sind es zwei verschiedene Monomerbausteine *(Bipolymere)*, es können aber auch drei oder vier unterschiedliche Monomere *(Ter- oder Quarterpolymere)* in die Molekülkette eingebaut sein. Bei den Copolymeren gibt es verschiedene Möglichkeiten, die einzelnen Monomerarten miteinander zu ordnen (Bild 2.15). Je nach Art der Monomere und abhängig von dem Verfahrensablauf ergeben sich verschiedene Makromoleküle. Beim *statistisch* aufgebauten *Copolymer* sind die einzelnen Monomerbausteine unregelmäßig in der Molekülkette verteilt. In diesem Fall besitzen die Monomertypen identische funktionelle Gruppen. Im *alternierend* aufgebauten *Copolymer* reiht sich regelmäßig ein Baustein des einen Monomeren („A“) an den des anderen („B“). Dies kann über eine abweichende Funktionalität der reaktiven Gruppen eingestellt werden, indem je nur das Monomer A mit dem Monomer B (und umgekehrt; aber je nicht mit sich selbst) verknüpft werden kann (beispielsweise PA 6.12). Im dritten Fall wird eine Gruppe des einen Monomertyps an eine Gruppe des zweiten Monomertyps angeknüpft. Man spricht dann von sogenannten *Block-Copolymeren*. Diese Art von Copolymer kann beispielsweise durch ein zeitlich versetztes Zufügen der Monomere in das aktive Reaktionsgemisch erzeugt werden (z. B. über die ionische Polymerisation). Durch einen regelmäßigen Wechsel der Monomertype erhält man einen mehrfachen Wechsel der Blöcke innerhalb der Polymerketten. Bildet hingegen ein Monomertyp die Hauptkette und ein weiteres Monomer stellt kurze, kammartige Seitenketten dar, so bezeichnet man diese als *Pfropfpolymer(isat)e*. In diesem Fall werden die Seitenketten auf die Hauptkette aufgesetzt, d. h. gepfropft.

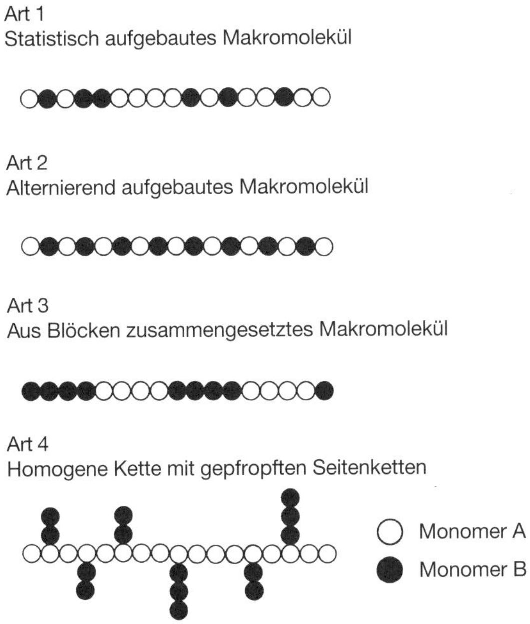

Bild 2.15
Arten von Copolymeren

Blends: Gemische aus mehreren Polymeren

Im Gegensatz zu Copolymeren, bei denen die Molekülketten aus unterschiedlichen Monomertypen aufgebaut und chemisch verbunden sind, handelt es sich bei *Polymerblends* um Mischungen unterschiedlicher Polymere. Die Eigenschaften des Polymergemisches sind natürlich sehr von der Güte und der Art der Vermischung der Polymere abhängig. Sind beide Polymere miteinander verträglich, so können durch das Mischen der beiden Komponenten im Schmelzezustand *homogene* Gemische hergestellt werden. Beispielhaft sei hier das Mischen zweier Polyamid-Typen (PA 6 mit PA 10) genannt. Mischungen aus teilweise bzw. begrenzt verträglichen Polymeren, wie z. B. Polyethylen und Polypropylen, nennt man Einphasengemische. Der praktisch häufigste Fall sind die Mehrphasengemische. Dies sind sogenannte *heterogene* Gemische aus nicht verträglichen Polymeren. Ein bekanntes Beispiel für ein solches Mehrphasengemisch ist PP/EPDM (Propylen/Ethylen-Propylen-Terpolymer). Der Kautschuk liegt hier in Form feiner Kügelchen in der Polypropylen-Matrix vor und sorgt für eine verbesserte Schlagzähigkeit.

2.2.4 Zuschlagstoffe

mechanische Eigenschaften

Verbesserung der Verarbeitbarkeit

Kostenreduktion

Alle bisher genannten Polymerarten lassen sich durch die Zugabe von Zuschlagstoffen besonders in ihren physikalischen, mechanischen und optischen Eigenschaften stark verändern. Es gibt vielfältige Gründe für den Einsatz von Zuschlagstoffen, etwa die Verbesserung der mechanischen Eigenschaften, nicht zuletzt spielen auch kostenbedingte Überlegungen eine Rolle. Tabelle 2.2 zeigt eine Aufstellung allgemein üblicher Zuschlag- oder Zusatzstoffe, die bei der Verarbeitung von Polymeren zu Kunststoffen Anwendung finden. Zu den sogenannten löslichen

Zusatzstoffen zählt man zum einen Substanzen, die chemisch wirken, wie z. B. Stabilisatoren oder auch sogenannte Weichmacher, die insbesondere bei der PVC-Verarbeitung eine große Bedeutung haben. Zum anderen sind hier aber auch physikalisch wirkende Mittel, wie etwa Gleitmittel zu erwähnen. Eine ganz andere Gruppe von Zuschlagstoffen ist die Gruppe der unlöslichen Feststoffe. Hierzu gehören Pigmente und die Schlagzähigkeit verbessernde Hilfsstoffe. Eine große Bedeutung haben insbesondere Feststoffe, wie Mineralpulver, Ruß oder Holzmehl, die den Werkstoff härter und teilweise auch kostengünstiger machen. Ferner ist die Vielzahl von Fasern, Glas, Kohle und Aramidfasern zu nennen, die insbesondere die Zugfestigkeit des Kunststoffs erhöhen. Zum Schluss seien noch die unlöslichen Gase erwähnt, die als Treibmittel zur Herstellung von Schäumen verwendet werden. Eine ausführlichere Beschreibung der verschiedenen Kunststoffgruppen und der Veränderungen ihrer Eigenschaften durch Zuschlagstoffe in den nachfolgenden Kapiteln bzw. in der im Anschluss an dieses Kapitel genannten Literatur nachzulesen.

Tabelle 2.2 Einteilung der Füll- und Zusatzstoffe für Kunststoffe

lösliche Zusatzstoffe	chemisch wirkende Verarbeitungs- und Anwendungshilfen (z. B. Stabilisatoren),
	physikalisch wirkende Verarbeitungshilfen (z. B. Gleitmittel),
	weichmachende Zusatzstoffe
unlösliche Feststoffe	färbende Zusatzstoffe (z. B. Pigmente),
	verstärkende Zusatzstoffe (Zugfestigkeit),
	versteifende und verhärtende Zusatzstoffe (Elastizitätsmodul),
	die Schlagzähigkeit verbessernde Zusatzstoffe
unlösliche Gase	volumenerhöhende Treibmittel

2.3 Biopolymere

Biopolymere (oder auch Biokunststoffe) sind seit einiger Zeit Gegenstand der Forschung und Entwicklung und finden zunehmend Einzug in den Markt. Eine wichtige Triebfeder dieses Interesses ist das Streben nach Unabhängigkeit vom Rohöl, eine andere die ökologisch vorteilhafte Entsorgung solcher Werkstoffe.

Die Gruppe der Biopolymere ist recht heterogen und umfasst eine Vielzahl unterschiedlichster Werkstoffe (Bild 2.16). Als Biopolymer wird allgemein ein Polymerwerkstoff bezeichnet, der mindestens eine der folgenden Eigenschaften erfüllt:

a) Er besteht aus biobasierten (d. h. nachwachsenden) Rohstoffen und/oder

b) er verfügt über eine biologische Abbaubarkeit.

Dementsprechend ist ein als Biopolymer bezeichneter Rohstoff nicht zwangsweise biologisch abbaubar. Zum Erreichen gewünschter Verarbeitungs- und Gebrauchseigenschaften werden Blends aus unterschiedlichen Rohstoffen, zum Teil auch petrochemischen Ursprungs, kommerziell eingesetzt.

Auch wenn die Bezeichnung „Bio-“ dies nahelegt, können Biopolymere nicht pauschal als nachhaltig bezeichnet werden. So stehen beispielsweise gewisse biobasierte Rohstoffe in Konkurrenz zur Nahrungsmittelherstellung und können zu Belastungen von Böden und Gewässern führen. Des Weiteren sind die Herstellungsprozesse energieintensiv. Biopolymere erfordern aufgrund der z. T. gegenüber konventionellen Kunststoffen höheren Dichte einen erhöhten Materialeinsatz und bei vorhandener Abbaubarkeit des Biopolymers ist ein Recycling des Rohstoffs nicht möglich. Die Bewertung der ökologischen Nachhaltigkeit ist daher Gegenstand aktueller Forschungsbestrebungen und muss für jede Werkstofftype bezogen auf den Anwendungsfall individuell im Rahmen einer Lebenszyklusanalyse (LCA: life cycle assessment) durchgeführt werden.

Dennoch bietet die vergleichsweise junge Werkstoffklasse der Biopolymere eine große Chance für die industrielle Nutzung und weist seit Jahren Wachstumszahlen im zweistelligen Prozentbereich, wenn auch von niedrigem Niveau, auf. Neben dem Bereich der (bio-)resorbierbaren Kunststoffe in der Medizintechnik finden Biopolymere verstärkt Einsatz im Verpackungsbereich (beispielsweise Polylactid) und in technischen Anwendungen, wie z. B. in der Automobil- und der Textilindustrie.

Wie bei konventionellen, petrochemisch basierten Kunststoffen gibt es auch bei den Biopolymeren thermoplastische, elastomere und duroplastische Polymerwerkstoffe. Daher gelten auch die gleichen Zusammenhänge zwischen mikrostrukturellem Aufbau und den makroskopischen Verarbeitungs-, Gebrauchs- und Wiederverwertungseigenschaften, wie sie von den konventionellen Kunststoffen schon seit langer Zeit bekannt sind.

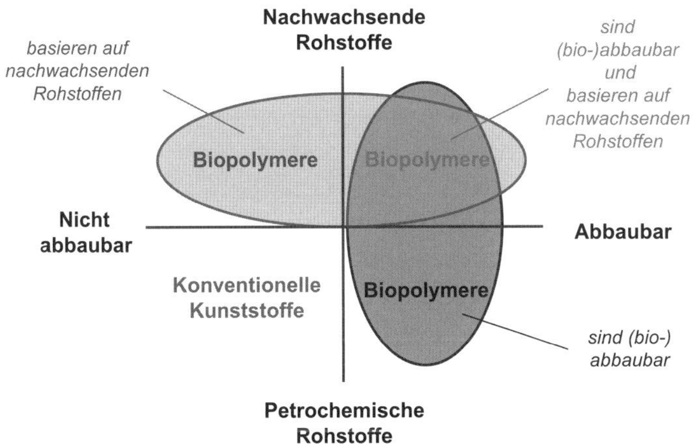

Bild 2.16 Biopolymere und die drei grundsätzlich verschiedenen Biopolymergruppen (nach Endres)

Literatur zu Abschnitt 2.1

Batzer, H. und *Lohse, R.*: Einführung in die makromolekulare Chemie, Hüthig & Wepf, Heidelberg, 1976

Baur, E., *Osswald, T.* und *Rudolph, N.*: Saechtling Kunststoff-Taschenbuch, 31. Auflage, Carl Hanser Verlag, München, 2013

Biederbick, K. H.: Kunststoffe kurz und bündig, Vogel, Würzburg, 1977

Domininghaus, H., *Eyerer, P.*, *Elsner, P.* und *Hirth, T.*: Die Kunststoffe und ihre Eigenschaften, 8. Auflage, Springer Verlag, Heidelberg, 2012

Elias, H. G.: Makromoleküle, 6. Aufl. (4 Bände), Wiley-VCH, Weinheim, 1999

Kaiser, W.: Kunststoffchemie für Ingenieure, 3. Aufl., Carl Hanser Verlag, München, 2011

Menges, G., *Haberstroh, E.*, *Michaeli, W.* und *Schmachtenberg, E.*: Menges Werkstoffkunde Kunststoffe, 6. Aufl., Carl Hanser Verlag, München, 2011

Mortimer, C. E. und *Müller, U.*: Chemie – Das Basiswissen der Chemie, 10. Aufl., Georg Thieme Verlag, Stuttgart, 2010

Rink, G. und *Schwahn, M.*: Einführung in die Kunststoffchemie, Diesterweg Salle Sauerländer, Frankfurt am Main, 1983

Vollmert, B.: Grundriß der makromolekularen Chemie, Springer, Heidelberg, 1962

N. N.: Kunststoff-Werkstoffe im Gespräch: Aufbau und Eigenschaften, BASF AG, Ludwigshafen, 1975

Literatur zu Abschnitt 2.2

Biederbick, K. H.: Kunststoffe kurz und bündig, Vogel, Würzburg, 1977

Braun, D.: Erkennen von Kunststoffen, 5. Aufl., Carl Hanser Verlag, München, 2012

Domininghaus, H., *Eyerer, P.*, *Elsner, P.* und *Hirth, T.*: Die Kunststoffe und ihre Eigenschaften, 8. Auflage, Springer Verlag, Heidelberg, 2012

Kaiser, W.: Kunststoffchemie für Ingenieure, 3. Aufl., Carl Hanser Verlag, München, 2011

Menges, G., *Haberstroh, E.*, *Michaeli, W.* und *Schmachtenberg, E.*: Menges Werkstoffkunde Kunststoffe, 6. Aufl., Carl Hanser Verlag, München, 2011

Stoeckhert, K. und *Woebken, W.*: Kunststoff-Lexikon, 9. Aufl., Carl Hanser Verlag, München, 1998

Literatur zu Abschnitt 2.3

Endres, H. J. und *Siebert-Rath, A.*: Technische Biopolymere, Carl Hanser Verlag, München, 2009

Fakirov, S. und *Bhattachryya, D.*: Handbook of Engineering Biopolymers, Carl Hanser Verlag, München, 2006

3 Physikalische Eigenschaften der Kunststoffe

3.1 Thermische Werkstoffeigenschaften

Thermoplaste müssen bei der Verarbeitung durch Wärmezufuhr in einen fließfähigen Zustand versetzt werden, der zur Homogenisierung und Förderung sowie zur Formgebung erforderlich ist. Anschließend muss Thermoplasten nach der Formgebung Wärme entzogen werden, damit bei der Entformung die notwendige Formstabilität erreicht wird. Das Fließverhalten wird durch die rheologischen Werkstoffeigenschaften beschrieben. Der Vorgang des Wärmeentzugs bis zur Erstarrung (inklusive der Begleiterscheinungen wie z. B. Kristallisation) wird durch die thermischen Eigenschaften der Thermoplaste bedingt. Zur systematischen Auslegung von Verarbeitungsprozessen für Kunststoffe muss deren rheologisches und thermisches Werkstoffverhalten bekannt sein. Thermische Eigenschaften sind darüber hinaus für die Gebrauchseigenschaften von Kunststoffprodukten von großer Bedeutung.

Im Gegensatz zu Thermoplasten muss den vernetzenden Formmassen (Elastomere und Duroplaste) im formgebenden Werkzeug Wärme zugeführt werden, um den Vernetzungsvorgang zu initiieren. Die Erstarrung wird bei diesen Werkstoffen von einem chemischen Prozess begleitet; dessen Thermodynamik wird ebenfalls mit Hilfe der thermischen Stoffeigenschaften beschrieben.

3.1.1 Dichte

geringe Dichte

Kunststoffe zeichnen sich im Vergleich zu vielen anderen Werkstoffklassen durch eine geringe Dichte aus. Die Dichte ungefüllter Kunststoffe liegt in dem Bereich $0{,}8\ g/cm^3 \leq \rho \leq 2{,}3\ g/cm^3$. Die bekanntesten Kunststoffe mit einer geringen Dichte sind Polyethylen (PE) und Polypropylen (PP). Beide Materialien besitzen eine geringere Dichte als Wasser. Ein Beispiel für einen Kunststoff mit vergleichsweise hoher Dichte von $\rho \approx 2\ g/cm^3$ ist Polytetrafluorethylen (PTFE). Mit Fasern verstärkte Kunststoffe erreichen Dichten bis $\rho \approx 2{,}3\ g/cm^3$. Werden Kunststoffe mit Mineralstoffen gefüllt, besitzen sie je nach Füllstoffgehalt Dichten bis zu $\rho \approx 6\ g/cm^3$. Die meisten Kunststoffe liegen aber im Dichtebereich zwischen $1\ g/cm^3 \leq \rho \leq 2\ g/cm^3$.

Die Dichte anderer Werkstoffe ist zum Teil um ein Mehrfaches höher (Aluminium $\rho \approx 2{,}7\ g/cm^3$, Stahl $\rho \approx 7{,}8\ g/cm^3$). Die höhere Dichte anderer Materialien ist auf zwei Ursachen zurückzuführen. Zum einen sind die einzelnen Atome (Aluminium, Eisen) schwerer als das Kohlenstoff-, Stickstoff-, Sauerstoff- oder gar das Wasserstoffatom. Zum anderen ist der mittlere Abstand zwischen den Atomen in Polymeren größer als in Metallen, da in Polymeren die Atome in Makromolekülen, in Metallen aber in Kristallgittern angeordnet sind. Dies führt bei Kunststoffen zu einem größeren freien Volumen.

p-v-T-Verhalten

Die Dichte von Kunststoffen ist vom Druck (p) und der Temperatur (T) abhängig. Oft wird auch in der Praxis der Kehrwert der Dichte, das spezifische Volumen ($v_p = 1/\rho$), zur Charakterisierung des Werkstoffes verwendet. Die Abhängigkeiten werden dann gebräuchlich im sogenannten *p-v-T*-Diagramm zusammengefasst. Bild 3.1 zeigt beispielhaft ein *p-v-T*-Diagramm für einen amorphen und einen teilkristallinen Thermoplasten. Der Knick in den Kurvenverläufen des rechten Diagramms ist auf die Bildung kristalliner Strukturen beim Abkühlen zurückzuführen, die zu einer dichteren Packung der Makromoleküle führen.

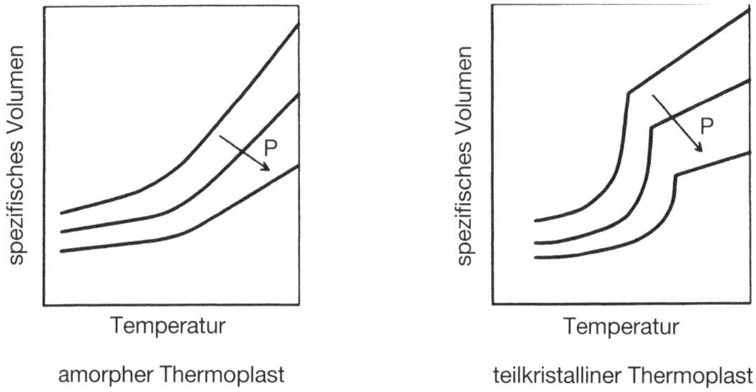

Bild 3.1 *p-v-T*-Diagramm

Dichtereduktion durch Schäumen

Die geringe Dichte macht die Kunststoffe für alle zu bewegenden und zu beschleunigenden Teile zu einem interessanten Werkstoff (Reduzierung der Trägheitskräfte). Wie viele andere Eigenschaften auch lässt sich die Dichte bei Kunststoffen durch die Möglichkeit der Modifizierung in weiten Bereichen einstellen. So ist es möglich und üblich, einige Kunststoffe (z. B. Polystyrol, Polyurethan) zu schäumen (siehe Abschnitt 6.6 „Verarbeitung von Polyurethanen"). Dabei wird das Volumen des Kunststoffes bei konstanter Masse bis zu mehr als verhundertfacht. Die Dichte kann also auf weniger als ein Prozent reduziert werden. Damit erreichen geschäumte Kunststoffe Dichten unter $\rho \approx 0{,}01$ g/cm^3.

Kunststoffe ändern ihre Dichte natürlich auch durch die Zugabe z. B. von *Füllstoffen*. Auch die Verarbeitung der Kunststoffe beeinflusst die Dichte, wenn auch in relativ geringem Ausmaß. Diese geringen Dichteunterschiede korrelieren jedoch mit vielen anderen Eigenschaften (Kristallinität, Festigkeit usw.), so dass eine präzise Dichtemessung sehr wichtig ist.

Schwebeverfahren

Das häufig verwendete Durchflussdichtemessgerät nutzt das *Schwebeverfahren*. Bei diesem Verfahren wird der Probekörper in einer Flüssigkeit zum Schweben gebracht und anschließend die Dichte der Flüssigkeit gemessen. Es gilt dann: Dichte der Probe = Dichte der Flüssigkeit.

Pyknometrie

Eine andere geläufige Methode ist die *Pyknometrie*. Der Probekörper wird dabei in eine gasdichte Kammer eingebracht. Durch Kompression und Expansion eines Gases wird das Verdrängungsvolumen gemessen. Zusätzlich wird die Masse gewogen, woraus die Dichte berechnet werden kann. Das Messprinzip eignet sich auch für komplex geformte Körper und Schäume.

3.1.2 Thermische Ausdehnung

Kunststoffe dehnen sich bei Erwärmung tendenziell deutlich stärker aus als andere Materialien. Die Ursache dafür liegt in der molekularen Struktur und insbesondere in der starken Temperaturabhängigkeit der relativ schwachen Nebenvalenzkräfte. Geringfügige Temperaturvariationen führen zu deutlichen Schwankungen im Abstand der Molekülketten zueinander. Es bestehen phänomenologische Zusammenhänge zwischen dem Wärmeausdehnungskoeffizient und der Schmelztemperatur bzw. dem E-Modul: Hohe Wärmeausdehnungskoeffizienten korrelieren meist mit niedrigen Schmelztemperaturen und niedrigen E-Moduln.

Füllstoffe reduzieren Wärmeausdehnung

Besonders Thermoplaste vergrößern ihre Ausdehnung bei Erwärmung sehr stark. Der *Wärmeausdehnungskoeffizient* α von Polyethylen oder Polypropylen ($\alpha \approx 200 \cdot 10^{-6}\ K^{-1}$) übertrifft den von Eisen ($\alpha \approx 12 \cdot 10^{-6}\ K^{-1}$) oder Aluminium ($\alpha \approx 24 \cdot 10^{-6}\ K^{-1}$) um das 16- bzw. 8-fache. Um diese Eigenschaft von Kunststoffen bei der Konstruktion von präzisen Teilen zu kompensieren, werden sie häufig mit Fasern gefüllt. Die Wärmeausdehnung wird dadurch auf den Wert von Metallen herabgesetzt. Beim Füllen des Kunststoffes mit Kohlenstofffasern kann der Wärmeausdehnungskoeffizient in Längsrichtung der Fasern sogar ein negatives Vorzeichen bekommen. Mit anderen Worten, dieser Werkstoff kann sich bei Erwärmung zusammenziehen. Bei Duroplasten, aber auch bei einigen Thermoplasten (Polystyrol, Polyvinylchlorid) liegen die Ausdehnungskoeffizienten mit $70 \cdot 10^{-6}\ K^{-1} \leq \alpha \leq 100 \cdot 10^{-6}\ K^{-1}$ nicht ganz so hoch wie bei Polyethylen und Polypropylen.

TMA

Die Wärmeausdehnung lässt sich mithilfe der *thermomechanischen Analyse* (TMA) in Abhängigkeit von der Temperatur messen. Bild 3.2 zeigt den prinzipiellen Aufbau der TMA. Die beiden Kernstücke dieses Messverfahrens sind der Ofen sowie der Wegaufnehmer. Eine planparallele Probe wird auf eine geschliffene Quarzglasfläche gelegt und der Messstempel aufgesetzt. Die Gewichtskraft des Stempels wird mit einigen μN so niedrig wie möglich gewählt, um eine unerwünschte Deformation der Probe durch den Stempel bzw. dessen Eindringen zu vermeiden. Die Ofentemperatur wird (zumeist) linear erhöht, die Dimensionsänderung der Probe auf den Stempel übertragen und im Wegaufnehmer erfasst. Als Ergebnis wird die Dimensionsänderung der Probe über der Probentemperatur T aufgetragen. Alternativ lässt sich unmittelbar der lineare Ausdehnungskoeffizient α über der Temperatur auftragen. Bei Kunststoffen kann mit der Methode auch die Glasübergangstemperatur T_g ermittelt werden, da der lineare Ausdehnungskoeffizient oberhalb dieser Temperatur deutlich schneller wächst.

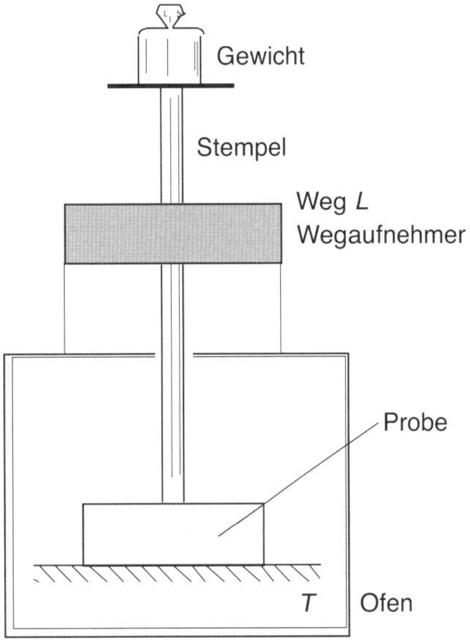

Bild 3.2
Prinzip der TMA (Thermomechanische Analyse)

3.1.3 Wärmeleitfähigkeit

gute Isolatoren

Wie alle *Isolatoren* leiten auch Kunststoffe die Wärme nur schlecht. Bei Metallen sorgen die frei beweglichen Elektronen nicht nur für eine hohe elektrische Leitfähigkeit, sondern auch für eine gute Wärmeleitfähigkeit. Bei Kunststoffen, die zu den elektrischen Nichtleitern oder Isolatoren gehören, fehlen jedoch diese frei beweglichen Elektronen für den Wärmetransport. Wärme kann bei Kunststoffen vorzugsweise entlang der Molekülketten transportiert werden, was deutlich langsamer vonstattengeht.

Diese „isolierende" Eigenschaft ermöglicht den Einsatz von Kunststoffen in vielen Anwendungsbereichen (z. B. Behälter für kalte und warme Flüssigkeiten), bereitet aber auf der anderen Seite Schwierigkeiten bei ihrer Verarbeitung, da die für die Verarbeitung notwendige Wärme nur langsam eingebracht bzw. am Ende der Verarbeitung wieder herausgeholt werden kann.

Schäume

Die *Wärmeleitfähigkeit* λ von Kunststoffen ist etwa dreihundert- bis tausendmal kleiner als die von Metallen. Luft leitet die Wärme noch etwa 10-mal schlechter, so dass geschäumte Kunststoffe ein noch besseres Isoliervermögen besitzen und deshalb auch als *Wärmedämmmaterial* eingesetzt werden. Auf der anderen Seite kann die Wärmeleitfähigkeit von Kunststoffen durch Zugabe von metallischen Füllstoffen um ein Vielfaches gesteigert werden.

Temperaturabhängigkeit

Die Wärmeleitfähigkeit bewegt sich für reine Kunststoffe im Bereich von 0,15 W/(mK) $\leq \lambda$ 0,5 W/(mK) (Bild 3.3). Die Temperatur beeinflusst die Wärmeleitfähigkeit bei amorphen Thermoplasten kaum. Bei teilkristallinen Thermoplasten hingegen sinkt die Wärmeleitfähigkeit bis zum Schmelzpunkt mit zunehmender Temperatur. Am Schmelzpunkt fällt die Leitfähigkeit deutlich ab, weil hier die kristallinen Bereiche, die die Wärme besser leiten als die amorphen, aufgeschmolzen werden.

Oberhalb der Schmelztemperatur ist eine Temperaturabhängigkeit der Wärmeleitfähigkeit in der Regel nicht mehr vorhanden; eine Kunststoffschmelze besitzt also eine von der Temperatur nahezu unabhängige Wärmeleitfähigkeit.

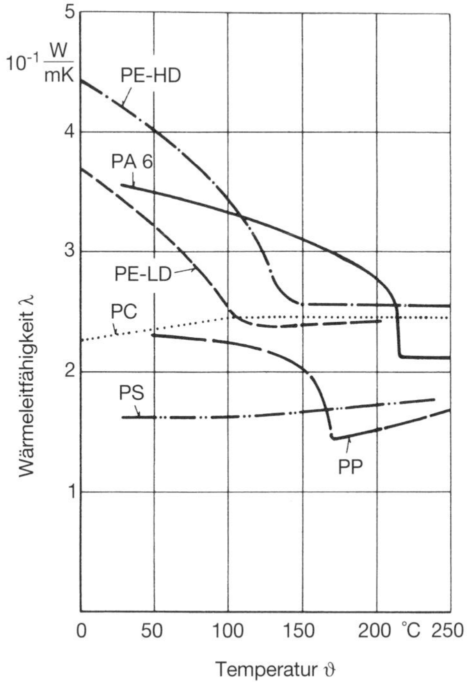

Bild 3.3
Wärmeleitfähigkeit verschiedener Thermoplaste

3.1.4 Spezifische Wärmekapazität

Die spezifische Wärme ist der Quotient aus zugeführter Wärmeenergie und Temperaturerhöhung. Anschaulich betrachtet beschreibt sie, wieviel Energie je Masseneinheit benötigt wird, um eine beabsichtigte Temperaturerhöhung zu erreichen. Bei ungefüllten Kunststoffen liegt die spezifische Wärmekapazität c_p im Bereich von 0,4 kJ/(kgK) $\leq c_p \leq$ 2,7 kJ/(kgK) (Bild 3.4). Amorphe Thermoplaste zeigen eine mit der Temperatur kontinuierlich ansteigende spezifische Wärmekapazität. Bei teilkristallinen Thermoplasten hingegen findet bei der Kristallitschmelztemperatur ein Phasenübergang statt. Zugeführte Wärmeenergie wird genutzt, um die Kristallite aufzuschmelzen. Währenddessen erhöht sich die Temperatur jedoch nicht. Thermoplaste

Duroplaste ändern ihre spezifische Wärmekapazität beim *Aushärten* sehr deutlich. Während der Aushärtung wird Wärme frei, die zu einer Senkung der spezifischen Wärmekapazität führt. Bei einem ausgehärteten Duroplasten steigt die spezifische Wärme monoton kontinuierlich mit der Temperatur an, da in einem ausgehärteten Duroplasten auch bei höherer Temperatur keine chemische Reaktion stattfindet. Einziges Merkmal des Kurvenverlaufs ist die Glasübergangstemperatur, die mit zunehmendem Aushärtungsgrad gegen einen Grenzwert wächst. Duroplaste

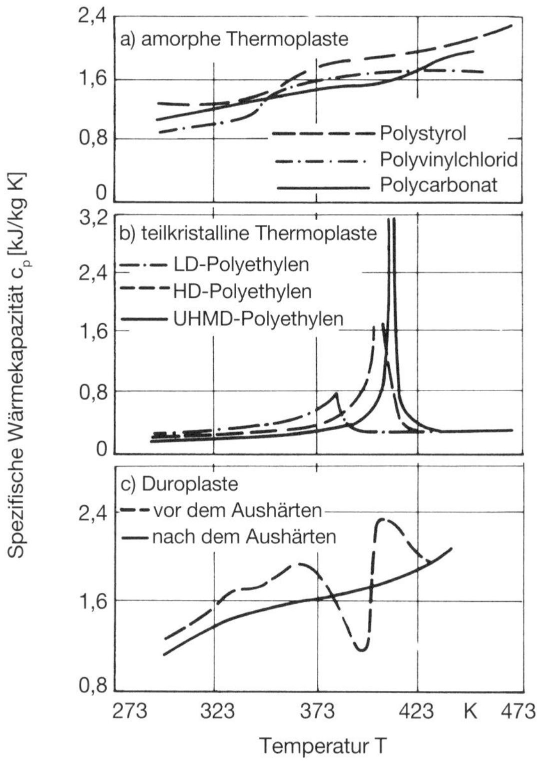

Bild 3.4 Spezifische Wärmekapazität von Kunststoffen

DSC Es ist umgekehrt durch die Messung der spezifischen Wärmekapazität möglich, z.B. Aussagen über die Art des Kunststoffs oder der Kristallinität zu machen. Die dabei am häufigsten verwendete Messmethode ist die *Differentialkalorimetrie* (**D**ifferential **S**canning **C**alorimetry, DSC).

Der Aufbau einer DSC-Apparatur ist in Bild 3.5 dargestellt. Die Probe und eine Vergleichsprobe werden in einen Ofen gebracht. Die Vergleichsprobe ist im Allgemeinen ein leeres Al-Pfännchen, das identisch ist mit einem Pfännchen, in das die zu messende Probe gegeben wird. Mit Thermoelementen werden die Temperaturen an beiden Pfännchen und in einer Position dazwischen erfasst. Der Ofen wird nun einem Temperaturprogramm folgend präzise geregelt aufgeheizt. Im Allgemeinen werden zeitlich konstante Heizraten genutzt.

Durch die Wärmekapazität der Probe (im Vergleich zum Referenzpfännchen) bleibt die aktuelle Temperatur des Probenpfännchens stets hinter der Ofentemperatur und der Temperatur des Referenzpfännchens zurück. Diese Temperaturdifferenz wird als Maß für die Wärmeenthalpie und die Wärmekapazität ausgewertet. Über Gerätekonstanten lässt sich die gemessene Temperaturdifferenz ΔT umrechnen in die Wärmeenergie ΔQ.

Neben kalorischen Stoffgrößen wie z.B. Glas- oder Schmelztemperaturen können auch Umwandlungswärmen, Reaktionswärmen, Wärmekapazitäten u.a. gemessen werden. Bild 3.6 zeigt das DSC-Diagramm eines teilkristallinen Thermoplasten. Das Minimum der Kurve repräsentiert die Schmelztemperatur T_m, während die schraffierte Fläche ein Maß für die zur Schmelze der Kristallite erforderliche Wärmeenthalpie (endotherm) darstellt. Daraus lassen sich Rückschlüsse auf die ursprünglich vorhandene Kristallinität ziehen. Die DSC-Messung lässt sich auch als abkühlend durchführen: Im Anschluss an eine Aufheizkurve wird der Ofen – zumeist ebenfalls mit konstanter Rate – abgekühlt. Dadurch lassen sich auch Erstarrungsvorgänge darstellen (siehe Abschnitt 3.5).

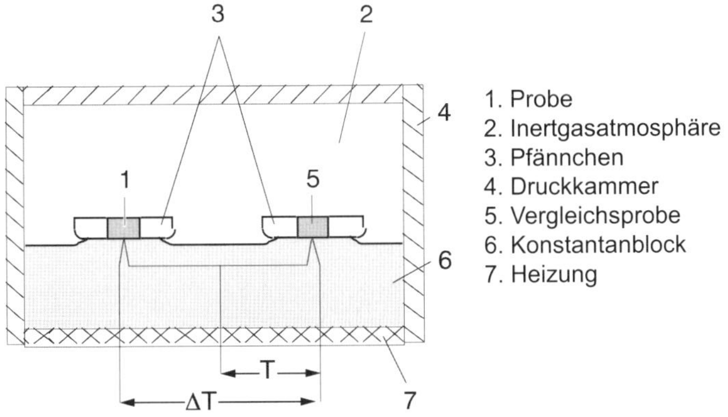

Bild 3.5 Prinzipdarstellung der DSC-Zelle

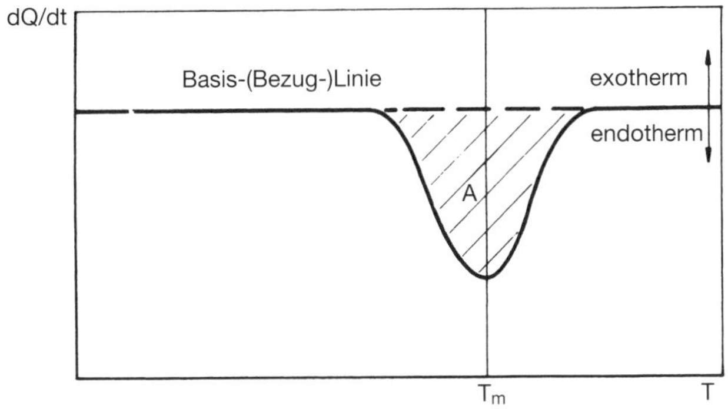

Bild 3.6 DSC-Kurve

Aus der Kurve ergibt sich die Schmelztemperatur der kristallinen Bereiche mit T_m als Minimum des endothermen Peaks. Die zwischen dem Kurvenzug und der Basislinie eingeschlossene Fläche A ist ein direktes Maß für die zum Schmelzen der Kristallite benötigte Wärmeenthalpie H_m. Diese gemessene Wärmeenthalpie H_m kann nun mit anderen Wärmemengen verglichen werden. So lässt sich z. B. auch aus den Wärmemengen eines gefüllten und eines ungefüllten Kunststoffes der *Füllstoffgehalt* grob abschätzen. Dies funktioniert jedoch wesentlich genauer mithilfe der Thermogravimetrie (TGA).

3.2 Fließeigenschaften von Polymerschmelzen

Das Verstehen, Beschreiben und Messen der Fließeigenschaften von Stoffen ist zentraler Gegenstand der „Wissenschaft von der Deformation und dem Fließen der Körper", der *Rheologie*. Ein Untergebiet der Rheologie ist die Rheometrie, das Messen des Fließverhaltens.

Viskosität

Bei der Kunststoffverarbeitung müssen die zu verarbeitenden Werkstoffe meistens in einem fließfähigen Zustand vorliegen. Dies kann durch Temperaturerhöhung bis zum Schmelzen oder durch Lösen des Werkstoffs in einem Lösungsmittel erfolgen. Weiterhin werden auch niedermolekulare (niedrigviskose) Produkte verarbeitet, welche anschließend erst ausreagieren.

Hierbei ist die *Viskosität* η die beschreibende Stoffgröße, die ein Maß für den inneren Widerstand des Werkstoffes gegen eine während des Fließens stetig wirkende Kraft darstellt.

scherinduziertes Fließen

Beim Fließprozess, wie er in Kunststoffverarbeitungsmaschinen auftritt, wird die Schmelze hauptsächlich geschert. Verursacht wird dieses sogenannte Scherfließen dadurch, dass Kunststoffschmelzen in der Regel an den Oberflächen der formenden Werkzeuge haften (Stokesche Haftung, Wandhaftung). Vereinfacht lässt sich dies sehr gut an einem Zwei-Platten-Modell darstellen (Bild 3.7).

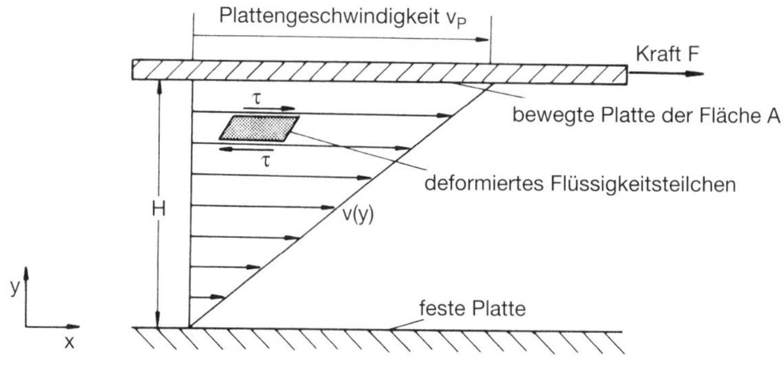

Bild 3.7 Schematische Darstellung des Scherfließens einer laminaren Schleppströmung

Wird die obere Platte gegen die untere verschoben, so muss die dazwischen befindliche Schmelze die Geschwindigkeitsdifferenz über dem Plattenabstand H ausgleichen; die Schmelze wird geschert. Ein rechteckiges Flächenelement wird dabei wie in Bild 3.7 verformt. Es entsteht eine einfache *Scherströmung* mit der *Schergeschwindigkeit:*

$$\dot{\gamma} = \frac{dv}{dy} = \frac{v_p}{H} \tag{3.1}$$

und der Schubspannung:

$$\tau = F / A \tag{3.2}$$

Bei dieser einfachsten Form einer Scherströmung sind also die Schubspannung und die Schergeschwindigkeit konstant; die Fließgeschwindigkeit $v(y)$ steigt linear mit der Höhe y.

3.2.1 Newtonsche und nicht-newtonsche Fluide

Bei einer Scherströmung tritt eine Schubspannung zwischen den Fluidschichten auf. Im einfachsten Fall einer stationären Scherströmung und eines newtonschen Fluids ist die Schubspannung proportional der Schergeschwindigkeit.

Es gilt:

$$\tau = \eta \cdot \dot{\gamma} \tag{3.3}$$

Man bezeichnet den Proportionalitätsfaktor η als dynamische *Scherviskosität* oder kurz nur als *Viskosität* η. Sie hat die Dimension Pa s.

rheologische Zustandsgleichung

Den Zusammenhang zwischen Schubspannung und Schergeschwindigkeit, wie Gleichung (3.3) ihn herstellt, bezeichnet man als *Fließgesetz*, *Stoffgesetz* oder *rheologische Zustandsgleichung*. Gleichung (3.3) stellt gleichzeitig die Definition für ein newtonsches Fluid dar, bei welchem die Viskosität η konstant ist. Der bekannteste Vertreter dieser einfachsten Klasse von Fluiden ist Wasser (Viskosität $\eta \cong 10^{-3}$ Pa s), aber auch Alkohole, Benzine und viele Öle verhalten sich newtonsch.

Kunststoffschmelzen dagegen verhalten sich im Allgemeinen vor allem bei höheren Schergeschwindigkeiten nicht-newtonsch. Ihre Viskosität ist nicht konstant, sondern abhängig von der Schergeschwindigkeit. In Verallgemeinerung der für newtonsche Fluide gültigen Beziehung (3.3) gilt für das Fließgesetz:

$$\tau = \eta(\dot{\gamma}) \cdot \dot{\gamma} \tag{3.4}$$

bzw.

$$\eta(\dot{\gamma}) = \tau / \dot{\gamma} \neq \text{const} \tag{3.5}$$

Flüssigkeiten, die sich entsprechend den Gleichungen (3.4) und (3.5) verhalten, bezeichnet man als nicht-newtonsche Fluide.

Strukturviskosität

Trägt man die Viskosität η in Abhängigkeit von der Schergeschwindigkeit $\dot{\gamma}$ in einem Diagramm doppeltlogarithmisch auf, ergibt sich bei konstanter Temperatur für Kunststoffe in der Regel der prinzipielle Verlauf, wie er in Bild 3.8 dargestellt ist. Für kleine Schergeschwindigkeiten bleibt die Viskosität konstant (newtonsches

Verhalten). Mit steigenden Schergeschwindigkeiten geht die Kurve jedoch in einen Bereich sinkender Viskosität über. Kunststoffschmelzen setzen also einer von außen aufgebrachten Scherung bei hohen Schergeschwindigkeiten einen geringeren Widerstand entgegen. Dieses Verhalten bezeichnet man auch als *strukturviskos*. Die für kleine Schergeschwindigkeiten konstante Viskosität bezeichnet man als „untere newtonsche Grenzviskosität" oder kürzer als *Nullviskosität*.

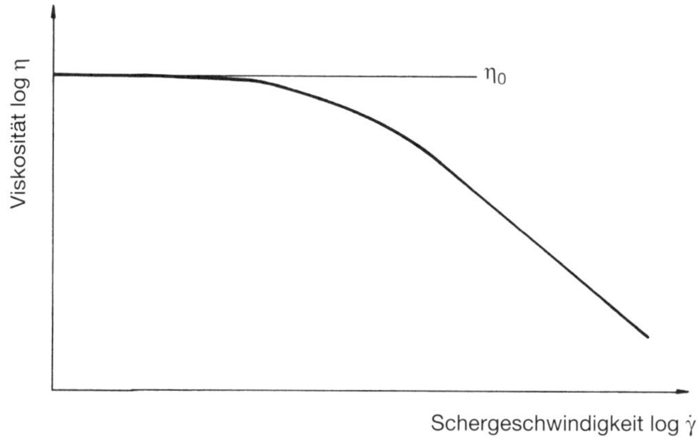

Bild 3.8 Viskositätskurve: Prinzipieller Verlauf der Viskosität über der Schergeschwindigkeit

Fließkurve

Neben der Auftragung der Viskosität in Abhängigkeit von der Schergeschwindigkeit in der sogenannten Viskositätskurve ist die Darstellung des Zusammenhangs zwischen der Schubspannung und der Schergeschwindigkeit (ebenfalls doppeltlogarithmisch) als *Fließkurve* üblich, Bild 3.9.

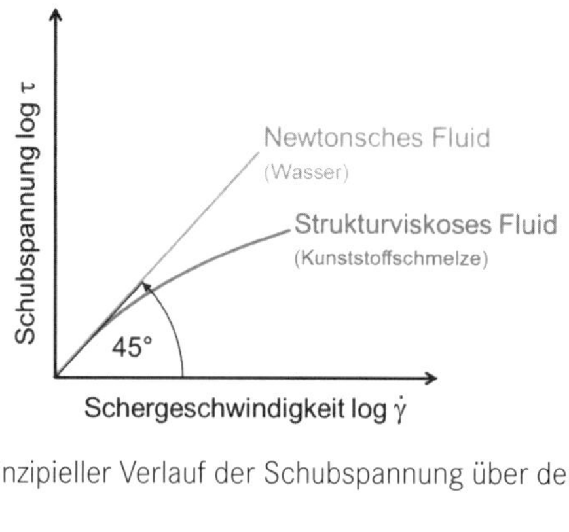

Bild 3.9 Fließkurve: Prinzipieller Verlauf der Schubspannung über der Schergeschwindigkeit

Bei einem newtonschen Fluid verhält sich die Schubspannung proportional zur Schergeschwindigkeit. Die doppeltlogarithmische Auftragung der Wertepaare liefert deshalb eine Kurve mit der Steigung 1, d. h. der Winkel zwischen der Abszisse und der Fließkurve beträgt 45°. Für ein strukturviskoses Fluid erhält man Kurven mit einer Steigung größer als 1, d.h. die Schergeschwindigkeit nimmt progressiv mit steigender Schubspannung zu. Umgekehrt bedeutet dies, dass die Schubspannung nur degressiv mit der Schergeschwindigkeit ansteigt.

3.2.2 Ansätze zur Beschreibung des strukturviskosen Fließverhaltens der Schmelze

3.2.2.1 Potenzansatz nach Ostwald und de Waele

Fließ- und Viskositätskurven von Kunststoffschmelzen verlaufen bereichsweise annähernd linear. Im unteren Schergeschwindigkeitsbereich bleibt die Viskosität zunächst unabhängig von der Schergeschwindigkeit, wodurch die Fließkurve die Steigung 1 und die Viskositätskurve die Steigung 0 besitzt. Bei höheren Schergeschwindigkeiten stellt sich - nach einem Übergangsbereich - eine Steigung ein, die aus dem individuellen strukturviskosen Charakter der Kunststoffschmelzen resultiert. Bild 3.10 zeigt typische Verläufe.

Um dieses Verhalten vereinfachend zu beschreiben, existieren verschiedene Ansätze. Beim *Potenzansatz nach Ostwald und de Waele* wird angenommen, der gesamte Fließprozess fände nur in dem oberen linearen Bereich statt. Zur mathematischen Beschreibung des Kurvenabschnitts reicht dann eine Funktion der Form:

$$\dot{\gamma} = \phi \cdot \tau^m \tag{3.6}$$

Fluidität und Fließexponent

Die beiden Parameter Fließexponent m und Fluidität ϕ stellen dabei Eigenschaften der Polymerschmelze dar. Charakterisierend für das Fließvermögen eines Stoffes und seiner Abweichung vom newtonschen Verhalten ist dabei der Fließexponent m. Es gilt:

$$m = \frac{\Delta(\log\dot{\gamma})}{\Delta(\log\tau)} \tag{3.7}$$

m ist also die Steigung der Fließkurve im betrachteten Bereich, aufgetragen im doppelt-logarithmischen Diagramm (Bild 3.10). m liegt bei Kunststoffschmelzen in der Regel zwischen 1 und 6; im für die Auslegung von Schnecken und Werkzeugen für die Kunststoffverarbeitung relevanten Schergeschwindigkeitsbereich von ca. $10^0\ s^{-1} \leq \dot{\gamma} \leq 10^4\ s^{-1}$ meist nur zwischen 2 und 4. Für $m = 1$ wird $\phi = 1/\eta$, d.h. es liegt das newtonsche Fließverhalten vor.

Mit:

$$\eta = \tau / \dot{\gamma} \tag{3.8}$$

erhält man aus Gleichung (3.6) für die Viskositätsfunktion:

$$\eta = \phi^{-1} \cdot \tau^{1-m} = \phi^{\frac{-1}{m}} \cdot \dot{\gamma}^{\frac{1}{m}-1} \tag{3.9}$$

Mit:

$$k = \phi^{\frac{-1}{m}} \quad \text{und} \quad n = \frac{1}{m} \tag{3.10}$$

erhält man die übliche Darstellung der Viskositätsfunktion:

$$\eta = k \cdot \dot{\gamma}^{n-1} \tag{3.11}$$

Konsistenzfaktor

Dabei ist k der *Konsistenzfaktor*. Er gibt die Viskosität bei einer Schergeschwindigkeit von $\dot{\gamma} = 1\ s^{-1}$ an. Der Viskositätsexponent n ist gleich 1 für newtonsches Verhalten. Für die meisten Polymere gilt bei hohen Schergeschwindigkeiten $n < 1$. Die Steigung der Viskositätskurve stellt n-1 dar (Bild 3.10).

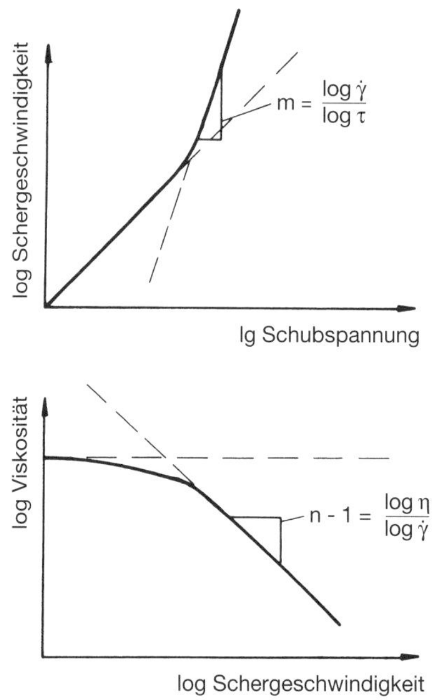

Bild 3.10
Beschreibung der Fließ- und Viskositätskurve mit dem Potenzansatz

Der empirisch gefundene Potenzansatz wird in der Praxis häufig angewendet, da er mathematisch recht einfach zu handhaben ist. Nachteilig ist jedoch, dass er Fließ- und Viskositätskurven nur bereichsweise beschreibt. Außerdem geht aus mathematischen Gründen die Viskosität gegen unendlich, wenn die Schergeschwindigkeit dem Grenzwert Null zustrebt. Das bedeutet, dass der näherungsweise schergeschwindigkeitsunabhängige newtonsche Bereich bei geringen Schergeschwindigkeiten mit diesem Modell nicht geschlossen beschrieben werden kann.

3.2.2.2 Carreau-Ansatz

Der *Carreau-Ansatz* beschreibt den Verlauf der Viskositätskurve mit einem Drei-Parameter-Modell der Form:

Drei-Parameter-Modell

$$\eta = \frac{A}{\left(1 + B\dot{\gamma}\right)^{C}} \tag{3.12}$$

Hierbei beschreiben A die Nullviskosität, B die sogenannte reziproke Übergangsgeschwindigkeit und C die Steigung der Viskositätskurve im strukturviskosen Bereich (Bild 3.11).

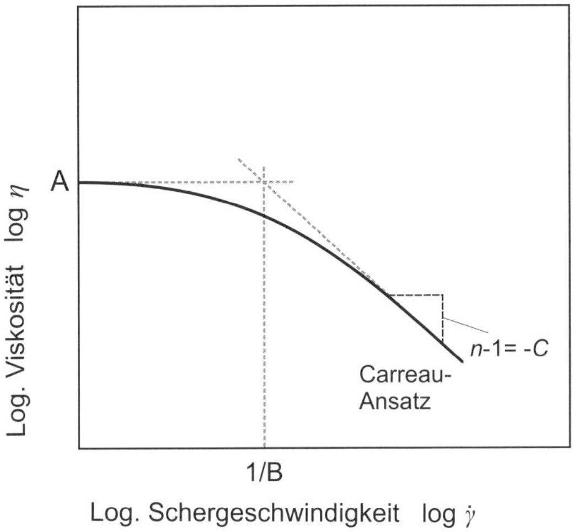

Bild 3.11 Beschreibung einer Viskositätskurve mit dem Carreau-Modell

Dieses Modell hat den Vorteil, dass es das tatsächliche Stoffverhalten innerhalb eines breiteren Schergeschwindigkeitsbereiches als der Potenzansatz richtig wiedergibt, und dass es auch für $\dot{\gamma} \rightarrow 0$ sinnvolle Viskositätswerte liefert. Die Koeffizienten A, B und C können nur durch eine Regressionsrechnung aus Messdaten ermittelt werden. Der Aufwand ist damit höher als beim Potenzansatz, bei dem man leicht graphisch anhand einer Ausgleichsgeraden die Parameter bestimmen kann.

breiterer Gültigkeitsbereich

3.2.3 Einfluss der Temperatur auf das Fließverhalten

Das Fließverhalten von Polymerschmelzen ist nicht nur von der Schergeschwindigkeit, sondern auch von der Temperatur T und (in geringerem Maße) vom hydrostatischen Druck p abhängig. (Auf die Druckabhängigkeit der Viskosität soll wegen ihrer in der Praxis meist geringen Bedeutung nicht eingegangen werden.) Die starke Abhängigkeit der Viskosität von der Temperatur ist offensichtlich in Bild 3.12 zu erkennen. In einer doppeltlogarithmischen Auftragung zeigen aber die

Masterkurve

Verläufe der Viskositätskurven bei unterschiedlichen Temperaturen eine große Ähnlichkeit im grundsätzlichen Kurvenverlauf. Die Kurven lassen sich ineinander überführen, wenn man sie längs einer Geraden mit der Steigung -1 verschiebt *(Temperaturverschiebungsprinzip)*. Alle Kurven lassen sich so in einer sogenannten Masterkurve zusammenführen. Die Masterkurve ist unabhängig von der Temperatur (Bild 3.13).

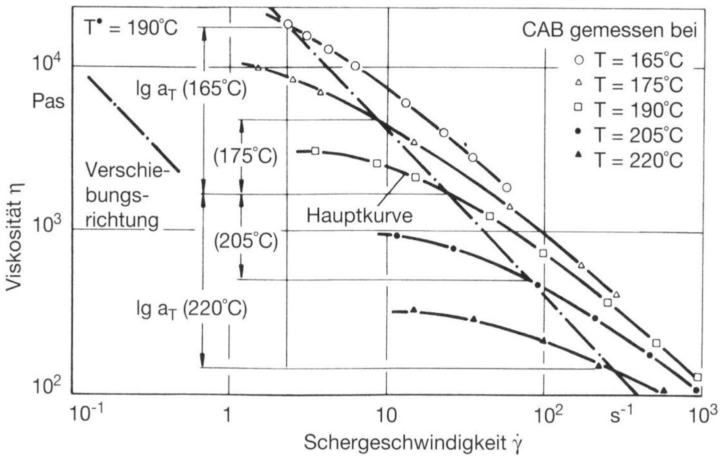

Bild 3.12 Viskositätsfunktionen bei verschiedenen Temperaturen (Verschiebungsprinzip: Temperaturverschiebungsfaktor a_T [T])

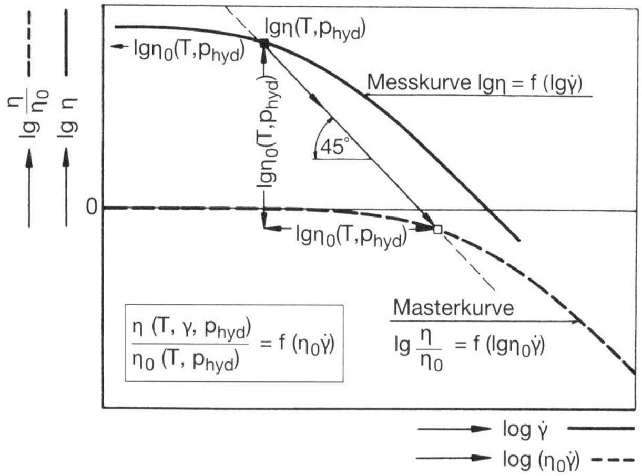

Bild 3.13 Temperatur- und druckinvariante Viskositätsfunktion

Mathematisch erreicht man die temperaturinvariante Darstellung dadurch, dass man die einzelnen Viskositätskurven entsprechend der zugehörigen Nullviskosität η_0 (T) um die Strecke log η_0 (T) nach rechts und gleichzeitig nach unten verschiebt. Dieses Verschieben führt zur Auftragung der sogenannten reduzierten Viskosität η/η_0 über der Größe $\eta_0 \cdot \dot{\gamma}$. Man erhält somit eine einzige für die Kunststoffschmelze charakteristische Viskositätsfunktion:

$$\frac{\eta(\dot{\gamma},T)}{\eta_0(T)} = f\left[\eta_0(T)\cdot\dot{\gamma}\right] \qquad (3.13)$$

Die Temperatur T ist hierbei als Bezugsgröße frei wählbar.

WLF-Ansatz

Ist die Viskositätskurve bei einer anderen Temperatur gegeben, muss eine Temperaturverschiebung durchgeführt werden, um den gewünschten Kurvenverlauf zu erhalten. Dabei ist aber zunächst nicht bekannt, um welchen Betrag die Viskositätskurve verschoben werden muss. Um diesen sogenannten Temperaturverschiebungsfaktor a_T zu ermitteln, sind verschiedene Modelle bekannt, von denen der recht universelle Ansatz von Williams, Landel und Ferry (*WLF-Ansatz*) hier exemplarisch dargestellt werden soll.

Danach ist:

$$\log a_T = \log\frac{\eta(T)}{\eta(T_S)} = -\frac{8{,}86(T-T_S)}{101{,}6+(T-T_S)} \qquad (3.14)$$

Dabei ist a_T der sogenannte Temperaturverschiebungsfaktor und T_S die sogenannte Standardtemperatur. Wegen:

$$\log\frac{\eta(T)}{\eta(T_S)} = \log\eta(T) - \log\eta(T_S) \qquad (3.15)$$

stellt log a_T die Strecke dar, um die die Viskositätskurve η (T_S) bei doppeltlogarithmischer Auftragung entlang der 45°-Geraden in Ordinatenrichtung verschoben wird (Bild 3.12). Die Standardtemperatur T_S ist werkstoffabhängig. Sie liegt ungefähr 50 °C über der Erweichungstemperatur (Glastemperatur T_g) bei p = 1 bar.

3.2.4 Messung viskoser Fließeigenschaften

Die zur Beschreibung des Fließverhaltens wichtigste Stoffgröße ist die dynamische Viskosität η. Die dynamische Viskosität kann beispielsweise mithilfe von Kapillar- oder Rotationsrheometern in Abhängigkeit von Temperatur und Schergeschwindigkeit charakterisiert werden.

3.2.4.1 Kapillarrheometer

hohe Schergeschwindigkeit

Kapillarrheometer sind die am häufigsten eingesetzten Rheometer. Gründe dafür liegen in der relativ einfachen Handhabung und Auswertung der Messungen und der Möglichkeit der Realisierung hoher Schergeschwindigkeiten. Außerdem lassen sich bestimmte Kapillarrheometer im Bypass als ständige Überwachungsgeräte direkt an der Verarbeitungsmaschine, z. B. am Extruder, betreiben.

3.2.4.1.1 Aufbau und Messprinzip

Das Messprinzip vielfach verwendeter Laborgeräte besteht darin, dass die zu untersuchende Schmelze mittels eines Stempels durch eine Kapillare mit Kreisquerschnitt (auch Kreisring- oder Schlitzquerschnitt sind möglich) gepresst wird. Meist werden die Kolbengeschwindigkeit und das Signal eines oder mehrerer Druckaufnehmer gemessen. Im Falle einer kreisförmigen Kapillaren wird der Druckaufnehmer aufgrund der kleinen Bohrungsdurchmesser der Kapillaren (meist 1 bis 3 mm) nicht in der Kapillaren selbst, sondern im wesentlich größeren Stempelzylinder angebracht. Als zweite Referenzmessstelle dient der Umgebungsdruck am Kapillaraustritt (Bild 3.14).

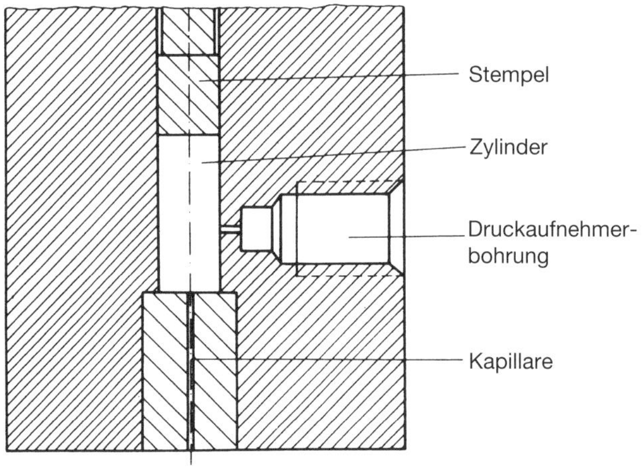

Bild 3.14 Prinzip des Kapillarrheometers

Das Fließen in der Kreiskapillaren wird für newtonsche Fluide durch das *Hagen-Poiseuillesche Gesetz* beschrieben. Dabei wird angenommen, dass die Strömung laminar, stationär, isotherm und wandhaftend ist. Nach diesem Gesetz ergibt sich für die Schubspannung an der Kapillarwand ($r = R$):

$$\tau_W = \frac{\Delta p \cdot R}{2L} \tag{3.16}$$

Es gilt für die Schergeschwindigkeit an der Wand:

$$\dot{\gamma}_W = \frac{4\dot{V}}{\pi \cdot R^3} \tag{3.17}$$

Mit:

$$\eta_W = \frac{\tau_W}{\dot{\gamma}_W} \tag{3.18}$$

lässt sich somit aus bekannten geometrischen Größen (R, L), dem vorgegebenen Volumenstrom $\dot{V}$ und der gemessenen Druckdifferenz ein Punkt $(\eta, \dot{\gamma})$ der Viskositätskurve bestimmen. Durch Variation von $\dot{V}$ und damit von $\dot{\gamma}$ lässt sich das Verhalten über einen weiten Schergeschwindigkeitsbereich ermitteln.

3.2.4.1.2 Korrekturverfahren zur Berücksichtigung des strukturviskosen Schmelzverhaltens

Die obigen Ableitungen der Viskosität aus den Messgrößen erfolgten unter der Annahme, dass das Fluid sich newtonsch verhält. Da dies bei Kunststoffschmelzen im Allgemeinen aber nicht der Fall ist, erhält man mit den Gleichungen (3.14) eine falsche, d. h. eine sogenannte *scheinbare Fließkurve,* welche eine Darstellung der Schubspannungen als Funktion der scheinbaren Schergeschwindigkeit γ_s ist.

scheinbare und wahre Fließkurve

Um nun die *wahre Viskositätskurve* zu ermitteln, die den durch die Strukturviskosität beeinflussten wahren Geschwindigkeitsgradienten berücksichtigt, sind zwei Korrekturverfahren gebräuchlich. Bei der *Weißenberg-Rabinowitsch-Korrektur* wird die wahre Schergeschwindigkeit aus einer Differenzierung der scheinbaren Fließkurve ermittelt. Anschließend liefert die Division der Schubspannungswerte nach Gleichung (3.14) durch die wahren Schergeschwindigkeiten die wahren Viskositäten. Dieses Verfahren ist aufgrund der punktweisen grafischen Differenzierung der Fließkurve recht aufwendig.

repräsentative Viskosität

Das von *Schümmer* erstmals beschriebene und von Giesekus und Langer weiterentwickelte *Konzept der repräsentativen Viskosität* liefert gleiche Genauigkeit bei wesentlich geringerem Korrekturaufwand. Bei diesem Korrekturverfahren geht man von der Überlegung aus, dass es bei einer laminaren und isothermen Druckströmung eine Stelle im Fließkanal gibt, wo die Schergeschwindigkeit eines newtonschen und eines strukturviskosen Fluids gleich sind, wenn man einen gleichen Volumenstrom $\dot{V}$ annimmt. Ermittelt man an diesem Ort die Schubspannung und die Schergeschwindigkeit einer newtonschen Substanz, so ergibt sich die wahre Viskosität für die dort vorliegende „repräsentative" Schergeschwindigkeit bzw. Schubspannung (Bild 3.15).

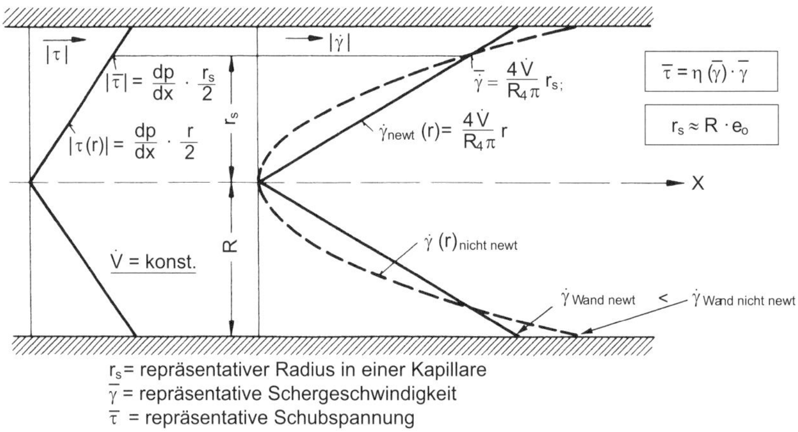

Bild 3.15 Bestimmung der Viskosität aus der „repräsentativen Schergeschwindigkeit" und der Schubspannung im Kapillarrheometer (Rohr)

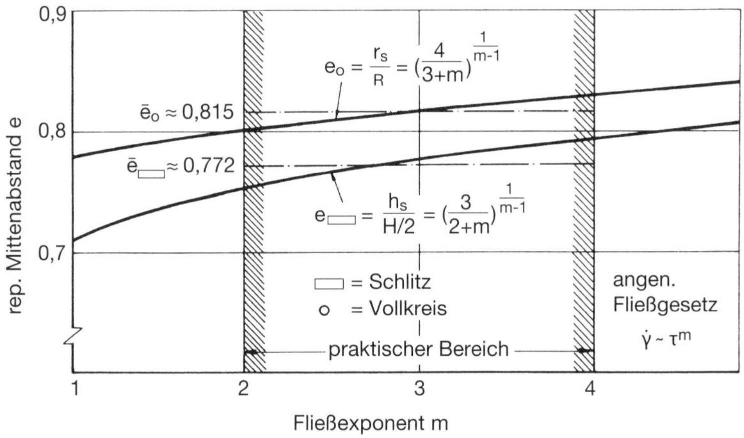

Bild 3.16 Repräsentativer Abstand von der Kanalmitte für Kunststoffschmelzen mit unterschiedlichen Fließexponenten

Unter der Annahme, dass sich das Verhalten mit dem Potenzansatz beschreiben lässt, kann die Lage des Schnittpunktes – also des repräsentativen Abstandes von der Kanalmitte – berechnet werden (Bild 3.16). Diese Lage hängt im Prinzip vom Fließverhalten des Fluids ab, kann jedoch für den in der Praxis interessierenden Fließexponentenbereich $2 \leq m \leq 4$ mit guter Genauigkeit als konstant angesehen werden. Angegeben werden diese repräsentativen Abstände e von der Kanalmitte im Rohr zu:

$$e_0 = \frac{r_S}{R} = 0{,}815 \tag{3.19}$$

und für den ebenen Schlitz zu:

$$e = \frac{h_S}{H/2} = 0{,}772 \qquad (3.20)$$

Die mit dieser Mittelung gemachten Fehler sind sehr klein (< 1,8 % für Rohrströmung; < 2,5 % für Schlitzströmung). Ist aus den Messungen die scheinbare Schergeschwindigkeit γ_s an der Fließkanalwand bekannt, so gelangt man zur repräsentativen Schergeschwindigkeit $\dot{\gamma}$ mit:

$$\dot{\gamma} = \gamma_S \cdot e \qquad (3.21)$$

Die wahre Viskosität – und repräsentative Viskosität – berechnet sich aus:

$$\eta = \frac{\tau_W}{\gamma_S} = \frac{\tau_W \cdot e}{\dot{\gamma}} \qquad (3.22)$$

an der Stelle der repräsentativen Schergeschwindigkeit.

Berücksichtigung der elastischen Einlaufeffekte

Bagley-Korrektur

Bei Kapillarrheometern wird vielfach nicht der Druckabfall mittels zweier Druckaufnehmer in der Kapillaren, sondern der Druck vor der Kapillaren gemessen (Bild 3.14). Hierbei erfasst man allerdings nicht nur den Druckabfall aufgrund der Reibungskräfte des Fluides über der Kapillaren (nur dieser darf in die entsprechenden Gleichungen für die Berechnung der Viskosität eingesetzt werden), sondern auch noch einen sogenannten *Einlaufdruckverlust,* der durch die beim Einlauf in die Kapillare erfolgende elastische Deformation der Schmelze anfällt. Im Bereich der Kontraktion des Fließkanals wird ein Schmelzevolumenelement stark in Fließrichtung gestreckt (gedehnt). Diese Deformation wird teilweise in Form von elastisch gespeicherter Energie durch die Kapillare transportiert und am Austritt in Form einer Aufweitung des Schmelzestrangs zurückgewonnen. Diese elastisch gespeicherte Energie muss zunächst in Form eines zusätzlichen Druckbedarfs aufgebracht werden. Dieser Einlaufdruckverlust wird von dem Druckaufnehmer mit erfasst und muss daher zunächst aus dem Ergebnis herausgerechnet werden. Dies geschieht mittels der sogenannten Bagley-Korrektur. Bei der Bagley-Korrektur (nach E.B. Bagley) geht man von zwei Annahmen aus:

1. Der Einlaufdruckverlust tritt nur im Einlaufbereich der Kapillaren auf und ist deshalb unabhängig von der Kapillarlänge.
2. In der Kapillaren fällt der Druck aufgrund viskosen Fließens mit konstantem Druckgradienten ab.

Nimmt man nun den Druckabfall über Kapillaren unterschiedlichen L/D-Verhältnisses (meist hält man den Durchmesser D konstant und variiert die Länge L) bei konstanter Schergeschwindigkeit auf, so erhält man in einem Δp-L/D-Diagramm (Bild 3.17) Punkte, die auf einer Geraden liegen. Die Steigung dieser Geraden entspricht dem Druckgradienten in der Kapillaren. Bei Variation der Schergeschwindigkeit erhält man eine Geradenschar mit der Schergeschwindigkeit als Parameter.

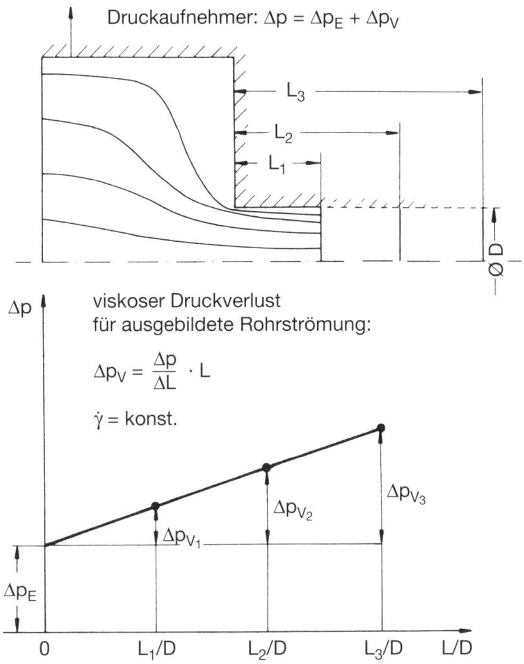

Bild 3.17 Bagley-Korrektur

Extrapoliert man nun mittels dieser Geraden auf die Düsenlänge Null ($L/D = 0$), so schneidet die Gerade die Ordinate gerade in dem längenunabhängigen Einlaufdruckverlust. Dieser Einlaufdruckverlust steigt wie der Druckgradient über der Kapillaren mit zunehmender Schergeschwindigkeit. Für die Berechnung der Viskositätskurve muss nun die Differenz aus gemessenem Druck p_{gem} und Einlaufdruckverlust p_e gebildet werden:

$$\Delta p = \Delta p_{gem} - \Delta p_e \tag{3.23}$$

Nur diese Differenz darf in Gleichung 3.16 für die Schubspannung eingesetzt werden.

3.2.4.2 Rotationsrheometer

Schleppströmung

Bei Kapillarrheometern wird eine Druckströmung mit über dem Querschnitt sich ändernder Schergeschwindigkeit realisiert. Bei typischen Rotationsrheometern erzeugt man dagegen eine Schleppströmung durch zwei gegeneinander rotierende Platten (Bild 3.18, links). In dem gebildeten Spalt wird die Polymerschmelze geschert. Aus dem zur Rotation erforderlichen Drehmoment lässt sich dann die Schubspannung und aus der Winkelgeschwindigkeit die Schergeschwindigkeit errechnen. Durch die Division der Schubspannung durch die Schergeschwindigkeit ergibt sich dann ebenfalls die Viskosität.

Die Platten besitzen einen Durchmesser von typischerweise einem bis einigen Zentimetern und werden in konstantem Abstand von typischerweise 1 mm gehalten. Rotationsviskosimeter bilden in Bezug auf Kunststoffverarbeitungsprozesse kleine und mittlere Schergeschwindigkeiten ab.

Eine besondere Verfahrensvariante ist die oszillierende Versuchsdurchführung. Hierbei wird eine Platte bei Winkelamplituden von wenigen Grad und Winkelgeschwindigkeiten bis zu typischerweise 100 Hz die Schmelze schwingend belastet. Der Vorteil der Oszillationsrheometrie liegt darin, dass als Ergebnis nicht nur die viskosen sondern auch die elastischen Eigenschaften des Schmelzezustandes erfasst werden können (siehe auch Abschnitt 3.3).

Neben der für Polymerschmelzen üblichsten Platte/Platte-Variante wird auch die Kegel/Platte-Variante genutzt (Bild 3.18, rechts). Diese Anordnung hat den Vorteil, dass durch den sich nach außen öffnenden Spalt die Schergeschwindigkeit über dem Radius konstant bleibt.

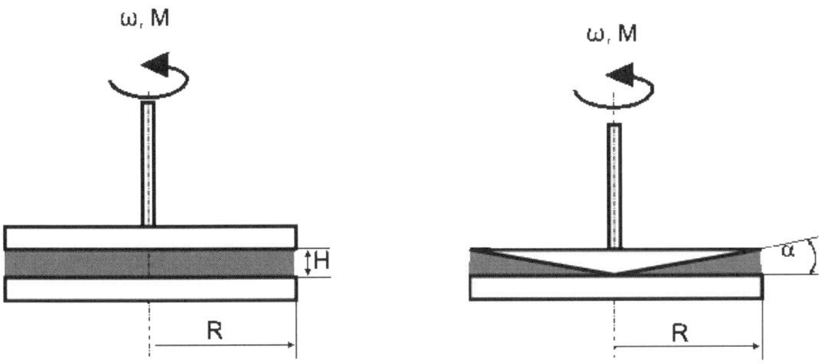

Bild 3.18 Varianten des Rotationsviskosimeters: Platte/Platte (links) und Kegel/Platte

3.2.4.3 Schmelzindexmessung

Neben den Rheometern wird zur Ermittlung der Fließeigenschaften von Kunststoffschmelzen das Schmelzindexmessgerät verwendet. Es dient zur schnellen und einfachen Charakterisierung des Fließverhaltens von Kunststoffschmelzen und liefert als Ergebnis einen einzigen Zahlenwert, die Schmelze-Massefließrate (MFR: melt flow rate) bzw. die Schmelze-Volumenfließrate (MVR: melt volume rate, auch bezeichnet als MVI: melt volume index). Der jeweilige Wert gibt die Schmelzemenge an, die aus einem beheizten Vorratszylinder durch einen mit Gewicht belasteten Kolben in einer definierten Zeiteinheit (meist zehn Minuten) durch eine Düse gedrückt wird.

Die Abmessungen von Düse, Kolben und Vorratszylinder sind genormt (nach DIN EN ISO 1133: Bestimmung der Schmelze-Massefließrate (MFR) und der Schmelze-Volumenfließrate (MVR) von Thermoplasten). Der Aufbau des Messgeräts ist in Bild 3.19 dargestellt. Während die Schmelze-Volumenfließrate das freigesetzte Volumen angibt, das aus dem überstrichenen Stempelweg sehr einfach ermittelt werden kann, bezieht sich die Schmelze-Massefließrate auf die freigesetzte Masse, die durch Wiegen des ausgetretenen Materials bestimmt wird. Über die Dichte sind beide Werte direkt miteinander verknüpft.

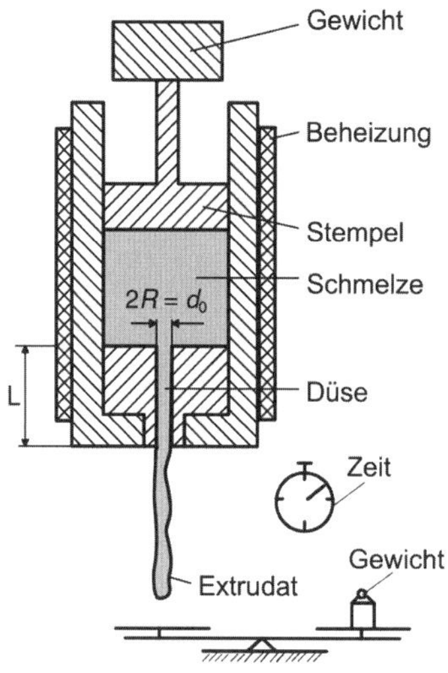

Bild 3.19
Schmelzindexmessgerät

Für den Vergleich unterschiedlicher Messwerte ist es erforderlich, mit dem Messwert auch die Prüfbedingungen anzugeben. Die Angabe „MFI 0,78 g/10 min 190 °C/2,16 kg" bedeutet, dass die Messung bei 190 °C stattgefunden hat und der Stempel mit einem Gewicht von 2,16 kg beaufschlagt war. Unter diesen Bedingungen sind in zehn Minuten 0,78 kg Schmelze aus der Apparatur ausgetreten.

Die Schmelzindexmessung unterscheidet sich fundamental von Rheometern. Rheometer erlauben die Ermittlung der komplexen Viskositätsfunktion über einen weiten Schergeschwindigkeitsbereich und liefern hiermit Werte, die für die Auslegung und Dimensionierung von Anlagen und Werkzeugen zur Kunststoffverarbeitung unerlässlich sind. Hierzu ist die Schmelzindexmessung ungeeignet. Sie ist aber aufgrund ihres sehr einfachen Aufbaus und der schnellen Messung und Auswertung industriell weit verbreitet und wird vor allem zur ersten Charakterisierung von Kunststoffschmelzen und zur Wareneingangs- und Qualitätskontrolle häufig herangezogen.

Der wesentliche Nachteil der Schmelzindexmessung liegt darin, dass das Ergebnis nur einen Punkt auf der Viskositätskurve einer Kunststoffschmelze repräsentiert (Bild 3.20). Da sich aufgrund der Strukturviskosität das Fließverhalten von Kunststoffschmelzen aber mit der Schergeschwindigkeit nichtlinear ändert, können MFR und MVR/MVI das Materialverhalten nicht vollständig erfassen. Zudem beinhalten die Messwerte elastische Effekte, die insbesondere im Einlauf zum Vorratsbehälter auftreten. Dadurch weisen Schmelzen mit gleichen viskosen, aber unterschiedlichen elastischen Eigenschaften verschiedene Schmelzindizes auf.

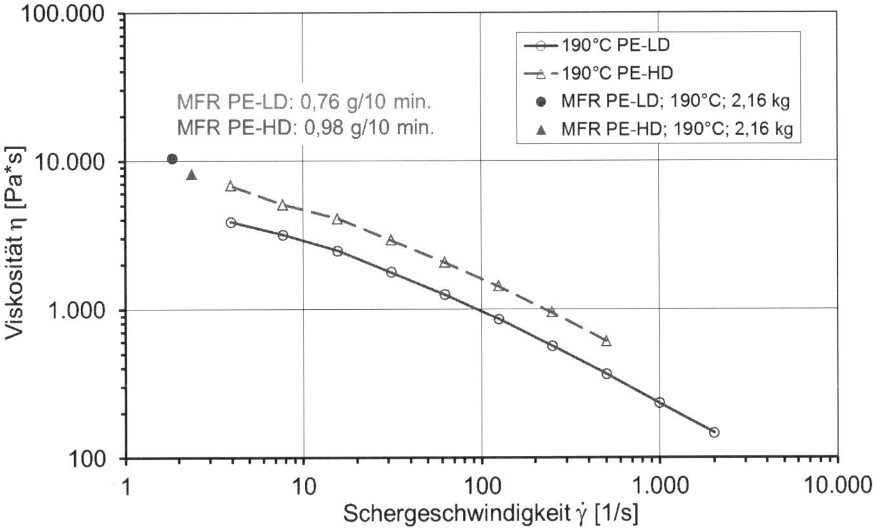

Bild 3.20 Viskositätskurven und MFR- Messung im Vergleich

3.3 Elastische Eigenschaften von Polymerschmelzen

Kunststoffschmelzen verhalten sich nicht rein viskos, sondern sie besitzen zusätzlich eine nicht unerhebliche Elastizität (siehe oben: „Bagley-Korrektur"). Ihre Eigenschaften liegen damit zwischen denen eines idealen Fluides und eines idealen (hookeschen) Festkörpers. Man spricht deshalb von *„viskoelastischem Verhalten"* oder *„Viskoelastizität"*. Das viskoelastische Verhalten beeinflusst die Verarbeitungs- und Fertigteileigenschaften eines Kunststoffs entscheidend.

Kettenstruktur beeinflusst die Viskoelastizität

Gründe für die Viskoelastizität der Schmelzen liegen im molekularen Aufbau der Kunststoffe. Die langen Kettenmoleküle, die vielfach noch zahlreiche Verzweigungen besitzen, gleiten in einer Strömung nicht so schnell aneinander vorbei wie beispielsweise kompakte Wassermoleküle. Es bilden sich Verschlaufungen, die ein Abgleiten verzögern. Dadurch werden elastische Rückstellkräfte hervorgerufen.

Molekülorientierungen

Darüber hinaus richtet jede Strömungsform die im Ruhezustand regellos angeordneten Moleküle mehr oder weniger aus, so dass sie eine Art Strecklage einnehmen (Orientierung). Dem entgegen wirkt das Bestreben der Moleküle, wieder einen möglichst ungeordneten Zustand einzunehmen (Zustand größter Entropie). Diese mikroskopisch ablaufenden Vorgänge bewirken makroskopisch elastische Verhaltensweisen, die bei rein viskosen Fluiden nicht auftreten.

3.3.1 Normalspannungen

Bei Kunststoffschmelzen bilden sich in einer reinen Scherströmung Normalspannungen in allen drei Raumrichtungen, deren Betrag jeweils unterschiedlich ist. Diese Eigenschaft der Kunststoffschmelzen wird Normalspannungseffekt genannt. Die Differenzen zwischen den Normalspannungen können den Betrag der Schubspannung um ein Vielfaches übersteigen.

3.3.2 Zeitabhängiges Verhalten

Beansprucht man Kunststoffschmelzen plötzlich mit einer konstanten Schergeschwindigkeit, so wächst die Schubspannung als Antwort auf die aufgebrachte Deformation nur allmählich an. Bremst man nach einer gewissen Scherdauer abrupt ab, so dass eine konstante Deformation erhalten bleibt, so dauert es einige Zeit, bis die Spannung abgeklungen ist (*Relaxation*). Bringt man dagegen in Kunststoffschmelzen Schubspannungen ein, so reagiert die Schmelze verzögert mit Deformation. Ebenso stellt sich eine Verzögerung in der Rückstellung ein, wenn man plötzlich die deformierende Spannung wegnimmt. Dabei wird die Schmelze einen Teil der eingebrachten Deformation wieder abbauen, indem sie sich in Richtung des undeformierten Zustands bewegt (*Retardation*).

Vom Ansatz her ist dieses Verhalten sehr ähnlich dem mechanischen Verhalten erstarrter Kunststoffe, wobei sich das Verhältnis von viskosen zu elastischen Anteilen nach der Erstarrung deutlich zugunsten der Elastizität entwickelt. Beide Zustände von Kunstoffen können durch sogenannte Feder/Dämpfermodelle gut abgebildet werden.

■ 3.4 Abkühlen aus der Schmelze

In der Schmelze und Lösung besitzen die einzelnen Makromoleküle eines Thermoplasten eine verknäuelte Struktur ähnlich der von Watte oder von gekochten Spaghetti, da dieser Zustand die größtmögliche Entropie besitzt. Die Verschlaufungen und Verhakungen der einzelnen Moleküle untereinander lösen und schließen sich aufgrund der Wärmebewegung in der Schmelze, wobei im Mittel eine regellose Anordnung erhalten bleibt. Wird eine Thermoplastschmelze abgekühlt, verlieren die Ketten zunehmend ihre Beweglichkeit und die Schmelze wird hochviskos.

3.4.1 Amorph erstarrende Thermoplaste

Wenn es sich bei dem Polymer um einen amorph erstarrenden Werkstoff handelt, führt die mit der Abkühlung verbundene, zunehmend dichtere Packung nicht zu einer Kristallisation, sondern die Schmelze friert im ungeordneten Zustand immer weiter ein, bis unterhalb des Bereiches der Einfriertemperatur ein glasartiger Zustand erreicht wird. Das Durchlaufen des Glasübergangsbereiches der Temperatur geht mit gravierenden Änderungen der physikalischen und mechanischen Kennwerte einher (siehe dazu auch Kapitel 2).

3.4.2 Teilkristallin erstarrende Thermoplaste

Sphärolithe

Makromoleküle, die regelmäßige Strukturen im Kettenaufbau aufweisen, können beim Abkühlen kristalline Strukturen ausbilden. Da aber wegen der Größe der Moleküle keine vollständige Kristallinität auftreten kann, wird bei derartigen Werkstoffen von *teilkristallinen* Polymeren gesprochen. Die *Kristallisationsgrade* handelsüblicher Polymere liegen zwischen 20 und 80%. Bei der Abkühlung aus der Schmelze wächst in teilkristallinen Polymeren um einen Kristallkeim ein aus kristallinen und amorphen Bereichen bestehender Sphärolith. Ein Sphärolith wächst solange kugelförmig in die amorphe Umgebung hinein, bis er mit einem anderen zusammentrifft. So besteht ein teilkristallin erstarrter Thermoplast im Wesentlichen aus einander begrenzenden Sphärolithen, wie Bild 3.21 dies schematisch zeigt.

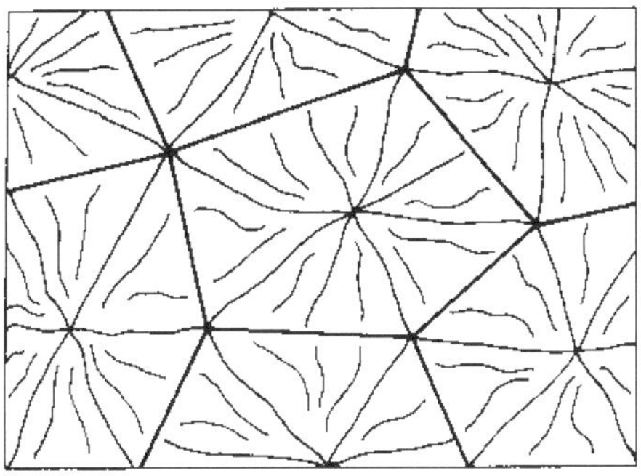

Bild 3.21 Schematische Darstellung eines grobsphärolithischen Polypropylengefüges

Einige Eigenschaften teilkristalliner Materialien hängen wesentlich von der Größe der Sphärolithe und vom Kristallisationsgrad ab. Als Beispiel dient hier die Abhängigkeit des E-Moduls vom Kristallisationsgrad und dem Sphärolithdurchmesser für ein Polypropylen, die in Bild 3.22 dargestellt ist. Es ist einsichtig, dass Kenntnisse über die Entstehung von Sphärolithen und Möglichkeiten der Beeinflussung, z.B. ihrer Dichte und Größe, wichtig für eine optimale Verarbeitung *teilkristalliner Thermoplaste* sind.

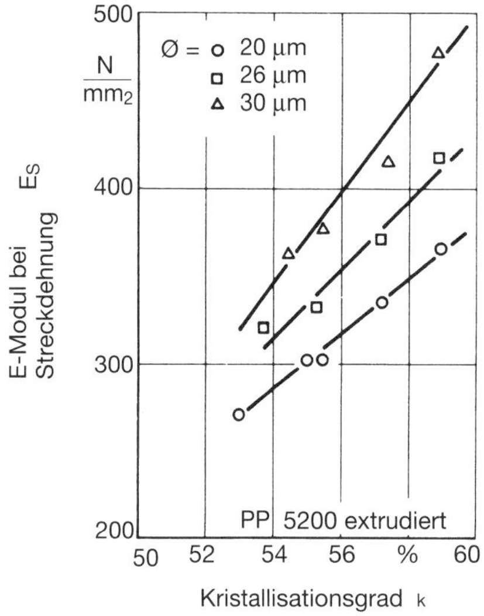

Bild 3.22
Elastizitätsmodul bei Streckdehnung in Abhängigkeit der inneren Eigenschaften

Die Kristallisation erfolgt in drei Stufen:

- Keimbildung,
- Kristallwachstum (primäre Kristallisation) und
- Nachkristallisation (sekundäre Kristallisation, Perfektionierung).

Kristallisation

Die Entwicklung der Sphärolithe beginnt an Kristallisationskeimen. Bei homogenen Schmelzen unterliegt die Bildung von Keimen (homogene Keimbildung) bei der Schmelztemperatur einer sehr geringen Wahrscheinlichkeit. Diese Wahrscheinlichkeit steigt aber mit sinkender Temperatur. Dies führt dazu, dass die Kristallisation deutlich unterhalb der Schmelztemperatur beginnt. Ein wachstumsfähiger Keim wächst so lange, bis der entstehende Sphärolith mit anderen zusammenstößt; damit ist die primäre Kristallisation abgeschlossen. Die Nachkristallisation beginnt schon während des Kristallwachstums hinter der fortschreitenden Sphärolithfront. Das im Sphärolithen befindliche amorphe Material wird teilweise noch kristallisiert und sein Volumen nimmt ab.

Charakterisierung mit DSC

Aus der Keimbildungs- und der Wachstumsgeschwindigkeit der Sphärolithe ergibt sich die Umwandlungsgeschwindigkeit bei der Kristallisation. Da die Kristallisation ein exothermer Vorgang ist, lässt sie sich mit kalorimetrischen Verfahren verfolgen. Dieses kann zum Beispiel mithilfe der DSC-Analyse (siehe Abschnitt 3.2) bei konstanter Abkühlgeschwindigkeit geschehen. Diejenige Temperatur, bei der die höchste Umwandlungsrate vorliegt, wird als *Kristallisationstemperatur* T_K bezeichnet.

Bild 3.23 verdeutlicht nochmals die Definitionen der Schmelztemperatur T_S bzw. der Kristallisationstemperatur T_K als das Maximum der Aufheiz- bzw. der Abkühlkurve. Bei der Abkühlung einer Schmelze wird die Anzahl der homogenen Keime mit steigender Unterkühlung der Schmelze erhöht. Die Abkühlgeschwindigkeit besitzt somit einen großen Einfluss auf die Kinetik der Kristallisation und die Entstehung der Gefügestruktur.

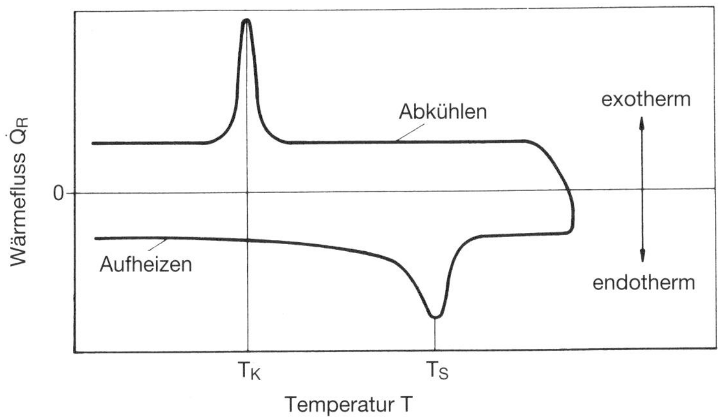

Bild 3.23 Aufheiz- und Abkühlvorgang bei der DSC-Analyse von Polypropylen

Wirkung der Abkühlgeschwindigkeit

Bei hohen Abkühlgeschwindigkeiten wird die Kristallisationstemperatur zu tieferen Werten hin verschoben, und es bilden sich viele Sphärolithe zu einer feinen Struktur aus. Erfolgt die Abkühlung langsamer, so werden weniger Keime gebildet und die entstehenden Sphärolithe werden größer. Den geschilderten Zusammenhang zwischen Gefügegröße und Abkühlgeschwindigkeit belegt Bild 3.24. Deutlich ist die Abnahme des mittleren Sphärolithdurchmessers mit steigenden Abkühlgradienten für ein Polypropylen zu erkennen. Gleichzeitig sinkt auch der Kristallisationsgrad, da die Kristallisationsgeschwindigkeit mit sinkender Temperatur abnimmt.

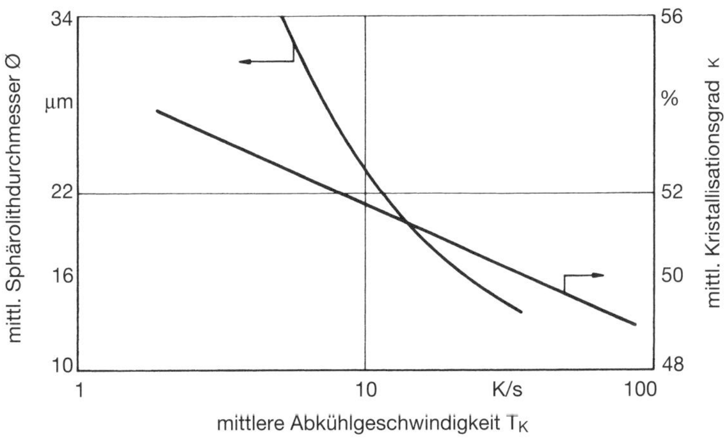

Bild 3.24 Mittlere Sphärolithdurchmesser und Kristallisationsgrade in Abhängigkeit von der mittleren Abkühlgeschwindigkeit (Polypropylen)

3.4.3 Nukleierung

Die Wachstumsgeschwindigkeit der Sphärolithe ist, wie oben beschrieben, stark temperaturabhängig. Aber auch zwischen den einzelnen Kunststoffen bestehen große Unterschiede im Kristallisationsverhalten. Die maximalen Sphärolithwachstums-Geschwindigkeiten für einige teilkristalline Thermoplaste zeigt die folgende Tabelle.

Tabelle 3.1 Maximale Kristallisationsgeschwindigkeiten verschiedener Thermoplaste

Thermoplast	Maximale Kristallisationsgeschwindigkeit in µm/s
Polyethylen	33
Polypropylen	$3{,}3 \cdot 10^{-1}$
Polycarbonat	$1{,}7 \cdot 10^{-4}$
Polyamid 6	3,3
Polyamid 66	20

Wünschenswert ist in der Regel ein feines Gefüge bei möglichst hohem Kristallisationsgrad schon unmittelbar nach der Formgebung. Dieses lässt sich allein durch entsprechende Verarbeitungsparameter nicht immer realisieren. Insbesondere bei langsam kristallisierenden Polymeren, wie z. B. Polypropylen, stehen diese beiden Forderungen im Gegensatz zueinander.

Nukleierungsmittel

Um auch bei langsam kristallisierenden Thermoplasten trotz langsamer Abkühlung ein feines Gefüge zu erzielen, gibt man sogenannte Nukleierungsmittel zu, die die Anzahl der heterogenen Keime in der Schmelze erhöhen. Die *Nukleierung* führt zu einer früher einsetzenden und rascheren Kristallisation, die dadurch auch früher abgeschlossen ist. Es entsteht auch bei langsamer Abkühlung ein feinkörniges Gefüge mit einer engen Größenverteilung der Sphärolithe. Zur Beurteilung der Wirksamkeit einer Nukleierung lässt sich die Kristallisationstemperatur heranzie-

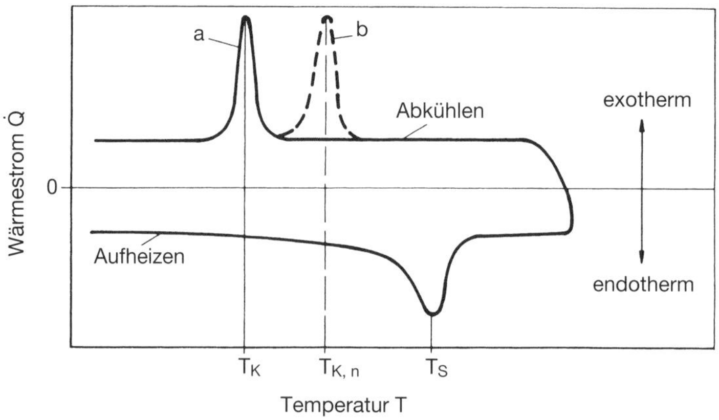

Bild 3.25 Aufzeichnung der Messung einer DSC-Analyse von Polypropylen (a: Grundmaterial; b: nukleiertes Material)

hen, die sich wie oben beschrieben mittels DSC-Analyse ermitteln lässt. Ein Beispiel für ein nukleiertes und ein nicht nukleiertes Polypropylen gibt Bild 3.25. Deutlich ist bei dem nukleierten Material die Verschiebung der Kristallisationstemperatur zu höheren Temperaturen zu sehen.

3.4.4 Bestimmung des Kristallisationsgrades

Dichtemessung

Eine einfache Möglichkeit zur Bestimmung des Kristallisationsgrades eines teilkristallinen Kunststoffs ist die Messung der *Dichte*. Dabei geht man von einem Zweiphasenmodell des teilkristallinen Werkstoffes aus (siehe auch Kapitel 2). Man unterstellt das Vorhandensein einer rein kristallinen und einer rein amorphen Phase, wobei sich die tatsächliche Dichte aus den Volumenanteilen der beiden Phasen ergibt. Zwischen der Dichte ρ und dem Kristallisationsgrad χ gilt die Beziehung:

$$\chi = \frac{\rho - \rho_{\mathrm{a}}}{\rho_{\mathrm{c}} - \rho_{\mathrm{a}}} \tag{3.24}$$

mit:

ρ_a: Dichte der vollständig amorphen Phase

ρ_c: Dichte der vollständig kristallinen Phase

Dieses Verfahren gestattet eine relativ genaue Bestimmung des Kristallisationsgrades. Bedingungen sind dabei allerdings, dass die Dichten der vollständig amorphen und der vollständig kristallinen Phase sehr genau bekannt sind und die Proben weder Lunker noch Lufteinschlüsse besitzen. Bei gefüllten und verstärkten Kunststoffen muss zudem der Gehalt an Zusatzstoffen in dem Messobjekt und deren Dichte gut bekannt sein. Gleichung 3.19 lässt sich dann entsprechend erweitern. Hinsichtlich der Genauigkeit der Messung des Kristallisationsgrads sind Füll- und Verstärkungsstoffe allerdings abträglich.

DSC

Ein weiteres, häufig zur Ermittlung des Kristallisationsgrades eingesetztes Verfahren ist die Differentialthermoanalyse. Der untere Kurvenverlauf in Bild 3.23 und Bild 3.25 spiegelt in dem endothermen Peak nicht nur durch die Lage des Minimums die Schmelztemperatur sondern durch seine Fläche auch die Schmelzenthalpie wieder, die benötigt wird, um den kristallinen Anteil in den Schmelzezustand zu überführen. Um aus der Schmelzenthalpie auf den Kristallisationsgrad zu schließen, existieren verschiedene Möglichkeiten: Entweder man stellt die gemessene Schmelzeenthalpie zu einem Literaturwert für den vollständig kristallinen Kunststoff in Bezug oder man führt einen zweiten DSC-Lauf mit der identischen Probe durch, nachdem sie ausreichend langsam abgekühlt worden war, um vollständig zu kristallisieren. Die im zweiten Durchlauf gemessene Schmelzenthalpie ist dann die Referenzgröße für die im ersten Lauf gemessene.

Beide Verfahren liefern zwar ein Maß für die Kristallinität, bedürfen aber stets einer kritischen Fehlerbetrachtung, weil die Bezugsgrößen fehlerhaft sein können. Außer diesen relativ einfachen Messverfahren sind noch eine Anzahl zum Teil sehr aufwendiger Methoden zur Bestimmung des Kristallisationsgrades bekannt, auf die aber hier nicht näher eingegangen werden soll. Es wird stattdessen auf die entsprechende Fachliteratur verwiesen.

3.5 Morphologie erstarrter Thermoplaste

Einfluss der Verarbeitung

Neben der polymeren Struktur, der Additivierung und der Zugabe von Füll- und Verstärkungsstoffen werden die physikalischen Eigenschaften von Kunststoffprodukten auch durch den Verarbeitungsprozess beeinflusst. Scherungen, lokale Abkühlgeschwindigkeiten und lokal wirkende Nachdruckniveaus haben in ihrem Zusammenspiel eine komplexe Wirkung auf Schwindung, Orientierungen von Molekülsegmenten und Kristallen sowie Eigenspannungen im Produkt. Die durch Fließprozesse eingebrachte Scherung, die beim Abkühlen eingefroren wird, wie auch die beim Abkühlen behinderte Schwindung erzeugen selbst bei an sich isotropen Kunststoffen anisotrope innere Spannungszustände, sogenannte Eigenspannungen. Diese Spannungszustände haben einen großen Einfluss auf die Tragfähigkeit, aber auch auf weitere physikalische Eigenschaften wie beispielsweise die Medienbeständigkeit.

Polarisations-mikroskopie

Eine quantitative Messung dieser Zustände ist möglich, aber vergleichsweise aufwendig. Mithilfe der Polarisationsmikroskopie und der entsprechenden Präparationstechniken lassen sich aber mit relativ einfachen Methoden qualitative und vergleichende Aussagen über den Zustand eines Kunststoffproduktes treffen.

Das Bild 3.26 zeigt eine übliche Anordnung der Polarisationsmikroskopie. Die zu untersuchende durchstrahlbare Probe wird zwischen zwei gekreuzte Polfilter gebracht. Optisch aktive Werkstoffe teilen den eingehenden Lichtstrahl in zwei Teilstrahlen auf, die im Werkstoff eine unterschiedliche Geschwindigkeit besitzen. Durch Interferenzen der Teilstrahlen erfährt linear polarisiertes Licht wellenlängenselektive Auslöschungen und Verstärkungen, wodurch sich ein charakteristisches Farbenbild einstellt. Orientierungen und Eigenspannungen beeinflussen – vereinfacht ausgedrückt – das Verhältnis der Lichtgeschwindigkeiten zueinander, wodurch sie die Polarisationsebene des interferierenden Lichtes ändern und Einfluss auf das Farbbild nehmen. Dieser Effekt wird zu deren Charakterisierung genutzt.

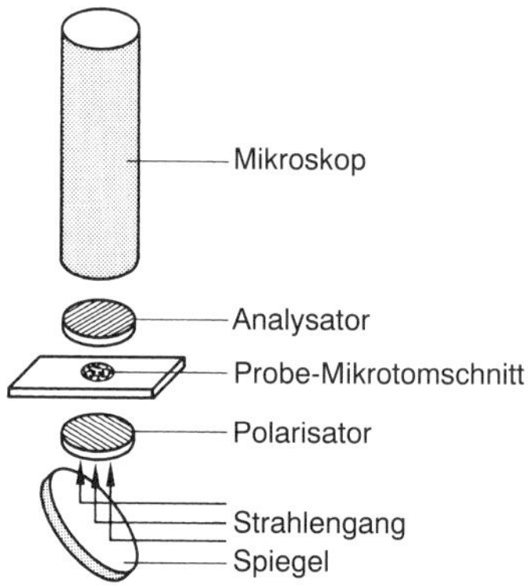

Bild 3.26
Schematische Anordnung bei der Polarisationsmikroskopie

3.5.1 Amorph erstarrte Thermoplaste

Die Eigenschaften von Produkten aus amorph erstarrten Kunststoffen werden durch die Verarbeitungsgeschichte maßgeblich bestimmt. Eigenspannungen und Orientierungen können zu einer Vorbelastung des Werkstoffs führen, so dass eine Schädigung während der Nutzung bereits bei deutlich geringeren äußeren Belastungen eintreten kann.

Isochromate

Das Bild 3.27 zeigt die Struktur von Orientierungen und Eigenspannungen am Beispiel einer Schweißverbindung zweier Polycarbonat-Bauteile. Die Bewertung erfolgt anhand der Dichte der Farbwechsel und der Schärfe der Farbübergänge. Bereiche gleichen Farbniveaus (*Isochromate*) liegen auf gleichem Eigenspannungs-/Orientierungsniveau. Das Bild zeigt, dass die beiden von oben nach unten verlaufenden Finger ein relativ hohes Eigenspannungs- bzw. Orientierungsniveau aufweisen.

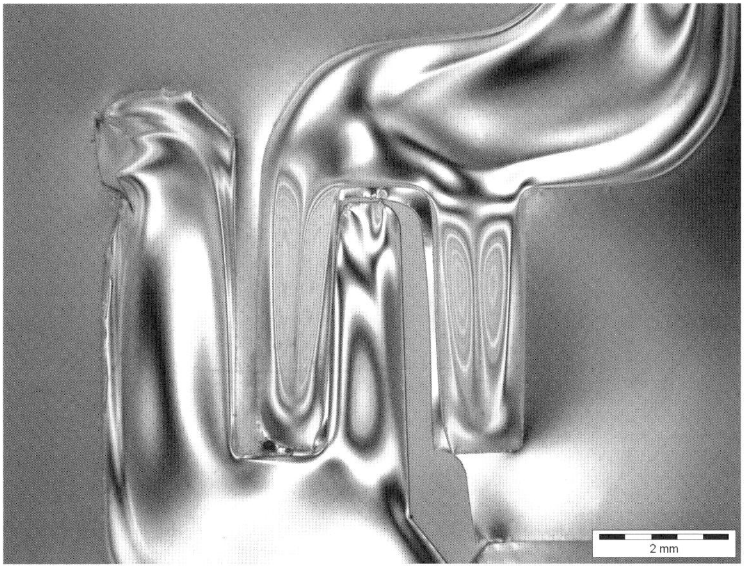

Bild 3.27 Darstellung von Eigenspannungen und Orientierungen in einem geschweißten Bauteil aus Polycarbonat

Isokline

Die schwarzen Bereiche (*Isokline*) hingegen ändern die Polarisationsebene des einfallenden Lichtes nicht, wodurch die gekreuzten Polfilter kein Licht transmittieren lassen. Diese Positionen sind eigenspannungs- und orientierungsarm.

geeignetes Tempern

Molekülorientierungen und Eigenspannungen haben bei der Polarisationsmikroskopie eine sehr ähnliche Wirkung, weswegen sich diese Eigenschaften nicht per se unterscheiden lassen. Eine Möglichkeit besteht jedoch im Tempern: Die Lagerung bei erhöhten Temperaturen führt zur Relaxation der Eigenspannungen und Orientierungen. Solange aber die Lagertemperatur unterhalb des Glasübergangsbereichs (T_g) gehalten wird, bleibt die Kettenbeweglichkeit der Moleküle noch zu gering, um

Umlagerungen zuzulassen. Dann relaxieren beim Tempern nur die Eigenspannungen, während die Orientierungen verbleiben. Dabei ist die geeignete Wahl von Lagerzeit und -temperatur entscheidend.

Neben der Darstellung der Orientierungs- und Spannungszustände dienen mikroskopische Untersuchungen auch der Bewertung der Schmelzeaufbereitung. Deren Qualität wird durch verschiedene Verarbeitungsparameter bestimmt (siehe Kapitel 6 und 7). Bild 3.28 zeigt am Beispiel eines Dünnschliffs von einem Druckknopf aus Polyvinylchlorid (PVC) einige typische Verarbeitungsfehler, die negative Auswirkungen auf die äußeren Produkteigenschaften haben können. Zunächst lassen sich typische Merkmale wie der Anschnitt (oben rechts) und eine Bindenaht (gegenüber, unter links) identifizieren. Die Bindenaht besitzt außerdem einen kleinen Lufteinschluss. Hier besteht also möglicherweise ein Entlüftungsproblem. Weiterhin ist das Bild durch starke Schlieren geprägt, anhand derer einerseits das Fließbild erkannt, aber auch auf eine inhomogene Schmelzeaufbereitung geschlossen werden kann. Offenbar wurde hier ein Masterbatch eingesetzt, das im Spritzgießzylinder nicht ausreichend eingearbeitet wurde.

Das Bild 3.28 zeigt im Übrigen das Muster nach einer ersten Prozessverbesserung. Die früheren Druckknöpfe hatten ein unerwartetes Versagensverhalten gezeigt, da sie gegenüber dem Anschnitt frühzeitig aufrissen. Anhand von Dünnschliffen konnte gezeigt werden, dass die Bindenaht mangelhaft war, da an den Außenseiten Kerben zu finden waren, die ein frühzeitiges Versagen begünstigen.

Bild 3.28
Dünnschliff eines Druckknopfes mit Verarbeitungsmängeln (Aufnahme ohne Polfilter)

Auch bei der Bewertung von Verarbeitungsmängeln wie in Bild 3.28 besteht die Herausforderung in der richtigen und angemessenen Interpretation, da Unzulänglichkeiten nicht unbedingt auch zu Fehlern oder Schäden des Produktes führen müssen. Hier ist stets eine Gegenüberstellung mit wirtschaftlichen Gesichtspunkten und mit Erfahrungen mit dem spezifischen Produkt erforderlich.

3.5.2 Teilkristallin erstarrte Thermoplaste

Prägend für die Morphologie teilkristallin erstarrter Thermoplaste ist die Struktur der kristallinen Phase. Bild 3.29 zeigt am Beispiel eines nicht-nukleierten Polypropylens die Anordnung der Sphärolithe und bestätigt die bereits in Bild 3.21 entwickelte Vorstellung. Deutlich sind hier die Sphärolithgrenzen zu erkennen, die sich, je grober das Gefüge ist, umso stärker zu Sollbruchstellen bei mechanischer Beanspruchung entwickeln. Aus diesem Grunde vermeidet man die Bildung großer Sphärolithe durch Zugabe von Nukleierungsmitteln.

Bild 3.29 Sphärolithisches Gefüge in einem Polypropylen ohne Nukleierungsmittel (Erstarrungszustand im Heiztisch)

Untersuchungen zum Kristallisationsverhalten wie in Bild 3.29 lassen sich mithilfe eines Heiztisches in Verbindung mit einem Polarisationsmikroskop durchführen. Durch die Variation der Abkühlgeschwindigkeit lässt sich der Einfluss relativ prozessnah darstellen.

Nicht nur Abkühlgeschwindigkeiten und -gradienten bestimmen das sich ausbildende kristalline Gefüge, sondern auch die durch das Fließen eingebrachte und eingefrorene Scherung. Da Scherungen und Abkühlgeschwindigkeiten im Inneren eines erstarrenden Bauteils nicht beliebig beeinflussbar sind, kann sich im Prinzip an jedem Ort eines erstarrenden Kunststoffs ein anderer Zustand ausbilden. Bild 3.30 zeigt diese Vielfalt am Beispiel eines spritzgegossenen Produktes aus Polyoxymethylen (POM).

Die Ränder des Bauteils hatten direkten Kontakt mit der kühlenden Werkzeugoberfläche. Das kristalline Gefüge ist aufgrund der dort sehr hohen Abkühlgeschwindigkeit sehr fein, so dass es bei der genutzten Auflösung des Mikroskops nicht darstellbar ist. Weiter zum Bauteilinneren hin entwickelt sich eine abweichende Struktur, die vor allem durch Scherung geprägt wird (Scherzone). Die daraufhin zum Bauteilinneren folgenden Strukturen zeigen eine deutliche Vorzugrichtung. Die Kristallite wachsen zum Bauteilinneren hin und haben nicht die bisher beschriebene Sphärolithstruktur (siehe Bild 3.29), sondern wachsen eher stäbchenförmig. Erst in der Bauteilmitte erkennt man auch beim POM die typischen Sphärolithe, denen aufgrund der dort herrschenden geringen Abkühlgeschwindigkeit mehr Zeit zum Wachstum zur Verfügung stand. (Die horizontale Linie in der Bauteilmitte rührt vermutlich daher, dass in diesem Fall das POM ein metallisches Einlegeteil umspritzt hat, und von beiden Bauteilseiten unterschiedliche Kühlkapazitäten zur Verfügung standen.)

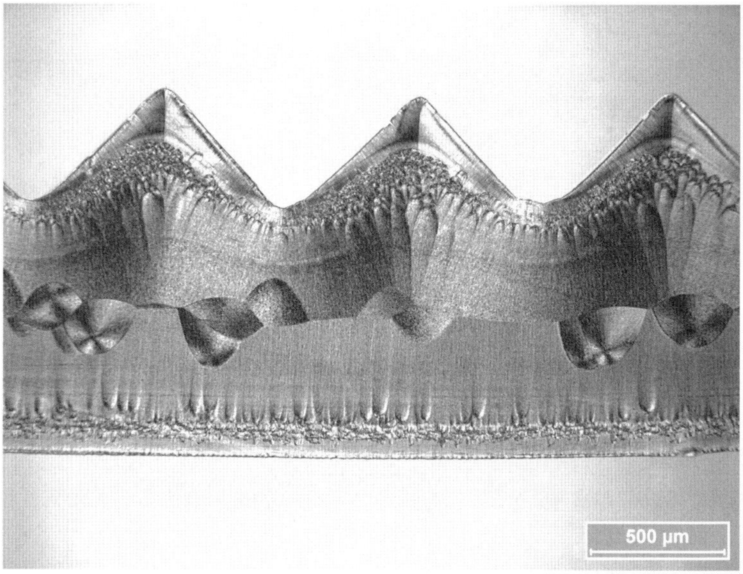

Bild 3.30 Kristalline Strukturen in einem Produkt aus POM

Die Polarisationsmikroskopie ist eines der Standardverfahren zur Beschreibung der Morphologie von Kunststoffprodukten. Zur vollständigen Morphologiebeschreibung sind weitere mikoskopische, diffraktografische und spektroskopische Methoden notwendig, auf die an dieser Stelle nicht eingegangen wird (vgl. hierzu die entsprechende Literatur).

Literatur zu Abschnitt 3.1

Domininghaus, H., Eyerer, P., Elsner, P. und *Hirth, T.*: Die Kunststoffe und ihre Eigenschaften, 8. Aufl., Springer Verlag, Heidelberg, 2012

Ehrenstein, G. W., Riedel, G. und *Trawiel, P.*: Praxis der Thermischen Analyse von Kunststoffen, 2. Aufl., Carl Hanser Verlag, München, 2003

Hemminger, W. F. und *Cammenga, H. K.*: Methoden der Thermischen Analyse, Springer Verlag, Berlin, 1989

Menges, G., Haberstroh, E., Michaeli, W. und *Schmachtenberg, E.*: Menges Werkstoffkunde Kunststoffe, 6. Aufl., Carl Hanser Verlag, München, 2011

Literatur zu Abschnitt 3.2 und 3.3

Bagley, E. B.: End Corrections in the Capillary Flow of Polyethylene, J. Appl. Phys.35 (1961) 9, S. 2767 - 2775

Böhme, G.: Strömungsmechanik nicht-Newtonscher Fluide, Teubner, Stuttgart, 1981

Ebert, F.: Strömung nicht-Newtonscher Medien, Vieweg, Braunschweig, Wiesbaden, 1980

Giesekus, H. und *Langer, G.*: Die Bestimmung der wahren Fließkurven nicht-Newtonscher Flüssigkeiten und plastischer Stoffe mit der Methode der repräsentativen Viskosität, Rheol. Acta16 (1977), S. 1 - 22

Menges, G., Haberstroh, E., Michaeli, W. und *Schmachtenberg, E.*: Menges Werkstoffkunde Kunststoffe, 6. Aufl., Carl Hanser Verlag, München, 2011

Michaeli, W.: Extrusionswerkzeuge für Kunststoffe und Kautschuk: Bauarten, Gestaltung und Berechnungsmöglichkeiten, 3. Aufl., Carl Hanser Verlag, München, 2009

Plajer, O.: Praktische Rheologie für Kunststoffschmelzen, Zechner & Hüthig, Speyer, 1970

Schümmer, P. und *Worthoff, R. H.*: An Elementary Method for the Evaluation of Flow Curve, Chem. Eng. Sci.38 (1978), 759 - 763

VDI (Hrsg.): Praktische Rheologie für Kunststoffe, VDI-Verlag, Düsseldorf, 1983

VDI (Hrsg.): Praktische Rheologie der Kunststoffschmelzen und Lösungen, VDI-Verlag, Düsseldorf, 1983

Williams, M. L., Landel, R. F. und *Ferry, J. D.*: The Temperature Dependence of Relaxation Mechanism in Amorphous Polymers and Other Glass-forming Liquids, J. Am. Chem. Soc.77 (1955) 7, S. 3701 - 3706

Literatur zu Abschnitt 3.4

Baur, E., Osswald, T. und *Rudolph, N.*: *Saechtling Kunststoff-Taschenbuch, 31. Auflage, Carl Hanser* Verlag, München, 2013

Domininghaus, H., Eyerer, P., Elsner, P. und *Hirth, T.*: Die Kunststoffe und ihre Eigenschaften, 8. Aufl., Springer Verlag, Heidelberg, 2012

Elias, H.: Quantitative Methoden der Morphologie, Springer Verlag, Berlin, Heidelberg, New York, 1967

Hoffmann, Krömer, und *Kuhn,* : Polymeranalytik I, II, Thieme Verlag, Stuttgart, 1990

Kämpf, G.: Industrielle Methoden der Kunststoff-Charakterisierung, Carl Hanser Verlag, München, 1996

Menges, G., Haberstroh, E., Michaeli, W. und *Schmachtenberg, E.*: Menges Werkstoffkunde Kunststoffe, 6. Aufl., Carl Hanser Verlag, München, 2011

Michler, G. H.: Kunststoffmikromechanik – Morphologie, Deformations- und Bruchmechanismen, Carl Hanser Verlag, München, 1992

Van Krevelen, D. W.: Properties of Polymers, Elsevier Scientific Publishing Company, Amsterdam, Oxford, New York, 1976

N. N.: Reihe Ingenieurwesen, Kühlen von Extrudaten, VDI-Verlag, Düsseldorf, 1978

Literatur zu Abschnitt 3.5

Kämpf, G.: Industrielle Methoden der Kunststoff-Charakterisierung, Carl Hanser Verlag, München, 1996

4 Werkstoffkunde der Kunststoffe

4.1 Allgemeines zum Werkstoffverhalten

Werkstoffe nach Maß

Die vielfältigen Möglichkeiten, die Werkstoffeigenschaften sehr genau an die Anforderungen des jeweiligen Produktes anzupassen, führte zu der Benennung der Kunststoffe als „Werkstoffe nach Maß“. Nach den Erfordernissen des Marktes, im Hinblick auf bessere Verarbeitbarkeit und durch ein gezielt anzupassendes *Eigenschaftsprofil* wurden die Kunststoffe optimiert. Die stete Ausweitung des Werkstoff- und Anwendungsspektrums erfolgte vorwiegend durch *Modifikation* der Rohstoffe mit *Zusatzstoffen* (zum Verstärken, Füllen, Weichmachen), durch Mischen (Blenden) mit anderen Polymeren sowie durch die Entwicklung neuer Polymere und sogenannter Verbundwerkstoffe.

Das technische und technologische Verhalten der Kunststoffe wird im Wesentlichen bestimmt durch die chemische Natur der Grundbausteine, die Länge und Anordnung der Makromoleküle. Entsprechend dem molekularen Aufbau können alle Zustandsformen zwischen Festkörper und Flüssigkeit vorliegen.

Klassifizierung

Zur Klassifizierung und zur Kennzeichnung des mechanisch-thermischen Verhaltens der Kunststoffe können die Temperaturfunktionen des *Schubmoduls* und der mechanischen *Dämpfung* herangezogen werden. Bei der Anwendung und der Prüfung von Kunststoffen ist der strukturbedingte Einfluss von Temperatur und Zeit (auch Belastungszeit bzw. -geschwindigkeit) auf das Formänderungsverhalten zu beachten (Bild 4.1). Für das *Verformungsverhalten* der Kunststoffe gelten nachstehende allgemeingültige Grundeigenschaften:

Viskoelastizität

Kunststoffe sind *viskoelastische* Werkstoffe (Bild 4.2) – dies bedeutet: Das Werkstoffverhalten bei äußerer Beanspruchung ist eine Funktion der Zeit. Bei konstanter Last nimmt die Deformation mit der Zeit zu (*Kriechen, Retardieren*). Bei einer konstanten Verformung nimmt die Spannung mit der Zeit ab (*Erholen, Relaxieren*).

nicht linear viskoelastisch

- Kunststoffe sind *nicht-linear viskoelastische* Werkstoffe, d. h.: Die Beanspruchungshöhe ist von entscheidender Bedeutung. Eine Verdopplung der Spannung führt im gleichen Zeitraum zu einer mehr als doppelt so hohen *Deformation*, bei der Verdopplung der Deformation ergibt sich im gleichen Zeitraum weniger als die zweifache Spannung (isochrone σ-ε-Diagramme sind daher degressiv).

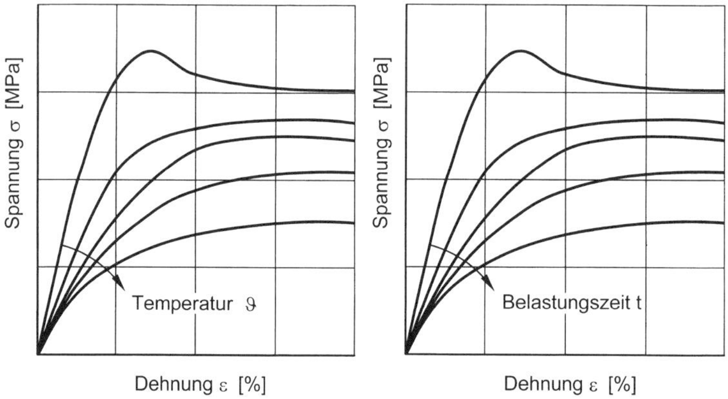

Bild 4.1 Einfluss von Temperatur und Zeit auf das Formänderungsverhalten

temperaturabhängig

- Kunststoffe haben ein temperaturabhängiges Werkstoffverhalten: Bei erhöhter Temperatur laufen die zeitabhängigen Erscheinungen beschleunigt ab. Dieser Zeitraffereffekt wird durch *Zeit-Temperatur-Verschiebungsregeln,* z.B. nach Arrhenius, empirisch beschrieben.

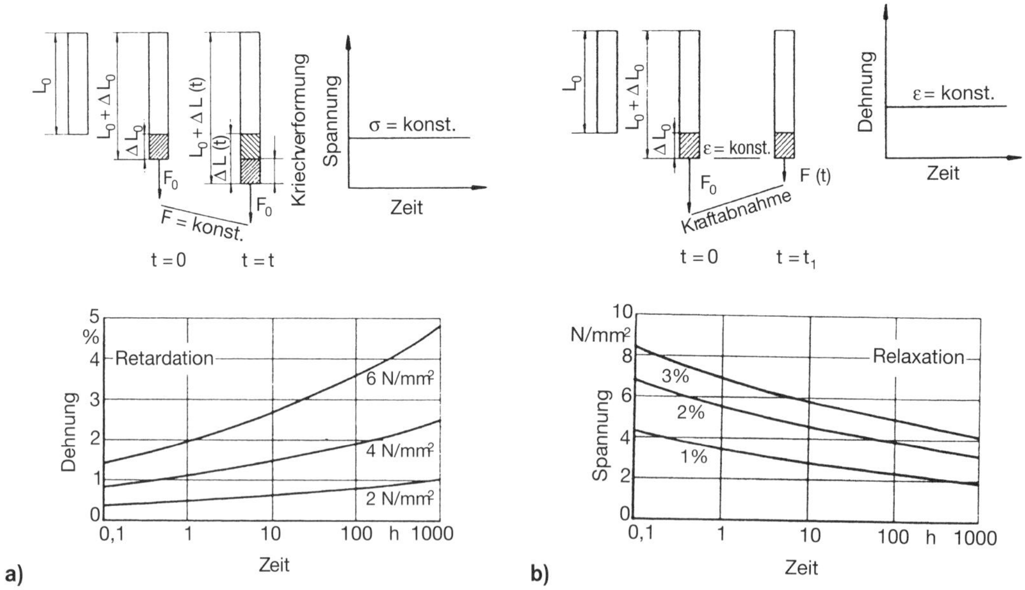

Bild 4.2 a) Viskoelastisches Werkstoffverhalten (Retardation, Werkstoff: PE-HD)
b) Viskoelastisches Werkstoffverhalten (Relaxation, Werkstoff: PE-HD)

Dieses Werkstoffverhalten, insbesondere die Zeitabhängigkeit vieler Materialgrößen, speziell bei den Thermoplasten, machte die Suche nach *zeitraffenden* Prüfmethoden und sicheren *Extrapolationsmethoden* notwendig.

Langzeitverhalten

Um auf das Langzeitverhalten unter Praxisbedingungen extrapolieren zu können, führt man *„verschärfte" Prüfungen* unter Erhöhung von Spannung, Temperatur oder Medienkonzentration aus. Voraussetzung für Extrapolationen ist, dass keine signifikante Materialschädigung eintritt.

Als zeitraffende Methode für das *Alterungsverhalten,* d. h. speziell für die Schädigung der Materialien durch Sauerstoff und Wärme, hat sich die Extrapolation nach dem sogenannten *Arrhenius-Ansatz* bewährt.

zeitraffende Prüfung

Die zeitraffende Prüfung erfolgt hier bei Temperaturen weit oberhalb der Betriebstemperatur – jedoch unterhalb eines Umwandlungsbereiches – und man extrapoliert auf länger dauernde Belastungen bei niedrigeren Temperaturen. Probekörper werden bei verschiedenen Temperaturen gelagert und es wird die Zeit bestimmt, bei der eine bestimmte Eigenschaft um einen definierten Prozentsatz abnimmt. Die Induktionszeit bis zur definierten Änderung der Eigenschaft wird logarithmisch über dem reziproken Wert der Temperatur aufgetragen. Die gefundenen Eigenschaftsänderungen, z. B. die Reißdehnungen, zeigen bei dieser Auftragung Geraden. Daraus kann die Lebenserwartung bei Betriebstemperatur extrapoliert werden.

Eine Methode zur Beschreibung des nichtlinear-viskoelastischen Werkstoffverhaltens ist das sogenannte *Deformationsmodell,* das als Grundlage von einer Vielzahl parallel angeordneter *nichtlinearer Maxwell-Elemente* ausgeht (Bild 4.3). Jedes dieser Elemente wird durch die Federsteifigkeit und die dem Dämpfer zugeordnete Fließfunktion beschrieben. Diese stellt die Abhängigkeit zwischen der auf den Dämpfer wirkenden Spannung und der hieraus resultierenden Fließgeschwindigkeit dar. Für nichtisotherme Lastfälle kann die Fließgeschwindigkeit beispielsweise mit dem Ansatz von Arrhenius in Abhängigkeit von der Temperatur ermittelt werden.

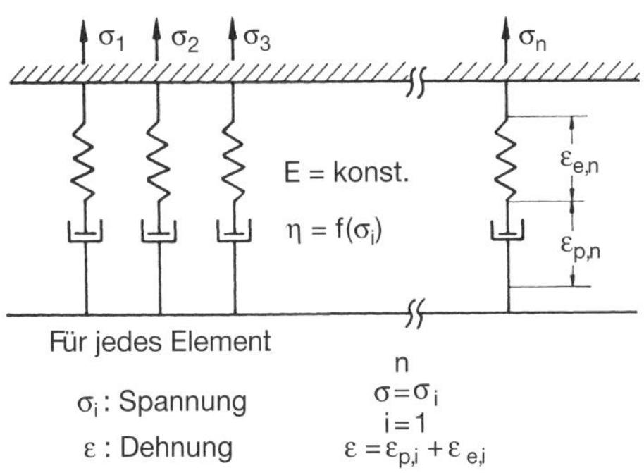

Bild 4.3
Deformationsmodell
(nach Menges/Schmachtenberg)

Insgesamt werden die Kunststoffe zu Recht als „Werkstoffe nach Maß" bezeichnet. Das spezielle Eigenschaftsbild ist bei der Werkstoffauswahl auf das vielfach komplexe Anforderungsprofil in der Anwendung abzustimmen. Die notwendigen Werkstoffwerte werden durch Werkstoffprüfungen nach genormten Verfahren ermittelt und damit vergleichbar.

4.2 Spannungs-Dehnungs-Verhalten

Einflussfaktoren

Bei fast allen Anwendungen von Kunststoffen sind die mechanischen Eigenschaften in irgendeiner Form mitbestimmend. Für die mechanischen Eigenschaften, insbesondere das Spannungs-Dehnungs-Verhalten, spielen neben den von außen auf den Werkstoff einwirkenden Faktoren (wie Temperatur und umgebende Medien) Größe und Zeitdauer der Belastung eine entscheidende Rolle. Dies ist bei den *Thermoplasten* weit stärker als bei den *Duroplasten* oder den *faserverstärkten Kunststoffen* ausgeprägt. Für die Beurteilung des mechanischen Werkstoffverhaltens der Kunststoffe ist daher die übliche Angabe von Festigkeitswerten, wie der *Zugfestigkeit,* oder von elastischen Kenngrößen, wie dem *Elastizitätsmodul,* nicht ausreichend. Erst das Spannungs-Dehnungs-Verhalten beschreibt das Verhältnis von innerer Werkstoffanstrengung infolge von äußerlich angreifenden Kräften und den damit erzwungenen Materialdehnungen. Es stellt insofern eine wichtige Information für den Konstrukteur dar.

Beanspruchungsarten

Bezüglich der Beanspruchungsarten unterscheidet man zwischen *einachsiger* und *zweiachsiger Belastung,* wobei man prüftechnisch einachsige Belastung vorzieht und nur in besonderen Fällen eine zweidimensionale Belastung aufbringt. Im Wesentlichen werden Probekörper in Biege-, Druck-, Zug-, Scher- und Schubversuchen auf ihr Verhalten unter diesen Belastungsarten untersucht. Diese gängigen Prüfmethoden sind in verschiedenen Normen und Prüfvorschriften beschrieben.

Prüfmethoden

Anhand des Zugversuches lassen sich die Vorgänge im Probekörper beim einachsigen Belastungszustand am einfachsten beschreiben, weshalb im Folgenden vorwiegend auf diese Beanspruchungsart aufgebaut wird. Bei *Biege-, Druck- und Scher- bzw. Schubbeanspruchung* ist trotz quasi-einachsiger Kraftwirkung mit Überlagerung von Spannungen im Werkstoff insbesondere bei *anisotrop* aufgebautem Material, wie z. B. geschichteten oder gefüllten Systemen, zu rechnen. Beim Zugversuch werden stabförmige Probekörper mit vorgegebener Geschwindigkeit durch eine äußerlich angreifende Kraft, die parallel zur Stablängsachse wirkt, beaufschlagt, wobei senkrecht zur Belastungsrichtung keine äußeren Kräfte herrschen und demzufolge keine Dehnungsbehinderung eintritt. Während des Belastungsvorgangs werden die Längsverformungen gemessen und als Funktion der Zugkraft aufgezeichnet. Auf diese Weise erhält man eine Kraft-Verformungs-Kurve, die unter Berücksichtigung einflussgebender Prüfparameter rechnerisch oder durch geeignete Messtechnik in einem sogenannten *Spannungs-Dehnungs-Diagramm* ausgedrückt werden kann.

4.2.1 Kurzzeit-Verhalten

Kurzzeitzugversuche

Für die *Dimensionierung* von Kunststofferzeugnissen sind, wie bei anderen Werkstoffen auch, Kennwerte aus Kurzzeitversuchen, die unter den oben genannten Belastungsarten ermittelt wurden, grundlegend. In Bild 4.4 werden die Grundformen von Spannungs-Dehnungs-Diagrammen für sprödes, zähelastisches und weichelastisches Material gezeigt. Bei den Kurzzeit-Versuchen wird die *Beanspruchungsgeschwindigkeit* so gewählt, dass eine zügig wachsende Spannung oder Verformung derart eintritt, dass der charakteristische Werkstoffkennwert, in der Regel *zerstö-*

rendes oder *instabiles Probenversagen,* innerhalb von wenigen Minuten eintritt. Die Beanspruchungsgeschwindigkeit kann durch eine konstante Laststeigerung oder durch eine konstante *Verformungsgeschwindigkeit* erzeugt werden, wobei die letztere Variante bei der Prüfung von Kunststoffen üblich ist.

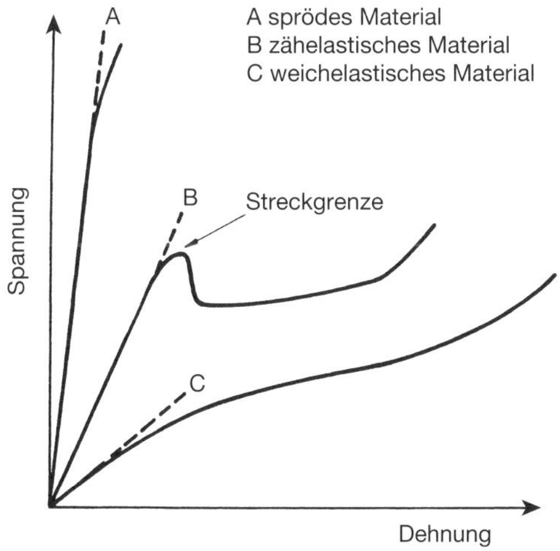

Bild 4.4
Grundformen von Spannungs-Dehnungs-Kurven

Da die Kunststoffe zu den viksoelastischen Werkstoffen zählen, sind ihre mechanischen Eigenschaften von der Dauer und der Geschwindigkeit der Beanspruchung abhängig. Bild 4.5 zeigt den Einfluss, den unterschiedliche Dehngeschwindigkeiten auf die Zugfestigkeit von einigen thermoplastischen Kunststoffen ausüben. Dabei wird deutlich, dass die verschiedenen Kunststoffe bei charakteristischen Dehngeschwindigkeiten eine maximale Festigkeit aufweisen. Diese Dehngeschwindigkeiten liegen zum Teil deutlich über den bei *Kurzzeit-Beanspruchung* gewählten.

viskoelastischer Werkstoff

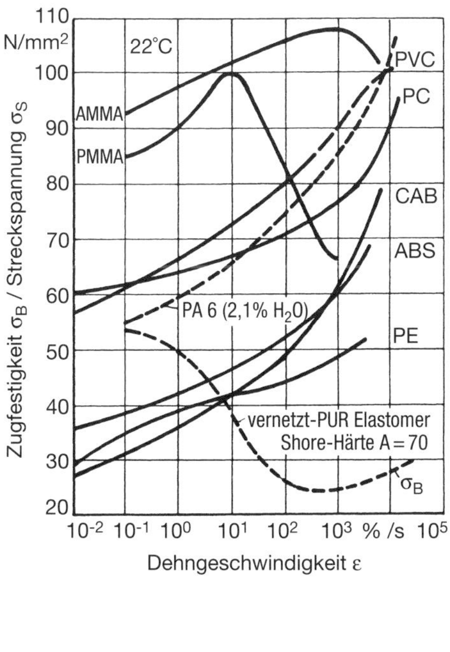

Bild 4.5
Abhängigkeit der Zugfestigkeit bzw. der Streckspannung von der Dehngeschwindigkeit (nach Oberbach)

4.2.2 Stoßartige Beanspruchung

schlagartige Belastung

Bei hohen Geschwindigkeiten, bei denen die Beanspruchung so aufgebracht wird, dass sie schlagartig auftritt, kann das Material so spröde reagieren, dass verformungslose bzw. verformungsarme *glasartige Brüche* auftreten. Von einem stoßunempfindlichen Formteil erwartet man, dass es Energien, die bei Stoßeinwirkung auftreten, je nach Anwendungsgebiet elastisch oder plastisch ohne Bruch absorbiert. Hohe *Arbeitsaufnahme* bzw. *Energieabsorption* haben solche Werkstoffe, die möglichst hohe Verformungen bei hohen Kräften ertragen. Dies beruht darauf, dass das Integral der Spannung über der Dehnung, also die Fläche unter der σ/ε-Kurve, der verrichteten Arbeit entspricht. Somit ist es möglich, erste Hinweise auf das *Zähigkeitsverhalten* aus den Ergebnissen von Zugversuchen mit verschiedener Belastungsgeschwindigkeit abzuleiten. Die Zusammenhänge zwischen Spannung, Dehnung, Belastungsgeschwindigkeit und Prüftemperatur sind für Thermoplaste in Bild 4.6 dargestellt.

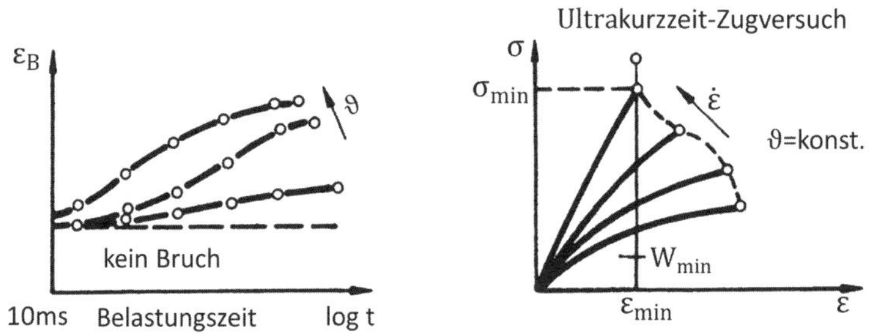

Bild 4.6 Verformung und Versagen von Thermoplasten bei Stoßbelastung (nach Menges)

Zähigkeitsverhalten

Zur Untersuchung des Zähigkeitsverhaltens bei stoßartiger Beanspruchung von Kunststoffen werden im Wesentlichen die genormten *Schlagbiege- und Schlagzugversuche* herangezogen. Für die Betrachtung bei zweidimensionaler Beanspruchung erweisen sich die ebenfalls genormten *Durchstoßversuche* als geeignet. An Probekörpern, die bei Schlagbiege- oder Schlagzugbeanspruchung nicht brechen, kann die *Schlagzähigkeit* nicht zahlenmäßig ausgedrückt werden; sie sind jedoch als schlagzäh einzuordnen. Solche Werkstoffe werden mit definierten Kerben versehen und sogenannten *Kerbschlagversuchen* unterzogen. Hinsichtlich der Kerbenform wird zwischen U-, V- und Lochkerben unterschieden.

Stoßartige Beanspruchungen lassen sich mit entsprechend ausgestatteten Prüfgeräten ähnlich den Kurzzeit-Versuchen bei den dort üblichen Beanspruchungsarten vornehmen. Dabei wird jedoch eine hohe Anforderung an die zeitliche Auflösung der Messwerte gestellt. Solche Untersuchungen sind noch nicht allgemein genormt und haben mehr wissenschaftlichen Charakter.

4.2.3 Verhalten bei langzeitiger und ruhender Beanspruchung

Zeitstandzugversuche

Für die konstruktive Auslegung von Kunststoffen unter langzeitiger Lasteinwirkung sind die Ergebnisse sogenannter *Zeitstandversuche* wichtig. Im Folgenden wird besonders der Einfluss der Größe und der Dauer der Belastung diskutiert. Der Einfluss durch Alterung und Beeinflussung durch von Normalbedingungen abweichende Umgebungsmedien wird hier nicht berücksichtigt. Dies ist im Anwendungsfall besonders zu beachten, da sie nicht unerheblich wirken können.

Zur Beschreibung des Dauerverhaltens unter ruhender Last sind allgemein folgende Darstellungen gebräuchlich:

- Zeitverformungslinien (Zeitdehnlinien),
- Kriechmodullinien,
- Zeitspannungslinien und
- isochrone Spannungs-Dehnungs-Diagramme.

Retardation

Die *Zeitverformungslinien* bzw. *Zeitdehnlinien* werden in langzeitigen Biege-, Druck-Zug- oder Schubversuchen, sogenannten *Retardationsversuchen* ermittelt. Sie zeigen das Verformungsverhalten der Werkstoffe unter bestimmten äußeren Bedingungen. Für die Darstellung werden in der Regel halb- oder doppeltlogarithmische Maßstäbe gewählt, wobei die Zeitachse logarithmisch in die Abszisse gelegt wird und die Verformungsgröße in die Ordinate. Als Parameter können verschiedene Spannungszustände und weitere Umgebungsbedingungen, wie Temperatur oder Medien, berücksichtigt werden. Man erhält die Messwerte aus den Retardationsversuchen, indem der Werkstoff bzw. der Probekörper einer konstanten Belastung von bestimmter Höhe unterworfen wird und die zeitabhängigen Verformungen erfasst werden. Das Bild 4.7 zeigt unter anderem schematisch einige Kriechkurven. Da Erzeugnisse aus

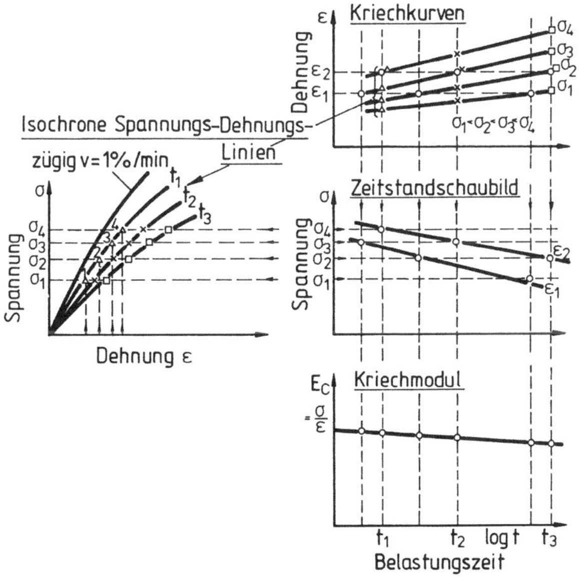

Bild 4.7 Ermittlung von Zeitstand-Schaubildern

Kunststoffen unter Umständen über einen langen Gebrauchszeitraum eingesetzt werden sollen und Zeitstandsversuche naturgemäß lange Versuchszeiten erfordern, ist unter der Voraussetzung, dass die Kriechkurven ein lineares Verhalten (in der halblogarithmischen Darstellungsweise) zeigen, eine Extrapolation unter Berücksichtigung der kritischen Dehnungsgrenze zulässig.

Kriechmodul

Die *Kriechmodullinien* beschreiben die zeitliche Abhängigkeit der „elastischen" Eigenschaften von Kunststoffen. Man erhält sie durch Umrechnen der Ergebnisse von Zeitverformungslinien bzw. Zeitspannungslinien. Der Begriff „Kriechmodul" ist nicht direkt vergleichbar mit dem Begriff „Elastizitätsmodul". Es ist lediglich ein Korrelationsfaktor zwischen einer ständig wirkenden Spannung und der zeitabhängig auftretenden Dehnung.

Relaxation

Die *Zeitspannungslinien* erhält man entweder aus *Relaxationsversuchen* – hierbei wird bei einer konstant vorgegebenen Verformung die Spannungsabnahme als Funktion der Zeit ermittelt – oder durch einfaches Umzeichnen mehrerer Zeitverformungslinien. Die Darstellung erfolgt analog zu den Zeitverformungslinien im halb- oder doppeltlogarithmischen Maßstab. Die Kurvenscharen geben an, wie bei einer konstant aufgebrachten Verformung die Spannungen mit der Zeit abnehmen. Die Zeit bis zum Bruch nimmt mit abnehmender Spannung zu.

Zeitbruchlinien

Für Kunststoffe, die gleichzeitig unter statischer Last, Temperatur- und Medieneinfluss stehen, eignet sich die Ermittlung von *Zeitbruchlinien* an Rohrprobekörpern (Bild 4.8). Die Kenntnis der *Zeitstandfestigkeit,* insbesondere bei weichelastischem Material, reicht nicht zur Dimensionierung von langzeitbelasteten Bauteilen aus. Je geringer die Festigkeit eines Produktes ist, umso höher ist im Allgemeinen seine Reißdehnung. Bei Kunststoffen mit geringer Festigkeit muss deshalb das Dehnverhalten zusätzlich beachtet werden.

Isochrone Spannungs-Dehnungs-Diagramme haben sich als vorteilhafte Arbeitsunterlage für den Konstrukteur erwiesen. Man erhält sie durch Austauschen der Parameter aus den Zeitdehnungs- bzw. Zeitspannungslinien.

Zeitstandschaubild

Im *Zeitstandschaubild* lässt sich der gesamte funktionale Zusammenhang zwischen den Größen Spannung, Verformung und Zeit in übersichtlicher Form darstellen. Zulässige Spannungen und Verformungen sowie auch Verformungen bei gegebenen Spannungen oder Spannungen bei gegebenen Verformungen können unter Berücksichtigung von Zeit- und gegebenenfalls Temperatureinfluss entnommen werden. Der Zusammenhang und die Art der grafischen Übertragbarkeit ist für konstante Temperaturverhältnisse Bild 4.8 zu entnehmen.

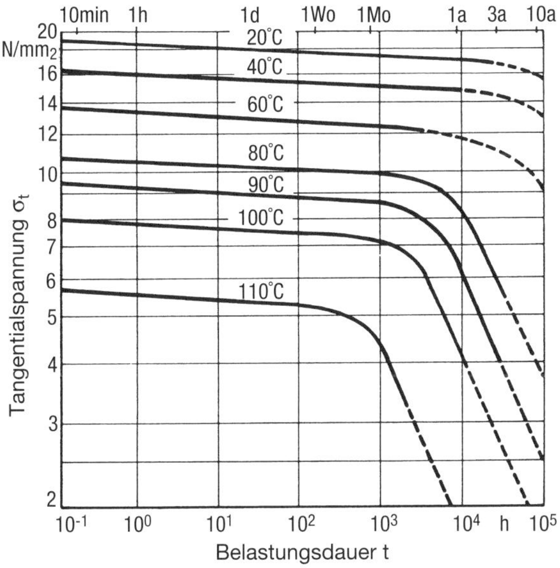

Bild 4.8 Zeitstandfestigkeit von Rohren aus Polybuten unter Innendruck, Prüfmedium: Wasser (nach Neitzel)

4.2.4 Schwingende Beanspruchung

Wenn periodisch wechselnde Beanspruchungen auftreten, was besonders im Maschinen- und Fahrzeugbau oft der Fall ist, können für die Berechnung der einzelnen Konstruktionselemente nicht die Festigkeitswerte, die unter stetiger Last- und Verformungssteigerung oder im Zeitstandversuch ermittelt werden, zugrunde gelegt werden. Wiederholte Belastung kann bei geringeren Spannungen oder Verformungen als bei ruhender Beanspruchung zum *Bauteilversagen* führen.

dynamisch zyklische Belastung

Das Verhalten von Werkstoffen bei schwingender Beanspruchung wird in *Dauerschwingversuchen* ermittelt, wobei den zu untersuchenden Teilen meistens ein sinusförmiger Beanspruchungsverlauf aufgezwungen wird. Die zum Teil in Erscheinung tretende viskoelastische Komponente im Verhalten der Kunststoffe bewirkt bei Beanspruchung eine irreversible Energieabsorption, die besonders bei wiederholter Beanspruchung innerhalb kurzer Zeiträume zur Werkstofferwärmung führen kann. Dieser Erscheinung, die mitunter von der Prüffrequenz und ganz entscheidend von den Bedingungen, unter denen die entstehende Wärme abgeführt wird, beeinflusst wird, muss bei der Durchführung und Beurteilung von Schwingversuchen Rechnung getragen werden. Bei *Schwingbeanspruchung* unterscheidet man zwischen Schwell- und Wechselbeanspruchungen, die verschiedenen Einfluss auf das Ermüdungsverhalten ausüben. Ferner unterscheidet man zwischen Konstanthaltung der Spannungs- bzw. der Dehnungsamplitude. In Bild 4.9 werden die Auswirkungen konstanter sinusförmiger Wechselbeanspruchungen und der damit verbundenen Werkstofferwärmung auf das Kriechen, d. h. auf das Dehnungsverhal-

Dauerschwingversuch

ten beispielhaft dargestellt. Die *Wöhlerkurven*, wie man sie von Metallen her kennt, nähern sich auch bei Kunststoffen mit zunehmender Lastspielzahl asymptotisch einer Grenzspannung, die im Allgemeinen Dauerschwingfestigkeit genannt wird.

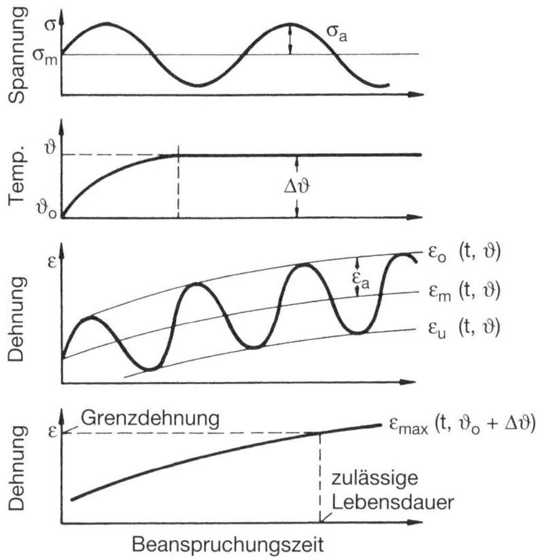

Bild 4.9 Kriechen unter dynamischer Belastung (nach Thebing)

4.3 Eindruck-, Verschleiß- und Reibverhalten

In den drei folgenden Abschnitten wird die Frage des Verhaltens von Kunststoff-Oberflächen bei berührender mechanischer Beanspruchung angesprochen und ihre Bedeutung für die Praxis aufgezeigt.

4.3.1 Härte

Härte

Unter *Härte* versteht man allgemein den Widerstand, den ein Körper dem Eindringen eines anderen Körpers entgegensetzt. Vielfach wird Härte in Verbindung mit *Verschleiß- und Reibverhalten* gesehen. Insgesamt fehlt ein Einheitsmaß für diese Eigenschaft, d. h. die Härte ist eine Kennzahl.

Prüfverfahren

Im Wesentlichen kann man bei den Prüfverfahren, siehe Bild 4.10, drei Gruppen der Härteprüfung bzw. -beurteilung unterscheiden:

- Methoden mit Messung der gesamten Verformung
  z. B. *Kugeldruck- und Shore-Härte*,

- Methoden mit Messung der plastischen Verformung
  z. B. *Rockwell- und Vickers-Härte,*
- Methoden zur Bestimmung des elastischen Verhaltens
  z. B. *Stoßelastizität, Rückprallhärte.*

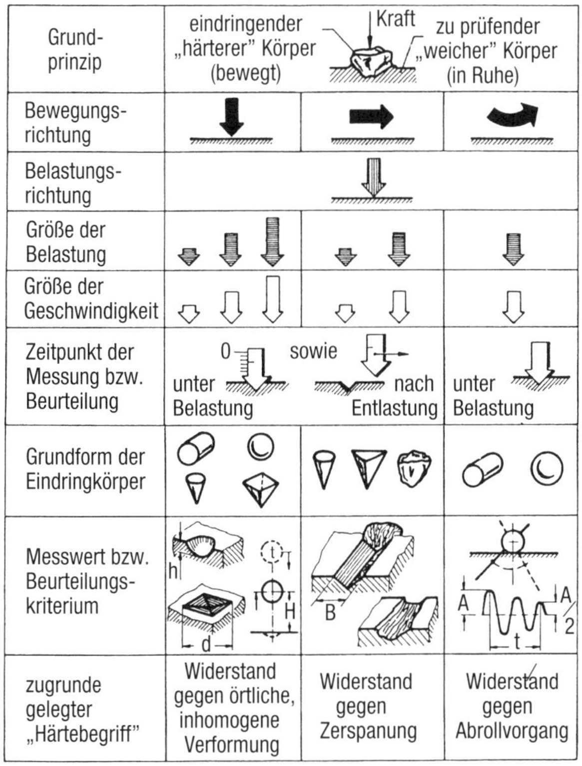

Bild 4.10 Prinzipielle Methoden der „Härte"-Prüfung (nach Müller)

Neben der Temperatur und der Einwirkzeit sind genaue Festlegungen bezüglich der Geometrie des Eindringkörpers und der Art und Höhe der Belastung erforderlich.

Härteprüfung

Das Bild 4.11 zeigt eine Gegenüberstellung der Eindringverfahren unter maßstabgenauer Darstellung von Eindringkörpergestalt, Eindringtiefenbereich und direkt erfasstem Oberflächenbereich. Die nach verschiedenen Verfahren erzielten Werte sind untereinander kaum vergleichbar, sie liefern jedoch vielfach brauchbare Angaben für einen Materialvergleich bzw. bei der Materialauswahl. Härtewerte sind jedoch keine Konstruktionswerte, d. h. sie können nicht als Berechnungsgrundlage herangezogen werden. Bewährt haben sie sich für die Produktions- und Wareneingangskontrolle. Insbesondere die Entwicklungen bei *Mikrohärtemessungen* zeigen Möglichkeiten für eine zerstörungsfreie Qualitätsüberwachung und für die Beurteilung der Alterung infolge Bewitterung, Medien- oder Wärmeeinwirkung.

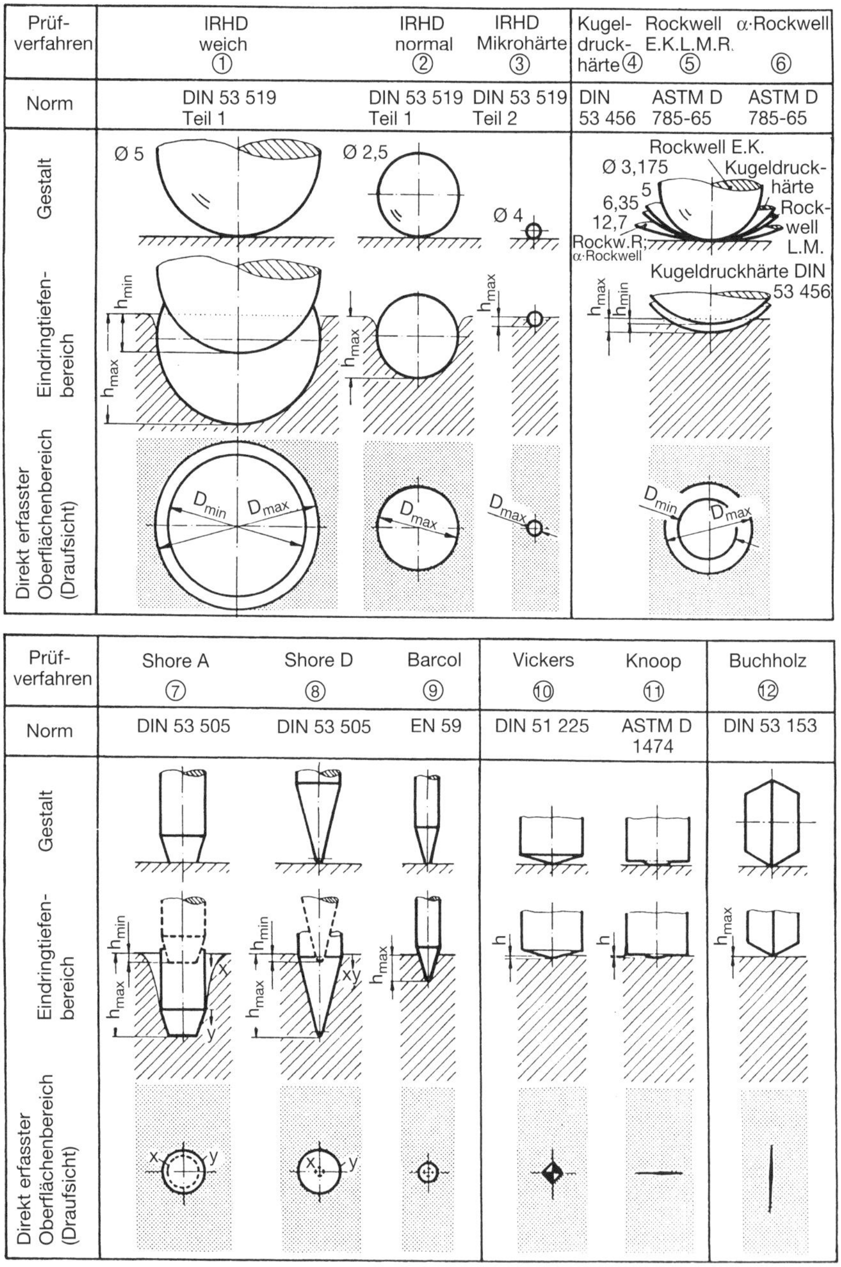

Bild 4.11 Härteprüfverfahren für Kunststoffe 4 - 6, 8 - 11, Gummi 1 - 3, 7 und Beschichtung 11, 12 (nach Müller)

4.3.2 Abrieb

Verschleiß

Im Übergang zur Verschleißprüfung liegt die *Ritzhärte*-Prüfung. *Abrieb* bzw. *Verschleiß* ist nach DIN 50 320 definiert als die unerwünschte Oberflächenveränderung durch Lostrennen von Teilchen infolge mechanischer Ursachen. In der Vielfalt der möglichen Kombinationen der hauptsächlichen Einflussgrößen (Bild 4.12) liegt die Schwierigkeit der Prüfung und Beurteilung. Unter Berücksichtigung der speziellen Beanspruchungsbedingungen sind verschiedene Prüfverfahren entwickelt worden.

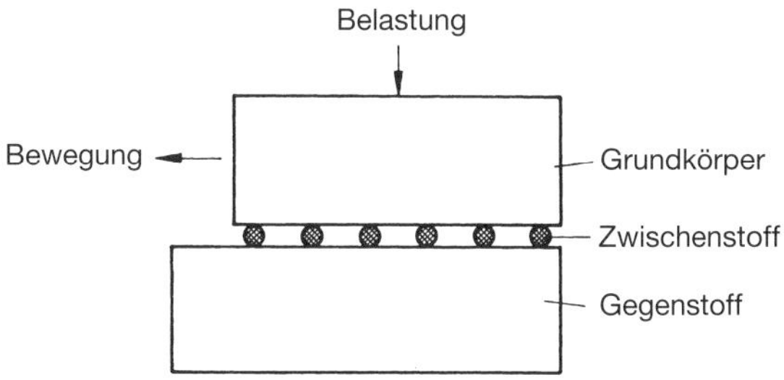

Bild 4.12 Modell-Beispiel zur Analyse des Verschleißvorganges (nach Rackè)

Verschleißmerkmale

Bei der technischen Kunststoffanwendung ist die Abrieb- bzw. Verschleißfrage eine wichtige Größe, z. B. für Beläge, Lager oder Zahnräder. Die genannten Prüfverfahren können Vergleichswerte liefern. Zu beachten sind die Oberflächengestalt, Temperaturen, Geschwindigkeiten und Medieneinflüsse. Für einen Vergleich ist es wichtig, dass alle wesentlichen Verschleißmerkmale übereinstimmen.

4.3.3 Reibverhalten

Reibung

Unter *Reibung* versteht man den Widerstand, der sich der Relativbewegung zweier sich berührender Körper entgegenstellt. Der vorgenannte Abrieb bzw. Verschleiß tritt auf, wenn die bei der Relativbewegung wirkenden Tangential- oder Normalkräfte einen oder beide Werkstoffpartner zerstören.

schiefe Ebene

Das einfachste Verfahren zur Bestimmung von *Haftreibungs- und Gleitreibungskoeffizient* ist die Methode der schiefen Ebene. Für Folien, Tafeln und Formteile sind spezielle Prüfmethoden entwickelt worden und für eine vergleichende Werkstoffbeurteilung im Einsatz. Die verarbeitungsbedingte *Oberflächenbeschaffenheit* der Gleitpartner, *Flächenpressung*, Geschwindigkeit, Temperatur, Schmierung (Medien) und sonstige Umgebungseinflüsse sind wesentliche zu beachtende Faktoren. Zudem ist der *„Haft-Gleit-Effekt“* (stick-slip bzw. Rutschgleiten) bei der *Trockengleitung* einiger Kunststoffe bzw. unter bestimmten Einsatzbedingungen zu berücksichtigen.

4.4 Elektrisches Verhalten

4.4.1 Dielektrisches Verhalten

Dielektrizität

Die elektrischen Eigenschaften von Kunststoffen werden hauptsächlich von der Beweglichkeit der jeweiligen molekularen Bausteine beeinflusst. Die relative *Dielektrizitätskonstante* ε_r ist für diese Eigenschaften die kennzeichnende Größe. Sie gibt an, um welchen Faktor sich die Kapazität, verglichen mit der Kapazität im Vakuum, eines Kondensators ändert, wenn man den Kunststoff zwischen die Platten eines Kondensators bringt:

$$C = \varepsilon_r \cdot C_0 = \varepsilon_0 \cdot \varepsilon_r \frac{A}{d} \tag{4.1}$$

mit:

C_0	Kapazität im Vakuum
ε_0	Dielektrizitätszahl für Vakuum
A	Fläche des Kondensators
d	Abstand der Platten

Polarisation

Die Änderung der Kapazität eines Kondensators durch Einschieben eines Kunststoffs (*Dielektrikums*) ist durch Polarisationsladungen, die sich im elektrischen Feld des Kondensators ausbilden, begründet. Die Polarisation kann nach verschiedenen Mechanismen je nach Aufbau des Kunststoffes ablaufen.

Elektronenpolarisation

Elektronenpolarisation: Völlig unpolare Kunststoffe, z. B. Polyethylen, Polyisobutylen, Polytetrafluorethylen, können nur eine Elektronenpolarisation aufweisen. Die Elektronenhülle der Atome wird durch das elektrische Feld verschoben. Die Dielektrizitätskonstante ε_r hängt bei der reinen Elektronenpolarisation mit dem optischen Brechungsindex n wie folgt zusammen:

$$\varepsilon_r = n^2 \tag{4.2}$$

Die Dielektrizitätskonstante ist bei reiner Elektronenpolarisation praktisch von der Frequenz unabhängig und fällt mit der Temperatur geringfügig, da wegen der Wärmeausdehnung die Zahl der polarisierbaren Teilchen pro Volumenelement abnimmt.

Ionenpolarisation

Ionenpolarisation: Ionenpolarisation findet in Polymeren praktisch nicht statt.

Dipolpolarisation

Dipolpolarisation: Bei polaren Kunststoffen können sich nicht alle Moleküle im elektrischen Feld ausrichten. Die Polarisation ist auf eine *Orientierung* von Kettensegmenten bzw. Seitenketten zurückzuführen. Es können sich auch Dipole unabhängig von der Hauptkette orientieren, wenn eine Rotation in der Kette möglich ist. Die Dielektrizitätskonstante ist bei polaren Kunststoffen größer als bei unpolaren.

In einem elektrischen Wechselfeld führt die Bewegung der Molekülteile zu innerer Reibung und damit zu einer Erwärmung der Kunststoffe. Bei der reinen Elektronenpolarisation ist diese innere Reibung sehr gering. Die innere Reibung wird durch den *Verlustfaktor* tan δ gekennzeichnet. Der Verlustfaktor beschreibt die Phasenverschiebung zwischen Strom und Spannung. Beim verlustfreien Kondensator hat man den Verlustfaktor tan $\delta = 0$ und damit einen reinen Blindstrom, d. h. der Strom eilt der Spannung um 90° voraus. Der Verlustfaktor ist frequenzabhängig. Im *Dispersionsgebiet* ist die Frequenzabhängigkeit besonders stark ausgebildet (Bild 4.13). Teilkristalline Kunststoffe, die eine amorphe und eine kristalline Phase aufweisen, haben unterhalb des Kristallitschmelzbereiches zwei Dispersionsgebiete, die für die beiden Phasen charakteristisch sind. Weichmacher führen zu einer Entkopplung der benachbarten Kette. Dies bedingt eine Erhöhung der *Dispersionsfrequenz* bei gleicher Temperatur. Die Vernetzung bedingt eine Versteifung des Molekulargerüstes, so dass sich die Verlustmaxima bei gegebener Frequenz zu höheren Temperaturen verschieben. Je nach Einsatzgebiet ist auf einen niedrigen oder hohen Verlustfaktor zu achten.

innere Reibung

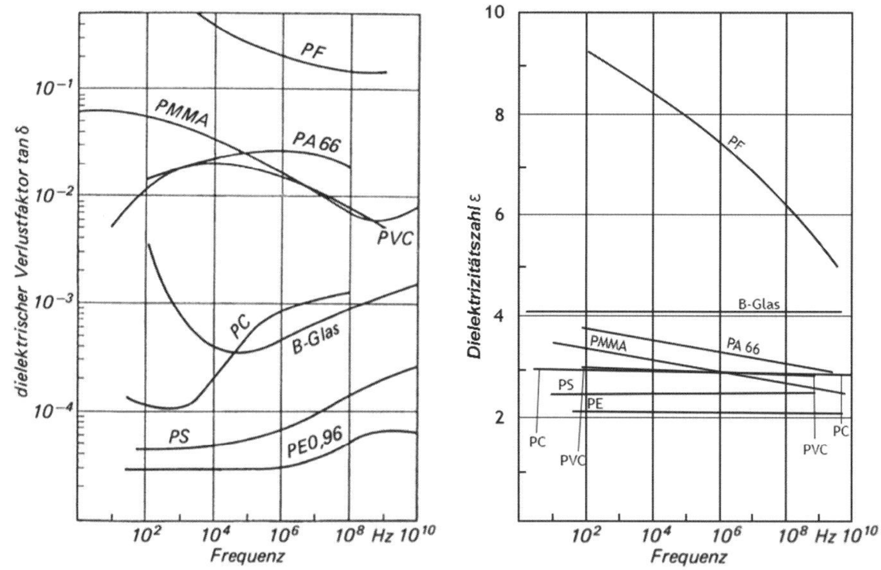

Bild 4.13 Frequenzabhängigkeit des elektrischen Verlustfaktors tan δ und der Dielektrizitätszahl ε von Kunststoffen bei 20 °C (nach Domininghaus)

Bei *Isolatoren* für Hochfrequenzströme und Radarantennenverkleidungen achtet man auf einen möglichst niedrigen Verlustfaktor, um nur geringe Verlustleistungen zu haben. Hier haben sich Polyethylen und Polystyrol besonders bewährt. Dagegen ist das *Hochfrequenzschweißen* nur möglich, wenn eine ausreichende Erwärmung des Kunststoffes gewährleistet ist. Für Isolatoren sollte der Verlustfaktor tan $\delta < 10^{-3}$, für das Hochfrequenzschweißen tan $\delta > 10^{-2}$ sein.

Isolatoren

4.4.2 Elektrische Leitfähigkeit

hohe Widerstände

Kunststoffe sind Isolatoren mit sehr hohen *Widerständen*. Man unterscheidet bei ihnen den *Durchgangswiderstand* und den *Oberflächenwiderstand*, die nach DIN 43 482 gemessen werden. Die Widerstände werden eine Minute nach Anlegen der Spannung gemessen, da die Gleichstromwiderstände zeitabhängig sind. Der Mechanismus der Leitfähigkeit ist sehr kompliziert, da *Grenzflächen* zwischen den einzelnen Phasen (amorph und kristallin), Füllstoffe, Weichmacher, Feuchtigkeit und Emulgatoren zur Leitfähigkeit beitragen. Der Ionentransport ist einer *Diffusion*, die in allen Kunststoffen möglich ist, zuzuschreiben. Zwei Arten des Transports sind möglich:

Platzwechsel

- Bei der Wanderung durch Platzwechsel muss jeweils freies Volumen vorhanden sein und ein *Potenzialwall* überwunden werden. *Freies Volumen* wird durch höhere Temperaturen vermehrt, der Potenzialwall kann durch das angelegte elektrische Feld überwunden werden. Der elektrische Widerstand der Kunststoffe nimmt daher mit zunehmender Temperatur ab.

Oberflächenwiderstand

- Beim Transport entlang von Grenzflächen, der besonders beim Oberflächenwiderstand eine Rolle spielt, sind auch *Potenzialschwellen* zu überwinden, was durch thermische Bewegung erfolgen kann. Als wesentlich kommt die Absorption von Wasser hinzu. Dies führt zu einer Abflachung der Potenzialschwellen. Der Oberflächenwiderstand ist bei *hydrophoben* Substanzen hoch, bei *hydrophilen* gering. *Elektronenleitung* spielt bei Kunststoffen keine Rolle, da im Leitungsband keine Elektronen vorhanden sind. Die Potenzialschwelle kann durch thermische Energie nicht überwunden werden. Durch Bestrahlung mit hochenergetischer Strahlung kann die Leitfähigkeit wesentlich erhöht werden. Für bestimmte Zwecke, z. B. ableitfähige Bodenbeläge, sind *leitfähige Kunststoffe* erwünscht. Man kann diese Leitfähigkeit durch Einarbeiten *leitfähiger Füllstoffe,* wie z. B. durch spezielle Ruße, erreichen.

4.4.3 Durchschlagfestigkeit

Isolierung gegen Hochspannung

Die elektrische Durchschlagfestigkeit spielt eine besondere Rolle bei der Isolierung gegen Hochspannung. Die Messung der Durchschlagfestigkeit erfolgt nach DIN 53 481 an Platten mit geometrisch unterschiedlichen Elektrodenanordnungen. Bei einem anliegenden elektrischen Feld wird aufgrund der Leitfähigkeit eine Leistung umgesetzt, die dem Quadrat der Feldstärke proportional ist. Leitfähigkeit und erzeugte Leistung steigen exponentiell mit der absoluten Temperatur an. Dies führt, wenn nicht genügend Wärme abgeführt werden kann, zum Zerstören des Kunststoffes. Der ausgebildete Kanal hat auch in kaltem Zustand eine hohe Leitfähigkeit, denn der Kriechweg besteht hauptsächlich aus dem Kohlenstoff der Spaltprodukte des Kunststoffes. Die ertragbare Spannung wächst mit der Wurzel der Dicke der Platte. Dies bedeutet, dass bei kleineren Schichtdicken höhere Feldstärken ertragen werden (Bild 4.14).

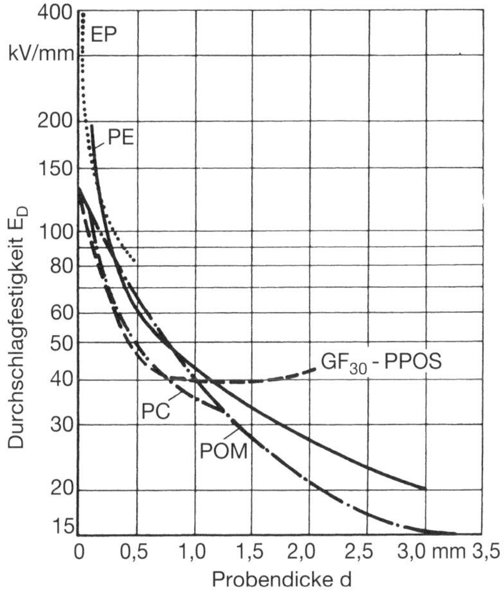

Bild 4.14 Dickenabhängigkeit der Durchschlagfestigkeit (nach Oberbach)

4.4.4 Elektrostatische Aufladung

Elektrostatische Aufladungen von Kunststoffen sind unerwünschte Begleiterscheinungen. Gefährdung durch Funkenschlag, Störung von Messanlagen und Staubablagerungen sind die Folgeerscheinungen. Die Aufladung durch Reibung mit anderen Feststoffen bleibt bei schlechten Leitern, wie es Kunststoffe sind, lange erhalten und wird erst im Kontakt mit Leitern oder entgegengesetzt geladenen Stoffen abgegeben. Je nach Geometrie der Oberflächen und der Weite der Funkenstrecke kann schon bei Feldstärken um 5 kV/mm ein Überschlag erfolgen. Aufladung

Um diese Überschläge zu vermeiden, muss man den spezifischen *Durchgangswiderstand* auf mindestens 10^9 Ω cm vermindern. Eine weitere Möglichkeit, eine gefährliche Aufladung zu verhindern, besteht in der Herabsetzung des *Oberflächenwiderstandes*. Dies ist durch Schaffung einer hydroskopischen Oberfläche, z.B. mit Seifenlösung, möglich. Ferner können durch Beigabe von unverträglichen Stoffen, die an die Oberfläche migrieren, Oberflächenwiderstände beeinflusst werden. Überschläge

4.5 Optisches Verhalten

4.5.1 Brechung und Dispersion

Brechung

Optische Eigenschaften eines Werkstoffes betreffen sein Verhalten gegenüber *Lichtstrahlen,* also gegenüber Strahlen des sichtbaren Bereiches sowie des ultravioletten und infraroten Bereiches. Beim Übergang von einem Stoff in einen anderen (mit anderem Brechungsindex) erfahren die Lichtwellen eine Richtungsänderung, eine Brechung. Bei isotropen Stoffen gilt das Snelliussche Brechungsgesetz:

$$\frac{\sin\alpha}{\sin\varepsilon} = n \tag{4.3}$$

Brechungsindex

wobei α und ε Winkel sind, die ein Strahl im ersten und im zweiten Stoff mit dem Einfallslot bildet. Als physikalische Größe ist der *Brechungsindex n* zur Unterscheidung von Kunststoffen und insbesondere für die Verwendung von organischen Gläsern für optische Zwecke wichtig. Zu beachten ist, dass die Brechungsindizes aller Stoffe von der Frequenz des Lichtes abhängen. Man bezeichnet diesen Effekt als Lichtdispersion.

4.5.2 Transparenz

Lichtdurchlässigkeit

Viele Kunststoffe weisen gegenüber Metallen und Holzprodukten den Vorteil der *Lichtdurchlässigkeit* auf. Die amorphen Thermoplaste wie PC, PMMA, PVC sowie UP-Harz unterscheiden sich in ihren optischen Eigenschaften nicht wesentlich von denen der anorganischen Gläser (Bild 4.15). Lichtdurchlässigkeit, *Trübung und Durchsichtigkeit* (Klarheit) sind miteinander verknüpfte Begriffe und lassen sich unter dem Terminus Transparenz einordnen. Wenn ein durch ein optisches System erzeugtes Bild Abweichungen zeigt oder Punkte, die im Original unterscheidbar waren, in der Abbildung zusammenlaufen, spricht man von Verschlechterung der Klarheit oder Durchsichtigkeit. *Lichtstreuung* mit starkem Kontrastverlust führt zur Trübung. Als Lichtdurchlässigkeit bezeichnet man das Verhältnis des ohne Ablenkung durchgelassenen Lichtes zur Intensität des einfallenden Lichtes. Trübung und verminderte Durchlässigkeit weisen auf Unregelmäßigkeiten in der Oberfläche hin. Dabei kann es sich um Füllstoffteilchen, Schmutzteilchen, Fehlstellen, Oberflächenrauhigkeiten und ähnliches handeln. Umwelteinflüsse – Bewitterung, Temperaturwechselbeanspruchung u.ä. – können eine Änderung der Trübung und der Durchsichtigkeit verursachen. Als Beispiel können hierfür Doppelstegplatten und Lichtkuppeln aus PVC und PC angeführt werden, bei denen mit zunehmender Bewitterung ein Verlust der Durchlässigkeit auftritt.

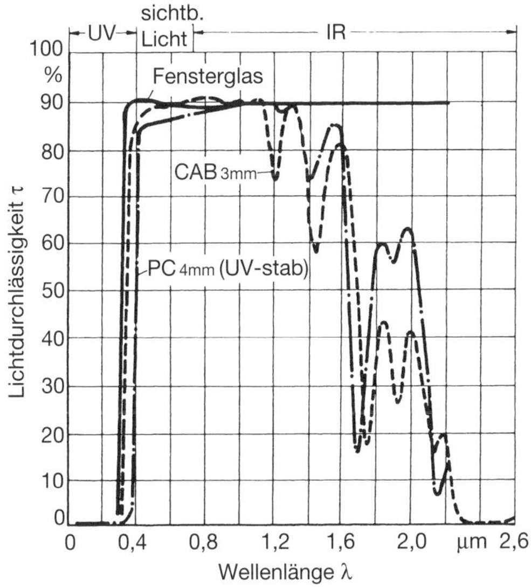

Bild 4.15 Abhängigkeit der Lichtdurchlässigkeit von der Wellenlänge (nach Oberbach)

4.5.3 Glanz

Reflexion

Glanz ist keine rein physikalische, sondern auch eine physiologisch und psychologisch bedingte Größe. Eine unmittelbare Messung des Glanzes ist daher nicht möglich, jedoch lässt sich das „Glanzvermögen“, nämlich der Anteil, den die Oberfläche aufgrund ihrer *Reflexionseigenschaften* zur Entstehung des Glanzeindruckes beiträgt, als *Reflektometerwert* bestimmen. Der Glanz von Kunststoffartikeln kann während der Herstellung (z. B. durch die Werkzeugoberfläche), durch Nachbehandlung, durch die *Oberflächenstruktur* oder durch geeignete Zusatzstoffe beeinflusst werden.

Glänzende Oberflächen neigen generell weniger zu Verschmutzung als matte. Die verschiedenartigen Beanspruchungen wie Witterung, Temperatur, Medieneinfluss und mechanische Beanspruchung führen zu einer Abnahme des Glanzes bei Lacken (Autolacke), Anstrichfilmen und bei fast allen im täglichen Gebrauch befindlichen Kunststoffgegenständen.

4.5.4 Farbe

Pigmente

Zur Farbgebung werden je nach Art des Kunststoffes und des gewünschten optischen Effektes lösliche Farbmittel, sogenannte *Pigmente,* eingesetzt. Lösliche Farbmittel verleihen allein durch die *Absorption* der Farbstoffmoleküle dem Kunststoff seine Farbe. Sie werden bevorzugt für voll transparente Färbungen eingesetzt. Für halbtransparente bis deckende Färbungen werden Pigmente verwendet, die infolge von Absorption in und Streuung an den Farbmittelpartikeln zum den Farbeindruck hervorrufen. Farbe ist ein durch das menschliche Auge vermittelter Sinneseindruck, der dadurch zustande kommt, dass das von einer Lichtquelle ausgestrahlte Licht teils reflektiert, teils durchgelassen und teils absorbiert wird. Die Wahrnehmung der Farbe hängt also von drei Faktoren ab:

- der Art der Beleuchtung, d. h. der relativen spektralen Strahlungsverteilung der beleuchtenden Lichtquelle,
- den optischen Eigenschaften (*Remissions- bzw. Transmissionswert*) des beleuchteten Gegenstandes und
- der spektralen Empfindlichkeit des menschlichen Auges.

messtechnische Ermittlung

Für das messtechnische Ermitteln der Farbe einer Probe ist der Ausgangspunkt die Aufnahme der Remissions- bzw. Transmissionskurve, d. h. der Intensität des reflektierten Lichtes in Abhängigkeit von der Wellenlänge unter Berücksichtigung der beleuchtenden Lichtquelle (Bild 4.16). Aus derartigen Kurven werden durch mathematische Verknüpfung mit den sogenannten *Normspektralwertkurven* die *Normfarbwerte* X, Y, Z und daraus die *Normfarbwerteanteile* x, y, (z) gewonnen. Die x- und y-Werte können in ein rechtwinkeliges Koordinatensystem eingetragen werden (*CIE-Farbtafel*, CIE = Commission Internationale de l'Eclairage). Der Bereich der realisierbaren Farben ist in dieser Darstellung begrenzt durch eine Fläche im x, y-Diagramm, deren Form einer „Schuhsohle" ähnelt. In diesem Farbsystem nach CIE sind Farben darstellbar und miteinander vergleichbar.

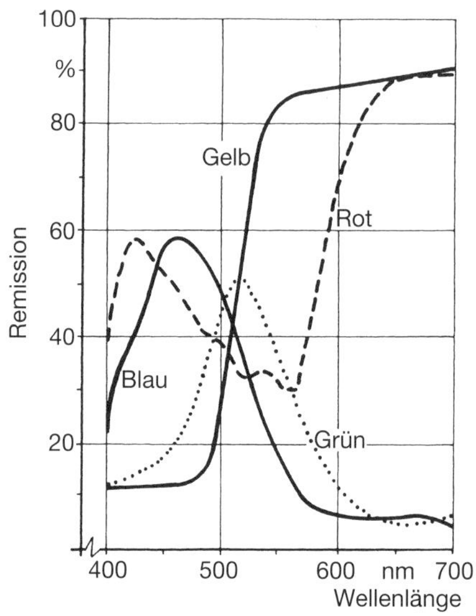

Bild 4.16
Remissionswerte von Proben verschiedener Farben

4.6 Akustisches Verhalten

Akustik

Das *akustische Verhalten* der Kunststoffe hängt eng mit dem *dynamisch-elastischen Verhalten* zusammen. Es bestehen jedoch charakteristische Unterschiede zwischen den kompakten und den geschäumten Kunststoffen. *Elastizitätsmodul* und *Querkontraktionszahl* sind die entscheidenden Kenngrößen, mit denen das akustische Verhalten beschrieben werden kann. Die anderen gebräuchlichen Moduln sind von diesen beiden Kenngrößen abhängig. Der *Elastizitätsmodul E* bestimmt die Ausbreitung von Dehnwellen im Stab, der *Longitudinalwellenmodul L* die Ausbreitung von Dichtewellen im nach allen Seiten unbegrenzten Medium, der *Schubmodul G* die Ausbreitung von Transversal-, Torsions- und Schubwellen in Stäben bzw. in ausgedehnten Medien, in dem die Schwingungsrichtung zur Fortpflanzungsrichtung senkrecht ist. Diese Moduln lassen sich wie folgt durch den Elastizitätsmodul und die Querkontraktionszahl μ ausdrücken:

$$G = \frac{1}{2} \cdot \frac{E}{1+\mu} \tag{4.4}$$

$$L = E \frac{1-\mu}{(1+\mu)(1-2\mu)} \tag{4.5}$$

Diesen Moduln sind die entsprechenden *Schallgeschwindigkeiten* zugeordnet:

$$c_D = \sqrt{\frac{E}{\rho}}; \quad c_T = \sqrt{\frac{G}{\rho}}; \quad c_L = \sqrt{\frac{L}{\rho}} \tag{4.6}$$

mit:

c_D Schallgeschwindigkeit der Dehnwelle
c_T Schallgeschwindigkeit der Transversalwelle
c_L Schallgeschwindigkeit der Longitudinalwelle

Dämpfung

Die Querkontraktionszahl μ ist für Kunststoffe im Glaszustand etwa 0,3, im gummielastischen Zustand etwa 0,5. Dies führt zu unterschiedlichen Schallgeschwindigkeiten (Bild 4.17). Bei der Ausbreitung von *Schallwellen* ist der *Dämpfung* durch innere Reibung Rechnung zu tragen. Die mechanische Kenngröße für die Dämpfung ist der *Verlustfaktor*. Der Verlustfaktor nimmt für Bereiche der Zustandsänderungen (z. B. Einfrierbereich) besonders hohe Werte an, ist jedoch schon im Glaszustand mit einem Wert von 10^{-2} groß gegenüber Metallen mit 10^{-5} bis 10^{-3} bzw. Glas mit 10^{-3}. Dies führt in Kunststoffen zu Schallwellen mit schnell abklingenden Amplituden.

	Modul [N/mm²]	Wellengeschwindigkeit [m/s]
Glaszustand, $\mu = 0{,}3$		
Elastizitätsmodul	$E \approx 10^3$ bis 10^4	$c_D \approx 2000$
Schubmodul	$G = \dfrac{E}{2(1+\mu)} \approx 3{,}8 \cdot (10^2 \text{ bis } 10^3)$	$c_T \approx 1000$
Longitudinalmodul	$L = \dfrac{(1-\mu)\cdot E}{(1+\mu)(1-2\mu)} \approx 10^3$ bis 10^4	$c_L \approx 2000$
Gummielastischer Zustand, $\mu = 0{,}5$		
Elastizitätsmodul	$E \approx 1$ bis 10^2	$c_D \approx 10$ bis 400
Schubmodul	$G \approx \dfrac{E}{2\cdot(1+0{,}5)} \approx \dfrac{E}{3}$	$c_T \approx 6$ bis 200
Longitudinalmodul	$L \gg E$	$c_L \approx 2000$

Bild 4.17 Modul und Schallgeschwindigkeit in Abhängigkeit vom Phasenzustand (nach Menges)

Die *Reflexion R* einer Schallwelle wird mit folgender Gleichung beschrieben:

$$R = \frac{Z_2 - Z_1}{Z_2 + Z_1} \tag{4.7}$$

Hierbei ist $Z = \rho\, c$ die *Impedanz* oder der *Wellenwiderstand,* wobei c die Wellengeschwindigkeit für die betrachtete Wellenart (s. o.) ist. Der Index 2 ist dem reflektierenden Medium, der Index 1 dem Medium, aus dem die Schallwelle auf die Reflexionswand auftrifft, zuzuordnen.

Schalleinfall

Beim Schalleinfall aus dem Gasraum verhalten sich Kunststoffe wie Metalle, der Schall wird weitgehend reflektiert. Beim Schalleinfall aus der Flüssigkeit ist jedoch Z_1 annähernd Z_2 und somit die Reflexion gering. Metalle reflektieren auch Wellen aus Flüssigkeiten fast vollständig (Bild 4.18).

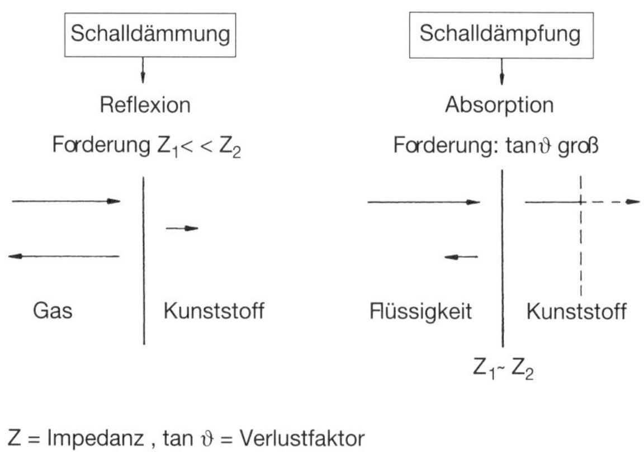

Bild 4.18 Schalldämmung und Schalldämpfung an Kunststoffen

Bei der technischen Akustik muss man zwischen *Schalldämmung* oder *-reflexion* und *Schalldämpfung* oder *-ausbreitung* bzw. *-absorption* unterscheiden. Zur Schallreflexion ist eine hohe Masse, d. h. eine schwere Wand erforderlich. Will man die *Schallausbreitung* in einem festen Körper vermeiden, sind weiche Zwischenlager erforderlich. Elastomerlager im Maschinenbau oder der schwimmende Estrich sind Beispiele hierfür. technische Akustik

Sogenannte *Schallschluckstoffe* sind offenporige Schaumstoffe, die nicht als starr angesehen werden können. Die Welle dringt in die Poren ein und verliert ihre Energie durch Reibung zwischen den Molekülen der Luft und durch Deformation der Wände des Dämpfungsmaterials. Bei *Entdröhnungsmassen* werden Kunststoffe verwendet, die auf dem zu entdröhnenden Material gut haften und einen hohen Verlustfaktor im Bereich der Gebrauchstemperaturen haben.

Beim *Ultraschallschweißen* ist es erforderlich, die Energie der Schallwellen ohne große Verluste an die Fügefläche zu bringen und hier in Wärme umzuwandeln. Dies bedeutet, dass sich mit diesem Verfahren Werkstoffe mit hohem E-Modul und geringem Verlustfaktor leichter schweißen lassen. Die Umwandlung der angeregten Schwingung in Wärme wird teilweise durch *Reibungsverluste* in der Fügefläche bewirkt. Einen anderen wesentlichen Teil liefert die innere Werkstoffdämpfung, wobei dieser Effekt durch eine geeignete Formgebung des fügezonennahen Bereiches der Fügeteile auf die direkte Umgebung der Fügezone konzentriert wird. Die aufgeschmolzenen Zonen absorbieren besonders stark die Schallenergie wegen des im Allgemeinen mit der Temperatur ansteigenden Verlustfaktors. Generell kann festgestellt werden, dass sich amorphe Thermoplaste leichter schweißen lassen als teilkristalline. Ultraschall

4.7 Verhalten gegen Umwelteinflüsse

4.7.1 Widerstandsfähigkeit gegen Medien

Bei der Einwirkung von Chemikalien auf Kunststoffe spielt das *Eindiffundieren* (von Komponenten) des Mediums in den Werkstoff eine weit größere Rolle als bei der Korrosion von Metallen, bei der die Vorgänge vorwiegend auf die oberflächennahen Bereiche beschränkt bleiben. Auch ohne chemische Reaktion kann daher ein flüssiges Medium eine Veränderung der Eigenschaften des Kunststoffes herbeiführen. Diffusion

Die *Widerstandsfähigkeit* gegen chemischen Angriff wird in erster Linie durch den chemischen Aufbau des Kunststoffs bestimmt. Hochpolymere Werkstoffe, deren Makromoleküle aus Kohlenwasserstoffketten bestehen (PE, PIB) sind gegen Säuren, Basen und schwache Oxidationsmittel sehr beständig. Mit der Einführung von Substituenten in die Polyethylenkette – Hydroxyl-, Acetyl- oder andere funktionelle Gruppen – verringert sich jedoch die *Chemikalienbeständigkeit*. Ist der Wasserstoff der Polyethylenkette dagegen durch Fluor ersetzt, so ergibt sich die bisher von keinem anderen Kunststoff übertroffene Beständigkeit des Polytetrafluorethylens (PTFE) gegen praktisch alle chemischen *Agenzien*. Prinzipiell kann jeder chemische Beständigkeit

Angriff *irreversible Veränderungen* der Kunststoffmoleküle bewirken, wie Kettenabbau, Vernetzung, Änderungen in der chemischen Zusammensetzung der Molekülketten, z. B. Oxidation usw.

Wirkung

Die Wirkungsweise physikalisch aktiver Medien beruht auf einer Aufweitung des Molekülverbandes (äußerlich als Quellung erkennbar). Dadurch wird die Beweglichkeit der Makromoleküle erhöht, Härte und Festigkeit nehmen ab, die elektrischen und andere physikalische Eigenschaften verändern sich. Der Grad der Eigenschaftsänderung hängt mit der *Polarität* von Werkstoff und Medium zusammen („Gleiches löst Gleiches“):

- Nichtpolare Polymere wie PS, PE, PIB quellen oder lösen sich in nichtpolaren *Lösungsmitteln* (z. B. Benzin, Benzol), während sie gegen polare Lösungsmittel (Wasser, Alkohol) beständig sind.
- Polymere, die polare Gruppen enthalten, wie Polyvinylalkohol, Polyamid u. a., sind gegen nichtpolare Substanzen beständig, quellen oder lösen sich dagegen in polaren Stoffen.

Lagerung

Bei der Ermittlung der Widerstandsfähigkeit gegen Medien werden Probekörper ohne äußere mechanische Belastung in diesen gelagert. Nach steigenden Lagerungszeiten werden bestimmte Eigenschaftsänderungen ermittelt; die Ergebnisse pauschal zusammengefasst in Bewertungsmaßstäben wie z. B. beständig, bedingt beständig und unbeständig (Tabelle 4.1). Diese Klassifizierung gibt natürlich nur einen groben Anhalt über die Verwendbarkeit eines Kunststoffes für einen speziellen Fall. Eine Erprobung unter Praxisbedingungen ist in vielen Fällen unerlässlich.

Tabelle 4.1 a) Widerstandsfähigkeit einiger Thermoplaste bei Raumtemperatur

	Säuren			Laugen		Kohlenwasserstoffe			Fette, Öle
	schwach	stark	oxydierend	schwach	stark	aliphatisch	chloriert	aromatisch	
Polyethylen hoher Dichte	+	+	–	+	+	+	–	o	+
Polypropylen	+	–	–	+	+	+	–	o	+
PVC-U	+	o	–	+	+	+	–	–	+
PVC-P	+	+	–	+	o	–	–	–	o
Polymetylmethacrylat	+	o	o	+	o	+	–	–	+
Polystyrol	+	o	–	+	+	o	–	–	+
Polytetrafluorethylen	+	+	+	+	+	+	+	+	+
Polyamid	–	–	–	+	o	+	o	+	+
Polycarbonat	+	+	o	–	–	+	–	–	+

+ = beständig o = bedingt beständig – = unbeständig

Tabelle 4.1 b) Widerstandsfähigkeit einiger Duroplaste bei Raumtemperatur

	Säuren			Laugen		Kohlenwasserstoffe			Fette, Öle
	schwach	stark	oxydierend	schwach	stark	aliphatisch	chloriert	aromatisch	
UP-Harze	o	–	–	+	+	+	o	–	+
EP-Harze	+	–	–	+	o	+	o	+	+
vernetzte Polyurethane	o	–	o	+	–	+	o	+	o
elastische Polyurethane	+	–	–	o	o	+	–	–	+
Silikonharze	+	–	–	+	+	o	–	o	+
Harnstoffharz-Pressmasse	o	–	–	+	o	+	+	+	+
Melaminharz-Pressmasse	o	–	–	+	–	+	+	+	+
Phenolharz-Pressmasse	+	–	–	+	–	+	+	+	+

+ = beständig o = bedingt beständig – = unbeständig

4.7.2 Spannungsrissbeständigkeit

Bei Metallen ist die Erscheinung der *Spannungskorrosion* allgemein bekannt. Sie führt bei gleichzeitiger Einwirkung bestimmter Medien und Zugspannungen zur verformungslosen Trennung mit *inter-* oder *transkristallinem* Verlauf. Die Ursachen sind meist elektrochemischer Art. Metalle

Auch bei Kunststoffen tritt diese Brucherscheinung unter der kombinierten Einwirkung innerer *Orientierungs-* oder *Abkühlspannungen* (herstellbedingt) oder/und äußerer Zugspannungen und bestimmter Flüssigkeiten oder Dämpfe auf. Da es sich hierbei jedoch meist um rein physikalische Prozesse (Benetzung, Diffusion, Quellung) handelt, werden diese Erscheinungen mit *Spannungsrissbildung* bezeichnet (kein Korrosionsprozess). Spannungskorrosion

Fast alle Thermoplaste zeigen bei bestimmten Medien Spannungsrissbildung, wobei folgende Faktoren das Ausmaß noch erhöhen: Rissbildung

- höhere Zugspannung,
- längere Einwirkdauer,
- höhere Temperatur,
- höhere Kristallinität,
- geringeres Molekulargewicht.

In der Praxis treten Spannungsrisse häufig dann auf, wenn Formteile nachträglich mit ungeeigneten Klebstoffen verbunden oder mit lösungsmittelhaltigen Farben bedruckt werden bzw. im Einsatz mit spannungsrissauslösenden Medien in Kontakt kommen. Besonders deutlich sind Spannungsrisse bei ungefüllten, glasklaren Kunststoffen wie PS, SAN, PMMA und PC zu erkennen. Spannungsrisse

4.7.3 Diffusion und Permeation

Durchlässigkeit

Kunststoffe sind wegen ihrer niedrigen Dichte für Gase und Flüssigkeiten verhältnismäßig durchlässig. Der Stofftransport – auch *Permeation* genannt – besteht aus den Teilprozessen:

- Aufnahme des diffundierten Stoffes in der Grenzfläche (*Adsorption*),
- Diffusion des angreifenden Mediums durch den Stoff,
- Abgabe des diffundierenden Stoffes an der gegenseitigen Oberfläche (*Desorption*) und Abtransport des diffundierten Stoffes.

Permeation

Von besonderem Interesse ist das Permeationsverhalten gegenüber niedermolekularen Stoffen bei der Anwendung von Kunststoffen als Verpackungsmaterial, Kraftstoffbehälter, Fußbodenheizungsrohr und dergleichen.

Barriere

Bei Lebensmittelverpackungen ist die Hauptforderung, dass möglichst wenig Sauerstoff und/oder Wasserdampf eindringen darf, um eine möglichst hohe Lagerdauer zu erreichen. Aus der Literatur zusammengestellte Durchlässigkeitswerte (Bild 4.19) erlauben eine grobe Einschätzung für die in einer bestimmten Zeiteinheit durch eine Folie hindurchgehende Gas- oder Flüssigkeitsmenge. Diese *Permeationsrate* ist im Allgemeinen umgekehrt proportional der Foliendicke, ein Indiz dafür, dass im Allgemeinen die Diffusionsprozesse maßgeblich sind.

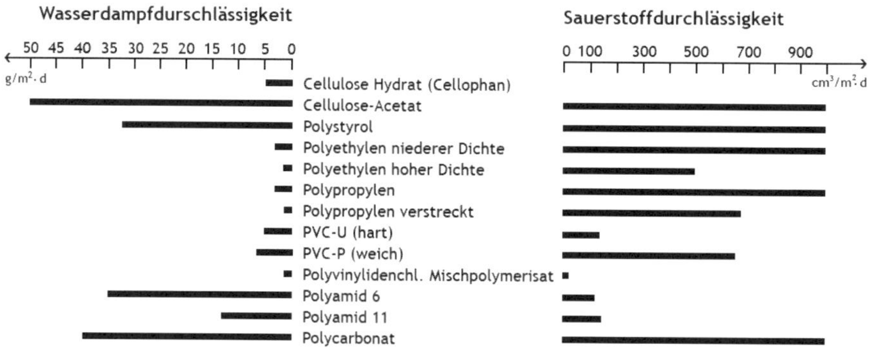

Bild 4.19 Wasserdampf-Durchlässigkeit nach DIN 53 122 und Sauerstoff-Durchlässigkeit nach DIN 53 380 (Temperatur: 20 °C, Foliendicke: 40 μm)

Das Permeationsverhalten kann entscheidend durch maßgeschneiderte Verbünde (Verpackungsfolien bis zu sieben Schichten) oder durch chemische Oberflächenmodifikation (z. B. *Plasmabeschichten* von Kunststoffflaschen aus PET) verbessert werden.

4.7.4 Bewitterung

Als wesentliche Einflussgrößen, die bei der Bewitterung auf ein Produkt einwirken und eine Veränderung verschiedener Eigenschaften nach sich ziehen, sind zu nennen: Umwelteinflüsse

- *Strahlung*
  Die gesamte auf die Oberfläche eines Körpers auftreffende Strahlung setzt sich zusammen aus der direkt (beispielsweise von der Sonne) einfallenden Strahlung und aus der in der Atmosphäre oder der Umgebung diffus reflektierten Strahlung und wird als *Globalstrahlung* bezeichnet. Direkt durch das absorbierte Licht können nur wenige bestimmte Moleküle gespalten werden. In Gegenwart von Sauerstoff der Atmosphäre übernehmen *oxidative Prozesse*, die durch Licht initiiert werden, die Hauptrolle bei den Abbauvorgängen.
- *Temperatur*
  Schwarz eingefärbte Kunststoffteile erreichen bei einer freien, natürlichen Bewitterung Temperaturen von mehr als 70 °C, im Innern des Automobils können diese noch deutlich überschritten werden. Beim Ablauf einiger chemischer (Abbau-)Reaktionen bewirkt eine Temperaturerhöhung von 10 K eine Verdopplung der *Reaktionsgeschwindigkeit*. Somit kommt der Temperatur eine wesentliche Bedeutung zu.
- *Feuchtigkeit*
  Feuchtigkeit spielt vor allem bei hydrolyseempfindlichen Kunststoffen oder Zuschlagstoffen eine Rolle.

In der Natur kommt erschwerend hinzu, dass die vorgenannten Beanspruchungen nicht einzeln, sondern komplex kombiniert auftreten und durch Synergismus oder eine zusätzliche mechanische Beanspruchung noch verstärkt werden können.

Bereits mit der Entwicklung der Kunststoffe ergab sich die Notwendigkeit, durch den Zusatz von geeigneten Stoffen (*Lichtschutzmittel, Stabilisatoren*) die durch die Klimabeanspruchung bedingten Schädigungen zu vermeiden oder zumindest zu verzögern. Die Wirkung dieser Additive basiert entweder auf einer Herabsetzung der für den jeweiligen Kunststoff schädlichen Lichtstrahlung (Filtereffekt) oder auf einem gezielten Eingriff in die chemische Abbaureaktion. Stabilisatoren

Zur Beurteilung der Witterungsbeständigkeit werden Bewitterungsversuche unter der Einwirkung eines Freiluftklimas oder zeitraffend in Geräten mit simulierter Globalstrahlung erhöhter Intensität durchgeführt. Während der Bewitterung werden die je nach Anwendung erforderlichen Eigenschaften wie Farbe, Glanz, mechanisches Verhalten u. a. kontinuierlich verfolgt, um Aussagen über die Veränderung des Werkstoffes und letztlich über die Lebensdauer des Produktes zu erhalten. Witterungsbeständigkeit

Eine direkte Übertragung bzw. Korrelation der künstlichen Bewitterung zur Freibewitterung ist bis heute nur bedingt möglich.

4.7.5 Biologisches Verhalten

Mikroorganismen

Natürliche Polymere wie Cellulose, Stärke und Proteine sind einem starken Angriff durch *Mikroorganismen* ausgesetzt und durch diese abbaubar. Im Gegensatz dazu können synthetische Polymere als solche nur sehr schwer oder gar nicht als Nahrungsquelle für *Mikroorganismen* dienen. Angreifbar sind jedoch die Mehrzahl der als Verarbeitungshilfsmittel verwendeten niedermolekularen organischen Produkte und insbesondere die *Weichmacher*. Daher kann die biologisch bedingte Materialverschlechterung vor allem bei weichmacherhaltigem PVC (z. B. Dach- und Dichtungsbahnen) beobachtet werden, wo der Weichmacher als Nahrungsquelle der Mikroorganismen aufgezehrt werden kann. Dies führt bis zu einer Versprödung des Materials, so dass die Gebrauchstauglichkeit verloren gehen kann. Durch sogenannte *Biostabilisatoren* (Biozide) kann der biologische Weichmacherabbau erheblich verzögert werden.

Biostabilisatoren

resorbierbare Kunststoffe

Ein bedeutendes Einsatzgebiet für Kunststoffe, die gezielt biologisch abgebaut werden können, sind selbstauflösende Fäden und temporäre Prothesen in der Chirurgie. Knochennägel und -platten, beispielsweise aus Polymeren, die sich durch Einwirkung körpereigener Enzyme allmählich auflösen, helfen, eine Zweitoperation zur Entfernung dieser Hilfsmittel zu vermeiden.

Kompostierung

Folien aus mit Stärke versetztem Polyethylen werden als Ernteverfrühungsfolie oder Packmittel erprobt. Unter Kompostbedingungen wird die Stärke von Bakterien „gefressen“, wobei die spezifische Oberfläche des Polymerkörpers deutlich vergrößert wird, was zu einem beschleunigten oxidativen Abbau des Polyethylens selbst führen kann.

Zudem werden Polymere entwickelt, die selber durch Bakterien unter Kompostbedingungen abgebaut werden können. Zurzeit eignen sich diese Polymere aufgrund ihres sehr hohen Preisniveaus noch nicht für einen großtechnischen Einsatz beispielsweise im Landwirtschafts- oder Verpackungsbereich.

4.7.6 Brandverhalten

Brandschutz

Alle organischen Stoffe sind auf Kohlenstoff aufgebaut und deshalb brennbar. Davon machen auch die hochmolekularen Stoffe – ob sie in Holz in der Natur vorkommen oder als Kunststoff synthetisch hergestellt werden – keine Ausnahme. Sie werden deshalb, ob mit oder ohne *Brandschutzausrüstung*, bei genügender Energiezufuhr in jedem Fall brennen. Die Branderfahrungen zeigen, dass Kunststoffe gegenüber anderen brennbaren Baustoffen, wie z. B. Holz, kein erhöhtes Brandrisiko darstellen. Daher werden in technischen Regelwerken nur Baustoffe betrachtet, Kunststoffe werden weder positiv noch negativ hervorgehoben.

Brandentstehung

Damit ein Brand überhaupt entstehen kann, sind die drei Komponenten Brennstoff, Sauerstoff und Energie notwendig. Die Verknüpfung dieser drei Komponenten bewirkt die außerordentliche Komplexität eines jeden Brandes. Als Basisnorm für die Prüfung des Brandverhaltens von Baustoffen und Bauteilen ist die DIN 4102 für das bauaufsichtliche Verfahren in allen Bundesländern eingeführt. Die Einteilung hierin erfolgt nach „nichtbrennbar“ in *Baustoffklasse* A und „brennbar“ in Baustoffklasse B.

Kunststoffe sind in der Regel der Baustoffklasse B zuzuordnen. Die Klassifizierung innerhalb B erfolgt von B 1 - schwer entflammbar - über B 2 - normal entflammbar - bis B 3 - leicht entflammbar. Durch Zugabe von Brandschutzmitteln kann die *Entflammbarkeit* beeinflusst werden. Haupteinsatzgebiet für brandgeschützte Kunststoffe sind die Elektroindustrie (Kabelisolierungen, Fernseh- und Phonogeräte, Telefonanlagen sowie die Fahrzeug(innen)einrichtungen), Bauindustrie (Bodenbeläge, Rohre) und Möbelindustrie.

4.8 Gebrauchstauglichkeit und Qualitätssicherung

Praxisverhalten

Das Praxisverhalten von Kunststoff-Fertigteilen ist abhängig von den Ausgangswerkstoffen, von den Herstellbedingungen, von der konstruktiven Gestaltung und nicht zuletzt von dem zugrunde gelegten Beanspruchungskollektiv. Die *Gebrauchstauglichkeit* eines Formteils, d. h. die Erhaltung der *Funktionstauglichkeit* während des vorgesehenen Einsatzzeitraumes, lässt sich vielfach nur begrenzt festlegen. Gründe hierfür können mangelhafte Funktionsbeschreibung, ein ungenaues Beanspruchungskollektiv sowie fehlende Berechnungsmöglichkeit sein.

Güteüberwachung

Für eine Vielzahl von Anwendungen ist die Beurteilung nach den *Qualitätskriterien:* Werkstoff, Produktkontrolle und Produktionsbeschaffenheit ausreichend. Zur Qualitätssicherung wurde die Güteüberwachung (Bild 4.20) eingeführt. Dabei werden die Anforderungen aufgrund praxisnaher Formteilprüfungen u. a. festgelegt.

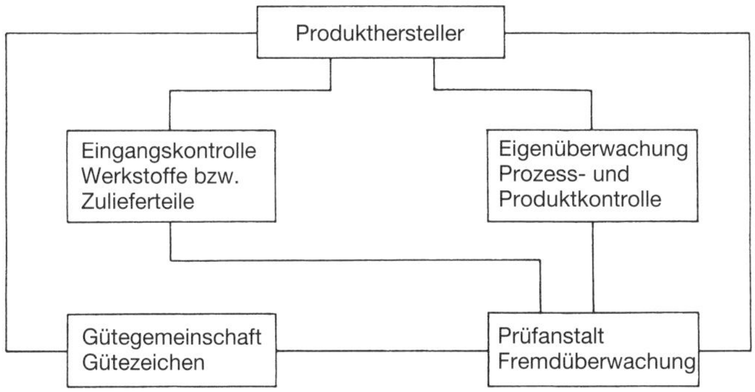

Bild 4.20 Schema der Güteüberwachung

Qualitätssicherung

Eine wirksame *Qualitätssicherung* kann nur in Zusammenarbeit aller Beteiligten erfolgen (Bild 4.21). Die Vorzüge der Güteüberwachung von Produkten werden von allen Beteiligten - Staat und Wirtschaft, Hersteller, Handel und Verbraucher - anerkannt. Der Hersteller kann durch die Güteüberwachung die Produktion optimieren, seine Ausschussquote und Gewährleistungsansprüche verringern. Im Hinblick auf die *Produzentenhaftung* ist sie eine wichtige Größe. Für den Handel wirken die

Maßnahmen fördernd und marktordnend. Letztlich dienen sie zum Schutz und zur Sicherheit der Verbraucher. Insgesamt ist der volkswirtschaftliche Nutzen der Güteüberwachung unbestritten.

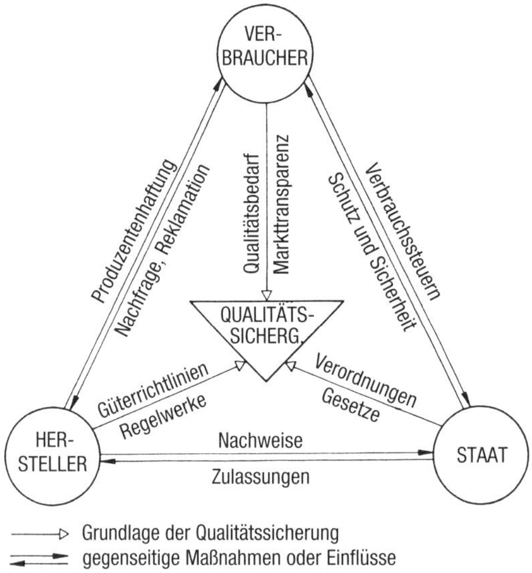

Bild 4.21 Qualitätssicherung im Spannungsfeld: Verbraucher-Hersteller-Staat (nach Krüger)

Literatur zu Kapitel 4

Bargel, H. J. und *Schulze, G.*: Werkstoffkunde, VDI-Verlag GmbH, Düsseldorf, 1994

Baur, E., *Osswald, T.* und *Rudolph, N.*: Saechtling Kunststoff-Taschenbuch, 31. Auflage, Carl Hanser Verlag, München, 2013

Brown, R. P.: Taschenbuch Kunststoff-Prüftechnik, Carl Hanser Verlag, München, 1984

Carlowitz, B.: Tabellarische Übersicht über die Prüfung von Kunststoffen, Giesel-Verlag, Isernhagen, 1992

Domininghaus, H., *Eyerer, P.*, *Elsner, P.* und *Hirth, T.*: Die Kunststoffe und ihre Eigenschaften, 8. Aufl., Springer Verlag, Heidelberg, 2012

Ehrenstein, G. W.: Polymer-Werkstoffe, Struktur und mechanisches Verhalten, 2. Aufl., Carl Hanser Verlag, München, 1999

Grellmann, W. und *Seidler, S.*: (Hrsg.) Kunststoffprüfung, Carl Hanser Verlag, München, 2005

Hellerich, W., *Harsch, G. C.* und *Haenle, S.*: Werkstoff-Führer Kunststoffe, 9. Auflage, Carl Hanser Verlag, München, 2004

Laeis, W.: Einführung in die Werkstoffkunde der Kunststoffe, Carl Hanser Verlag, München, 1972

Menges, G., *Haberstroh, E.*, *Michaeli, W.* und *Schmachtenberg, E.*: Menges Werkstoffkunde Kunststoffe, 6. Aufl., Carl Hanser Verlag, München, 2011

Oberbach, K.: Kunststoff-Kennwerte für Konstrukteure, Carl Hanser Verlag, München, 1975

Schmiedel, H.: Handbuch der Kunststoffprüfung, Carl Hanser Verlag, München, 1992

Schreyer, G.: Konstruieren mit Kunststoffen, Carl Hanser Verlag, München, 1975

Schwarz, O.: Kunststoffkunde, 4. Aufl., Vogel Verlag, Würzburg, 1992

Literatur zu Abschnitt 4.1

Schmachtenberg, E.: Die mechanischen Eigenschaften nichtlinear viskoelastischer Werkstoffe, Dissertation an der RWTH Aachen, 1985

N. N.: Handbuch Kunststoffe – Band 1 – Mechanische und thermische Eigenschaften. Prüfnormen-Grundwerk, Beuth Verlag GmbH, 2004

N. N.: Handbuch Kunststoffe – Band 2 – Chemische und optische Gebrauchseigenschaften, Verarbeitungseigenschaften. Prüfnormen-Grundwerk, Beuth-Verlag GmbH, 2004

DIN 7724: Polymere Werkstoffe; Gruppierung polymerer Werkstoffe aufgrund ihres mechanischen Verhaltens

Literatur zu Abschnitt 4.2

Thebing, U.: Beitrag zur Dimensionierung von GF-UP unter wechselnden Beanspruchungen, Dissertation an der RWTH Aachen, 1979

DIN 53373: Prüfung von Kunststoff-Folien; Durchstoßversuch mit elektronischer Meßwerterfassung

DIN 53398: Prüfung von glasfaserverstärkten Kunststoffen; Biegeschwellversuch

DIN 53423: Prüfung von harten Schaumstoffen; Biegeversuch

DIN 53430: Prüfung von harten Schaumstoffen; Zugversuch

DIN 53435: Prüfung von Kunststoffen; Biegeversuch und Schlagbiegeversuch an Dynstat-Probekörpern

DIN 53442: Prüfung von Kunststoffen; Dauerschwingversuch im Biegebereich an flachen Probekörpern

DIN EN ISO 6603-1: Kunststoffe – Bestimmung des Durchstoßverhaltens von festen Kunststoffen – Teil 1: Nicht-instrumentierter Schlagversuch

DIN EN ISO 6603-2: Kunststoffe – Bestimmung des Durchstoßverhaltens von festen Kunststoffen – Teil 2: Instrumentierter Schlagversuch

DIN EN ISO 899-1: Kunststoffe – Bestimmung des Kriechverhaltens – Teil 1: Zeitstand-Zugversuch

DIN EN ISO 899-2: Kunststoffe – Bestimmung des Kriechverhaltens – Teil 2: Zeitstand-Biegeversuch bei Dreipunkt-Belastung

DIN EN ISO 8256: Kunststoffe – Bestimmung der Schlagzugzähigkeit

DIN EN ISO 178: Kunststoffe – Bestimmung der Biegeeigenschaften

DIN EN ISO 604: Kunststoffe – Bestimmung von Druckeigenschaften

DIN EN ISO 527-1: Kunststoffe – Bestimmung der Zugeigenschaften – Teil 1: Allgemeine Grundsätze

DIN EN ISO 527-2: Kunststoffe – Bestimmung der Zugeigenschaften – Teil 2: Prüfbedingungen für Form- und Extrusionsmassen

DIN EN ISO 527-3: Kunststoffe – Bestimmung der Zugeigenschaften – Teil 3: Prüfbedingungen für Folien und Tafeln

DIN EN ISO 527-4: Kunststoffe – Bestimmung der Zugeigenschaften – Teil 4: Prüfbedingungen für isotrop und anisotrop faserverstärkte Kunststoffverbundwerkstoffe

DIN EN ISO 527-5: Kunststoffe – Bestimmung der Zugeigenschaften – Teil 5: Prüfbedingungen für unidirektional faserverstärkte Kunststoffverbundwerkstoffe

Literatur zu Abschnitt 4.3

Racké, H.: Verhalten von Kunststoff-Oberflächen bei berührender und mechanischer Beanspruchung in Teil 2, Schreyer, G., siehe allg. Literatur

Müller, K.: Härteprüfungen von Kunststoffen, Beschichtungen und Gummi, in *Weiler, W.*: Härteprüfung an Metallen und Kunststoffen, Expert Verlag, Sindelfingen, 1985

DIN EN ISO 6507-1: Metallische Werkstoffe – Härteprüfung nach Vickers – Teil 1: Prüfverfahren

DIN ISO 4649: Elastomere oder thermoplastische Elastomere – Bestimmung des Abriebwiderstandes mit einem Gerät mit rotierender Zylindertrommel

DIN 52 347: Prüfung von Glas und Kunststoff; Verschleißprüfung; Reibradverfahren mit Streulichtmessung

DIN 52 348: Prüfung von Glas und Kunststoff; Verschleißprüfung; Sandriesel-Verfahren

DIN EN ISO 8295: Kunststoffe – Folien und Bahnen – Bestimmung der Reibungskoeffizienten

DIN 53 754: Prüfung von Kunststoffen; Bestimmung des Abriebs nach dem Reibradverfahren

DIN EN 59: Glasfaserverstärkte Kunststoffe; Bestimmung der Härte mit dem Barcol-Härteprüfgerät

DIN EN ISO 2039-1: Kunststoffe – Bestimmung der Härte – Teil 1: Kugeleindruckversuch

DIN EN ISO 2039-2: Kunststoffe – Bestimmung der Härte – Teil 2: Rockwellhärte

DIN 53 505: Prüfung von Kautschuk und Elastomeren – Härteprüfung nach Shore A und Shore D

DIN 53 512: Prüfung von Kautschuk und Elastomeren – Bestimmung der Rückprall-Elastizität (Schob-Pendel)

DIN EN ISO 8307: Weich-elastische polymere Schaumstoffe – Bestimmung der Rückprallelastizität

DIN ISO 48: Elastomere und thermoplastische Elastomere – Bestimmung der Härte (Härte zwischen 10 IRHD und 100 IRHD)

Literatur zu Abschnitt 4.4

Bednarz, J.: Kunststoffe in der Elektrotechnik und Elektronik, Verlag W. Kohlhammer, Stuttgart, 1988

DIN EN 60 243-1, VDE 0303-21: Elektrische Durchschlagfestigkeit von isolierenden Werkstoffen – Prüfverfahren – Teil 1: Prüfungen bei technischen Frequenzen

DIN VDE 0303-4: Bestimmungen für elektrische Prüfungen von Isolierstoffen; Teil 4: Bestimmung der dielektrischen Eigenschaften

DIN VDE 0303-5: Prüfung von Isolierstoffen; Niederspannungs-Hochstrom-Lichtbogenprüfung

DIN VDE 0303-8: VDE-Bestimmungen für elektrische Prüfungen von Isolierstoffen; Beurteilung des elektrostatischen Verhaltens

DIN IEC 60 587 VDE 0303-10: Prüfverfahren zur Bestimmung der Beständigkeit gegen Kriechwegbildung und Erosion von Elektroisolierstoffen, die unter erschwerten Bedingungen eingesetzt werden

DIN VDE 0303-13: Prüfung von Isolierstoffen; Dielektrische Eigenschaften fester Isolierstoffe im Frequenzbereich von 8, 2 bis 12, 5 GHz

DIN 53 483-1: Prüfung von Isolierstoffen; Bestimmung der dielektrischen Eigenschaften, Begriffe, Allgemeine Angaben

DIN 53 483-2: Prüfung von Isolierstoffen; Bestimmung der dielektrischen Eigenschaften, Prüfung bei den festgelegten Frequenzen 50 Hz, 1 kHz, 1 MHz

Literatur zu Abschnitt 4.5

Lapresa, G.: Industrielle Kunststoff-Coloristik, Carl Hanser Verlag, München, 1998

Müller, A.: Einfärben von Kunststoffen, Carl Hanser Verlag, München, 2002

DIN EN ISO 489: Kunststoffe – Bestimmung des Brechungsindex

DIN 67 530: Reflektometer als Hilfsmittel zur Glanzbeurteilung an ebenen Anstrich- und Kunststoff-Oberflächen

DIN 5033-1 bis -9: Farbmessung; Grundbegriffe der Farbmetrik, Farbmaßzahlen, Messbedingungen

DIN 5036-1: Strahlungsphysikalische und lichttechnische Eigenschaften von Materialien; Begriffe, Kennzahlen

DIN 5036 – Beiblatt 1: Strahlungsphysikalische und lichttechnische Eigenschaften von Materialien; Inhaltsverzeichnis und Stichwortverzeichnis

Literatur zu Abschnitt 4.6

Gösele, K.: Schall-Wärme-Feuchte, Grundlagen, Erfahrungen und praktische Hinweise für den Hochbau, 9. Aufl., Bauverlag Berlin und Wiesbaden, 1989

N. N.: Ultraschall in der Kunststoff-Fügetechnik, Herfurth GmbH, Hamburg, 1986

DIN 1320: Akustik – Begriffe

DIN 1332: Akustik; Formelzeichen (Vorgesehener Ersatz durch DIN EN ISO 80 000-8; Stand: 06/2006)

DIN EN ISO 80 000-8: Größen und Einheiten – Teil 8: Akustik

DIN 45 630: Grundlagen der Schallmessung; Physikalische und subjektive Größen von Schall

DIN EN 21 683: Akustik – Bevorzugte Bezugswerte für akustische Pegel

DIN EN ISO 389-1 bis -8: Akustik – Standard-Bezugspegel für die Kalibrierung audiometrischer Geräte

DIN EN ISO 527-1 bis -5: siehe Literatur Abschnitt 4.2

Literatur zu Abschnitt 4.7

Dolézel, B.: Die Beständigkeit von Kunststoffen und Gummi, Carl Hanser Verlag, München, 1978

Krebs, C. und *Avondet, M. A.*: Langzeitverhalten von Thermoplasten – Alterungsverhalten und Chemikalienbeständigkeit, Carl Hanser Verlag, München, 1998

Troitzsch, J.: Brandverhalten von Kunststoffen, Carl Hanser Verlag, München, 1982

Troitzsch, J.: Plastics Flammability Handbook, 3. Aufl., Carl Hanser Verlag, München, 2004

DIN 4102-1 bis -22: Brandverhalten von Baustoffen und Bauteilen

DIN 53 380-1 bis -4: Prüfung von Kunststoffen – Bestimmung der Gasdurchlässigkeit

DIN 53 381-1: Prüfung von Kunststoffen; Bestimmung der Thermostabilität von Polyvinylchlorid (PVC); Dehydrochlorierungsverfahren

DIN 53 383-2: Prüfung von Kunststoffen; Prüfung der Oxidationsstabilität durch Ofenalterung

DIN 53 386: Prüfung von Kunststoffen und Elastomeren – Bewitterung im Freien

DIN EN ISO 4892-1: Kunststoffe – Künstliches Bestrahlen oder Bewittern in Geräten – Teil 1: Allgemeine Anleitung

DIN EN ISO 4892-2: Kunststoffe – Künstliches Bestrahlen oder Bewittern in Geräten – Teil 2: Gefilterte Xenonbogenbestrahlung

DIN EN ISO 4892-3: Kunststoffe – Künstliches Bestrahlen oder Bewittern in Geräten – Teil 3: UV-Leuchtstofflampen

DIN EN ISO 877: Kunststoffe – Verfahren zur natürlichen Bewitterung, zur Bestrahlung hinter Fensterglas und zur beschl. Bewitterung durch Sonnenstrahlung mithilfe von Fresnelspiegeln

DIN 53 393: Prüfung von glasfaserverstärkten Kunststoffen; Verhalten bei Einwirkung von Chemikalien

DIN EN ISO 4600: Kunststoffe – Bestimmung der umgebungsbedingten Spannungsrißbildung (ESC) – Kugel- oder Stifteindrückverfahren

DIN EN ISO 6252: Kunststoffe – Bestimmung der umgebungsbedingten Spannungsrißbildung (ESC) – Zeitstandzugversuch

DIN EN ISO 4599: Kunststoffe – Bestimmung der Beständigkeit gegen umgebungsbedingte Spannungsrißbildung (ESC) – Biegestreifenverfahren

DIN EN ISO 22 088-1: Kunststoffe – Bestimmung der Beständigkeit gegen umgebungsbedingte Spannungsrissbildung (ESC) – Teil 1: Allgemeine Anleitung

DIN EN ISO 22 088-2: Kunststoffe – Bestimmung der Beständigkeit gegen umgebungsbedingte Spannungsrissbildung (ESC) – Teil 2: Zeitstandzugversuch

DIN EN ISO 22 088-3: Kunststoffe – Bestimmung der Beständigkeit gegen umgebungsbedingte Spannungsrissbildung (ESC) – Teil 3: Biegestreifenverfahren

DIN EN ISO 22 088-4: Kunststoffe – Bestimmung der Beständigkeit gegen umgebungsbedingte Spannungsrissbildung (ESC) – Teil 4: Kugel- oder Stifteindrückverfahren

DIN EN ISO 175: Kunststoffe – Prüfverfahren zur Bestimmung des Verhaltens gegen flüssige Chemikalien

DIN EN ISO 846: Kunststoffe – Bestimmung der Einwirkung von Mikroorgansimen auf Kunststoffe

DIN 53 755: Prüfung von Kunststoff-Fertigteilen; Lagerungsversuch bei thermischer und äußerer mechanischer Beanspruchung

DIN 53 756: Prüfung von Kunststoff-Fertigteilen; Lagerungsversuch bei chemischer Beanspruchung

DIN 16888-1 und -2: Bewertung der chemischen Widerstandsfähigkeit von Rohren aus Thermoplasten; Rohre aus Polyolefinen und Hart-PVC

DIN 16889-1: Bestimmung der chemischen Resistenzfaktoren an Rohren aus Thermoplasten; Rohre aus Polyolefinen

Literatur zu Abschnitt 4.8

Masing, W.: Handbuch Qualitätsmanagement, 5. Aufl., Carl Hanser Verlag, München, 2007

Oberbach, K. und *Müller, W.*: Prüfung von Kunststoff-Formteilen, 2. Aufl., Carl Hanser Verlag, München, 1988

DIN 18200: Übereinstimmungsnachweis für Bauprodukte – Werkseigene Produktionskontrolle, Fremdüberwachung und Zertifizierung von Produkten

DIN 55350 – Beiblatt 1: Begriffe der Qualitätssicherung und Statistik; Struktur und Gesamt-Stichwortverzeichnis

DIN 32937: Mess- und Prüfmittelüberwachung – Planen, Verwalten und Einsetzen von Mess- und Prüfmitteln

DIN 66050: Gebrauchstauglichkeit; Begriff

5 Aufbereitung von Kunststoffen

5.1 Einleitung

Unter der Aufbereitung versteht man alle Arbeitsschritte, die zwischen der Synthese des Polymers und seiner Formgebung in der Verarbeitungsmaschine anfallen. Polymere besitzen in ihrer Rohform meist nur unzureichende Eigenschaften (z. B. mechanische oder auch thermische Eigenschaften), um den Anforderungen im Endprodukt oder während der Verarbeitung gerecht zu werden. Deswegen werden sie nach ihrer Synthese nicht direkt zum Endprodukt verarbeitet, sondern die Eigenschaften werden in der Aufbereitung gezielt eingestellt. Die Änderung des Eigenschaftsprofils kann durch Zugabe von Füllstoffen, durch Mischen bzw. Blenden verschiedener Polymere miteinander oder auch durch Entfernen unerwünschter Bestandteile erfolgen. Das Einmischen von Füllstoffen wird oft auch als Compoundierung bezeichnet. Durch die Aufbereitung oder Compoundierung wird das Polymer zum Kunststoff. Sie erfolgt entweder beim Kunststoffhersteller oder bei einem darauf spezialisierten Compoundeur. Der Verarbeiter erhält einen verarbeitungsfähigen Kunststoff mit gezielt eingestellten Eigenschaften. Neben der Einstellung des Eigenschaftsprofils des Kunststoffes zählt auch das Recycling von Kunststoffen zur Kunststoffaufbereitung.

Die Aufbereitung von Kunststoffen kann in mehrere Aufgaben unterteilt werden. Zu den wichtigsten Aufgaben zählen das Fördern bzw. der Transport von Einsatzstoffen, das Dosieren von Einsatzstoffen, das Mischen der verschiedenen Einsatzstoffe, das Entgasen und Granulieren von Polymerschmelzen. Im Folgenden wird genauer auf die einzelnen Prozessaufgaben eingegangen.

5.2 Aufgaben in der Aufbereitung

In diesem Abschnitt werden die wichtigsten Aufbereitungsaufgaben vorgestellt. Die Beschreibung der Aufbereitungsaufgaben erfolgt entlang der Prozesskette.

5.2.1 Lagern und Fördern

Die Ausgangsmaterialien werden überwiegend in großen Vorratssilos gelagert, die hauptsächlich aus Bahn- oder Lkw-Behältern beschickt werden. Kleine Materialmengen werden auch als Sackware (25 kg) angeliefert. Der Materialtransport im Betrieb kann auf unterschiedliche Weisen erfolgen: Bei kleinen Mengen ist der Transport in Säcken möglich, bei kurzen Strecken kommen auch Schneckenförderer zum Einsatz oder das Material wird pneumatisch mittels Vakuumförderung transportiert.

5.2.2 Dosieren

volumetrische Dosiersysteme

Die Eigenschaften des Kunststoffs werden eingestellt, indem dem Rohpolymer gezielt Additive zugemischt werden. Damit die Aufbereitung von Kunststoffen reproduzierbar ist, müssen Dosiersysteme die verwendeten Materialien genau dosieren. Das Dosieren beinhaltet die Aufgaben Wägen, Regeln und Fördern eines Massenstroms. Bei der Dosierung wird zwischen gravimetrischer und volumetrischer Dosierung unterschieden. Eine Auswahl volumetrischer Dosiersysteme ist in Bild 5.1 dargestellt.

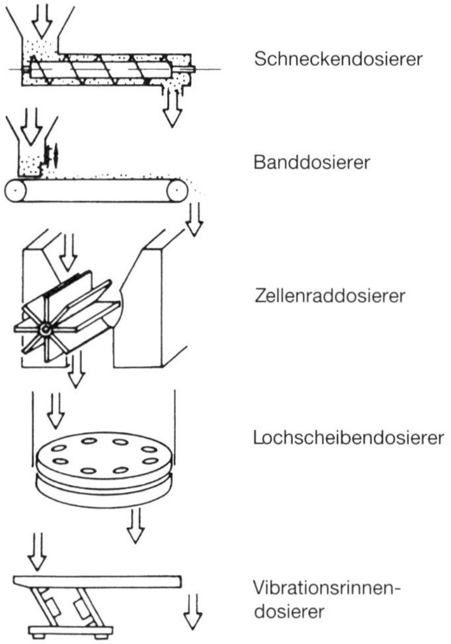

Bild 5.1
Volumetrische Dosiersysteme

Beim Schneckendosierer wird das Schüttgut durch eine schraubenförmige Wendel, die in einem Zylinder gelagert ist, gefördert. Dieses System kann nur bei guter Rieselfähigkeit des zu fördernden Materials eingesetzt werden.

Dies gilt grundsätzlich auch für den Banddosierer, bei dem das Fördergut aus einem vollen Trichter über ein Förderband abgezogen wird. Der Volumenstrom wird dabei über eine verschiebbare Klappe geregelt.

Bei den Zellenrad- und Lochscheibendosierern werden Kammern volumetrisch gefüllt, die dann nach einem bestimmten Drehwinkel des Rotors bzw. der Scheibe wieder entleert werden. Der Volumenstrom wird über die Drehzahl variiert.

volumetrische Dosierung

Obwohl Vibrationsrinnendosierer keine echten Volumendosierer sind, sollen sie doch der Vollständigkeit halber hier aufgeführt werden. Sie arbeiten nach dem Microwurf-Prinzip, indem eine Rinne elektromagnetisch zu Schwingungen angeregt wird. Dieses System wird hauptsächlich bei grob- und feinkörnigen Gütern eingesetzt.

Bei flüssigen Additiven, z. B. Weichmachern, ist eine Dosierungenauigkeit durch Chargenschwankungen nicht zu befürchten. Deshalb hat sich hier eine volumetrische Dosierung mittels Pumpen durchgesetzt.

Bei der volumetrischen Dosierung kann die Dosiergenauigkeit von einer Vielzahl von Parametern beeinflusst werden, z. B. Schüttdichte oder Korngröße, die sich von Charge zu Charge ändern können. Im Hinblick auf die Dosiergenauigkeit und Automatisierbarkeit ist deshalb im Allgemeinen die gravimetrische Dosierung, d. h. das Abwiegen der Bestandteile, vorzuziehen.

gravimetrische Dosierung

Bei der *gravimetrischen Dosierung* ist sowohl eine diskontinuierliche als auch eine kontinuierliche Arbeitsweise möglich. Im diskontinuierlichen Betrieb werden die Einzelkomponenten nacheinander in einen Wägebehälter gegeben und additiv abgewogen. Wenn für diese Verfahrensweise die notwendige Zeit wegen zu großer Materialmengen nicht zur Verfügung steht, müssen die Materialien gleichzeitig auf separaten Waagen abgewogen und anschließend zusammengeführt werden, was natürlich zu einem sprunghaften Anstieg der Investitionskosten führt.

Im Gegensatz zu diesem Verfahren arbeiten Differentialdosierwaagen kontinuierlich. Differentialdosierwagen sind sehr genau und können sowohl für kleine als auch für große Dosierbereiche eingesetzt werden. Damit der eingestellte Massedurchsatz des Füllstoffes konstant dosiert werden kann, wird die Abnahme des Füllstoffgewichts im Dosierbehälter kontinuierlich überwacht. Ein Dosierregler überprüft die Abweichung des aktuellen Massenstroms von dem eingestellten Massenstrom und passt daraufhin die Dosiergeschwindigkeit an. Das Bild 5.2 zeigt Dosierbandwaagen und eine Differentialdosierwaage. Unter einem Förderband ist

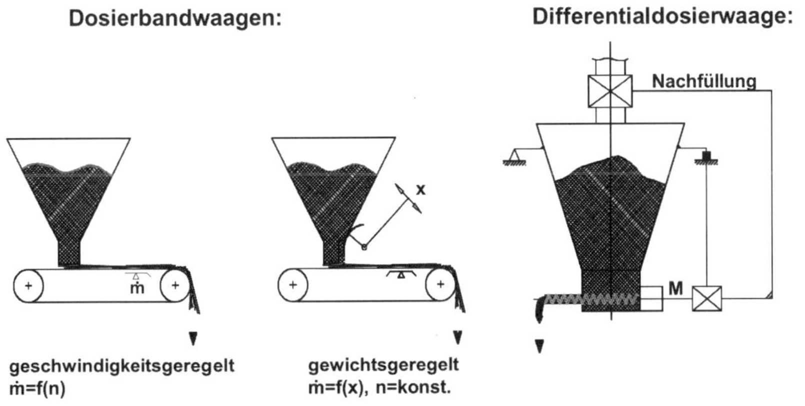

Bild 5.2 Gravimetrische Dosiersysteme

im Falle der Dosierbandwaage eine Wägebrücke mit einer Messstrecke angeordnet. Der Massenstrom wird kontinuierlich erfasst und dient als Regelgröße für die Bandgeschwindigkeit oder den Öffnungsgrad des Trichters. Bei der Differentialdosierwaage wird das Gewicht des Trichters kontinuierlich erfasst und die Austragsgeschwindigkeit über die Drehzahl der Austragsschnecke geregelt. Wenn das Gewicht des Trichters aufgrund des ablaufenden Granulats einen vorgegebenen Schwellwert unterschreitet, wird eine Klappe zur Nachfüllung des Trichters automatisch geöffnet.

5.2.3 Mischen

Während der Aufbereitung kommen verschiedene Stoffe zum Einsatz, welche zu einer homogenen Mischung verarbeitet werden müssen. Man unterscheidet hierbei zwischen distributivem und dispersivem Mischen. Der Vorgang des Verteilens einer Komponente in einer anderen wird distributives Mischen genannt. Bei ineinander löslichen Fluiden oder Feststoff/Feststoff-Systemen kann mittels distributiven Mischens bei ausreichender Mischzeit eine hohe Mischgüte erzielt werden. Liegen jedoch Komponenten vor, die unverträglich, begrenzt löslich oder agglomeriert sind, dann muss das Mischen dispersiv erfolgen, so dass die Agglomerate zerteilt und auseinandergebracht werden.

Ein anschauliches Beispiel für die dispersive und distributive Mischenwirkung ist eine Emulsion aus Wasser und Öl. Bei der Zugabe von Öl in Wasser bilden sich große Öltropfen an der Wasseroberfläche. Damit dennoch eine homogene Mischung aus Wasser und Öl im ganzen Volumen entstehen kann, müssen die Öltropfen in kleine Tropfen zerteilt (dispersives Mischen) und anschließend verteilt (distributives Mischen) werden.

Um eine homogene Mischung aus verschiedenen Bestandteilen zu erhalten, steht eine große Anzahl an unterschiedlichen Konzepten zur Verfügung. Grundsätzlich wird unterschieden nach diskontinuierlichen und kontinuierlichen Aufbereitungsmaschinen.

5.2.3.1 Diskontinuierliche Aufbereitungsmaschinen

Zu den diskontinuierlichen Maschinen gehören unter anderem das Walzwerk und der Kneter.

5.2.3.1.1 Walzwerke

Walzwerke

In Walzwerken wird das Material zwischen zwei gegenlaufend drehenden temperierten Walzen in dünne Schichten ausgezogen. Die Erwärmung des Materials erfolgt durch Kontakt mit den heißen Walzen und durch die Friktion beim Durchgang durch den engen Walzenspalt. Der große Vorteil dieses Systems besteht darin, dass es sich um einen offenen Prozess handelt, bei dem Zuschlagstoffe oder auch Abfallmaterialien, z.B. Randabfälle des nachfolgenden Verarbeitungsprozesses, leicht wieder eingearbeitet werden können. Außerdem kann die Massetemperatur in engen Grenzen gehalten werden, was beispielsweise bei temperaturempfindlichem PVC und bei der Aufbereitung von Kautschukmischungen ein nicht zu unterschätzender

Vorteil ist. Gerade Kautschukmischungen dürfen nicht zu heiß werden, damit eine Vernetzung zu einem zu frühen Zeitpunkt vermieden wird. Auch bereitet die Reinigung bei Chargenwechsel keine Probleme, was besonders bei vielen Chargenänderungen von besonderer Bedeutung ist. Demgegenüber steht, dass der Walzprozess diskontinuierlich abläuft und schwierig zu automatisieren ist. Es stehen aber auch Walzwerke zur Verfügung, die durch spiralförmig in die Walzenoberfläche eingebrachte Nuten kontinuierlich arbeitet. Dabei handelt es sich um sogenannte Scherwalzenextruder.

5.2.3.1.2 Kneter

Auch Knetaggregate bereiten den Kunststoff diskontinuierlich auf. Das Material wird zwischen Schaufeln, die in einer achtförmigen Bohrung rotieren, geknetet und im plastifizierten Zustand entleert. Das Bild 5.3 zeigt den Aufbau eines diskontinuierlichen Innenmischers (vgl. auch Bild 6.64). Eine modifizierte Form dieser Anlage arbeitet kontinuierlich. Die Knetschaufeln sind als Knetrotoren ausgebildet, bei denen an der Speiseseite mehrere Schneckengänge vorliegen, die den Rohstoff den eigentlichen Knetelementen zuführen. Im Anschluss an diese Knetzone befindet sich die sogenannte Pumpzone, die das plastifizierte Material austrägt. Kneter

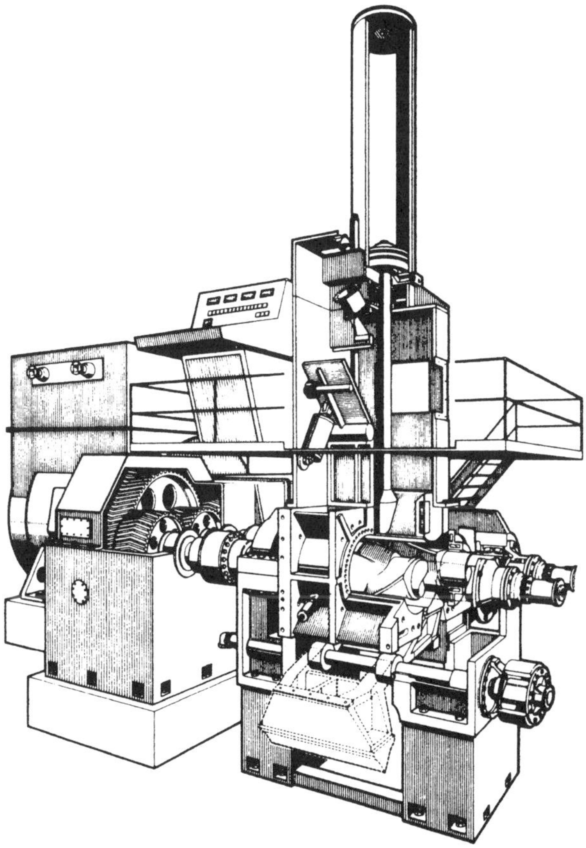

Bild 5.3 Diskontinuierlicher Innenmischer

5.2.3.2 Kontinuierliche Aufbereitungsmaschinen

Für die kontinuierliche Aufbereitung können optimierte Einschneckenextruder oder Mehrwellenextruder verwendet werden. Zu den wichtigsten optimierten Einschneckenextrudern zählen der Stiftextruder und der Buss-Ko-Kneter.

5.2.3.2.1 Einschneckenaufbereitungsmaschinen

Stiftextruder

Einfache Einschneckenmaschinen haben eine schlechte Mischwirkung und werden daher nicht in der Aufbereitung eingesetzt. Der Einschneckenstiftextruder und der Buss-Ko-Kneter sind Einschneckenmaschinen, die durch spezielle Maßnahmen auch in der Aufbereitung eingesetzt werden können. Beim Stiftextruder ragen metallische Stifte durch die Zylinderwand bis auf den Schneckengrund. Damit die metallischen Stifte nicht abgeschert werden, sind die Schneckenstege unterbrochen (Bild 5.4). Der Einsatz der Stifte ermöglicht eine größere distributive Mischwirkung mit guter thermischer Homogenität des Mischgutes. Der Einschneckenstiftextruder wird in der Kautschukverarbeitung eingesetzt.

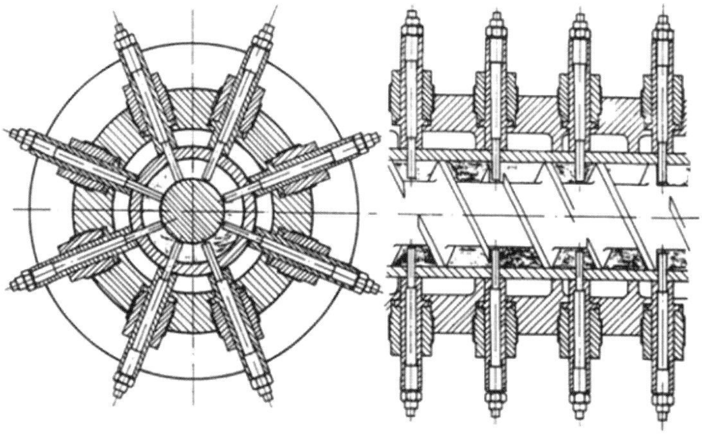

Bild 5.4 Stiftextruder (Querstrom-Misch-(QSM)-Extruder (E. G. Harms))

Buss-Ko-Kneter

Der Buss-Ko-Kneter (Bild 5.5) ist in der Funktionsweise dem Stiftextruder ähnlich. Die sehr gute distributive Mischwirkung wird durch das Zusammenspiel von speziellen Knetelementen und speziellen Knetzähnen oder -bolzen ermöglicht. Die Schnecke des Buss-Ko-Kneters führt pro Umdrehung eine synchrone Hin- und Herbewegung in axialer Richtung aus. Dadurch können ein enges Verweilzeitspektrum sowie geringe produktschädigende Druck- und Temperaturspitzen bei einer hohen distributiven Mischwirkung erreicht werden.

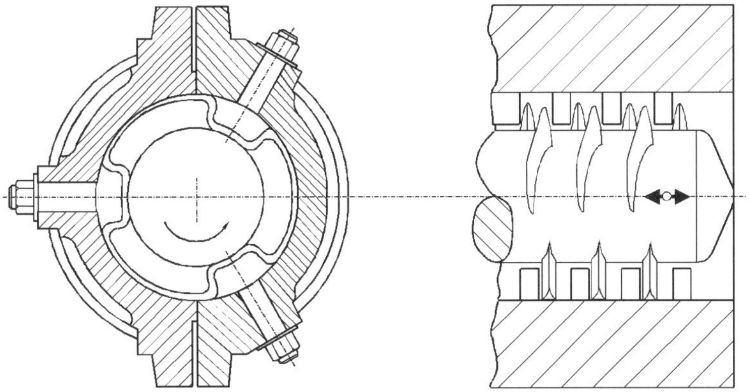

Bild 5.5 Buss-Ko-Kneter

Plastifikator

Eine weitere Aufbereitungsmaschine mit einer Schnecke ist der Plastifikator. Der Plastifikator wird primär in der PVC-Aufbereitung verwendet. Über eine Zuführschnecke wird der Rohstoff einem konusförmigen Rotor übergeben, der in einem kegelförmigen Zylindergehäuse angeordnet ist (Bild 5.6). Durch Verschieben des Konus gegenüber dem Gehäuse kann der kegelmantelförmige Spalt verstellt werden. Die gute Homogenisierung des Plastifikats rührt daher, dass das pulverförmige Material im Spalt zuerst zusammengesintert und im weiteren Verlauf plastifiziert wird. Durch den Konus wird der Materialmantel aufgeweitet und durch spiralförmig angeordnete Nuten bzw. Stege immer wieder aufgeteilt und neu geschichtet. Eine gute Temperaturkontrolle ist auch hier über die großen Mantelflächen möglich. Das plastifizierte PVC wird dann über eine Austragsschnecke den Nachfolgeeinheiten zugeführt.

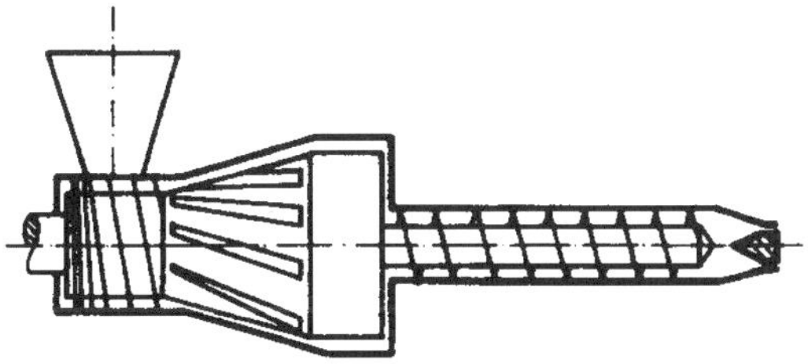

Bild 5.6 Plastifikator

5.2.3.2.2 Planetwalzenextruder

Der Planetwalzenextruder basiert auf dem Prinzip des Einschneckenextruders. Die Schnecke ist als Spindel ausgeführt, um die mehrere Planetspindeln rotieren (Bild 5.7). Durch diese Anordnung ist es möglich, das Material intensiv zu scheren und zu mischen, da immer wieder neue Oberflächen gebildet werden. Durch die dünnen Materialschichten und die sehr großen Flächen der Zentral- und Planetspindeln ist eine genaue Massetemperaturkontrolle möglich.

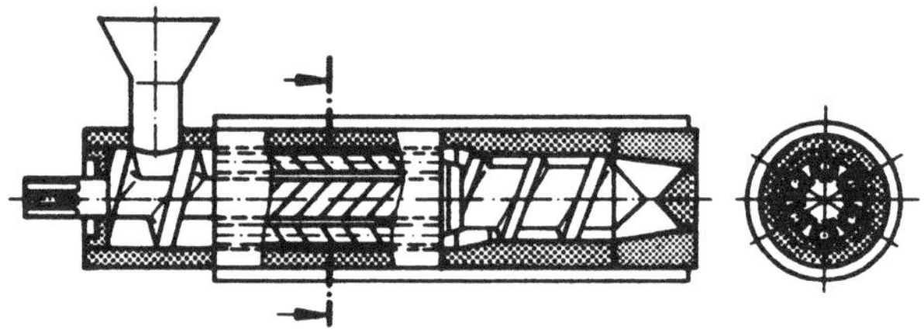

Bild 5.7 Prinzipskizze eines Planetwalzenextruders

5.2.3.2.3 Doppelschneckenextruder

Neben den Einschneckenextrudern werden auch Doppelschneckenextruder eingesetzt. Ihre wichtigsten verfahrenstechnischen Elemente sind zwei Schnecken, die abhängig von der Bauweise gleichlaufend oder gegenlaufend drehen. Des Weiteren kann sich die Art des Eingriffs (ineinandergreifend und nicht ineinandergreifend) unterscheiden. Die am häufigsten eingesetzte Aufbereitungsmaschine ist der gleichlaufende dichtkämmende Doppelschneckenextruder. Sowohl sein Gehäuseaufbau als auch seine Schneckenkonfiguration sind modular variabel, so dass er gezielt für unterschiedliche Aufgaben angepasst werden kann.

Schneckenelemente

Es gibt eine große Anzahl von unterschiedlichen Schneckenelementen, die in fördernde, gegenfördernde und förderneutrale Elemente unterteilt werden können. Zudem arbeiten die ineinandergreifenden, dichtkämmenden Schnecken selbstreinigend, weshalb keine Totgebiete entstehen können. Das Bild 5.8 zeigt unterschiedliche Schneckenelemente und deren Misch- und Förderwirkung. Der Aufbereitungsprozess auf dem Doppelschneckenextruder gliedert sich in mehrere Prozessschritte. Zuerst wird das Polymer in den Einzug gefördert und im Doppelschneckenextruder

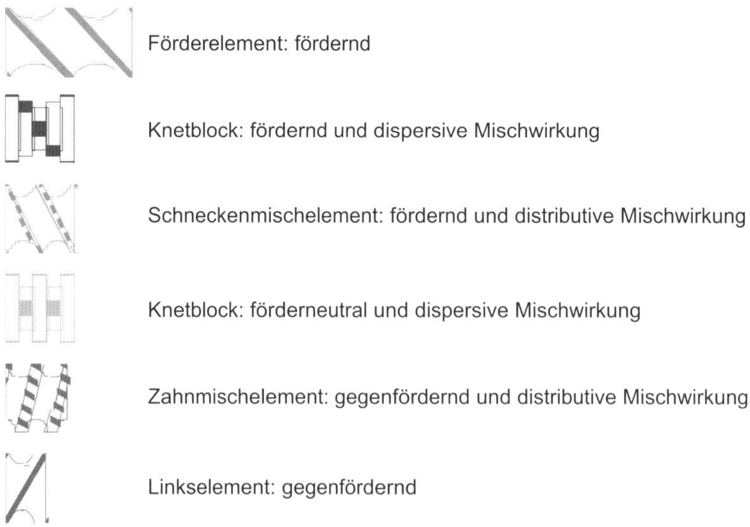

Bild 5.8 Unterschiedliche Schneckenelemente

plastifiziert. Weitere Zuschlagsstoffe können auch über den Einzug eindosiert werden oder sie gelangen mithilfe einer Seitenfütterung durch eine Öffnung im Extrudergehäuse in die Kunststoffschmelze. Dort werden die Zusatzstoffe distributiv und dispersiv gemischt. Des Weiteren besteht die Möglichkeit, die Schmelze zu entgasen. Dazu wird in einem Bereich des Extruders ein Vakuum angelegt. Das Vakuum entzieht der Schmelze niedermolekulare Bestandteile wie Wasser, Restmonomer oder Lösungsmittel. Am Ende der Verfahrenslänge wird die Kunststoffschmelze ausgetragen und anschließend granuliert.

5.2.4 Granulieren

Nach der Aufbereitung ist es nötig, das Kunststoff-Compound zu granulieren, um eine Weiterverarbeitung beispielsweise auf einer Spritzgießmaschine zu ermöglichen. Die Granulierung wird in zwei Verfahrensvarianten durchgeführt. Dem Heißabschlag und dem Kaltabschlag.

Kaltabschlag, Heißabschlag

Beim Kaltabschlag wird die Schmelze zu Strängen, Bändern oder Platten durch eine Düse ausgeformt. Anschließend werden diese in einem Wasserbad abgekühlt und erstarren. Diese erstarrten Kunststoffstränge werden dann mit Hilfe eines Granulators in kleine Teile geschnitten. Man erhält dadurch zylinder- oder würfelförmige Granulate. Demgegenüber wird beim Heißabschlag das plastifizierte Material durch eine Lochplatte extrudiert und die austretenden Stränge werden direkt im plastifizierten Zustand durch ein rotierendes Messer zerteilt. Die Kühlung erfolgt dabei erst nach dem Granulierschritt, z. B. durch Wasser bei der Unterwassergranulierung. Im Ergebnis erhält man ein linsenförmiges Granulat.

5.3 Zuschlagstoffe

Für die Aufbereitung von Kunststoffen wird eine Vielzahl von Zuschlagstoffen eingesetzt. Diese werden dazu verwendet die Materialeigenschaften gezielt zu beeinflussen oder die Verarbeitung des Materials zu verbessern.

5.3.1 Verarbeitungshilfsmittel

Gleitmittel

Zu den Verarbeitungshilfsmitteln zählen z. B. Gleitmittel, Antiblockmittel, Trennmittel und Haftvermittler. Gleitmittel reduzieren die bei der Verarbeitung auftretenden Reibungseffekte zwischen der Kunststoffschmelze oder auch dem Kunststoffhalbzeug und den Metallwandungen. Hierbei wird zwischen inneren und äußeren Gleitmitteln unterschieden. Innere Gleitmittel reduzieren die Reibung innerhalb der Kunststoffschmelze und damit die Dissipation des Plastifikats. Somit haben innere Gleitmittel einen direkten Einfluss auf die Schmelzeviskosität. Äußere Gleitmittel lassen sich nicht in der Kunststoffschmelze lösen. Deshalb migrieren sie bei der Verarbeitung an die Oberfläche des Bauteils und reduzieren somit die Reibung zwischen Schmelze und Metall.

Antiblockmittel

Antiblockmittel erzeugen eine mikrofeine Rauigkeit der Oberfläche von Kunststoffteilen und werden deshalb häufig in der Produktion und Verarbeitung von Platten und Folien eingesetzt. Durch die Rauigkeit reduziert sich zwischen den einzelnen Platten- oder Folienlagen die mögliche Kontaktfläche und die Adhäsion wird verringert. Das Handling während der Verarbeitung der einzelnen Folien oder Platten wird vereinfacht, weil sich keine adhäsive Verbindung zwischen den Halbzeugen ausbilden kann, die z.B. das Abwickeln einer Folienbahn von der Rolle unmöglich machen kann.

Trennmittel hingegen reduzieren die Entformungskräfte zwischen dem zu verarbeitenden Kunststoff und Metalloberflächen beim Spritzgießen, Pressen oder bei der Schaumverarbeitung. Sie werden nicht dem Kunststoff zugesetzt, sondern auf die Werkzeuge appliziert.

Haftvermittler werden bei der Einarbeitung von Füllstoffen in eine Kunststoffschmelze eingesetzt. Das Ziel ist eine gute Anhaftung der Füllstoffe an die Kunststoffmatrix. Weiterhin finden Haftvermittler bei der Wiederverwertung von gemischten und untereinander nicht verträglichen Kunststoffabfällen Verwendung oder werden dazu genutzt die Haftung von Kunststoffen auf andersartigen Untergründen zu verbessern.

5.3.2 Stabilisatoren

Stabilisatoren sind gebrauchsfähigkeitsverlängernde Zuschlagstoffe, die den Kunststoff während der Verarbeitung und vor allem auch im späteren Gebrauch vor äußeren Einflüssen schützen. Thermomechanische, thermooxidative und photooxidative äußere Einflüsse rufen verschieden Abbaureaktionen im molekularen Bereich hervor. Gebrauchsfähigkeitsverlängerende Zuschlagsstoffe stabilisieren das Polymer und wirken dadurch den Abbaumechanismen entgegen. Zu den gebrauchsfähigkeitsverlängerenden Zuschlagsstoffen gehören unter anderem Antioxidantien, Lichtschutzmittel und Wärmestabilisatoren.

5.3.3 Antistatika

Die meisten Kunststoffe sind aufgrund ihres hohen elektrischen Oberflächenwiderstandes elektrisch aufladbar. Daraus resultieren Staubanziehung, Funkenbildung oder auch die Adhäsion zwischen Folien, Fasern oder Bändchen. Durch die Zugabe von Antistatika werden diese in der Kunststoffverarbeitung nachteiligen Eigenschaften verhindert. Wie bei den Gleitmitteln wird zwischen inneren und äußeren Antistatika unterschieden.

5.3.4 Elektrisch leitfähige Füllstoffe

Die Einarbeitung von elektrisch leitfähigen Füllstoffen ermöglicht es, ein ansonsten elektrisch isolierendes Kunststoffbauteil elektrisch leitfähig zu machen. Die elektrisch leitfähigen Füllstoffe führen dann zu einem elektrisch leitfähigen Kunststoffbauteil, wenn die Füllstoffe ein dreidimensionales Netzwerk ausbilden können. Mit einem hohen Füllstoffgehalt und einem stark ausgeprägten dreidimensionalen Netzwerk können die höchsten elektrischen Leitfähigkeiten erreicht werden.

5.3.5 Flammschutzmittel

Die Zugabe von Flammschutzmitteln hemmt oder verzögert die Entflammbarkeit von Kunststoffen. Dies ist besonders im Bauwesen, im Fahrzeug-, Flugzeug- und Schiffbau relevant. Die Entflammbarkeit des Kunststoffes wird entweder durch chemisch oder durch physikalisch wirkende Flammschutzmittel verzögert. Physikalisch wirkende Flammschutzmittel kühlen die Brandstelle oder bilden eine Schutzschicht zwischen dem brennbaren Kunststoff und der Flamme. Chemische Flammschutzmittel beinhalten in der Regel Halogene. Diese rufen bei einem Brand eine endotherme Reaktion hervor und es bilden sich schwere Dämpfe, die eine Sauerstoffzufuhr zur Brandstelle einschränken.

5.3.6 Treibmittel

Treibmittel werden zum Schäumen von Kunststoffen eingesetzt. Es wird zwischen chemischen und physikalischen Treibmitteln unterschieden. Bei den chemischen Treibmitteln wird durch stoffliche Zersetzung ein Treibgas erzeugt, das zu einem Aufschäumen des Kunststoffes führt. Die Funktionsweise der physikalischen Treibmittel beruht auf der Verdampfung von flüssigen Treibmitteln.

5.3.7 Festigkeit und Steifigkeit herabsetzende Zuschlagstoffe

Zu den Festigkeit und Steifigkeit herabsetzenden Zuschlagstoffen gehören die Weichmacher. Weichmacher werden dann eingesetzt, wenn der Kunststoff zu hart oder zu spröde ist. Bei inneren Weichmachern werden Monomere mit einer niedrigen Glasübergangstemperatur an Monomere mit einer hohen Glasübergangstemperatur copolymerisiert. Daraus resultieren Copolymere mit einer geringeren Glasübergangstemperatur, weshalb das Material weniger spröde ist. Unter der Zumischung von Monomeren oder polymeren Substanzen versteht man die äußere Weichmachung. Diese Zugabe ermöglicht ein Abgleiten der Polymerketten und reduziert somit die Glasübergangstemperatur.

5.3.8 Festigkeit und Steifigkeit erhöhende Zuschlagstoffe

Die Einarbeitung von Füllstoffen mit einem im Vergleich zu Kunststoffen hohen E-Modul in die Kunststoffmatrix führt in allen Fällen zu einer Erhöhung der Steifigkeit, solange eine Haftung zwischen Füllstoff und Matrix besteht und keine Agglomerate vorliegen. Agglomerate sind Fehlstellen im Bauteil, die zu einer Verschlechterung der mechanischen Eigenschaften führen. Die Einarbeitung von Füllstoffen führt zu einer Erhöhung der Steifigkeit, weil verformungsfähiges Volumen durch ein praktisch unendlich steifes Füllstoffvolumen ersetzt wird.

Partikel, die eine wesentlich größere Länge als Dicke (L/D, hohes Aspektverhältnis) aufweisen und in der Kunststoffmatrix homogen eingebettet sind, führen zusätzlich zu einer Festigkeitserhöhung. Auf den Kunststoff wirkende Kräfte können über Schubspannungen auf die Partikel übertragen werden. Dadurch wird die Kunststoffmatrix entlastet. Voraussetzung ist jedoch, dass keine Agglomerate vorliegen und eine gute Haftung zwischen Partikel und Matrix herrscht, damit Kräfte übertragen werden können.

Literatur zu Kapitel 5

Domininghaus, H., Eyerer, P., Elsner, P. und *Hirth, T.*: Die Kunststoffe und ihre Eigenschaften, 8. Aufl., Springer Verlag, Heidelberg, 2012

Grefenstein, A.: Reaktive Extrusion und Aufbereitung, Carl Hanser Verlag, München, Wien, 1996

Harms, E. G.: Ein neuer Extruder für die Kautschukverarbeitung. Entwicklung und modelltheoretische Überprüfung. RWTH Aachen, Dissertation, 1981

Kohlgrüber, K.: Der gleichläufige Doppelschneckenextruder, Carl Hanser Verlag, München, Wien, 2007

N. N.: Aufbereiten von Polyolefinen, VDI-Verlag, Düsseldorf, 1984

N. N.: Aufbereiten von Polymeren mit maßgeschneiderten und neuartigen Eigenschaften, VDI-Verlag, Düsseldorf, 1995

N. N.: Aufbereiten von PVC, VDI-Verlag GmbH, Düsseldorf, 1976

N. N.: Granulieren von thermoplastischen Kunststoffen, VDI-Verlag GmbH, Düsseldorf, 1974

6 Verarbeitungsverfahren für Kunststoffe

6.1 Extrusion

Unter Extrusion oder Extrudieren versteht man die kontinuierliche Herstellung eines Halbzeuges, eines Rohres oder einer Folie aus Kunststoff. Eine Extrusionsanlage besteht aus (Bild 6.1):

- dem Extruder,
- der Anlagensteuerung,
- dem Extrusionswerkzeug (auch Düse genannt),
- der Kalibrierung,
- der Kühlung,
- dem Abzug und
- der Konfektionierung.

Die Funktionsweise und die Bauarten der Anlagenkomponenten werden im Folgenden näher erläutert.

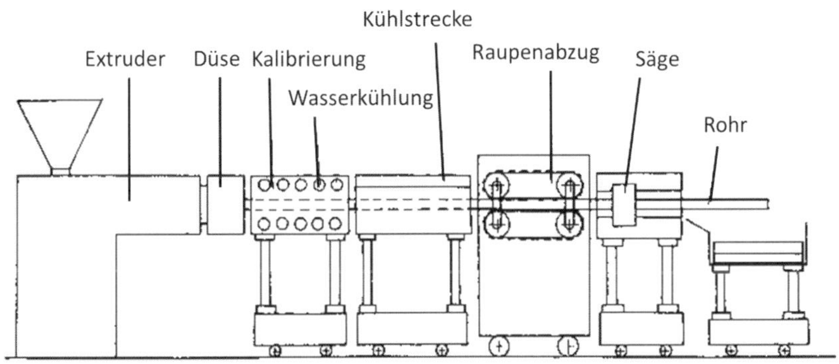

Bild 6.1 Rohrextrusionsanlage (Prinzipbild)

6.1.1 Der Extruder

Der Extruder ist das Kernstück jeder Extrusionsanlage und hat die Aufgabe, eine homogene Schmelze in ausreichender Menge mit der notwendigen Temperatur und dem notwendigen Druck in das nachfolgende Werkzeug zu fördern. Ein Extruder besteht grundsätzlich aus (Bild 6.2):

- dem Maschinenbett,
- dem Antrieb (Motor, Getriebe, Rückdrucklager),
- der Plastifiziereinheit (Einfülltrichter, Schnecke(n), Zylinder, Heizung, Kühlung) und
- dem Schaltschrank (Steuerung, Regeleinrichtung, Stromversorgung).

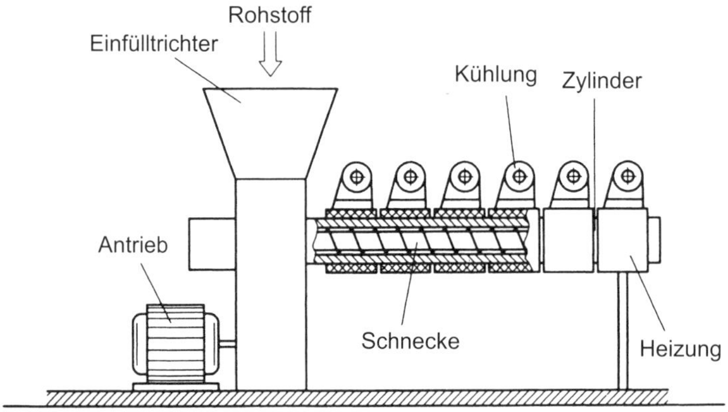

Bild 6.2 Prinzipdarstellung eines Extruder

Je nach Anwendung werden unterschiedliche Extrudertypen eingesetzt. Heute werden überwiegend die folgenden vier Extrudertypen eingesetzt:

- Konventioneller Einschneckenextruder mit *glatter Einzugsbuchse und Dreizonenschnecke,*
- Fördersteifer Einschneckenextruder mit *genuteter Einzugsbuchse und Schnecke mit Misch- und evtl. Scherelementen,*
- *gleichlaufender Doppelschneckenextruder* und
- *gegenlaufender Doppelschneckenextruder.*

Eine Übersicht über die Einteilung der verschiedenen Extrudertypen zeigt Bild 6.3.

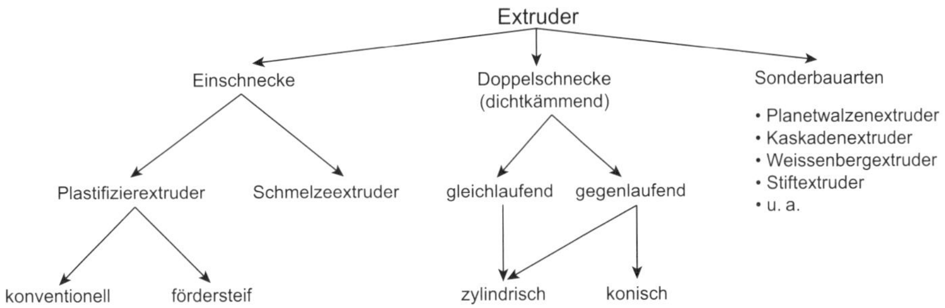

Bild 6.3 Einteilung der Extrudertypen

6.1.1.1 Der Einschneckenextruder

Das Prinzip des Einschneckenextruders zeigt Bild 6.4. Im ersten Drittel der Schnecke, der Einzugszone, wird der gewöhnlich granulatförmige Rohstoff eingezogen und zur Umwandlungszone bzw. Aufschmelzzone weitergefördert. Dort wird er verdichtet, entlüftet und in den fließfähigen Zustand überführt. Die Austragszone bzw. Meteringzone dient der thermischen und stofflichen Homogenisierung und dem Druckaufbau zur Überwindung des nachfolgenden Formwerkzeugs.

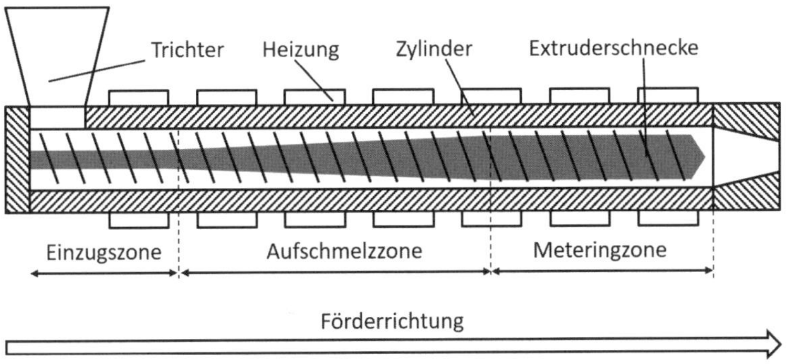

Bild 6.4 Schematische Darstellung des konventionellen Einschneckenextruders

Man unterscheidet grundsätzlich zwischen Schmelze- und Plastifizierextruder. Das Grundkonzept beider Maschinentypen, d. h. Steuerung, Antrieb, Getriebe etc., ist weitgehend identisch. Je nach Art des zu fördernden Materials (Schmelze oder Granulat) ergeben sich für Schmelzeextruder und Plastifizierextruder unterschiedliche, spezifische Schneckengeometrien.

Schmelzeextruder

Die an einen Schmelzeextruder gestellten Aufgaben beschränken sich auf die Förderung und die Homogenisierung der Schmelze. Da dieser Extrudertyp nur wenig verbreitet ist, wird auf ihn im Folgenden nicht weiter eingegangen. Alle weiteren Ausführungen beziehen sich auf den Plastifizierextruder.

Plastifizierextruder

Die wichtigsten Aufgaben eines Plastifizierextruders sind die Förderung, die Plastifizierung und die thermische und stoffliche Homogenisierung des Materials (siehe Tabelle 6.1). Die Förderung des Materials im Extruder wird durch das Haften der

Schmelze an Zylinder und Schnecke bewirkt, die sich relativ zueinander bewegen. Dieser Mechanismus wird Schleppförderung genannt. Die dadurch entstehende sogenannte Schleppströmung G_s in Extrusionsrichtung wird überlagert von der Druckströmung G_p, die abhängig vom jeweiligen Druckgradienten ist. Dieser Druckgradient kann negative (konventioneller Extruder) bzw. positive (fördersteifer Extruder) Werte annehmen. Ein dritter Strömungsanteil ist die Leckströmung G_L. Darunter wird der Volumenstrom verstanden, der zwischen Schneckensteg und Zylinderwand fließt. Aufgrund der geringen Spaltweite wird das Material in diesem Bereich besonders stark geschert.

Tabelle 6.1 Aufgaben eines Plastifizierextruders

Aufgabe		verfahrenstechnische Merkmale	maschinenbauliche Lösung
Fördern	**Feststoff**	▪ (geringe) Schüttdichte ▪ kleine Schleppkräfte	▪ große Gangtiefe ▪ genutete Einzugszone
	Schmelze	▪ größere Schmelzedichte ▪ zumeist Zylinderwandhaftung	▪ kleinere Gangtiefe
Plastifizieren		▪ Feststoff-Schmelze-Gemisch mit schlechter Wärmeleitung und zunehmender Dichte	▪ abnehmende Gangtiefe ▪ Scherelemente
Homogenisieren		▪ inhomogene Stoff- und Temperaturverteilung	▪ flachgeschnittene Mischzone ▪ Mischteile

Förderleistung

Die Förderleistung G des Extruders wird bestimmt durch:

$$G = G_s - G_p - G_L \tag{6.1}$$

bzw. bei Vernachlässigung der Leckströmung G_L:

$$G = G_s - G_p \tag{6.2}$$

Die Abhängigkeit dieser Größen G_s und G_p liefert wesentliche Daten für die konstruktive Auslegung der Geometrie der Schnecke (Bild 6.5).

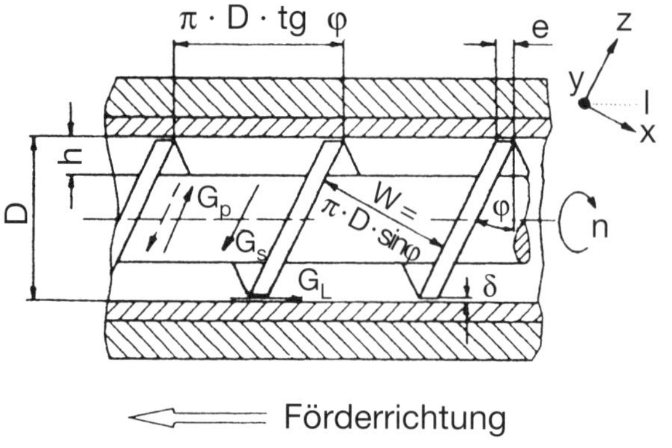

Bild 6.5 Definition der Schneckengeometrie

Folgende Bezeichnungen werden für die Berechnung von G_s und G_p verwendet:

Tabelle 6.2 Definition der Formelzeichen und Geometriegrößen

D	Schneckendurchmesser	W	Gangbreite	G_s	Schleppströmung
φ	Steigungswinkel	e	Stegbreite	G_p	Druckströmung
h	Gangtiefe	δ	radiales Schneckenspiel	G_L	Leckströmung
n	Drehzahl	L	Länge der Schnecke	η	Viskosität

Schleppströmung

Mit den Bezeichnungen aus Bild 6.5 und Tabelle 6.2 gilt folgender Zusammenhang für die Schleppströmung:

$$G_s = K_s \cdot h \cdot n \tag{6.3}$$

mit:

$$K_s = \frac{1}{2} \cdot \pi^2 \cdot D^2 \cdot sin\varphi \cdot cos\varphi$$

Also:

$$G_s \sim h \cdot n \cdot D^2 \tag{6.4}$$

Diese Beziehung lässt sich aus dem sogenannten Zwei-Platten-Modell (siehe Bild 3.7) ableiten. Hierbei entspricht die durch Rotation bewegte Schneckenoberfläche den bewegten Platten in dem Modell.

Druckströmung

Für die Druckströmung gilt:

$$G_p = K_p \cdot \frac{p \cdot h^3}{\eta \cdot L} \tag{6.5}$$

mit:

$$K_p = \frac{1}{12} \cdot D \cdot sin\varphi$$

Also:

$$G_p \sim \frac{p \cdot h^3 \cdot D}{\eta \cdot L} \tag{6.6}$$

6.1.1.2 Die Schnecke

Die Schnecke ist das Herzstück eines Extruders. Aus wirtschaftlichen Gründen muss sie die Forderung nach einem hohen Massedurchsatz bei gleichzeitig niedrigen spezifischen Betriebskosten (Energiebedarf, Verschleiß) erfüllen. Die wichtigsten Aufgaben einer Extruderschnecke sind:

- das Einziehen und Fördern des Materials,
- das Plastifizieren,
- die Komprimierung der Schmelze,
- die thermische und stoffliche Homogenisierung sowie
- die Erzeugung des notwendigen Schmelzedrucks.

Die wirksame Schneckenlänge wird als Vielfaches des Schneckendurchmessers angegeben. Die Angabe 50 mm/25 *D* bedeutet, dass die Schnecke bei einem Schneckendurchmesser von 50 mm eine wirksame Schneckenlänge von 1250 mm besitzt. Bedingt durch die Vielzahl unterschiedlicher Aufgaben, wie z. B. die Art des zu fördernden Materials (Pulver oder Granulat), ergeben sich unterschiedliche, spezifische Bauformen. Das Bild 6.6 zeigt übliche Bauformen, die im Folgenden erläutert werden.

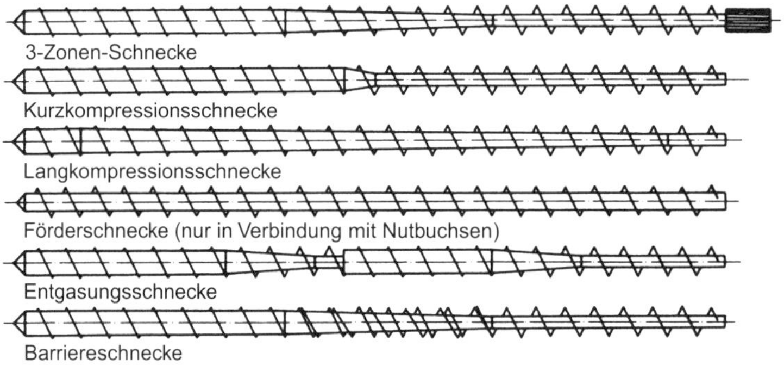

Bild 6.6 Gebräuchliche Plastifizierschnecken

Entsprechend dem Einsatzzweck und den erforderlichen Durchsätzen variieren die heute üblichen Schneckendurchmesser von 19 mm bis zu Sonderbauformen mit Durchmessern von mehr als 300 mm. Die Länge variiert vom Schmelzeextruder der Kautschukverarbeitung mit 6 *D* bis ca. 25 *D* für heute marktübliche Plastifizierextruder. Auch konventionelle Plastifizierextruder mit bis zu 30 *D* sind neben den extrem langen Entgasungsextrudern und solchen zur Herstellung von Kunststoffschäumen mit Größenordnungen von ca. 32 *D* bis 35 *D* in der Praxis anzutreffen.

Die für eine vorgegebene Aufgabe ausgelegten Extruder bzw. Schnecken können dann als verfahrenstechnisch befriedigende Lösung angesehen werden, wenn sie folgende Bedingungen erfüllen:

- hinreichender Druckaufbau;
- konstante, pulsationsfreie Förderung;

- thermisch und stofflich homogene Schmelze und
- Einhaltung der thermischen, mechanischen und chemischen Materialschädigungsgrenzen.

Diese in jedem Fall zu erfüllenden Forderungen müssen aus wirtschaftlichen Gründen kombiniert werden mit:

- einem hohen Massedurchsatz bei
- einem niedrigen spezifischen Energieeinsatz und
- geringen Betriebskosten.

3-Zonen-Schnecke

Die sogenannte 3-Zonen-Schnecke gehört zu den gebräuchlichsten Plastifizierschnecken. Wie der Name schon sagt, setzt sie sich aus den folgenden drei Zonen zusammen:

- *Einzugszone:* Diese zieht das als Feststoffschüttung vorliegende Material aus dem Trichter ein und fördert es.
- *Kompressionszone:* Diese verdichtet das von der Einzugszone angelieferte Material und plastifiziert es.
- *Meteringzone:* In diesem Bereich wird die Schmelze homogenisiert und auf die gewünschte Verarbeitungstemperatur gebracht. Hier wird in konventionellen Extrudern der Druck aufgebaut. Sie ist damit bei diesem Extrudertyp auch durchsatzbestimmend.

Kurzkompressionsschnecke

Mit der 3-Zonen-Schnecke lassen sich (je nach Rohstoff mit zusätzlichen Scher- und Mischteilen) nahezu alle Thermoplaste technisch und wirtschaftlich zufriedenstellend verarbeiten. Trotzdem haben weitere Ausführungsformen für spezielle Anwendungsfälle ihre Berechtigung. Für teilkristalline Thermoplaste hat sich die Kurzkompressionsschnecke bewährt, bei der die Abnahme der Gangtiefe von der tiefgeschnittenen Einzugszone auf die flache Meteringzone in einer sehr kurzen Kompressionszone erfolgt.

Langkompressionsschnecke

Langkompressionsschnecken weisen eine stetige Kompression auf, d.h. bis zur Schneckenspitze gibt es eine stetige Kernprogression. Dieser Schneckentyp ermöglicht die friktionsarme Erwärmung, Plastifizierung und Homogenisierung von Thermoplasten. Die Langkompressionsschnecke wird aus diesem Grund vorwiegend zur Verarbeitung von empfindlichen Materialien, wie z.B. PVC eingesetzt.

Barriereschnecke

Das Grundkonzept einer Barriereschnecke beruht auf der Trennung von Feststoff und Schmelze, wodurch eine Steigerung der spezifischen Plastifizierleistung bewirkt wird. Dazu wird die Schnecke im Anschluss an die Einzugszone zweigängig ausgeführt, wobei je ein Feststoff- und ein Schmelzekanal entstehen (siehe Bild 6.7). Die Schmelze gelangt über den sogenannten Barrieresteg in einen eigenen Schmelzekanal, der zur Schneckenspitze hin offen ist. Der Feststoffkanal läuft dagegen zum Ende der Schnecke hin aus. Die Barrierespaltweite ist so bemessen, dass der Feststoff zurückgehalten wird. So wird sichergestellt, dass der Feststoff erst vollständig aufgeschmolzen wird, bevor er über den Barrieresteg gelangt und über den Schmelzkanal weitertransportiert werden kann.

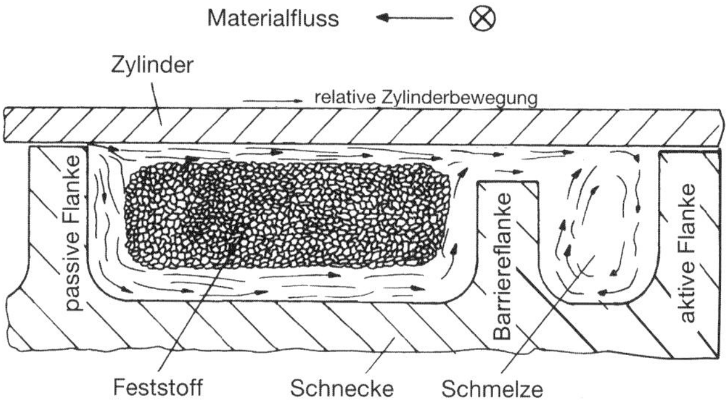

Bild 6.7 Aufschmelzmodell Barriereschnecke (nach Lindt)

Entgasungsschnecke

Die ebenfalls in Bild 6.6 dargestellte Entgasungsschnecke wird in sogenannten *Entgasungsextrudern* eingesetzt. Diese Extruder besitzen an der Stelle der abrupten Erhöhung der Gangtiefe eine Öffnung, um gasförmige Komponenten und Lufteinschlüsse abzuführen. Dies ist vor allem bei der Verarbeitung von Polykondensaten wichtig, um die bei der Reaktion entstehenden niedermolekularen Nebenprodukte, wie z. B. Wasser, abzuführen. Diese führen andernfalls zu einer verminderten Qualität des späteren Produkts. Durch eine plötzliche Querschnittserweiterung kommt es zu einem starken Druckabfall, so dass kein Material austreten kann. Durch das Anlegen eines Vakuums können die gasförmigen Anteile abgesaugt werden.

Die hier beschriebenen Schnecken werden in zwei unterschiedlichen Extrudertypen eingesetzt, die sich in der Form des Extruderzylinders in der Einzugszone, den sogenannten Einzugsbuchsen, unterscheiden.

6.1.1.3 Konventionelle Einschneckenplastifizierextruder

glatte Einzugszone

Bei der aus historischen Gründen als konventionell bezeichneten Ausführungsform, die sich baulich durch einen glatten Zylinder im Bereich der Einzugszone auszeichnet, betrachtet man die Meteringzone als ausstoßbestimmend. Die Meteringzone übernimmt das in der Kompressionszone aufgeschmolzene Granulat, um es zu homogenisieren und schließlich mit dem notwendigen Druck durch das angeschlossene Extrusionswerkzeug auszutragen. Die Meteringzone dient in diesem Konzept als Druckerzeuger. Der Verlauf des Druckes über der Schneckenlänge ist neben der Schneckengeometrie unmittelbar vom Werkzeuggegendruck abhängig (Bild 6.8).

$$G_D = k_D \cdot \frac{\Delta p}{\eta} \tag{6.7}$$

mit

$$k_D = \frac{b \cdot h^3}{12 \cdot l}$$

l Länge der Düse

b Breite des Düsenspalts

h Höhe des Düsenspalts

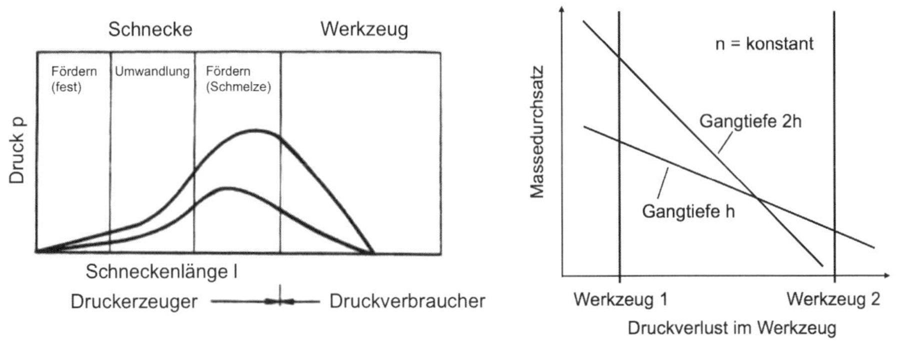

Bild 6.8 Druckverlauf und Massedurchsatz/Werkzeuggegendruck-Verhalten in einem konventionellen Einschneckenextruder

Schlepp- und Druckströmung

In der Meteringzone kommt es zu der in Bild 6.9 dargestellten Überlagerung von Schlepp- und Druckströmung. Aufgrund des Werkzeugwiderstandes entsteht bei diesem Extruderkonzept eine der Schleppströmung entgegen gesetzte Druckströmung. Das bedeutet, dass bei steigender Gangtiefe n – wie aus den beschreibenden Gleichungen zu entnehmen ist – die Druckströmung einen größeren Einfluss auf die Reduzierung des Gesamtdurchsatzes, hat flachgeschnittene Schnecken zeigen dementsprechend eine geringere Gegendruckabhängigkeit.

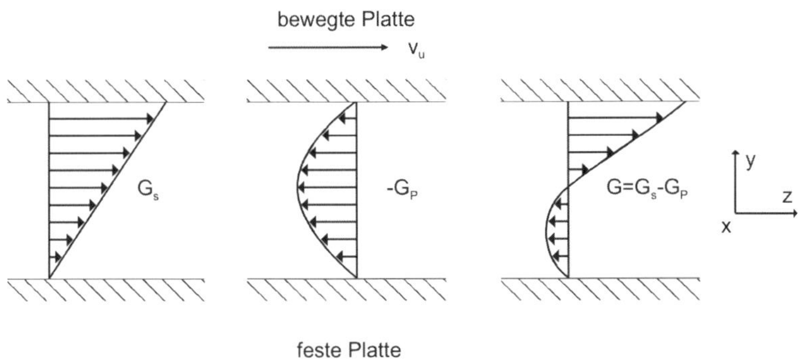

Bild 6.9 Überlagerung der Schlepp- und Druckströmungen im konventionellen Einschneckenextruder

Der Fördermechanismus im Feststoffbereich wird durch die Coulombsche Reibung geprägt. Diese tritt zwischen Zylinderwand und Granulat sowie zwischen den Granulatkörnern selbst auf. Da der Reibwert durch das Aufschmelzen des Granulats sehr stark verringert wird und somit keine ausreichende Förderung erfolgt, wird die Einzugszone im Allgemeinen gekühlt, um ein Aufschmelzen des Granulates zu verhindern.

Dennoch bleibt als gravierender Nachteil des konventionellen Extruders die starke Abhängigkeit des Massedurchsatzes vom Gegendruck bestehen. Eine Verbesserung in dieser Hinsicht stellt ein fördersteifer Extruder, der sogenannte *„Nutbuchsenextruder“* dar.

6.1.1.4 Der fördersteife Einschneckenextruder

genutete Einzugszone

Zur Erzielung hoher, gegendruckunabhängiger Massedurchsätze wurden Einzugsbuchsen mit axial verlaufenden Nuten entwickelt. Durch die Unterbrechung der sonst glatten Zylinderwand durch regelmäßig angeordnete Nuten wird das kalte Rohmaterial verdichtet, am Mitdrehen mit der Schneckenbewegung gehindert und durch die rotierende Schnecke nach vorne geschoben. Es handelt sich hier also um eine Zwangsförderung. Durch eine intensive Kühlung der Buchse und Wärmetrennung zum Zylinder wird verhindert, dass der Rohstoff bereits im Einzugsbereich aufschmilzt, die Nuten verstopft und damit die Zwangsförderung zusammenbricht. Das Bild 6.10 zeigt eine typische Nutbuchsengeometrie mit axialen Nuten.

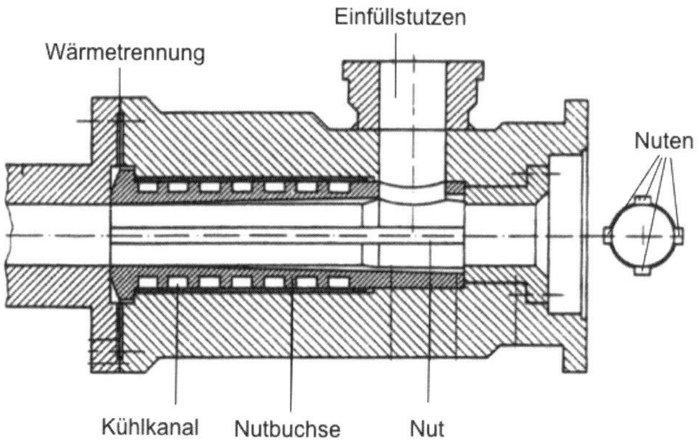

Bild 6.10 Prinzipdarstellung einer Nutbuchse

Durch die Nuten wird der Zylinderwandreibungskoeffizient erhöht und damit zum einen das Durchsatzverhalten verbessert, zum anderen aber schon in der Einzugszone der zum Durchströmen der weiteren Zonen notwendige Druck aufgebaut (Bild 6.11). Solche Extruder zeigen in weiten Gegendruckbereichen (d. h. bei unterschiedlichen Werkzeugen mit unterschiedlichem Werkzeugwiderstand) keine Beeinflussung der Durchsätze durch den Gegendruck. Man spricht daher auch von sogenannten „fördersteifen" Extrudern. Die Einzugszone bestimmt also die Fördermenge und den Druck, der zur Überwindung der folgenden Zonen und des Werkzeugwiderstands zur Verfügung steht. Die nachfolgenden Zonen der Schnecke dienen nur dem Aufschmelzen und der Homogenisierung, die von der Förderung getrennt sind.

Dieser hohe im Einzugsbereich aufgebaute Druck bewirkt eine Druckströmung in der in Bild 6.12 dargestellten Überlagerung von Schlepp- und Druckströmung. Aufgrund der nun vorliegenden geringeren Geschwindigkeitsänderungen zwischen den einzelnen Schichten des resultierenden Geschwindigkeitsprofils sowie der fehlenden Rückströmung mischt ein solcher Extruder in der Regel schlechter als ein konventioneller Extruder. Daher müssen üblicherweise Mischteile eingesetzt werden, um eine ausreichende Homogenität der Schmelze zu erzielen.

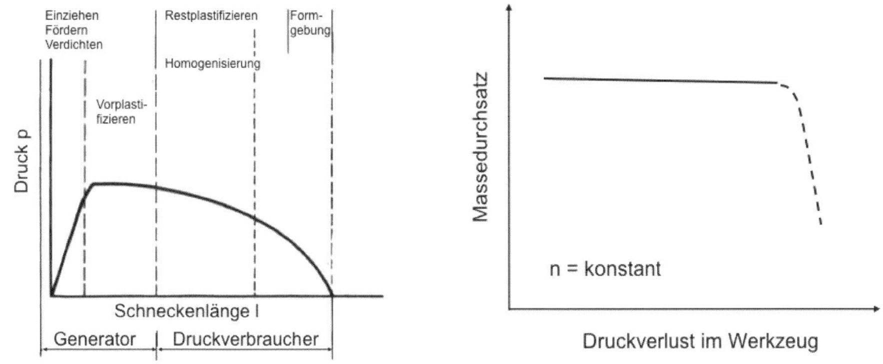

Bild 6.11 Druckverlauf und Massedurchsatz/Werkzeuggegendruck-Verhalten in einem fördersteifen Einschneckenextruder

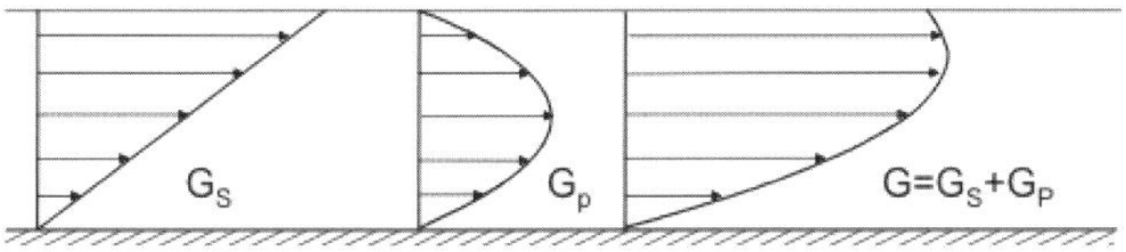

Bild 6.12 Überlagerung der Schlepp- und Druckströmungen im fördersteifen Einschneckenextruder

6.1.1.5 Der Plastifiziervorgang im Einschneckenextruder

Die zum Aufschmelzen des Materials notwendige Wärme wird zum einen von der meist elektrischen Zylinderheizung, zum anderen durch die Rotation der Schnecke eingebracht (Bild 6.13).

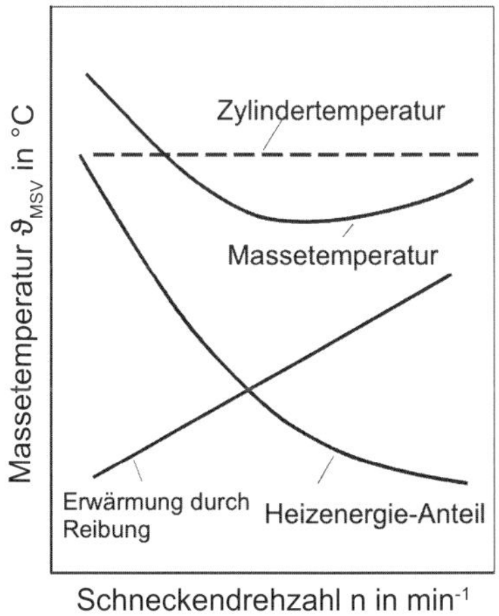

Bild 6.13
Entstehung der Massetemperatur im Extruder aus Heizwärme und Friktion in Abhängigkeit von der Schneckendrehzahl

Es ist zu erkennen, dass bei konstanter Zylinderheizung die Wirkung der äußeren Heizung mit der Drehzahl und somit steigendem Massedurchsatz abnimmt, die

Friktionswärme jedoch zunimmt. Die Summierung beider Effekte führt zu dem resultierenden Verlauf der Schmelzetemperatur als Funktion der Drehzahl.

Das Material wird vor allem durch Friktion, d. h. durch innere und äußere Reibung im Material, während der Förderung im Extruder kontinuierlich aufgeschmolzen. Dieser Mechanismus macht bis zu 80 % der eingebrachten Energie aus. Zusätzlich zu dieser Dissipationswärme wird Wärme über die beheizten Zylinderwände zugeführt (ca. 20 % thermische Energie). Dieser über Wärmeleitung zugeführte Anteil kann zur Regelung der Massetemperatur leicht über elektrische Widerstandsheizungen variiert werden. In Bild 6.14 ist der prinzipielle Verlauf des Plastifiziervorgangs im Einschneckenextruder dargestellt.

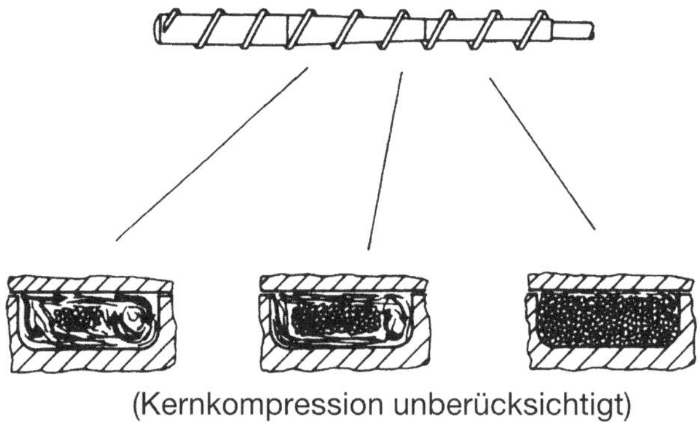

Bild 6.14 Prinzipdarstellung des Aufschmelzverlaufs im Extruder

Die Art, wie in den Schneckengängen das Granulat aufschmilzt, kann modellhaft beschrieben werden. Der Aufschmelzvorgang wird durch das Materialverhalten geprägt; es ist zwischen wandhaftenden (die meisten Thermoplaste) und wandgleitenden (oft durch Gleitmittelzusatz) Materialien zu unterscheiden.

Wandhaftende Schmelze

Wandhaftung

In Bild 6.15 ist das Aufschmelzverhalten nach Lindt dargestellt.

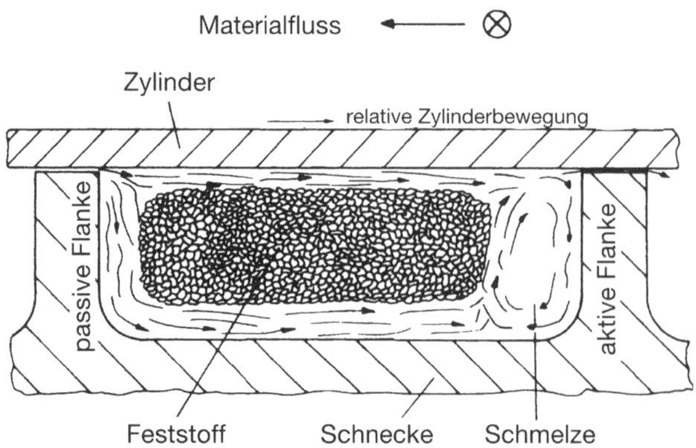

Bild 6.15 Aufschmelzmodell (nach Lindt)

Das Material beginnt zunächst am heißen Zylinder aufzuschmelzen. Der entstehende Film wird, sobald er eine ausreichende Dicke erreicht hat, von dem treibenden Steg abgeschabt und vor der aktiven Flanke im Schneckenkanal angelagert. Dieser Schmelzewirbel umströmt in Verbindung mit der aufgrund der Leckströmung aus dem vorderen Schneckengang eindringenden Schmelze das noch unaufgeschmolzene Granulat. Die Schmelze wird infolge des in der Kompressionszone entstehenden Druckes teilweise zwischen die Granulatkörner gedrückt. Es bleibt jedoch ein Feststoffkern zurück, der aufgrund der Strömungsvorgänge kaum entmischt oder durch die bei allen Kunststoffen schlechte Wärmeleitung aufgeschmolzen wird.

Wandgleitende Schmelze

Im Gegensatz zum oben vorgestellten Modell wird der wandgleitende Schmelzefilm, der sich an der Zylinderwand bildet, infolge des Druckgradienten als Leckströmung über den Schneckensteg gedrängt. Dieser Anteil wird einer hohen Scherung ausgesetzt und homogenisiert. Er lagert sich hinter dem treibenden Steg als Schmelzepolster ab. Das restliche Material wird aufgrund der vergleichbaren Mechanismen zum Aufschmelzmodell wandhaftender Schmelzen nicht ausreichend umgelagert, so dass sich hier ein zusammengesinterter Feststoffpfropfen bilden kann.

6.1.1.6 Der Doppelschneckenextruder

Neben dem Einschneckenextruder werden in der Extrusion auch Doppelschneckenextruder eingesetzt. Dieser Anlagentyp besteht aus zwei nebeneinanderliegenden Schnecken, die in einem Zylinder mit „achtförmiger“ Bohrung rotieren. Der Doppelschneckenextruder ist eine verhältnismäßig teure Maschine. Dies ist unter anderem durch folgende Faktoren bedingt:

- teure, schwierig unterzubringende Lager (Baumaß ist durch Achsabstand limitiert);
- aufwendige Getriebe;
- Zylinder mit „achtförmiger“ Bohrung;
- zwei Schnecken.

Der Eingriff der Schnecken ineinander und der erst in den letzten Gängen aufgebaute hohe Druck bewirken einen hohen Verschleiß von Schnecken und Zylindern. Typische Einsatzgebiete von Doppelschneckenextrudern sind die Aufbereitung/Compoundierung von Kunststoffen, die Entgasung und das Recycling von Polymeren. Schneckendurchmesser von bis zu 165 mm sind üblich.

Die Familie der Doppelschneckenextruder unterteilt sich in gleich- und gegenlaufende Bauarten, wobei letztere auch konisch zulaufende Schnecken haben können. Darüber hinaus liegt ein weiteres Unterscheidungsmerkmal in der Kämmung des Schneckenpaares, tangierend oder dichtkämmend. Grundsätzliche Unterschiede zum Einschneckenextruder sind in Tabelle 6.3 gezeigt.

Tabelle 6.3 Gegenüberstellung Einschneckenextruder/Doppelschneckenextruder

Bauart	Einschneckenextruder	Doppelschneckenextruder	
		gleichlaufend	gegenlaufend
Haupteinsatz-gebiet	Rohstoffaufbereitung Plastifizierung (Granulat)	Rohstoffaufbereitung	Plastifizierung (Pulver)
Förderprinzip	Schleppförderung	Schleppförderung	Kammerförderung
wirtschaftliche Vorteile	Preis-/Leistungsverhältnis Lebensdauer	Rohstoffpreis spezifischer Energieverbrauch	

6.1.1.6.1 Gleichlaufender Doppelschneckenextruder

Beim gleichlaufenden Doppelschneckenextruder rotieren zwei achsparallele Schnecken in einem Zylinder mit achtförmiger Bohrung mit gleicher Drehrichtung und -geschwindigkeit (Bild 6.16). Dieser Extrudertyp realisiert mehrere Verfahrensschritte. Dazu zählen das Aufschmelzen des Granulats, das Einmischen von Füll- oder Verstärkungsstoffen und der Druckaufbau. Aus diesem Grund wird er vor allem bei der Herstellung, Aufbereitung und Verarbeitung von Kunststoffen eingesetzt, insbesondere die Einarbeitung von Füll-, Farb- und Verstärkungsstoffen wie z.B. Calciumcarbonat, Farbpigmenten oder Glasfasern. Das Förderprinzip des gleichlaufenden Doppelschneckenextruders – die Schleppförderung – ist mit dem des Einschneckenextruders vergleichbar. Die Maschine wird meist teilgefüllt betrieben und die Schmelze bei jeder Umdrehung in einer achtförmigen Bewegung vom Kanal der einen in den Schmelzekanal der anderen Schnecke übergegeben. Hierbei findet eine Umlagerung und Durchmischung im Zwickelbereich statt. Dies macht diesen Extrudertypen geeignet für die Compoundierung.

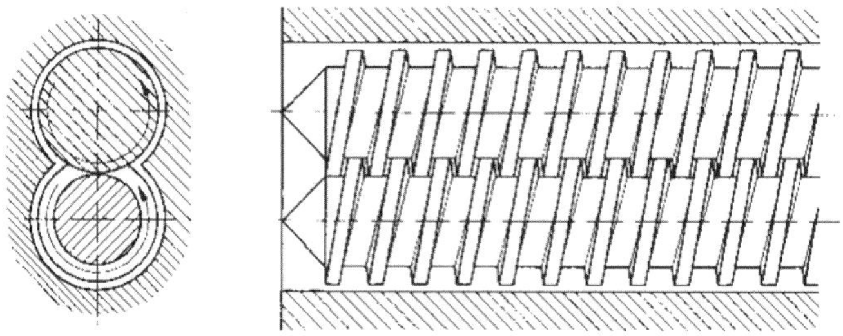

Bild 6.16 Dichtkämmender gleichlaufender Doppelschneckenextruder

Ein weiterer wesentlicher Vorteil des gleichlaufenden Doppelschneckenextruders ist dessen selbstreinigendes Verhalten. Da sich die Schneckengewinde bis auf das notwendige Spiel gegenseitig exakt abschaben, können Materialumstellungen oder Farbwechsel sehr schnell durchgeführt werden. Zusätzlich bietet dieser Extrudertyp durch die modulare Gestaltung der Schnecken eine hohe Flexibilität und kann an die jeweiligen Compoundieraufgaben exakt angepasst werden.

6.1.1.6.2 Gegenlaufender Doppelschneckenextruder

Kammerförderung

Die in der Profil- und Rohrextrusion vorwiegend für Hart-PVC eingesetzten Maschinen sind dichtkämmende gegenlaufende Doppelschneckenextruder (Bild 6.17). Für diese Extruder ist ein grundlegend anderer Fördermechanismus charakteristisch. Zwei miteinander dichtkämmende Doppelschnecken bilden c-förmige, durch die Gangstege gegeneinander abgeschlossene Kammern. Dabei wird die c-förmige Kammer dadurch gebildet, dass der Gang der einen Schnecke in den der anderen eintaucht und ihn abschließt. Das aufgeschmolzene Material wird vom Trichter bis zum Schneckenende ohne nennenswerten Austausch mit den Nachbarkammern gefördert. Schleppkräfte werden für diese *Zwangsförderung* nicht benötigt, somit tritt wenig Dissipationserwärmung auf. Die Erwärmung erfolgt im Wesentlichen über die Zylinderbeheizung und ermöglicht eine präzise Kontrolle der Erwärmung und somit eine schonende Behandlung empfindlicher Materialien. Der gegenlaufende Doppelschneckenextruder wird im Allgemeinen teilgefüllt betrieben, um einen zu hohen Druckaufbau und den damit verbundenen Materialverschleiß an Schnecken und Zylinder infolge des hohen Materialstroms in dem Zwickelspalt zwischen den Schnecken zu vermeiden. Hierdurch aber schmilzt das Material nur sehr langsam an und sintert erst in den letzten Schneckengängen vor dem Werkzeug durch den aufgebauten Druck zusammen. Durch den Leckstrom wird es nun durch die Spalte der Kammer gedrückt und schmilzt unter kurzfristiger Scherbelastung spontan auf. Dieser Förder- und Schmelzemechanismus gewährt zwar eine gut kontrollierbare, schonende Materialbehandlung, das Material ist allerdings meist inhomogen und nicht ausreichend durchplastifiziert, so dass der Einsatz von Mischteilen notwendig ist.

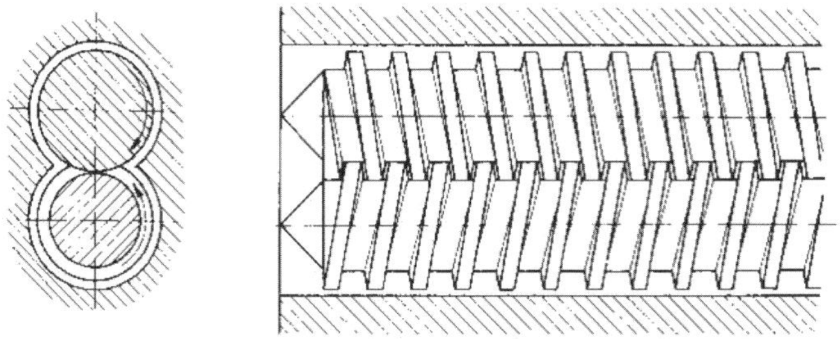

Bild 6.17 Dichtkämmender gegenlaufender Doppelschneckenextruder

6.1.1.7 Extruderzylinder

Durch die Zylinderheizung wird der Extruder aufgeheizt und die gewünschte Schmelzetemperatur für das gegebene Material wird eingestellt. Dabei wird der Extruder in mehreren Abschnitten (Heizzonen) getrennt beheizt, um einen Temperaturgradienten entlang des Zylinders einstellen zu können.

Die beiden folgenden Temperiersysteme sind heute gebräuchlich:

- Elektrische Heizung über Widerstandsheizbänder bzw. Schalen aus Aluminium mit eingegossenen Heizleitern und Kühlrohren oder Rippen, die um den Extruderzylinder gelegt werden, teilweise in Verbindung mit elektrischen Kühlgebläsen und in seltenen Fällen

- Heizung und Kühlung über ein Wärmeträgermedium (Öl, Dampf, Druckwasser), das in direkten Kontakt mit der Zylinderaußenwand gebracht wird.

In der Zylinderwand ist für jede Heizzone ein Temperaturfühler angebracht, dessen temperaturproportionales elektrisches Signal auf einen Regler geschaltet wird. Darüber hinaus werden bei der Verarbeitung thermisch empfindlicher Materialien – wie z. B. PVC – die Schnecken temperiert. Während die elektrische Heizung aus Kostengründen vor allem in der Thermoplastextrusion eingesetzt wird, findet die Temperierung über Wärmeträgermedien bei der Verarbeitung vernetzender Formmassen Anwendung. Hier wird die höhere Dynamik der Temperaturregelung sowie die Möglichkeit, Wärme abzuführen, ausgenutzt.

6.1.2 Weitere Anlagenkomponenten

Eine Extrusionsanlage setzt sich, wie oben bereits erwähnt, aus mehreren Anlagenkomponenten zusammen. Neben dem bereits beschriebenen Extruder sind vor allem das Extrusionswerkzeug, die Kalibrierung/Kühlung des Extrudats und der Abzug wichtig.

6.1.2.1 Extrusionswerkzeug

Extrusionswerkzeuge werden an den Extruder angeflanscht. Sie dienen dazu, die von dem Extruder mit dem notwendigen Druck angelieferte, möglichst homogene Schmelze zu der gewünschten Querschnittsform auszuformen. Querschnittsformen können sein:

- Vollstangenprofile (Rund-, Vierkantstäbe etc.),
- Hohlkammerprofile (Rolladen-, Fensterprofile etc.),
- offene Profile (U-Profile etc.),
- Rohre,
- Folien,
- Platten und
- Filamente (Fäden).

Darüber hinaus gibt es Ummantelungswerkzeuge, z. B. für Kabel, sowie eine Reihe weiterer Bauformen. Sie alle enthalten einen Fließkanal, der von dem den Extruder verlassenden schmelzeförmigen Rundstrang durch- bzw. umflossen wird. Der Fließkanal wird im Allgemeinen auch Schmelzeverteiler genannt. In den folgenden Abschnitten werden diejenigen Schmelzeverteiler, die im Wesentlichen von Interesse sind, beschrieben.

6.1.2.1.1 Breitschlitzverteiler

Die Aufgabe des Breitschlitzverteilers ist es, den Schmelzestrom in die Breite zu verteilen. Dabei tritt die Schmelze zuerst in einen Verteilerkanal ein, der sich der Abnahme des Massestroms nach außen hin entsprechend verjüngt, und von dort in den sogenannten Inselbereich, über den sie dann abströmt. In diesem Bereich werden Drosselelemente (Staubalken, verstellbare Lippe) angebracht, mit deren Hilfe man ein ungleichmäßiges Austreten der Schmelze über der Breite korrigieren kann. Eine Variante des in Bild 6.18 dargestellten Kleiderbügelverteilers ist der sogenannte Fischschwanzverteiler, bei dem der Verteilerkanal eine geometrisch vereinfachte Form aufweist.

Anwendungen: Folien, Tafeln

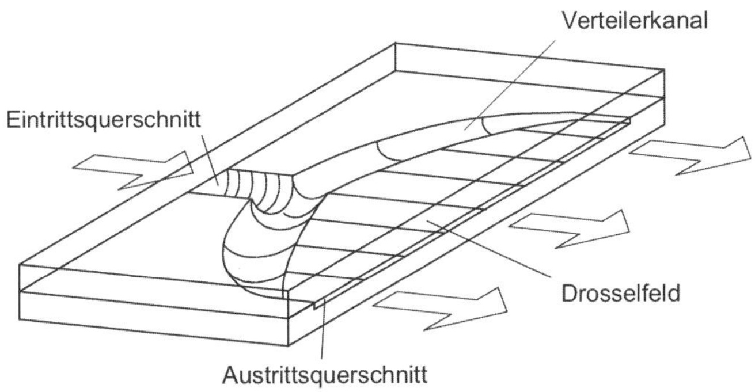

Bild 6.18 Prinzipdarstellung eines Kleiderbügelverteilers

6.1.2.1.2 Dornhalter

Dies ist der einfachste Schmelzeverteiler. Mit diesem Typ werden schlauchförmige Schmelzestränge ausgeformt. Es handelt sich hierbei um einen möglichst strömungsgünstig geformten Verdrängerkörper (Bild 6.19), der über sogenannte Stege mit der Fließkanalaußenwand verbunden ist. Durch das Zusammenfließen der Schmelze hinter den Stegen können Fließmarkierungen oder Bindenähte in dem Extrudat entstehen. An der dem Extruder zugewandten Seite ist er konisch und geht zum Werkzeugaustritt hin allmählich in die gewünschte Austrittsquerschnittsform über.

Anwendungen: Rohre, Profile

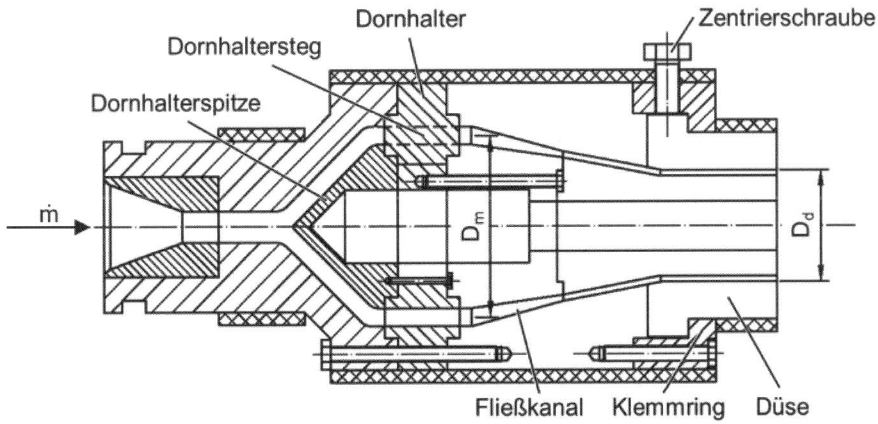

Bild 6.19 Dornhalterwerkzeug

6.1.2.1.3 Pinole

Analog zum Dornhalterwerkzeug formen diese Schmelzeverteiler schlauchförmige Schmelzestränge aus. Charakteristisch ist, dass sie seitlich angeströmt werden. Ein Pinolenverteiler stellt einen auf einen Zylinder oder Konus aufgewickelten Kleiderbügelverteilerkanal dar (Bild 6.20 oben). Zur Einstellung gleichlanger Fließwege der Schmelze kann die Pinole auch mit einem Herzkurvenverteiler ausgeführt werden (Bild 6.20 unten). Nachteilig ist allerdings die Entstehung einer weiteren Bindenaht beim Umströmen des herzförmigen Verdrängerkörpers.

Anwendungen: Rohre, Kabelummantelungen

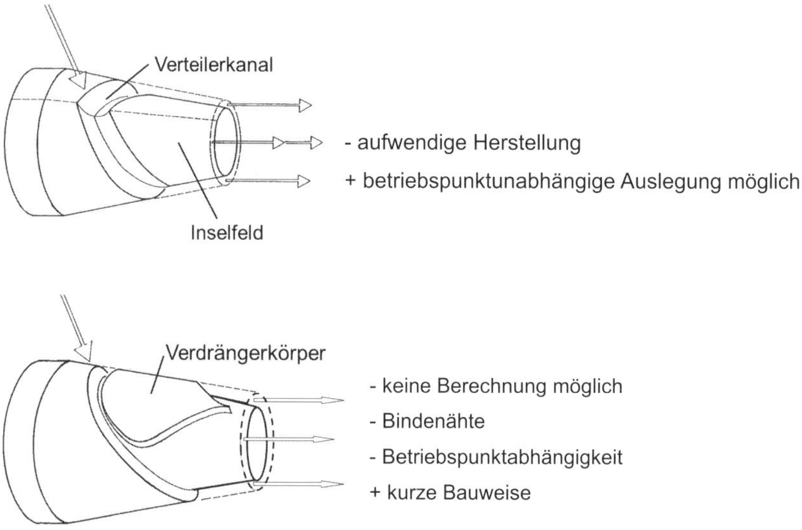

Bild 6.20 Prinzipdarstellung einer Pinole (oben), Pinole mit herzförmigem Verdrängerkörper (unten)

6.1.2.1.4 Wendelverteiler

Für die Ausformung von Schläuchen werden üblicherweise sogenannte Wendelverteiler verwendet (Bild 6.21). Diese Bauform besteht aus einem Kern mit meist mehreren wendelförmigen Fließkanälen, deren Tiefe fortlaufend abnimmt. Die dabei entstehenden Gänge nehmen ebenfalls in der Höhe zum Werkzeugaustritt hin ab. Dadurch teilen sich die Schmelzeströme auf in Anteile, die axial abströmen, und solche, die in Wendelrichtung strömen. Der Effekt ist eine über dem Umfang äußerst homogen verteilte Schmelze ohne *Fließmarkierungen* und Bindenähte, wie sie z. B. an den Zusammenflussstellen hinter Dornhaltestegen entstehen. Neben dem axialen Wendelverteiler gibt es radiale und konische Wendelverteiler. Der radiale Wendelverteiler ermöglicht die Realisierung deutlich kompakterer Werkzeuge (Bild 6.22).

Anwendung: Blasfolien, Rohre

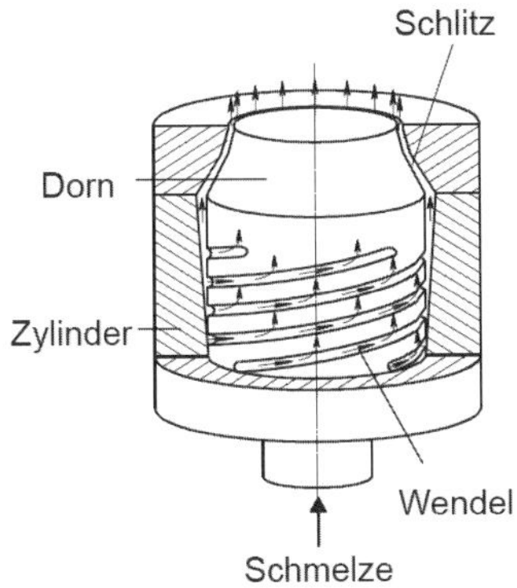

Bild 6.21
Prinzipdarstellung eines axialen Wendelverteilers

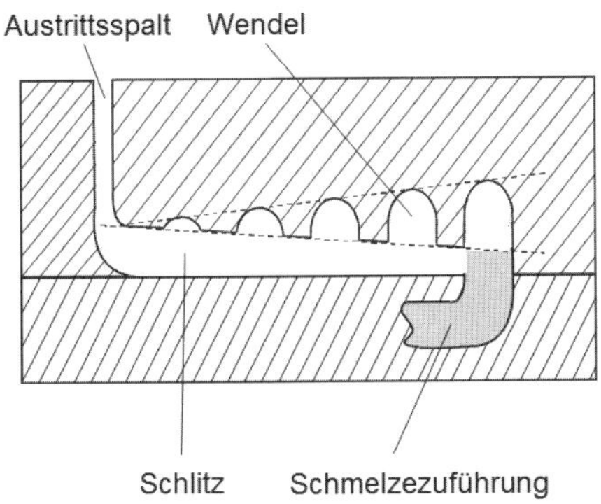

Bild 6.22
Prinzipdarstellung eines radialen Wendelverteilers

6.1.2.2 Kalibrierung/Kühlung und Abzug

Kalibrierung/Kühlung

Die das Extrusionswerkzeug verlassende Schmelze muss in ihrer Form und Abmessung fixiert werden. Dies geschieht bei der Extrusion von Profilen in der sogenannten Kalibrierung mithilfe von Druckluft oder Vakuum. Das Extrudat wird dadurch an die Kalibratorwände angedrückt und abgekühlt. Mit dem Verlassen der Kalibrierung muss es soweit erstarrt sein, dass es sich in der anschließenden Kühlstrecke nicht mehr verformen kann und seine Abmaße beibehält. Die Länge der Kalibrierstrecke muss daher dem Durchsatz und der Geometrie des Extrudats angepasst sein. Um das Extrudat durch den Kalibrator zu ziehen, bedarf es erheblicher Abzugskräfte. Um diesen ohne Verformung standzuhalten, reicht die Kühlung im Kalibrator meist nicht aus. Von daher schließt sich an den Kalibrator normalerweise eine Kühlstrecke an.

Flachfolien werden nach dem Verlassen des Werkzeugs in einem sogenannten Glättwerk abgekühlt. Das Glättwerk besteht aus mehreren gekühlten Walzen, die auch für die Kalibrierung der Folie sorgen. Bei der Blasfolienextrusion wird die Temperatur des Schmelzeschlauchs mithilfe eines Kühlrings durch das Anblasen mit Kühlluft reduziert. Die Abkühlung kann sowohl von außen als auch von innen stattfinden. Die Stabilisierung des Schlauches erfolgt durch einen Kalibrierkorb. Die Folie wird anschließend flachgelegt und über ein Wendestangensystem und mehrere Rollen abgezogen und aufgewickelt.

Abzug Für Profile, Rohre, Kabel und dergleichen verwendet man Wasserbäder, die vom Extrudat durchlaufen werden. Flächige Extrudate werden durch Walzen abgekühlt. Gebräuchlich sind auch Wassersprüh- und Luftkühlungen. Die Länge richtet sich auch hier nach Durchsatz und Geometrie des Extrudats. An die Kühlung schließen sich Abzugseinrichtungen an, deren Aufgabe es ist, das Extrudat mit gleichbleibender Geschwindigkeit vom Werkzeug (durch Kalibrator und Kühlung) abzuziehen. Dazu dienen verschiedene Bauformen von Abzügen, wie Band-, Rollen- oder Raupenabzüge.

Elastische Extrudate werden hinter dem Abzug auf Trommeln oder Spulen aufgewickelt (Kabel, Fäden, Folien, Schläuche etc.). Starre Extrudate (Rohre, Tafeln, Profile etc.) werden mithilfe sogenannter Trennvorrichtungen wie Sägen oder Schlagscheren auf Länge geschnitten und anschließend gestapelt.

6.1.2.3 Anlagenbeispiele

In den folgenden Abschnitten werden ergänzend zu der eingangs gezeigten Rohrextrusionsanlage unterschiedliche Extrusionsanlagen gezeigt, u. a. Flachfolien- und Blasfolienextrusionsanlagen

6.1.2.3.1 Flachfolien- und Tafelextrusionsanlage

Beide Extrusionsanlagen (Bild 6.23) bestehen aus Extruder und Breitschlitzwerkzeug. Die Unterscheidung zwischen Folien und Tafeln bzw. Platten erfolgt anhand der Wickelfähigkeit. Ist diese aufgrund der Dicke des Extrudats nicht mehr gegeben, spricht man von Tafeln und nicht mehr von Folien. Die vom Extruder bereitgestellte Schmelze wird über das Werkzeug ausgeformt. Danach folgt das sogenannte Glättwerk. Dieses besteht aus Walzen, deren Oberflächen bzw. Walzenspalten die Folie/Tafel kalibrieren und abkühlen. Die Folie wird im Anschluss auf einer Rolle aufgewickelt. Bei der Herstellung von Tafeln folgen nach dem Glättwerk eine Rollenbahn, die als Luftkühlstrecke dient, sowie die Abzugswalzen. Die Tafeln werden abschließend geschnitten und gestapelt.

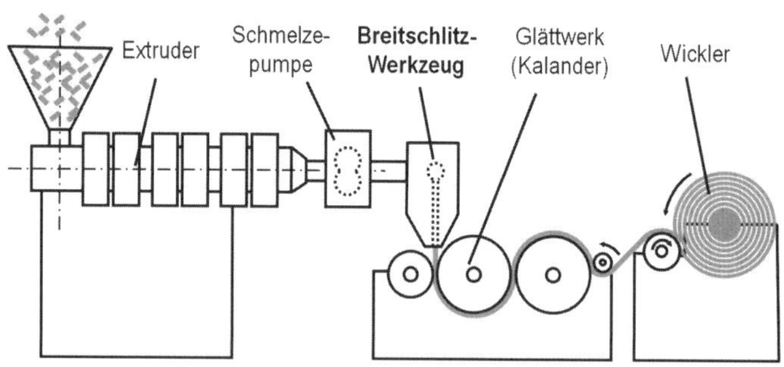

Bild 6.23 Flachfolienextrusionsanlage (Prinzip)

6.1.2.3.2 Blasfolienextrusionsanlage

Blasfolie

Um sehr breite und gegebenenfalls sehr dünne Folie herstellen zu können, setzt man eine Blasfolienanlage ein (Bild 6.24). Diese besteht aus einem Extruder und einem Wendelverteilerwerkzeug. Die senkrecht nach oben austretende Schlauchfolie passiert einen Kühlring, durch den sie mit Luft angeblasen und auf diese Weise abgekühlt wird. Durch Luftzuführung in das Innere der Blasfolie wird der Folienschlauch auf den gewünschten Umfang aufgeblasen. Am oberen Ende des Turmes wird dieser dann in der Flachlegeeinrichtung zu einer Doppelbahn zusammengelegt und die Luft über Abquetschwalzen zurückgehalten. Anschließend wird die Folie in einer Schneidstation aufgeschnitten und aufgewickelt. Zwischen Kühlring und Flachlegeeinrichtung wird ein sogenannter Kalibrierkorb eingesetzt, der den Umfang der Blase definiert und die Folienblase stabilisiert.

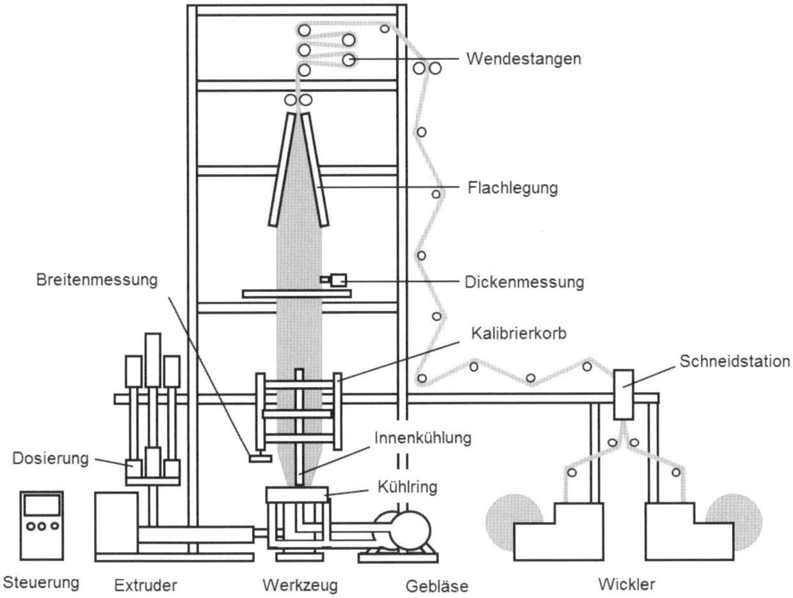

Bild 6.24 Blasfolienextrusionsanlage (Prinzip)

6.1.3 Coextrusion

Die heutigen Anforderungen an ein Kunststoffprodukt sind so hoch, dass sie häufig von einem einzelnen Material nicht erfüllt werden können. Diesem Problem versucht man durch die Kombination verschiedener Materialien gerecht zu werden, indem man einen mehrschichtigen Verbund herstellt. Mehrschichtige Kabelisolierungen und Verpackungsfolien sind bekannte Beispiele.

Die Herstellung dieser mehrschichtigen Extrudate erfolgt nach dem Verfahren der Coextrusion. Für jedes Material werden ein separater Extruder und ein eigener Schmelzeverteiler benötigt, die im Coextrusionswerkzeug ineinander montiert werden. Das Bild 6.25 zeigt ein 3-Schicht-Coextrusions-Blasfolienwerkzeug mit drei ineinandergeschalteten Radialwendelverteilern zur Verteilung der Schmelzen. Die einzelnen Schmelzestränge werden bis zur Düse separat geführt und über jeweils eigene Wendeln ausgeformt. Erst in der Düse werden sie übereinandergelegt und treten dann als mehrlagiger Schmelzestrang aus dem Werkzeug aus, um in der Nachfolge zur Folie ausgeformt zu werden.

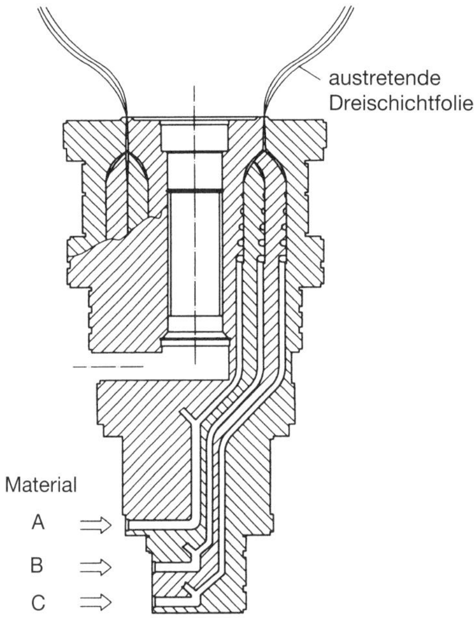

Bild 6.25
3-Schicht-Coextrusions-Blasfolienwerkzeug mit Innenkühlung (Battenfeld)

Im Bereich der Kunststoffverpackungen setzt man heute Mehrschichtverbunde aus bis zu elf Schichten ein. Hierdurch ist es möglich, die vielfältigen Anforderungen, wie z.B. die Barrierewirkung gegenüber Sauerstoff und Wasserdampf, eine gute Bedruckbarkeit, eine hohe Festigkeit der Schweißnähte der Verpackung sowie gute mechanische Eigenschaften (Festigkeit, Durchstoßfestigkeit), sicherzustellen und gleichzeitig mit minimalem Materialeinsatz auszukommen. Hierzu wird jede Schicht auf eine Funktionalität hin optimiert (bspw. Einsatz einer wenige μm dicken EVOH-Schicht als Barriereschicht).

6.2 Extrusionsblasformen und Streckblasen

Hohlkörper

Hohlkörper aus thermoplastischen Kunststoffen werden heute überwiegend im Extrusionsblasformverfahren sowie im artverwandten Streckblasverfahren hergestellt. Die Bezeichnung *Hohlkörper* beschränkt sich dabei nicht nur auf Verpackungs-, Transport- und Lagerartikel wie Flaschen, Kanister oder Fässer, sondern umfasst auch technische Teile wie z.B. Lüftungskanäle, Surfbretter, Kofferhalbschalen, Dachgepäckträger oder Kfz-Kraftstoff-Tanks. Der Rauminhalt dieser Artikel reicht von wenigen Millilitern (Arzneimittelverpackungen) bis hin zu derzeit maximal ca. 13 000 Litern (Heizöltank). Das Bild 6.26 ordnet die Verfahren anhand ihrer Merkmale ein.

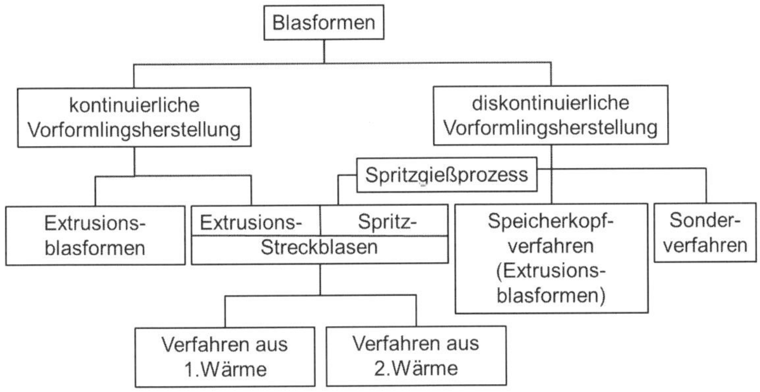

Bild 6.26 Übersicht über Blasformverfahren

6.2.1 Extrusionsblasformen

6.2.1.1 Der Verfahrensablauf

Die Produktherstellung beim Extrusionsblasformen setzt sich aus zwei parallel ablaufenden Prozessen zusammen:

- der *kontinuierlichen Vorformlingsextrusion* (Urformen) und
- der *zyklischen Vorformlingsübernahme* und Formgebung mittels Blasluft im Werkzeug (Umformen).

Das Bild 6.27 zeigt den Gesamtprozess in Einzelschritten. Das Umformen beginnt, wenn der extrudierte Schlauch die nötige Länge hat. Dann schließt sich das Blasformwerkzeug um diesen und ein Messer trennt den Schlauch ab. Anschließend bewegt sich das Werkzeug zur Blasstation. Dort taucht der Blasdorn ein und das eigentliche Blasformen findet statt, indem durch den Blasdorn Druckluft eingeleitet wird. Nach Ablauf der Kühlzeit öffnet sich das Werkzeug und der fertige Artikel wird entformt. Danach bewegt sich das Werkzeug erneut in die Position unterhalb des Umlenkkopfes, um einen neuen Vorformling zu übernehmen. Bei sehr großen und schweren Blasformwerkzeugen verzichtet man auf die Verfahrbewegung und schneidet den Vorformling mit einem Greifer ab, der diesen dann zum Werkzeug transportiert. Blasformen

Die Entformung und das Abtrennen der *Butzen* erfolgt meist automatisch. Unter Butzen sind Materialränder zu verstehen, die beim Schließen des Blasformwerkzeuges an den Quetschkanten entstehen. Je nach Gestalt des Formteils können von wenigen Prozenten bis zu einem Vielfachen (im Extremfall) des Formteilgewichts Entformung als Butzen anfallen. Daher versucht man, diese möglichst sofort Schneidmühlen zuzuführen, um sie dann als sogenanntes *Regenerat* wieder mit in den Extruder zu füttern.

Materialien

Bei den verarbeiteten Materialien sind die Polyolefine (PE-HD, PE-LD, PP) am stärksten vertreten. Momentan hat auch PVC noch einen hohen Anteil (z. B. in der Bauindustrie durch exzellente Langzeiteigenschaften), der jedoch rückläufig ist. Es werden jedoch auch zunehmend technische Thermoplaste wie Polycarbonat (PC), Polyamid (PA) oder thermoplastische Elastomere (TPE) eingesetzt. Zur Steigerung von Festigkeit und Steifigkeit geblasener Artikel können auch glasfaserverstärkte Thermoplaste verarbeitet werden. Grundsätzlich muss der eingesetzte Werkstoff gut verschweißbar sein, um eine ausreichende Festigkeit der Quetschnähte zu gewährleisten. Ebenso muss er eine hohe Schmelzefestigkeit aufweisen, um nicht unkontrolliert unter seinem Eigengewicht auszulängen.

Schwell- und Auslängeffekt

Der Auslängeffekt führt zusammen mit dem Schwelleffekt dazu, dass Vorformlingsdurchmesser und -wanddicke nicht mit Düsenaustrittsdurchmesser und Spaltweite übereinstimmen. Der Schwelleffekt liegt im viskoelatischen Verhalten der Kunststoffschmelze begründet. Durch den im Düsenbereich stark verringerten Durchmesser erfährt die Schmelze komplexe Scher- und Dehndeformationen, welche zu hohen Molekülorientierungen führen. Durch den Wegfall des Formzwangs am Düsenaustritt werden diese eingebrachten Orientierungen aufgrund des Memory-Effekts zurückgebildet und es kommt zum beschriebenen Verhalten des Vorformlings.

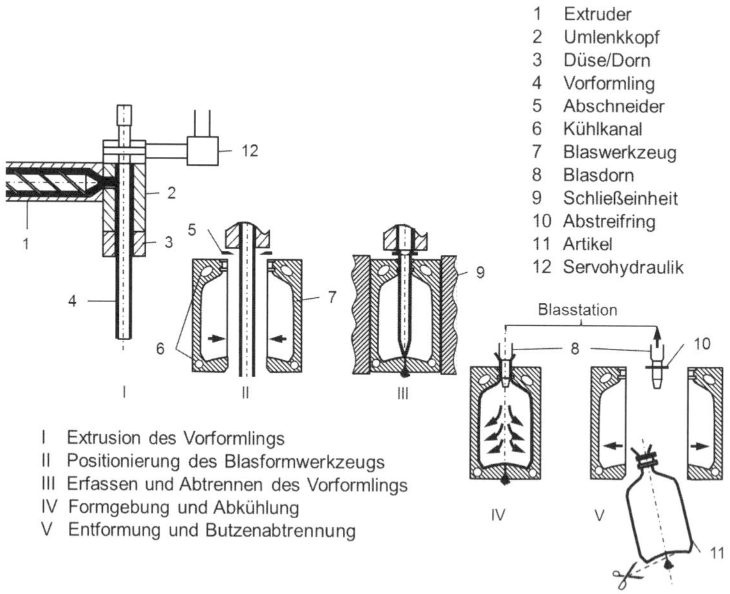

Bild 6.27 Verfahrensablauf beim Extrusionsblasformen

6.2.1.2 Die Maschine

Eine Extrusionsblasform-Maschine setzt sich im Wesentlichen aus fünf Hauptbaugruppen zusammen (Bild 6.28):

- Maschinengestell mit Schließeinheit und Blasstation,
- Werkzeug,
- Extruder,
- Umlenkkopf und
- Steuerschrank.

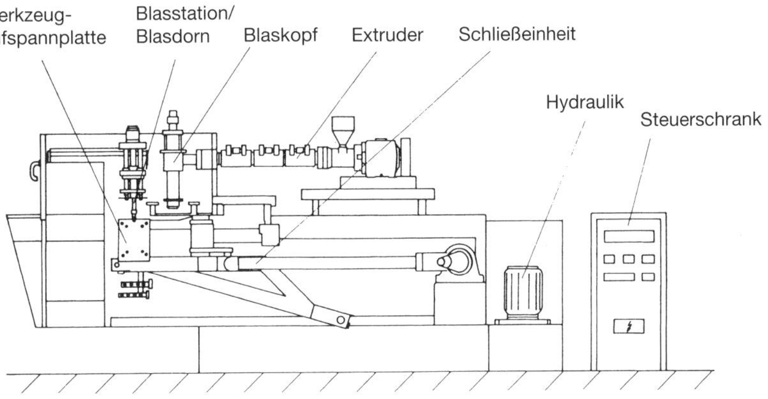

Bild 6.28 Extrusionsblasform-Maschine

Das Maschinengestell ist das Grundgerüst der Maschine und enthält als festen Bestandteil die Schließeinheit. Diese hat die Aufgaben: Öffnen und Schließen der Werkzeughälften (ähnlich Spritzgießmaschine) sowie die Bewegung des Werkzeugs zwischen Umlenkkopf und Blasstation. Die Schließeinheit ist im Vergleich zu einer Spritzgießmaschine im Allgemeinen leichter dimensioniert, da die Formzuhaltekräfte aufgrund der geringen Forminnendrücke verhältnismäßig niedrig sind. Maschinengestell

Der Antrieb der Schließeinheit erfolgt über eine Ölhydraulik, die ebenfalls Bestandteil des Maschinengestells ist. Unter Blasstation versteht man den Bereich der Maschine, in dem das Werkzeug verharrt, wenn der Blasdorn eintaucht und der eigentliche Blasvorgang stattfindet. Schließeinheit

Der Blasdorn hat sowohl die Aufgabe, die Blasluft zuzuführen, als auch den Halsbereich des Artikels zu formen und zu kalibrieren. Das Bild 6.29 zeigt ein geschlossenes Werkzeug mit dem darin befindlichen Vorformling und eingetauchtem Blasdorn. Dieser ist normalerweise wassergekühlt, sein Antrieb hydraulisch. Blasdorn

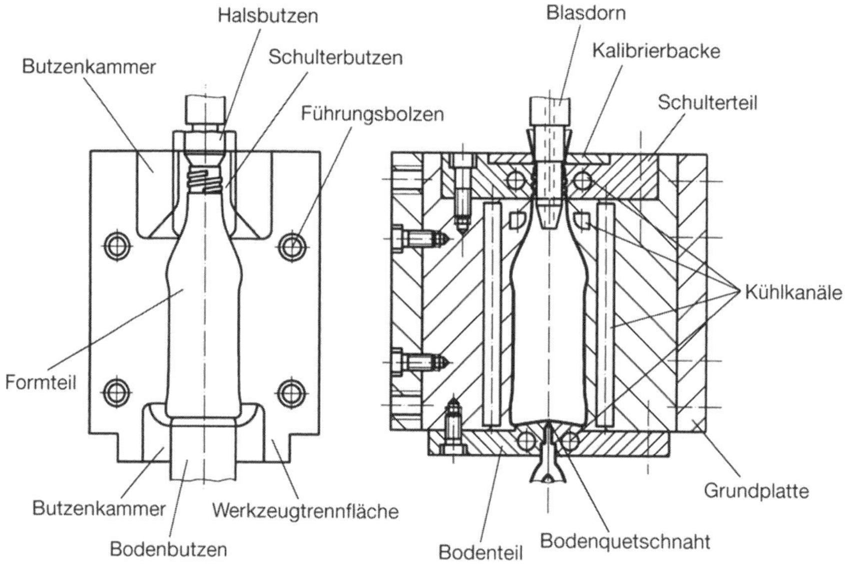

Bild 6.29 Blasformwerkzeug

6.2.1.2.1 Das Werkzeug

Vorformling
Quetschnaht

Das Werkzeug besteht im Allgemeinen aus zwei Hälften, in die die Negativ-Kontur des Formteiles eingearbeitet ist. Zu seinen Aufgaben gehört das Umformen des Vorformlings, die Abkühlung und das Ausbilden der Quetschnähte. Letztere rühren daher, dass der Vorformling einen Abschnitt des extrudierten Schlauches darstellt, den man erst blasformen kann, nachdem er an seinen Enden verschlossen worden ist, so dass die Blasluft nicht entweicht. In dem in Bild 6.29 gezeigten Fall geschieht dies an dem einen Ende durch den Blasdorn. An dem anderen Ende wird der Schlauch bei der Schließbewegung durch die in der Trennebene des Werkzeugs eingearbeiteten Quetschkanten zusammengepresst, wobei das schmelzeförmige Material verschweißt das nunmehr Butzen genannt wird. Eine genaue Fertigung der Abquetschkanten ist wichtig, da die Butzen sonst nicht sauber abgetrennt werden können und über dünne Kunststoffhäute mit dem Bauteil verbunden bleiben, so dass Nacharbeit anfällt. Diese Quetschnähte sind ein charakteristisches Erkennungsmerkmal für extrusionsblasgeformte Artikel. An die einsetzbaren Materialien ist daher die Voraussetzung geknüpft, dass sie sich gut schweißen lassen.

Abkühlung

Die Abkühlung des Formteils kann mithilfe des Werkzeugs nur von einer Seite her erfolgen. Zusätzlich besteht wegen des geringen Anpressdrucks von 4 bis 8 bar kein optimaler Kontakt zwischen Formteil und Werkzeuginnenwand. Um die Kühlzeiten zu verkürzen, versieht man den Blasdorn mit einer zusätzlichen Abluftbohrung. Durch diese strömt die Blasluft über eine Drossel – zum Erhalt des Druckniveaus – ab, und es findet somit ein zirkulierender Luftaustausch im Blasteil statt, der einen gewissen Wärmeabtransport übernimmt (*Spülluftverfahren*). Daneben führen auch sogenannte Intensivkühlverfahren zur Kühlzeitreduzierung. Hierbei wird entweder tiefkalte Luft als Blasmedium eingesetzt oder der Blasluft werden Flüssiggase (Stickstoff bzw. Kohlendioxid) zugemischt.

Da die Blasdrücke selten mehr als 4 bis 8 bar betragen, werden an die mechanische Auslegung der Werkzeuge keine sehr hohen Anforderungen gestellt. Aluminium ist aufgrund der guten Wärmeleitfähigkeit und günstigen mechanischen Bearbeitbarkeit ein gerne verwendeter Werkstoff. Hingegen werden für die Quetschnähte aufgrund der dort erforderlichen hohen Flächenpressungen und zur Verlängerung der Werkzeugstandzeit oftmals Einsätze aus Werkzeugstahl verwendet.

6.2.1.2.2 Der Extruder

Der Extruder hat – wie bei anderen Verarbeitungsprozessen auch – die Aufgabe, eine thermisch homogene Schmelze mit dem gewünschten Massestrom und Druck zu liefern. Dazu werden bei Blasformmaschinen fast ausschließlich Einschneckenextruder mit einer Schneckenlänge von 20 bis 25 *D* eingesetzt. Eine genutete und gekühlte Einzugszone gehört je nach eingesetztem Material zum Standard. Durch die genutete Einzugszone ist der Extruder gegendruckunabhängig. Dies ist notwendig, da sich durch die Wanddickensteuerung (s. u.) der druckbestimmende Fließkanalquerschnitt im Blaskopf während der Extrusion permanent ändert. Die genutete Einzugszone muss gekühlt werden, damit das Material nicht bereits in der Nutbuchse aufschmilzt und dadurch die Nuten verstopft.

6.2.1.2.3 Der Blaskopf

Schmelzeverteiler

An den Extruder angeflanscht ist der sogenannte *Umlenk- oder Blaskopf*. Zu seinen Aufgaben gehört die Umlenkung der Schmelzefließrichtung von der Horizontalen in die Senkrechte und das Ausformen eines Schlauches. Als Schmelzeverteilergeometrien werden zentral angeströmte *Dorne, Ringkanäle, Herzkurven, Pinolen und Wendelverteiler* eingesetzt (siehe Abschnitt 6.1).

Wanddickenprogrammierung

Der Fließkanal im Austrittsbereich ist im Allgemeinen konisch gestaltet, wobei entweder der Innen- oder Außenkonus verfahrbar ist. Das Bild 6.30 zeigt als Beispiel

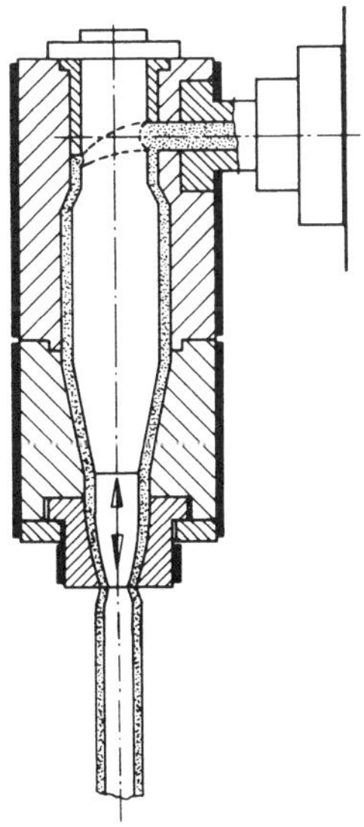

Bild 6.30
Schlauchkopf mit Pinole

einen Pinolenkopf, bei dem der Innenkonus axial über eine Servohydraulik verfahren werden kann. Diese Verfahrbewegung hat den Zweck, die Wanddicke des Vorformlings während der Extrusion variabel zu verändern. Der Sinn dieser Einrichtung, die sich *Wanddickenprogrammierung* nennt, wird aus Bild 6.31 ersichtlich.

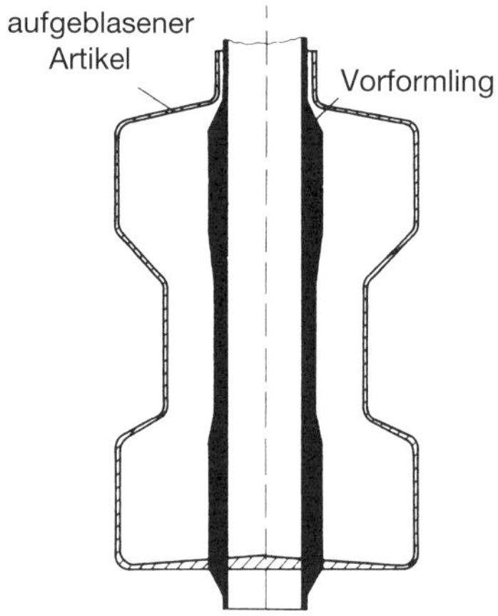

Bild 6.31
Wanddickenprofilierter Vorformling

Würde man die hier skizzierte Flasche aus einem Vorformling konstanter Wanddicke blasformen, so hätte die geblasene Flasche, bedingt durch die unterschiedliche Umfangsverstreckung, eine sehr ungleiche Wanddickenverteilung. Dies bringt zwei große Nachteile mit sich.

Einmal wird hier unnötig Material verbraucht, da die Dimensionierung der Wanddicke nach der dünnsten Stelle erfolgen muss. Wenn man bedenkt, dass bei Massenartikeln wie Getränkeflaschen ca. 60 % – beim Einsatz sehr teurer Materialien (z. B. Polycarbonat) kann der Anteil sogar auf knapp 70 % steigen – der Herstellungskosten durch das Material verursacht werden, liegt hier eine wirkungsvolle Möglichkeit zur Kostenminderung. Ebenso wird der Energieeintrag zum Aufheizen des zusätzlichen Materials eingespart.

Der andere Nachteil ist, dass unnötige Dickstellen entsprechend lange Kühlzeiten erfordern (die Kühlzeit ist proportional dem Quadrat der Wanddicke), denn auch die Stelle mit der größten Wanddicke muss mindestens auf die maximale Entformungstemperatur heruntergekühlt werden. Die Folge sind unnötig lange Zykluszeiten und damit entsprechend hohe Produktionskosten.

Mit der axialen Wanddickensteuerung kann der Vorformling über der Höhe profiliert werden. Bei nicht rotationssymetrischen Artikeln kann auch eine profilierte Düse eingesetzt werden, um unterschiedliche Umfangsverstreckungen auszugleichen. Eine veränderbare Profilierung sowohl in Längsrichtung wie auch über dem Umfang ist mit einer partiellen Wanddickensteuerung (PWDS) möglich. Hierbei wird die axiale Wanddickensteuerung mit einem hydraulisch über dem Umfang deformierbaren Düsenmundstück ausgerüstet. Das Bild 6.32 zeigt eine Übersicht der Systeme zur Beeinflussung der Formteilwanddicke.

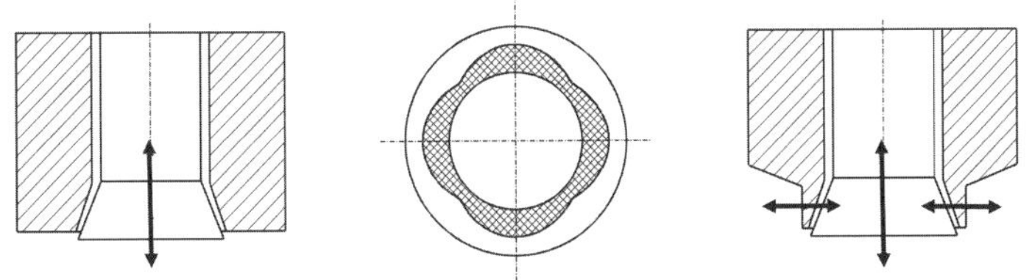

Bild 6.32 Systeme zur Wanddickensteuerung

Um ein Aufstauen des kontinuierlich ausgetragenen Vorformlings auf dem diskontinuierlich arbeitenden Blasformwerkzeug zu vermeiden, kann der Extruder inklusive Blaskopf nach dem Schnitt geringfügig angehoben werden. Dies führt dazu, dass das Blasformwerkzeug in die Blasstation verfahren werden kann, ohne dass der neue Vorformling aufliegt. Die Auf- und Ab-Bewegung von Extruder und Blaskopf im Produktionstakt wird „nickend“ genannt.

Man unterscheidet kontinuierlich arbeitende Blasköpfe und sogenannte *Speicherköpfe,* deren Einsatz bei folgendem Anwendungsfall notwendig wird:

Speicherköpfe

Bei großen Formteilen muss der Vorformling einen entsprechenden Umfang und eine entsprechende Länge haben. Dabei tritt die Problematik auf, dass sich der austretende schmelzeförmige Schlauch durch sein Eigengewicht auslängt - die Wanddickenverteilung wird unkontrollierbar - und unter Umständen kann er sogar abreißen. Außerdem ist er an seinem unteren Ende bereits wesentlich kälter als oben, wodurch das Aufblasverhalten längenabhängig wird. Die Herstellzeit für den Vorformling wird zu lang. Abhilfe schaffen hier sogenannte *Speicher- oder Akkuköpfe,* die einen Hohlraum enthalten, der von einem oder mehreren kontinuierlich arbeitenden Extrudern gefüllt wird. Befindet sich das Werkzeug unter dem Kopf und ist es bereit, den Vorformling zu übernehmen, wird die Schmelze aus dem Speicherraum innerhalb kürzester Zeit herausgedrückt, so dass die oben erwähnten Probleme nicht mehr auftreten können. Bild 6.33 zeigt eine der verschiedenen Speicherkopfvarianten, bei der die Schmelze in einem Ringspeicher gesammelt und dann hydraulisch von einem Ringkolben ausgestoßen wird.

Allen Bauarten ist gemeinsam, dass die kontinuierlich angelieferte Schmelze gespeichert wird und die Vorformlingsausformung durch zyklisches Entleeren des Speichers geschieht. Der Einsatz einer Wanddickenprogrammierung ist auch bei Speicherköpfen möglich.

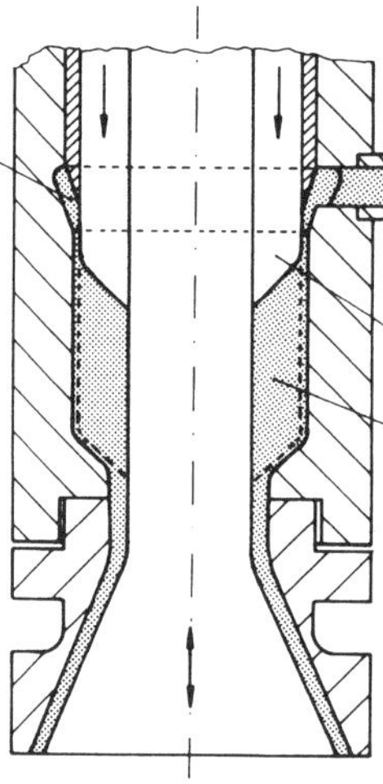

Bild 6.33
Speicherkopf

6.2.1.3 Das Mehrfachblasformen

Um die Ausstoßleistung von Blasformmaschinen, vor allem bei kleineren Hohlkörpern, zu erhöhen, gibt es zwei Wege: Zum einen werden *Mehrfachköpfe* eingesetzt, in denen der vom Extruder gelieferte Schmelzestrom in bis zu 16 Teilströme aufgeteilt wird, und entsprechend viele Vorformlinge gleichzeitig austreten. Diese werden dann von entsprechenden *Mehrfachwerkzeugen* übernommen. D. h. es werden mehrere Hohlkörper während eines Zyklus hergestellt.

Zum anderen werden mehrere Werkzeuge benutzt, die nacheinander einen Vorformling übernehmen, ausformen und abkühlen. Gebräuchlich sind z. B. sogenannte *Tandemmaschinen* mit zwei Schließeinheiten, bei denen das eine Werkzeug sich unter dem Umlenkkopf befindet, um den Vorformling zu übernehmen, während sich das andere Werkzeug unter dem Blasdorn befindet.

Bei beiden Bauarten ändert sich am prinzipiellen Verfahrensablauf nichts. Zusätzliche Kosten für den aufwendigen Maschinenbau und die Blasformwerkzeuge werden zu Gunsten der Produktionssteigerung in Kauf genommen.

6.2.1.4 Coextrusionsblasformen

mehrschichtiger Schlauch

Die vielfältigen Anforderungen, die heute an Verpackungsmittel gestellt werden, lassen sich häufig nicht mit einem einzigen Material erfüllen. Daher wird auch hier die Technik der Coextrusion eingesetzt, bei der verschiedene Materialien von den entsprechenden Extrudern in den Umlenkkopf gefördert werden, dort zusammenfließen und als mehrschichtiger Schlauch austreten. Dieser Vorformling wird dann ganz konventionell vom Werkzeug übernommen. Es werden derzeit Coextrusionsblasformanlagen betrieben bei denen der Vorformling aus bis zu sieben Schichten besteht. Dabei werden dann neben den Grundmaterialien (Neuware und Rezyklat) Werkstoffe wie Polyamid (PA), Polycarbonat (PC), PET, EVOH und andere eingesetzt. Da diese Materialien im Allgemeinen nicht aufeinander haften, müssen als Zwischenlage sogenannte Haftvermittler extrudiert werden. Zu beachten ist auch hier, dass die Werkzeugtechnik im Blaskopf deutlich aufwendiger wird, da jede Schicht einen eigenen Dorn, Pinole oder Wendelverteiler benötigt.

6.2.1.5 3D-Blasformen

Bei der Herstellung mehrachsig gekrümmter komplexer Geometrien würde im konventionellen Blasformverfahren ein hoher Anteil an überschüssigem Material anfallen, da das außerhalb des Formnests liegende Material vom Werkzeug abgequetscht würde (Bild 6.34, links). Zudem würde eine große Schweißnaht entstehen, welche die Formteilfestigkeit herabsetzt. Durch das 3D-Blasformen kann dieser Effekt vermieden werden (Bild 6.34, rechts). Hierbei wird ein in seinem Durchmesser auf den Artikelquerschnitt angepasster Vorformling extrudiert und der Kontur der Kavität folgend in die Blasformkavität eingelegt. Dies geschieht, indem das Werkzeug in zwei oder drei Achsen verfährt (Placo-Verfahren) oder der Schlauchkopf mit dem Extruder über eine feststehende Werkzeughälfte bewegt wird (Excell-Verfahren). Beim Verfahren der Schlauchmanipulation wird der Vorformling von einem Greifer (dem Manipulator) gegriffen und entlang seiner Längsachse der Kavität entsprechend in die Werkzeugkavität eingelegt. Das Werkzeug wird nun geschlossen und der Vorformling mittels einer Blasnadel oder eines Blasdorns aufgeblasen. Danach folgt die Entnahme des Formteils. Neben den höheren Investitionskosten ist hier vor allem die ungleichmäßige Abkühlung aufgrund des einseitigen Kontakts des Vorformlings mit dem Werkzeug beim Einlegevorgang nachteilig.

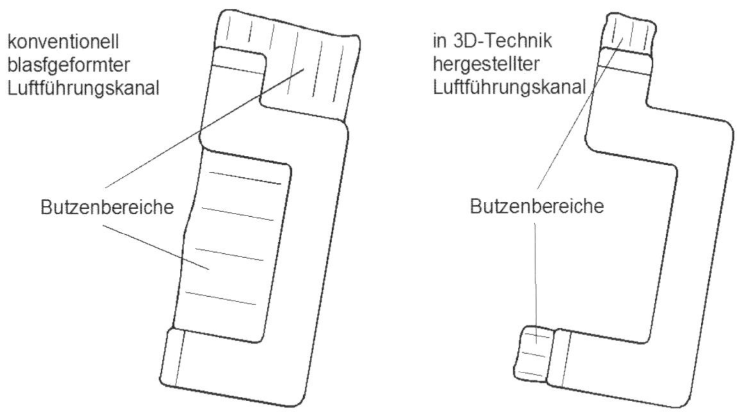

Bild 6.34 Konventionell geblasener und abfallarm in 3D-Technik hergestellter Luftführungskanal

6.2.1.6 Saugblasen

Das Saugblasen ist das am weitesten verbreitete Verfahren des 3D-Blasformens. Beim Saugblasen wird der hierbei zumeist zyklisch ausgeformte Vorformling mittels eines Luftstroms durch die geschlossene Blasform geführt. Dabei verhindert der Luftstrom, welcher mittels einer Saugvorrichtung am Austritt der Blasform erzeugt wird, einen vorzeitigen Kontakt des Vorformlings mit der Blasform. Beim Austritt des Vorformlings aus der Blasform wird dieser mittels Schließelementen an beiden Enden abgequetscht und der Aufblas- und Kühlvorgang gestartet. Vorteilhaft sind die recht einfache Prozessführung und die günstige Werkzeugtechnik.

6.2.2 Streckblasen

Verstreckung

Eine Sonderform des Blasformens ist das sogenannte Streckblasen. Dabei wird ähnlich wie bei Folien der Effekt ausgenutzt, dass durch Verstrecken nahe der Glas- bzw. Kristallitschmelztemperatur hohe *Orientierungen* in das Material eingebracht werden. Auf diese Weise werden die mechanischen Eigenschaften sowie die Transparenz der Hohlkörper und die Permeationsbarriere des Werkstoffs wesentlich verbessert. Der Vorformling wird bei diesem Verfahren nicht nur in Umfangs- (wie beim Extrusionsblasformen), sondern auch in Längsrichtung verstreckt. Letzteres geschieht mechanisch durch eine Reckstange, während simultan die Umfangsverstreckung durch Blasluft bewirkt wird. Die vergleichsweise niedrigen Temperaturen, bei denen dieser Prozess abläuft, bedingen hohe Verformkräfte, weswegen Blasdrücke von bis zu 20 bar und mehr auftreten. In der Praxis muss man daher einen Kompromiss finden zwischen idealer *Verstrecktemperatur* und realisierbaren Verstreckkräften. In Bild 6.35 ist der prinzipielle Ablauf des Streckblasprozesses dargestellt, ausgehend von einem spritzgegossenen Vorformling.

Aufgrund der positiven Verarbeitungs- und Formteileigenschaften wird fast ausschließlich das Material Polyethylenterephthalat (PET) für die Hohlkörperproduktion im Streckblasprozess verwendet. Die guten Eigenschaften führen zu einer stetigen Substitution von konventionellen Verpackungen wie Metalldosen und Glasflaschen durch streckblasgeformte PET-Flaschen. Wurden im Jahr 2008 deutschlandweit noch 1332 Milliarden Verpackungseinheiten produziert, wurde bis zum Jahr 2013 ein Anstieg der Verpackungszahlen um 19% auf 1580 Milliarden Einheiten verzeichnet. Im Bereich der Getränkeverpackungen ist die PET-Flasche bereits heute mit über einem Drittel Marktanteil die bedeutendste Verpackungsform. Neben Getränken und Lebensmitteln werden zunehmend auch Kosmetika, Speiseöle und Detergenzien in streckblasgeformten Hohlkörpern verpackt, was einen weiteren Anstieg der benötigten Verpackungseinheiten erwarten lässt.

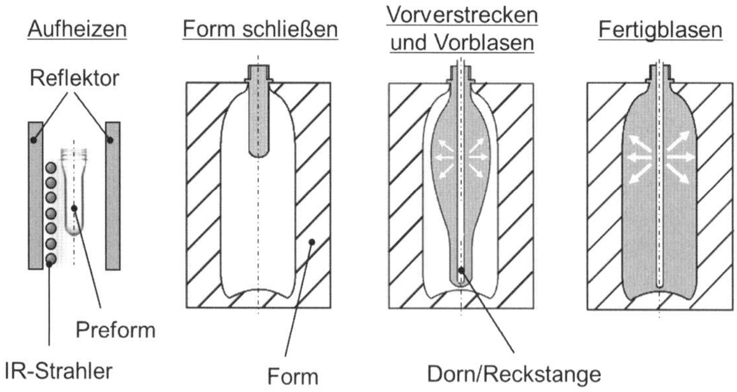

Bild 6.35 Prinzip des Streckblasprozesses

6.2.2.1 Vorformlingsherstellung

Die Vorformlinge oder Preforms, die derzeit im Streckblasprozess verarbeitet werden, werden hauptsächlich im Spritzgießverfahren hergestellt. Um den hohen Durchsatz moderner Streckblasmaschinen bedienen zu können, werden derzeit Spritzgießwerkzeuge mit bis zu 192 Kavitäten am Markt angeboten. Spritzgegossene Vorformlinge haben den Vorteil, dass sie eine sehr genaue Wanddickenverteilung und einen sehr präzise kalibrierten Hals besitzen. Insbesondere in Bezug auf die Abformung des genormten Gewindebereichs bietet der Spritzgießprozess eine extrem hohe Fertigungsgüte. Außerdem treten, im Vergleich zu extrusionsblasgeformten Hohlkörpern, keine Quetschnähte auf.

6.2.2.2 Verfahren aus erster und zweiter Wärme

Am Markt haben sich zwei unterschiedliche Verfahren zur Herstellung von Hohlkörpern im Streckblasprozess etabliert: das Verfahren aus erster und das Verfahren aus zweiter Wärme.

Unter dem Streckblasen aus erster Wärme versteht man folgenden Prozessablauf: Vorformlingsherstellung – Abkühlung auf *Verstrecktemperatur* (Konditionieren) – Verstrecken. Dies geschieht in einer Maschine und wird auch als Spritzstreckblasprozess bezeichnet (injection stretch-blow molding (ISBM)) Das Verfahren hat sich für die Produktion von Hohlkörpern mit geringen Stückzahlen etabliert, wie sie z. B. in der Kosmetikindustrie zu finden sind. Vorteile des Verfahrens sind die energetisch günstigere Prozessführung und die hohe Flexibilität des Prozesses in Bezug auf Hohlkörper- und Preformgeometrien.

Das Streckblasverfahren aus zweiter Wärme (stretch-blow molding (SBM)), läuft, zumeist räumlich und zeitlich getrennt, auf zwei separaten Maschinen in folgenden Prozessschritten ab:

1. Preformherstellung
2. Abkühlung auf *Entformungstemperatur*
3. Preformtransport
4. Wiederaufheizen auf Verstrecktemperatur
5. Verstrecken

Das Verfahren aus zweiter Wärme hat sich bei der Massenproduktion von PET-Hohlkörpern in der Getränkeindustrie durchgesetzt. Durch die Entkopplung der Preformherstellung und der Verarbeitung zu Flaschen können sehr hohe Produktionsleistungen erzielt werden. Moderne Streckblasmaschinen erzielen Ausstoßleistungen von über 85 000 Stück 1,5-l Flaschen pro Stunde. Desweiteren erhöht sich durch das entkoppelte Verfahren die Prozessstabilität.

Die Schwierigkeit liegt bei beiden Verfahren darin, den Preform auf eine minimale Verstrecktemperatur zu erhitzen. Bei beiden Verfahren ist es wichtig, dass auch die innere Oberflächentemperatur einen kritischen Temperaturwert überschreitet. Für die Verarbeitung von PET ist eine Mindestemperatur von ca. 90 °C notwendig, um das Material während der Verstreckung mechanisch nicht über die thermische Einsatzgrenze zu beanspruchen.

Verstrecktemperatur

6.2.2.3 Vor- und Nachteile des Streckblasverfahrens

biaxiale Orientierung

Ein im Streckblasverfahren hergestellter Hohlkörper ist charakterisiert durch die biaxiale Orientierung seiner Makromoleküle und die daraus resultierenden Eigenschaftsverbesserungen. Diese beinhalten insbesondere eine höhere Festigkeit gegenüber einem blasgeformten Hohlkörper bei gleicher Wanddicke. Hinzu kommen aber auch je nach Anwendungsfall und Material verbesserte Transparenz, höherer Oberflächenglanz sowie bessere *Barriereeigenschaften* gegenüber verschiedenen Medien. Außerdem ist es durch die Preformherstellung im Spritzgießprozess möglich, Gewindebereiche mit extrem hoher Maßhaltigkeit zu produzieren.

Nachteilig sind die Einschränkungen bei der Formgebung. Es lassen sich im Allgemeinen nur rotationssymmetrische bzw. Hohlkörper mit ovalem Querschnitt herstellen. Dreidimensionale Hohlkörper mit Anschlusselementen, wie z. B. Kraftstofftanks, sind hingegen nur bedingt herstellbar. Desweiteren lassen sich auch durchgängige Griffe oder Griffmulden, wie sie von Verpackungen in der chemischen Industrie bekannt sind, nicht im Streckblasverfahren herstellen.

6.3 Spritzgießen

Verfahrensmerkmale

Das Spritzgießverfahren ist eines der bedeutendsten Produktionsverfahren zur Herstellung von Kunststoffformteilen. Es eignet sich in besonderem Maße zur Herstellung geometrisch komplexer Formteile in großen Stückzahlen. Gründe hierfür sind:

- direkter Weg vom Rohstoff zum Fertigteil,
- keine Nachbearbeitung des Formteils notwendig,
- Verfahren vollautomatisierbar,
- kurze Zykluszeiten auch bei komplexer Bauteilgeometrie,
- hohe Reproduziergenauigkeit der Fertigung,
- Integration zahlreicher Funktionen in einem Bauteil,
- Fertigung komplexer Produkte in integrierten Prozessen.

Bandbreite von Spritzgießformteilen

Das Spektrum der herstellbaren Formteile erstreckt sich von kleinsten Zahnrädern oder Lagern bis hin zu großen Erdtanks. Die Gewichte der Formteile liegen in der Größenordnung von 10^{-6} bis 10^{2} kg.

6.3.1 Maschine und Verfahrensablauf

Die Aufgabenstellung einer Spritzgießmaschine nach DIN 24 450 umfasst die diskontinuierliche Herstellung von Formteilen aus vorzugsweise makromolekularen Formmassen, wobei das Urformen unter Druck geschieht. Hochpolymere Kunststoffe, insbesondere Thermoplaste, zeigen eine sehr hohe Viskosität ($\eta \approx 1000$ Pas) und damit ein sehr zähes Schmelzefließverhalten. Ein freies Fließen und damit ein druckloses Gießen sind nicht mehr möglich, so dass hohe Drücke zur Formgebung erforderlich sind.

6.3.1.1 Verfahrensablauf

Spritzgießzyklus

Für das Spritzgießen ist es notwendig, das vom Rohstoffhersteller meist in Granulat- oder Pulverform (Elastomere üblicherweise in Form von Streifen) angelieferte Material in einen fließfähigen Zustand zu überführen. Dafür wird zunächst das Material durch Rotation der Schnecke aus dem Maschinentrichter eingezogen und durch Dissipation und Wärmeleitung über den temperierten Zylinder plastifiziert (Bild 6.36). Nach Schließen des Werkzeuges (Schritt 1) wird das plastifizierte Material durch axialen Vorschub der Schnecke in das Werkzeug eingespritzt (Schritt 2).

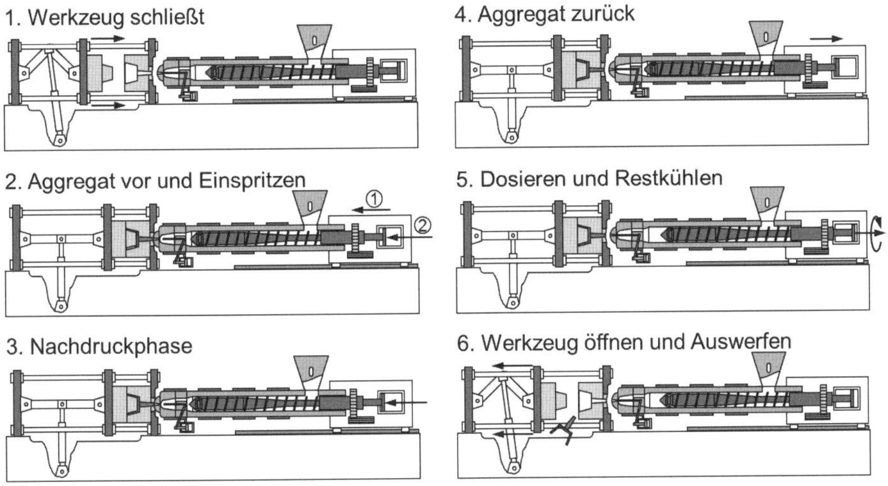

Bild 6.36 Verfahrensablauf beim Spritzgießen

Bei thermoplastischen Materialien wird das Werkzeug gekühlt, so dass die Schmelze mit Eintritt in das Werkzeug abkühlt und mit Unterschreiten der Erstarrungstemperatur (Glasübergangs- bzw. Kristallisationstemperatur) erstarrt. Durch die Abkühlung tritt eine Volumenschwindung ein, die durch eine weitere Schmelzeförderung in der Nachdruckphase (Schritt 3) bestmöglich kompensiert wird. Im Falle vernetzender Materialien (Duroplaste, Elastomere) wird das Werkzeug beheizt und somit der Vernetzungsvorgang initiiert. Nach Abschluss der Nachdruckphase wird das Aggregat zurückgefahren (Schritt 4) und es wird in der Dosierphase (Schritt 5) die Schmelze für den nächsten Zyklus erzeugt. Der letzte Verfahrensschritt umfasst das Öffnen des Werkzeugs und Auswerfen des Formteils (Schritt 6).

Die skizzierten Verfahrensschritte, die sich zeitlich teilweise auch überdecken, sind Bestandteil jedes Spritzgießzyklus. Die Regeleinheit der Spritzgießmaschine übernimmt dabei die Steuerung bzw. Regelung der einzelnen Verfahrensschritte (Bild 6.37).

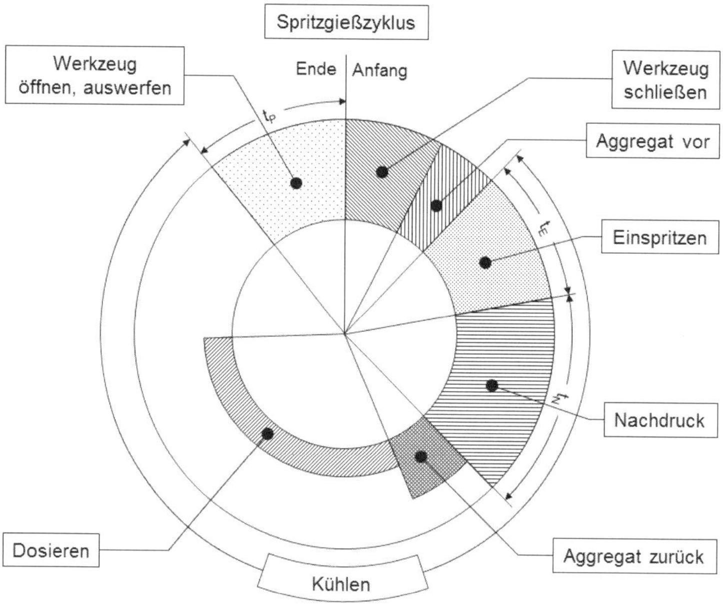

Bild 6.37 Spritzgießzyklus

Ziel bei der wirtschaftlichen Produktion eines Formteils ist es, die für diesen Ablauf benötigte *Zykluszeit* zu reduzieren, um eine hohe Ausstoßleistung zu erreichen. Wie in Bild 6.37 zu sehen, nimmt die Kühlzeit einen erheblichen Teil der Zykluszeit ein und bestimmt daher die Produktivität des Prozesses. Da die Zykluszeit proportional zum Quadrat der Bauteilwanddicke ist ($t_k \sim s^2$), kommt der Bauteilgeometrie eine große Bedeutung zu. Darüber hinaus sind die Temperaturdifferenzen zwischen Formmasse und Werkzeug sowie die thermischen Stoffeigenschaften der Formmasse von Bedeutung.

Zusätzlich zu den oben genannten Verfahrensschritten laufen weitere Funktionen ab, wie die Bewegung des Aggregates oder die Betätigung von Kernzügen und ähnlichen Funktionseinheiten, jedoch ändern diese nichts am grundsätzlichen Verfahrensablauf.

6.3.1.2 Maschinenaufbau

Baugruppen

Unabhängig vom zu verarbeitenden Material ist eine Spritzgießmaschine aus den folgenden Baugruppen aufgebaut (Bild 6.38): Das *Maschinenbett* nimmt das *Plastifizieraggregat* und die *Schließeinheit* auf. Letztere dient dazu, die Öffnungs- und Schließbewegung des *Werkzeugs* während des Produktionszyklus zu realisieren. Der Ablauf des Spritzgießzyklus wird über eine *Regeleinheit*, welche meist in einem von der Maschine getrennten Schaltschrank untergebracht ist, koordiniert. Nicht zur Maschine gehörig, aber für den Prozess unerlässlich ist das Spritzgießwerkzeug, in dem die geometrische Ausformung stattfindet. Während die Spritzgießmaschine innerhalb bestimmter Schussgewichte und Werkzeugabmessungen universell einsetzbar ist, handelt es sich bei Spritzgießwerkzeugen um Unikate, die jeweils nur für ein ganz bestimmtes Formteil angefertigt und verwendet werden.

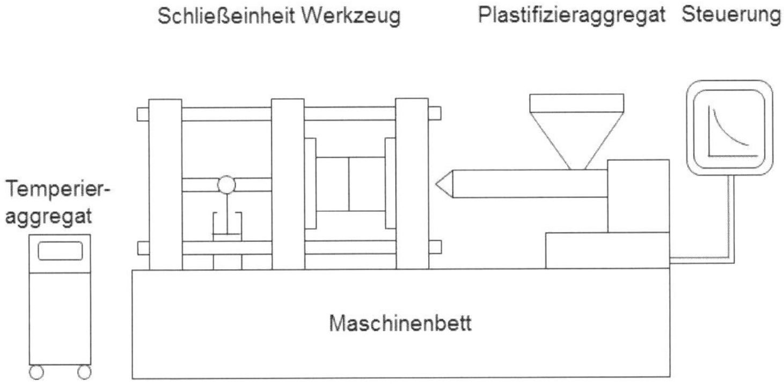

Bild 6.38 Aufbau einer Spritzgießmaschine

Der Antrieb der im Plastifizieraggregat befindlichen Schnecke sowie der Schließeinheit erfolgt meist hydraulisch. Die zur Bereitstellung des erforderlichen Hydraulikölvolumenstroms benötigten Pumpen sind im Maschinenbett untergebracht und werden elektrisch angetrieben. Die für die Steuerung der einzelnen Bewegungsabläufe benötigten Hydraulikventile befinden sich soweit möglich in unmittelbarer Nähe der Verbraucher, denen sie zugeordnet sind. Die Betätigung zusätzlicher Funktionen, wie z. B. Auswerfer, Verschlussdüse oder zum Verfahren von Kernzügen, erfolgt gewöhnlich aus demselben Hydrauliksystem wie der Schneckenantrieb. Ebenfalls gebräuchlich sind elektromechanische Schneckenantriebe, die in Hinblick auf Positioniergenauigkeit, Bewegungsdynamik und Geräuschentwicklung vorteilhaft sind. In diesem Fall kommen für weitere Maschinenbewegungen zusätzliche elektromechanische oder pneumatische Antriebe zur Anwendung. Antrieb

Bei den nachfolgenden Ausführungen sollen nur Maschinen betrachtet werden, deren Hauptbewegungsmechanismen (Plastifizieren, Einspritzen, Werkzeug öffnen/schließen) hydraulisch realisiert werden.

Vor der Entformung muss die thermoplastische Formmasse unter Erstarrungstemperatur gekühlt werden, ehe das Formteil entformt werden kann. (Bei vernetzenden Formmassen wird das Werkzeug beheizt, um den Vernetzungsvorgang auszulösen). Hierzu sind *Werkzeugtemperiervorrichtungen* (auch als *Temperieraggregat* bezeichnet) notwendig. Diese werden in der Regel als externe Einheit zur Maschine gestellt und sind über Schlauchleitungen mit dem Werkzeug verbunden. Sie pumpen kontinuierlich das Kühlmedium (meist Wasser oder Öl) durch das Werkzeug und sorgen für eine konstante Temperatur des Werkzeugs. Werkzeugtemperierung

6.3.1.3 Kenndaten der Maschine

Kenngrößen zur Klassifizierung

Zur Klassifizierung von Maschinengröße und -leistung kann eine Vielzahl von Daten angegeben werden. Zur ersten groben Charakterisierung wird jedoch meist die maximale *Schließkraft* F_s angegeben. Dies ist die maximale Kraft, mit der die beiden Werkzeughälften gegeneinander gepresst werden können, um ein ungewolltes Öffnen des Werkzeugs, verursacht durch den Werkzeuginnendruck in Füll- und Nachdruckphase, zu verhindern.

Um Gratbildung zu vermeiden, gilt:

$$F_s > p_{\mathrm{wi,max}} \times A_{\mathrm{proj}} \qquad (6.8)$$

mit:

$p_{\mathrm{wi,max}}$ maximaler Werkzeuginnendruck

A_{proj} auf die Aufspannplatte projizierte Querschnittsfläche des Formteils und Angusssystems

Oftmals dient auch der Durchmesser der Plastifizierschnecke d_s als charakteristisches Merkmal zur Eingruppierung der Maschinengröße. Außerdem ist der maximal mögliche *Einspritzdruck* $p_{\mathrm{E}_{\mathrm{max}}}$ von Interesse. Da der Durchmesser der Schnecke bei gegebener Maschine direkt einen Einfluss auf den maximal erreichbaren Einspritzdruck sowie auf das Dosiervolumen hat, gibt man oft das Produkt aus maximalem Dosiervolumen $V_{\mathrm{D}_{\mathrm{max}}}$ und maximalem Einspritzdruck $p_{\mathrm{E}_{\mathrm{max}}}$ als Kennzahl an.

Spritzdruck, Schließkraft und Schneckendurchmesser handelsüblicher Maschinen liegen im Bereich:

- p_{max} 1500 bis 2500 bar
- F_{S} 10^2 bis 10^5 kN
- d_s 20 bis 200 mm

In der Typenbezeichnung einer Maschine tauchen meist die Angaben über die Schließkraft F_{S} und das Produkt P auf:

$$P = \frac{V_{D_{\mathrm{max}}}\left[\mathrm{cm}^3\right] \cdot p_{E_{\mathrm{max}}}\left[\mathrm{bar}\right]}{1000} \qquad (6.9)$$

Kennung

So bezeichnet z. B. eine Maschine mit der Kennung:

„Firma XY 150/500“

einen Typ der Firma XY mit einer maximalen Schließkraft von 150 t (1500 kN) und einem Wert von P = 500 cm³ bar.

typische Abmessungen

Entsprechend der Schließkraft nehmen auch die geometrischen Abmessungen der Maschine zu. Die Größenordnungen bewegen sich in folgenden Grenzen:

- von 100 x 25 x 60 (*L*x*B*x*H* in cm)
- bis 2500 x 500 x 500 (*L*x*B*x*H* in cm) und mehr.

6.3.2 Baugruppen

Im Folgenden sollen für das Thermoplastspritzgießen die Funktionen der einzelnen Baugruppen einer Spritzgießmaschine sowie ihre Einordnung in den Zyklus erläutert werden. Dabei werden auch Abweichungen aufgezeigt, die sich bei der Verarbeitung von Duroplasten und Elastomeren ergeben.

6.3.2.1 Plastifiziereinheit

Die Plastifiziereinheit einer Spritzgießmaschine (Bild 6.39) hat in Bezug auf das Material die Aufgaben Aufgaben

- Plastifizieren,
- Fördern,
- Homogenisieren,
- Dosieren,
- Speichern und
- Einspritzen

zu erfüllen. Um diese Anforderungen so gut wie möglich zu realisieren, werden beim Spritzgießen analog zur Extrusion meist sogenannte Universalschnecken eingesetzt. Diese bestehen aus den drei Zonen

3-Zonen-Schnecke

- Einzugszone,
- Kompressionszone und
- Meteringzone.

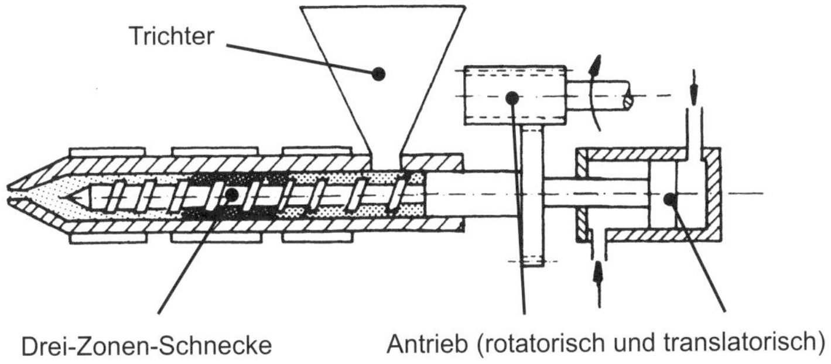

Bild 6.39 Konventionelle Plastifiziereinheit

6.3.2.1.1 Dosieren

Plastifizieren

Ebenso wie in einem Extruder wird das Material durch die sich im Plastifizierzylinder drehende Schnecke vom Trichter in Richtung der Schneckenspitze gefördert. Thermoplaste werden hauptsächlich durch die *Friktionswärme,* die bei der Rotation der Schnecke durch Reibung zwischen Material und Schnecke bzw. Zylinderwand entsteht, aufgeschmolzen. Durch die außen auf dem Zylinder angebrachten Heizbänder wird zusätzlich ein geringer Anteil der benötigten Wärmemenge über Wärmeleitung zugeführt.

Da während der im Zyklus auftretenden Schnecken-Stillstandszeiten über Wärmeleitung Wärmeenergie zugeführt werden kann, sind die beim Spritzgießen eingesetzten Schnecken meist kürzer als die von Extrudern (20 D).

Fördern

Die *Dosierphase* muss vor dem Beginn des ersten Zyklus einmal abgelaufen sein, damit die Kunststoffmasse zur Füllung des ersten Formteils zur Verfügung steht. Durch die rotatorische Bewegung der Schnecke wird die Kunststoffschmelze nach vorne gefördert. Dabei wird die Schnecke durch die Schmelze axial nach hinten bewegt (verdrängt) und gibt den sogenannten Schneckenvorraum frei. Der hierbei überfahrene Weg wird Schneckenhub s genannt. Er führt dazu, dass die wirksame Schneckenlänge kontinuierlich kürzer wird, so dass große Temperaturunterschiede in der Schmelze entstehen. Daher gilt für den Schneckenhub die Forderung, dass er nicht größer als der dreifache Schneckendurchmesser werden soll ($s < 3\ D$). Die Förderung der Schmelze hält so lange an, bis die Schnecke eine durch Endabschalter oder entsprechende Vorgaben in der Regeleinheit festgelegte Position erreicht hat. Der bis hierhin zurückgelegte Weg wird als Dosierweg bezeichnet, das innerhalb der Dosierphase geförderte Volumen als Dosiervolumen. Dosierweg bzw. Dosiervolumen sind von der Formteilgeometrie und dem gewählten Angusssystem abhängig und müssen beim Einrichten der Maschine sorgfältig eingestellt werden.

Staudruck

In der Regel wird der Hydraulikkolben, der für die axiale Vorfahrbewegung der Schnecke während des Einspritzvorgangs zuständig ist, während des Plastifiziervorgangs mit einem geringen Druck, dem sogenannten Staudruck, beaufschlagt. So kann eine bessere Homogenisierung der plastifizierten Masse erreicht werden, da die Schnecke bei ihrer Rückwärtsbewegung gegen den Staudruck arbeiten muss. Bei den meisten Materialien ist ein Mindeststaudruck bei der Plastifizierung zur Vermeidung von Lufteinschlüssen notwendig. Der Staudruck wird materialspezifisch an der Maschine eingestellt und kann bis zu 400 bar betragen. Hohe Staudrücke können jedoch dazu führen, dass beim Plastifiziervorgang die Verschlusskraft der Verschlussdüsen überschritten wird und Masse austritt. Dies muss unter allen Umständen vermieden werden.

Dekompressionshub

Wird mit angelegtem Aggregat gegen den Anguss dosiert, so würde die unter Druck stehende Schmelze nach Abschluss der Dosierung beim Entformen des Spritzlings in das geöffnete Werkzeug einfließen. Um dies zu vermeiden, muss ein Gegendruck im Schneckenvorraum abgebaut werden. Hierzu wird die Schnecke nach dem Dosieren um einige Millimeter axial ohne Rotationsbewegung zurückgezogen. Man bezeichnet den Rückhub als *Dekompressionshub.*

Aggregatbewegungen

Bei Verwendung einer offenen Düse kann das Abheben frühestes nach dem Dekompressionshub erfolgen. Wird eine Verschlussdüse eingesetzt, kann das Plastifizieraggregat direkt nach dem Ende der Nachdruckphase auf seinen Führungsholmen vom Werkzeug zurückgefahren werden (Bild 6.40). Die Dosierung erfolgt dann im „abgehobenen“ Zustand. Das Zurückfahren des Aggregates vom Werkzeug dient in erster Linie dem Zweck, unerwünschte Wärmeströme vom Aggregat zum Werkzeug oder umgekehrt zu vermeiden und so zu verhindern, dass die Temperatur an der Düsenspitze abfällt und der Angussbereich im Werkzeug aufgeheizt wird. Vor dem Einspritzvorgang muss das Aggregat wieder bis zum Werkzeug vorgefahren werden.

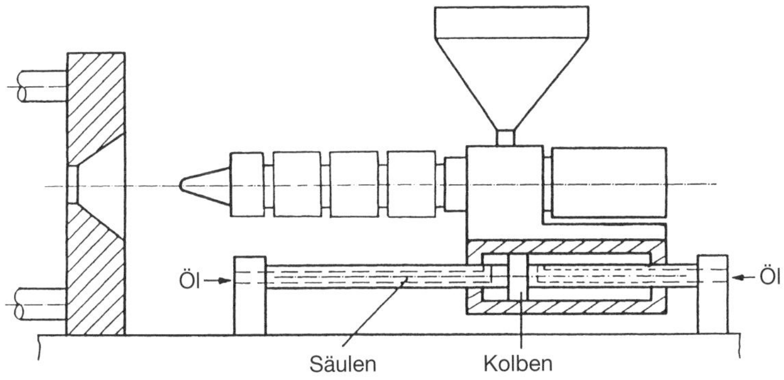

Bild 6.40 Plastifiziereinheit auf Säulenführung mit integriertem Fahrkolben

Düsen

Während der Plastifizierphase ist die als Düse bezeichnete werkzeugseitige Öffnung des Aggregates entweder durch den Anguss des noch im Werkzeug befindlichen Formteils (Dosierung mit angelegtem Aggregat, *offene Düse*) oder aber durch spezielle als *Verschlussdüsen* bezeichnete Vorrichtungen verschlossen.

Letztere können als

- Nadel-,
- Schiebe- oder
- Bolzenverschlussdüsen

ausgeführt werden. Ihre Betätigung erfolgt mechanisch oder hydraulisch. Die in Bild 6.41 und Bild 6.42 dargestellten Düsen sollen zum besseren Verständnis kurz in ihrer Funktionsweise erläutert werden.

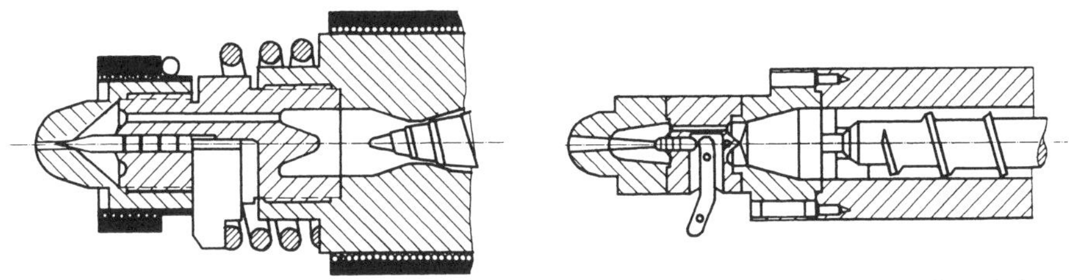

Bild 6.41 Verschlussdüsen

Nadelverschlussdüse

Die *Nadelverschlussdüse* kann zum einen als federbelastete Düse (Bild 6.41 a) oder als fremdbetätigte Düse (Bild 6.41 b) ausgeführt sein. In beiden Fällen schließt eine innenliegende Nadel, die durch eine Anpresskraft belastet wird, die Düsenöffnung nach außen hin ab. Die Schmelze gelangt durch Überströmkanäle vom Schneckenvorraum zur Düsenspitze. Bei der federbetätigten Variante wird die Nadel während des Einspritzvorgangs durch den Einspritzdruck gegen die Federkraft zurückgeschoben und gibt so die Düsenöffnung frei. Dies bedeutet jedoch, dass ein zusätzlicher Druckverlust in der Düse auftritt, der zu einer verstärkten dissipativen Erwärmung der Schmelze führt.

Um diesen Nachteil zu vermeiden, wird meist eine hydraulisch fremdbetätigte Verschlussdüse eingesetzt. Hierbei wird die Nadel von außen über ein Gestänge geöffnet und geschlossen. Die Dissipation ist demnach geringer als bei der federbetätigten Variante und die gewünschten Steuerzeiten lassen sich sehr genau einhalten. Nachteilig wirkt sich bei dieser Art jedoch die meist größere Baulänge aus.

Schieberverschlussdüse

Bei einer *Schieberverschlussdüse* (Bild 6.42 a) wird die Düse beim Anlegen des Aggregates an das Werkzeug durch die hierbei auftretende Düsenanpresskraft geöffnet. Beim Abheben des Aggregates verschiebt sich der vordere Teil durch Federkraft und schließt somit die Bohrung. Gegenüber einer Nadelverschlussdüse treten geringere Druckverluste auf.

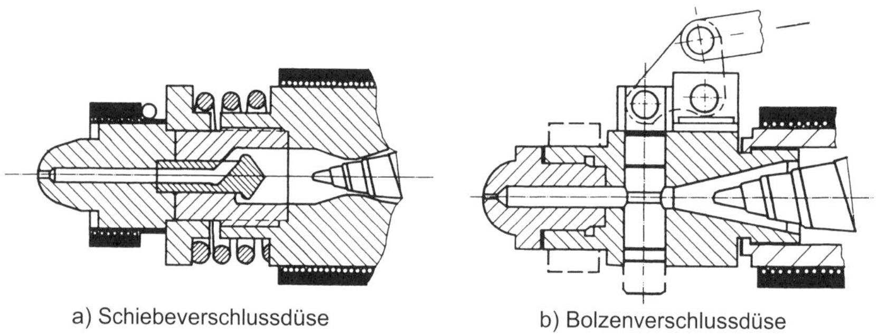

Bild 6.42 Verschlussdüsen

Bolzenverschlussdüse

Neben einer axialen Verschiebung des Verschlussmechanismus, um die Düse zu schließen, kann das Verschließen auch durch das Verschieben eines Bolzens in radialer Richtung erfolgen. Dieses Funktionsprinzip wird bei der *Bolzenverschlussdüse* (Bild 6.42 b) angewendet. Gegenüber den anderen Arten ist bei dieser Konstruktionsvariante jedoch mit erhöhtem Platz- und Kostenbedarf zu rechnen.

Im Allgemeinen ist beim Einsatz von Verschlussdüsen zu berücksichtigen, dass sich „tote Ecken“ bilden können, in denen sich Material ablagert und sehr lange verweilt. Bei thermisch empfindlichen Werkstoffen kann bei großen Verweilzeiten ein molekularer Abbau auftreten; die abgebauten Partikel können sich dann als schwarze Markierungen im Formteil zeigen. Deshalb können Verschlussdüsen bei diesen Materialien nur in eingeschränktem Maße eingesetzt werden. Bei der Verarbeitung von Duroplasten oder Elastomeren kommen Verschlussdüsen nicht zum Einsatz, da es in den „toten Ecken“ zu einer frühzeitigen Vernetzung kommen kann.

6.3.2.1.2 Einspritzen

Beim Einspritzen fährt die Schnecke, angetrieben durch den hydraulischen Einspritzzylinder, translatorisch ohne Rotation nach vorne und schiebt so als Kolben die dosierte Masse durch die Düse ins Werkzeug. Die *Schneckenvorlaufgeschwindigkeit* wird in dieser Phase über den von der Hydraulikpumpe geförderten Ölvolumenstrom gesteuert. Die Einspritzphase wird volumenstrom- bzw. geschwindigkeitsgeregelt. Es ist möglich, die Geschwindigkeit in Form eines Sollwert-Profils vorzugeben.

Hydraulikdruck

In der Einspritzphase, die mit dem Start der translatorischen Bewegung der Schnecke beginnt und mit der Füllung der Kavität endet, steigt der Druck solange linear an, bis die Kavität vollständig volumetrisch gefüllt ist. Der während der *Einspritzphase* im Einspritzzylinder herrschende Hydraulikdruck ist daher nicht konstant, sondern steigt im Laufe des Einspritzvorganges an. Dies hat seine Ursache darin, dass zur Aufrechterhaltung des Fließvorganges im Werkzeug mit zunehmender Werkzeugfüllung ein steigender Druck notwendig ist, um einen konstanten *Einspritzvolumenstrom* aufrecht zu erhalten. Folglich steigt der Hydraulikdruck.

Einspritzdruck

Dieser Sachverhalt führt oft zu Schwierigkeiten beim Verständnis von bestimmten Maschineneinstellparametern, z. B. der Größe des *Einspritzdrucks*. Dieser wird an der Maschine als feste Größe vorgegeben. Der angegebene Wert bezieht sich entweder direkt auf den Hydraulikdruck p_H oder wird über das Verhältnis der Fläche des Spritzzylinders A_H zur Fläche der Schnecke A_s auf den Druck im Schneckenvorraum p_s umgerechnet.

$$p_s = \frac{A_H}{A_s} \cdot p_H \qquad (6.10)$$

Der eingestellte Einspritzdruck stellt in der Realität eine *obere Grenze* dar, die beim Einspritzen nicht überschritten werden kann. Erreicht der Hydraulikdruck diesen Grenzwert vor Beendigung des Einspritzvorganges, reicht die Leistung des Hydrauliksystems nicht mehr aus, um den Druck weiter zu erhöhen. Die Folge davon ist, dass die Schneckenvorlaufgeschwindigkeit unter den vorgegebenen Sollwert absinkt. Der im Schneckenvorraum erreichbare Druck liegt bei handelsüblichen Maschinen im Bereich von 1500 bis 2500 bar, bei Spezialmaschinen auch höher. Der an der Maschine eingestellte Einspritzdruck dient dem Schutz des Werkzeugs und der Schließeinheit vor mechanischen Beschädigungen und wird in einem gut eingestellten Prozess ohne Störungen nicht erreicht.

Rückstromsperre

Da während des Einspritzvorganges keine Rotation der Schnecke stattfindet, durch die ein Druckaufbau zur Schneckenspitze hin möglich wäre, besteht die Gefahr, dass ein Teil der dosierten Masse bei hohen Drücken im Schneckenvorraum über die Schneckenstege zurückfließt. Dies lässt keine reproduzierbare Fahrweise der Maschine zu und führt außerdem zu unerwünscht hohen Verweilzeiten der zurückfließenden Masse in den heißen Bereichen des Plastifizieraggregates. Deshalb wird beim Spritzgießen die Schneckenspitze häufig mit einer *Rückstromsperre* ausgerüstet (Bild 6.43). Die in der Praxis gebräuchlichste Ausführung arbeitet in der Weise, dass ein beweglicher Sperrring zu Beginn des Einspritzens durch die Vorwärtsbewegung der Schnecke gegen einen Anschlag gepresst wird. Hierdurch werden die Überströmkanäle, durch die die Schmelze während der Dosierphase aus den Schneckengängen in den Vorraum geleitet wird, verschlossen. Ein Rückströmen wird so vermieden. Allenfalls durch den Spalt *s* zwischen Ring und Zylinder können noch geringe Leckverluste entstehen, die jedoch toleriert werden können. In der Dosierphase wird der Sperrring durch den Schmelzedruck axial nach vorne geschoben, so dass ein Fließkanal über den Druckring und unter dem Sperrring zur Schneckenspitze freigegeben wird. Hierzu sind in die Schneckenspitze Nuten eingearbeitet, über die die Schmelze in den Schneckenvorraum fließen kann.

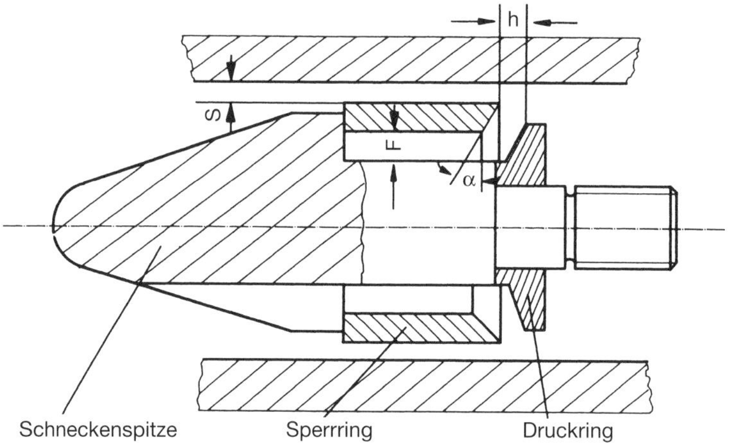

Bild 6.43 Rückstromsperre mit beweglichem Sperrring

6.3.2.1.3 Nachdruckphase

Werkzeuginnendruck

Wenn durch den Einspritzvorgang die Kavität volumetrisch gefüllt ist, findet eine Verdichtung der Masse statt (*Kompressionsphase*). Dabei steigt der Druck in der Kavität steil an (Bild 6.44). Im Schneckenvorraum kann er bis zum eingestellten Einspritzdruck ansteigen, woraus unzulässig hohe Drücke im Werkzeug resultieren. Deshalb wird bei Erreichen eines festgelegten Druckniveaus im Werkzeug von der geschwindigkeitsgeregelten auf die druckgeregelte Phase, die *Nachdruckphase*, umgeschaltet.

Der Druck im Hydraulikzylinder wird entsprechend einem vorzugebenden Sollwert geregelt, der entweder als konstanter Wert oder wiederum als Profil vorliegen kann. Die Vorlaufgeschwindigkeit der Schnecke und somit der Schmelzevolumenstrom sind in dieser Phase nur noch gering; sie ergeben sich aus dem in das Formteil nachzuführenden Volumenstrom.

Nachdruck-Umschaltarten

Das *Umschalten* der Maschine von Einspritzen auf Nachdruck kann auf verschiedene Arten erfolgen. Grundsätzlich besteht die Möglichkeit:

- zeitabhängig,
- schneckenwegabhängig,
- hydraulikdruckabhängig oder
- werkzeuginnendruckabhängig

umzuschalten. Die heute verwendeten Maschinen stellen ausschließlich eine weg- und/oder druckabhängige Umschaltung auf Nachdruck zur Verfügung. Die beste, aber auch aufwendigste Lösung ist die werkzeuginnendruckabhängige Umschaltung, da hier die höchste Reproduzierbarkeit erreicht wird. Eine zeitabhängige Umschaltung sollte nur in Ausnahmefällen benutzt werden, da es hier aufgrund von Dosierungenauigkeiten leicht zum Überspritzen des Werkzeugs kommen kann. Die Schließkraft der Maschine reicht in diesem Fall nicht aus, um eine leichte Öffnung des Werkzeugs aufgrund des hohen Innendrucks zu vermeiden, so dass Schmelze in die Trennebene des Werkzeugs eindringt. Dies hat einerseits Gratbildung am

Formteil zur Folge und kann andererseits aufgrund der sehr hohen Flächenpressung in der Trennebene zu mechanischen Beschädigungen des Werkzeugs führen, so dass es in der Folge auch bei niedrigen Werkzeuginnendrücken zu Leckagen und Gratbildungen kommen kann.

Auch bei konstantem Nachdruck im Schneckenvorraum nimmt der Druck im Formteil infolge der Erstarrungsvorgänge mit der Zeit ab. Ist er durch abkühlbedingtes Versiegeln des Anschnitts auf Umgebungsniveau abgefallen, so ist die Nachdruckphase beendet. Wie die in Bild 6.44 dargestellten Verläufe für einen angussnah und einen angussfern gemessenen Druck zeigen, wird dieser Zustand an unterschiedlichen Orten zu unterschiedlichen Zeiten erreicht.

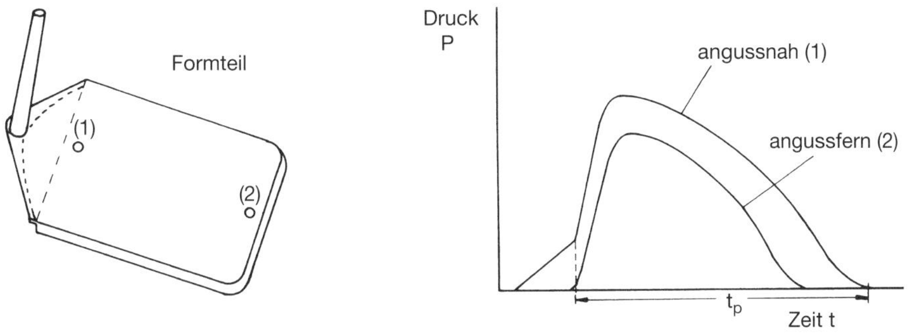

Bild 6.44 Angussnah und angussfern gemessener Druckverlauf in einem Plattenformteil

Primäres Ziel der Nachdruckphase ist es, die Volumenkontraktion des Formteils beim Erstarrungsvorgang (Volumenschwindung) durch eine Nachführung von Schmelze auszugleichen. Bei einem zu geringen Nachdruck oder einer zu kurz gewählten *Nachdruckzeit* t_p treten am Formteil Einfallstellen auf oder die Abmessungen des Formteils liegen außerhalb der vorgegebenen Toleranzfelder. Ziel der Nachdruckphase

Während der gesamten Einspritz- und Nachdruckphase wirkt in der Trennebene zwischen Werkzeug und Maschinendüse eine Kraft, die das Aggregat vom Werkzeug wegdrückt. Diese wird durch die *Düsenanpresskraft* kompensiert, welche hydraulisch über die zum Verfahren des Aggregates notwendigen Druckzylinder erzeugt wird. So wird ein Abheben der Düsen von der Angussbuchse während der Einspritz- und Nachdruckphase verhindert.

6.3.2.1.4 Kühlzeit

Restkühlzeit

Wenn der Druck im Werkzeug auf Umgebungsdruck abgefallen ist, kann das Formteil meistens aufgrund mangelnder Formstabilität noch nicht entformt werden. Die Formstabilität wird erst auf einem niedrigeren Temperaturniveau erreicht. Die zusätzlich erforderliche Kühlzeit im Werkzeug bis zur Entformung wird *Restkühlzeit* genannt; diese kann bei den meisten Maschinentypen direkt eingestellt werden. Die gesamte Kühlzeit setzt sich aus der Einspritz-, Nachdruck- und Restkühlzeit zusammen. Die erforderliche Kühlzeit lässt sich in Abhängigkeit des Materials (Temperaturleitfähigkeit a), der Prozesstemperaturen (Massetemperatur θ_M, Werkzeugtemperatur θ_W und der Entformungstemperatur in der Formteilmitte θ_E) sowie der maximalen Formteilwanddicke s mit der Differenzialgleichung der eindimensionalen instationären Wärmeleitung abschätzen.

$$t_K = \frac{s^2}{\pi^2 \cdot a} \cdot \ln\left(\frac{4}{\pi} \cdot \frac{\theta_M - \theta_W}{\theta_E - \theta_W}\right) \quad (6.11)$$

Näherungsweise steigt die Kühlzeit proportional zum Quadrat der Formteilwanddicke. Sie bestimmt die Zykluszeit und somit die Produktivität des Spritzgießprozesses. Daher ist es von besonderer Bedeutung, sie so kurz wie möglich zu wählen, ohne jedoch Qualitätseinbußen zu verursachen.

Während der Restkühlphase beginnt die Dosierung der Masse für den nächsten Zyklus. Dies kann mit angelegtem oder abgehobenem Aggregat erfolgen. Insbesondere bei dünnwandigen Teilen kann die Dosierzeit die Kühlzeit dominieren, wie in Bild 6.37 dargestellt. Um die Zykluszeit nicht unnötig zu verlängern, wird eine möglichst kurze Kühl- und Dosierzeit angestrebt.

6.3.2.1.5 Zylinderheizung

Heizzonen

Zum Aufheizen des Kunststoffs haben sich zwei Lösungen durchgesetzt: zum einen die Aufheizung durch *Widerstandsheizbänder*, welche den Plastifizierzylinder von außen umschließen, zum anderen die *Flüssigkeitsheizung*. In Längsrichtung des Zylinders sind bei kleineren Maschinen meist drei bis fünf, bei größeren Maschinen auch mehr getrennt regelbare Heizzonen angeordnet. Die Temperatur wird in jeder Zone mit einem Thermoelement gemessen. Dies erfolgt im Allgemeinen in der Zylinderwandung, so dass diese Temperatur nicht der der Formmasse entspricht, sondern lediglich einen Hinweis auf deren Temperatur gibt. Durch eine Regeleinheit wird die Einhaltung der vorgegebenen Solltemperaturen geprüft. Die volle Leistung der Heizzonen wird meist nur beim Aufheizen der Maschine benötigt, da eine Temperaturänderung in dieser Phase nur durch Wärmeleitung erfolgen kann.

Widerstandsheizung

Der Vorteil der Widerstandsheizung (Keramik- oder Glimmerheizkörper) liegt in ihrem relativ niedrigen Preis. Auch hohe Zylindertemperaturen können ohne Probleme erreicht werden. Darüber hinaus ist sie einfach zu montieren und ihre Leistung lässt sich flexibel anpassen. Mit Widerstandsheizbändern können hohe Energiedichten erzeugt werden, spezifische Heizleistungen von ca. 4 bis 5 W/cm² sind jedoch meistens ausreichend. Nachteilig ist vor allem das relativ träge Zeitverhalten des Systems. Da diese Elemente keine Wärme abführen können, kühlen auf diese Weise temperierte Zylinder beim Herunterregeln der Temperaturen nur sehr langsam ab. Dennoch haben sich diese Systeme bei der Verarbeitung thermoplastischer Kunststoffe weitgehend durchgesetzt.

Flüssigkeitsheizung

Der wesentliche Vorteil einer Flüssigtemperierung liegt darin, dass dieses System eine bessere Dynamik der Temperierung aufweist und auch eine Wärmeabfuhr aus der Schmelze ermöglicht. Damit bietet sich eine Flüssigtemperierung immer dann an, wenn temperatursensible Formmassen zu verarbeiten sind. Insbesonsdere bei Elastomeren und Duroplasten ist dies von Bedeutung.

6.3.2.2 Schließeinheit

Verfahrbewegungen

Nach Ablauf der Kühlzeit wird das Werkzeug zur Entformung des Formteils geöffnet. Hierzu werden die beiden Aufspannplatten der Maschine, zwischen denen sich das Werkzeug befindet, von der Schließeinheit auseinander gefahren. Diese Aufgabe wird von der sogenannten Schließseite übernommen, die generell für die Verfahrbewegung des Werkzeuges beim Öffnungs- und Schließvorgang zuständig ist. Außerdem sind in den meisten Fällen in der Schließeinheit die zur Entformung notwendigen Hilfsvorrichtungen (Zylinder zur Betätigung von Auswerferbolzen, Druckluftauswerfer etc.) untergebracht.

Beim Öffnen oder Schließen des Werkzeugs wird nur eine Werkzeugaufspannplatte bewegt. Die auf der Seite des Plastifizieraggregates befindliche Aufspannplatte ist mit dem Maschinenbett verbunden und ortsfest. Sie besitzt einen kreisförmigen Durchbruch, in dem das Werkzeug mit seinem Zentrierflansch fixiert und durch welchen die Düse des Plastifizieraggregates an das Werkzeug herangefahren wird. Diese Platte wird als *düsenseitige Aufspannplatte* bezeichnet, die gegenüberliegende bewegte als *schließseitige Aufspannplatte*. Letztere wird in der Regel während der Verfahrbewegung auf vier Holmen geführt. Die Geschwindigkeit der Öffnungs- bzw. Schließbewegung sowie der Öffnungshub werden vom Maschinenbediener an das Werkzeug und die Produktionsbedingungen angepasst.

Nach dem Schließen des Werkzeugs wird durch den Schließmechanismus die *Schließkraft* aufgebracht, mit der die Werkzeughälften gegeneinander gedrückt werden. Sie dient dazu, ein Öffnen des Werkzeuges durch die Druckkräfte während der Einspritz- und Nachdruckphase (*Werkzeugauftriebskraft*) zu verhindern.

Antriebstypen

Es haben sich vier Antriebstypen von Schließeinheiten durchgesetzt. Sie unterteilen sich in:

- vollhydraulische,
- mechanische,
- hydraulisch-mechanische und
- vollelektrische

Systeme, wobei die als rein mechanisch bezeichneten Systeme ebenfalls durch einen Hydraulikzylinder angetrieben werden. Während bei den hydraulisch-mechanischen Schließeinheiten die Verfahrbewegungen mechanisch realisiert werden und die Schließkraft hydraulisch aufgebracht wird, werden bei den vollelektrischen Maschinen sämtliche Bewegungen über Elektromotoren realisiert. An dieser Stelle soll auf die zwei grundsätzlich unterschiedlichen Systeme:

- mechanisch betätigter Kniehebel (6.45) und
- vollhydraulische Schließeinheit (Bild 6.46)

eingegangen werden.

6.3.2.2.1 Kniehebelschließeinheit

Kraft/Geschwindigkeitscharakteristik

In Bild 6.45 ist als einfachste Version einer Kniehebelschließeinheit, ein Einfachkniehebel, mit festem Antriebszylinder schematisch dargestellt. Die Erzeugung der Schließkraft erfolgt durch die Streckung des Kniehebels, der im Normalfall von einem Hydraulikzylinder angetrieben wird. Zu den wesentlichen Vorteilen dieser

Anordnung gehört ihre Kraft/Geschwindigkeitscharakteristik. Allein aufgrund der geometrischen Verhältnisse werden beim Schließen des Werkzeugs - bei konstanter Verfahrgeschwindigkeit des Antriebszylinders - zunächst hohe Geschwindigkeiten der bewegten Werkzeughälfte erreicht. Kurz bevor das Werkzeug geschlossen ist, nimmt die Geschwindigkeit ab und die Kraft steigt stark an, sodass mit relativ kleinen Hydraulikzylindern große Schließkräfte erzeugt werden können. Nach dem Schließvorgang muss keine weitere Energie aufgebracht werden, um die Schließkraft während der Füll- und Nachdruckphase aufrecht zu halten. Der Wartungsaufwand dieser Systeme ist sehr gering, ihre Steifigkeit mitunter sehr hoch.

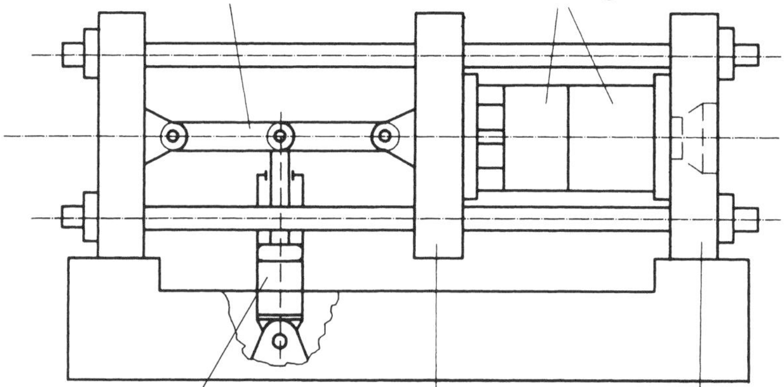

Bild 6.45 Einfachkniehebelschließeinheit

Zu den wesentlichen Nachteilen der Kniehebelschließeinheiten gehören die relativ hohen Fertigungskosten. Darüber hinaus reicht bei Hochleistungsmaschinen (z. B. Verpackungsmaschinen) die angesprochene Kraftgeschwindigkeitscharakteristik der Kniehebelschließeinheiten nicht mehr aus, um einen werkzeugschonenden Betrieb zu gewährleisten. Meistens kann über eine Stufung des Hydraulikdrucks am Antriebszylinder eine Verbesserung dieser Charakteristik erreicht werden.

Ein weiterer Nachteil des Kniehebels ist die Umgebungstemperaturabhängigkeit der Schließkraft durch eine unterschiedliche Säulendehnung. Eine Kontrolle bzw. Regelung der Schließkraft erfordert daher einen hohen Aufwand, sowohl beim Messen der Schließkraft als auch beim Verstellen der Werkzeugeinbauhöhe. Ferner weisen viele Kniehebelsysteme konstruktionsbedingt gegenüber den hydraulischen Schließeinheiten kleinere Öffnungswege auf.

Einfachkniehebel kommen in Maschinen bis ca. 1000 kN Schließkraft zur Anwendung. Bei größeren Maschinen bis zu 4000 kN werden doppelte Kniehebel angewendet.

6.3.2.2.2 Hydraulische Schließeinheit

In Bild 6.46 ist der schematische Aufbau einer *vollhydraulischen Schließeinheit* dargestellt. Deutlich zu erkennen ist der für die Aufbringung der Schließkraft benötigte große Hauptzylinder. Neben diesem wird meist ein kleinerer Schnellfahrzylinder eingesetzt, mit dessen Hilfe die Öffnungs- und Schließbewegungen realisiert werden können, ohne große Ölmengen unter hohem Druck bewegen zu müssen.

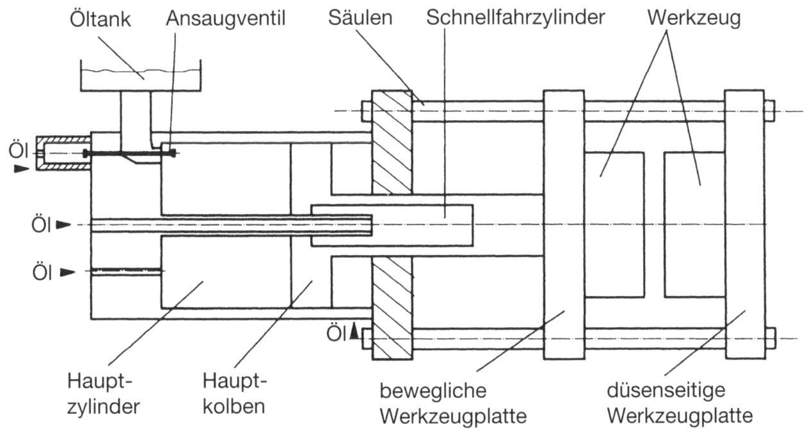

Bild 6.46 Vollhydraulische Schließeinheit

Ein Vorteil dieser Systeme ist der geringe Preis, zumindest für einen kleineren Schließkraftbereich bis etwa 500 kN. Außerdem lassen sich diese Einheiten sehr viel schneller an unterschiedliche Werkzeugeinbauhöhen anpassen als die mechanischen Systeme. Darüber hinaus weisen Hydrauliksysteme nur sehr wenige bewegte Teile auf, was sich in einem geringen Wartungsaufwand widerspiegelt. Die Schließkraft ist unabhängig von Temperaturschwankungen und lässt sich bei diesen Systemen sehr einfach durch entsprechende Ventile in der Hydraulik einstellen. Durch die relativ großflächige zentrische Krafteinleitung bei den hydraulischen Schließeinheiten kann es während des Betriebs zudem zu einer besseren Werkzeugplattenstabilität der beweglichen Werkzeugplatte kommen.

Infolge der geringen Steifigkeit der Ölsäule im Vergleich zu Stahl treten jedoch bei diesen Schließeinheiten größere Verformungen während des Werkzeugfüllvorganges auf als bei mechanischen Systemen. Da beim Aufbringen der Schließkraft die Ölsäule komprimiert werden muss, sind vollhydraulische Schließeinheiten langsamer und weniger steif als mechanische Systeme.

Aufgrund des großen zu transportierenden Ölvolumens und der für die Kompression erforderlichen großen Energie schneiden hydraulische Schließeinheiten auch aus energetischer Sicht ungünstiger ab als mechanische Systeme. Näherungsweise verbraucht ein Kniehebelsystem für den Öffnungs- und Schließvorgang ca. 2/3 der Energie einer Vollhydraulik. Dies bedeutet in der Gesamtbilanz einen Mehraufwand von 10 bis 15 % durch die Vollhydraulik.

6.3.2.3 Werkzeug

Die zentrale Baugruppe beim Spritzgießen ist das Werkzeug. Es gehört nicht zur Maschine und muss für jeden zu fertigenden Artikel speziell entworfen bzw. angepasst werden. Fehler, die bei der Konstruktion eines Werkzeuges gemacht werden, schlagen sich direkt in der Formteilqualität oder in der Wirtschaftlichkeit des Prozesses nieder.

Die Anzahl der möglichen Konstruktionsvarianten ist entsprechend der Vielzahl von unterschiedlichen Spritzgießformteilen unüberschaubar, jedoch erfüllen alle Werkzeuge im Wesentlichen zwei Aufgaben, die in verschiedene Unteraufgaben unterteilbar sind. Es handelt sich um

Aufgaben

A) Technologische Aufgaben

- Aufnahme und Verteilung der Schmelze
- Ausformung der Schmelze zur Artikelgestalt
- Abkühlung der Schmelze (Thermoplaste) bzw. Zuführung der Aktivierungsenergie (Duroplaste und Elastomere)
- Entformung

B) Konstruktive Aufgaben

- Kraftaufnahme
- Bewegungsübertragung
- Führung der Werkzeugteile

Diesen Zielsetzungen entsprechend sind die verschiedenen funktionellen Gruppen an das zu produzierende Formteil anzupassen.

Anhand des in Bild 6.47 dargestellten Spritzgießwerkzeugs soll der grundsätzliche Aufbau erläutert werden.

6.3.2.3.1 Aufbau

Der überwiegende Teil von Spritzgießwerkzeugen ist aus *Normalien* aufgebaut. Dies sind konstruktive Elemente, die standardmäßig in einem Werkzeug auftreten. Hierzu zählen Schrauben, Führungsbuchsen und -bolzen, Auswerferstifte und -bolzen sowie Rückholfedern, Angussbuchse, Zentrierflansch und nicht zuletzt die Platten, aus denen das Werkzeugchassis besteht. Sie sind bei Zulieferern in einem gemäß den Erfordernissen der Praxis abgestuften Sortiment zu erhalten und müssen daher nicht für jedes Werkzeug individuell angefertigt werden. Die Platten sind in verschiedenen Güteklassen (z. B. härtbar oder nicht härtbar) lieferbar und müssen je nach Anforderung bei der Werkzeugkonstruktion ausgewählt werden.

düsenseitige Werkzeughälfte

Bild 6.47 zeigt beispielhaft ein Werkzeug mit einer *Trennebene,* in dem sich ein flächiges Formteil befindet, das über einen *Stangenanguss* angespritzt wird. Die *schließseitige Formplatte,* in der die *Kavität* eingefräst ist, kann durch das Lösen von Schrauben sehr leicht gegen eine andere Platte ausgewechselt werden (modularer Werkzeugaufbau). Es lassen sich hierdurch mit geringem Kostenaufwand unterschiedliche Formteilmodifikationen herstellen (z. B. bei Schalterblenden mit verschiedenartigen Durchbrüchen anwendbar). Die düsenseitige Werkzeughälfte besteht im Wesentlichen aus:

- *Grundplatte* (1),
- *Formplatte* mit Temperierkanälen (2),
- *Angussbuchse* (3) und
- *Zentrierflansch* (4) sowie den
- *Führungsbolzen* (5) und Schrauben,

mit denen die Platten gegeneinander zentriert und verschraubt werden. Zur Zentrierung des Plastifizieraggregats ist in der Angussbuchse eine Kugelkalotte eingefräst, deren Radius auf den Radius der Düsenspitze am Plastifizieraggregat angepasst sein muss.

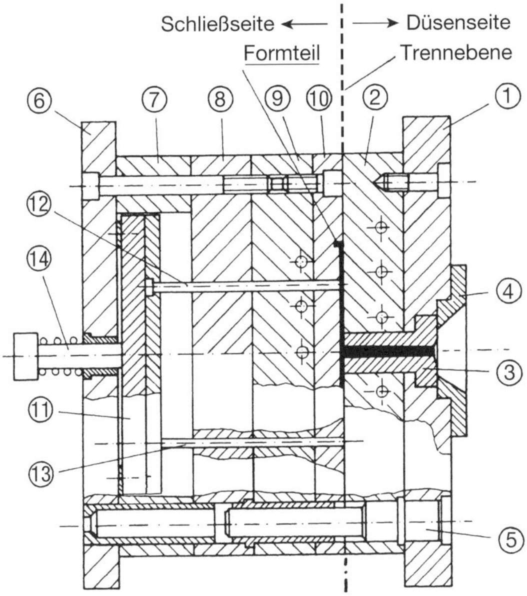

1, 6 Grundplatte
2, 10 Formplatte
3 Angussbuchse
4 Zentrierflansch
5 Führungsbolzen
7 Stützleiste
8, 9 Zwischenplatte
11 Auswerferplatte
12 Auswerferstift
13 Rückdrückstift
14 Auswerferbolzen

Bild 6.47
Aufbau eines Spritzgießwerkzeugs

Zur Temperierung des Werkzeugs mit Wasser oder Öl sind in die Formplatten gebohrte Kühlkanäle eingearbeitet. Die Lage und Anzahl der Temperierkanäle ist von der Formteilgestalt und dem zu verarbeitenden Material abhängig. Möglicherweise vorgesehene Druck- oder Temperaturaufnehmer in der Kavität sollten soweit möglich in der düsenseitigen Werkzeughälfte angebracht werden, da diese im Produktionsprozess nicht bewegt wird und somit die erforderlichen Verbindungskabel vom Sensor zum Messwerterfassungssystem besser zu verlegen sind.

Die beiden äußeren Platten des Werkzeugs, die *Grundplatten*, stehen etwas über das Chassis über, damit die Spannpratzen Halt finden, mit denen das Werkzeug auf den Maschinenaufspannplatten fixiert wird. Bei modernen Maschinen setzen sich mehr und mehr automatische Schnellspannsysteme durch. Hierbei wird das Werkzeug nicht mehr mit Schrauben, sondern über eine hydraulische Spannvorrichtung aufgespannt. Dies ermöglicht schnellere Werkzeugwechsel, bedingt jedoch speziell angepasste Aufspannplatten.

schließseitige Werkzeughälfte

Die schließseitige Werkzeughälfte besteht aus:

- *Grundplatte* (6),
- *Stützleisten* (7),
- einer zur Verringerung der Durchbiegung eingefügten *Zwischenplatte* (8),
- einer *Zwischenplatte mit Kühlbohrungen* (9) sowie
- der als Wechseleinsatz ausgeführten *Formplatte* (10).

Auswerfersystem

Als bewegliches Funktionselement ist die

- *Auswerfereinheit* mit *Auswerferplatten* (11),
- *Auswerferstiften* (12) und *Rückdrückstiften* (13) sowie
- *Auswerferbolzen mit Rückdrückfeder* (14)

dargestellt. Grundsätzlich ist es möglich, die Zwischenplatten mit der Formplatte in einer einzigen Platte zusammenzufassen.

Sobald der Spritzling eine ausreichende Formstabilität aufweist (Ende der Kühlzeit), wird das Werkzeug geöffnet. Der Auswerferbolzen wird nun über einen in der Schließeinheit untergebrachten Hydraulikzylinder in Richtung des Formteils bewegt. Die in den Auswerferplatten gelagerten Auswerferstifte drücken das Formteil aus der Kavität heraus, sodass es aus dem Werkzeug fällt. Mit dem Rückfahren des Auswerferpakets ist der Entformungsvorgang abgeschlossen. Die Rückfahrbewegung erfolgt durch eine über die Rückstellfeder aufgebrachte Kraft oder durch eine Zwangssteuerung des Auswerferbolzens.

Bei Rückstellung durch Federkraft ist ein Verklemmen des Auswerferpaketes im Laufe der Produktion z. B. durch Verschmutzung nicht auszuschließen. Bei einem erneuten Schließen des Werkzeuges könnten die aus der Kavität herausragenden Auswerferstifte die oftmals polierte Werkzeugoberfläche schädigen oder gar abbrechen.

Um dies auszuschließen, werden häufig Rückdrückstifte zusätzlich zu den Auswerferstiften im Auswerferpaket angebracht. Sie liegen jedoch außerhalb der Kavität und schließen bei zurückgefahrener Auswerfereinheit direkt mit der Trennebene ab. Dadurch, dass sie um die Formteilwanddicke länger sind als die eigentlichen Auswerferstifte, berühren sie beim Schließvorgang – falls die Auswerfer nicht in die Ausgangsstellung zurückgefahren sind – als erste die Oberfläche der düsenseitigen Werkzeughälfte. Hierbei wird das Auswerferpaket zurückgestellt.

Für eine kontrollierte Entformung muss sichergestellt werden, dass das Formteil beim Öffnen des Werkzeugs auf der auswerferseitigen Werkzeughälfte verbleibt, da die düsenseitige Werkzeughälfte den Auswerfern nicht zugänglich ist. Hierzu wird die Kavität im Werkzeug so angeordnet, dass durch die Schwindung der Formmasse geeignete Klemmkräfte entstehen, oder es werden gezielt Hinterschnitte z. B. im Angusssystem eingearbeitet.

Neben der in Bild 6.47 dargestellten Möglichkeit zur Entformung existieren weitere Varianten, in denen die *Auswerferstifte* durch *Auswerferleisten, -ringe* oder *-platten* ersetzt werden. Bei Elastomerformteilen muss wegen der geringen Steifigkeit häufig von Hand oder mittels Druckluft entformt werden. Eine Druckluftentformung findet auch in seltenen Fällen bei Thermoplast- oder Duroplastformteilen Anwendung. Bei automatisch arbeitenden Fertigungszentren kommen oft zusätzlich Handhabungsgeräte oder Roboter bei der Formteilentnahme zum Einsatz.

Werkzeuggewicht und -kosten

Das Gewicht eines Spritzgießwerkzeugs liegt im Allgemeinen zwischen 100 kg und 10 t. Die Kosten betragen von einigen tausend Euro für kleinere Werkzeuge bis über 1 Mio. Euro für komplizierte Werkzeuge, beispielsweise Mehrkavitätenwerkzeuge oder Werkzeuge zur Herstellung großflächiger oder komplexer Qualitätsteile.

6.3.2.3.2 Angusssystem

Bei der Konstruktion eines Werkzeuges kommt neben der mechanischen Dimensionierung und der Auslegung des Kühlsystems der rheologischen Auslegung eine große Bedeutung zu. Letztere umfasst die Berechnung der Fließbedingungen in der Kavität sowie die Auslegung des Angussystems und die Positionierung der Anschnitte am Formteil. Hierauf soll an dieser Stelle eingegangen werden.

Heißkanal

Die Schmelze wird in der Einspritzphase durch das *Angusssystem* gepresst und durch den Anschnitt in das Formteil geleitet. Das Angusssystem kann als beheiztes oder als unbeheiztes System ausgeführt werden. Bei Thermoplasten bleibt die Schmelze im beheizten *Heißkanal-System* flüssig und kann so beim nächsten Zyklus in das Formteil eingespritzt werden. Vorteile dieses Systems sind der geringere Druckbedarf bei der Formfüllung und die Tatsache, dass der Anguss nicht als Abfallmaterial weggeworfen bzw. regranuliert werden muss. Nachteilig wirken sich die höheren Kosten des Heißkanals gegenüber dem unbeheizten Angusssystem aus sowie der erhöhte konstruktive und periphere Aufwand bei seinem Einsatz.

Kaltkanal

Bei der Verarbeitung von Elastomeren oder Duroplasten wird in Analogie zum Heißkanal ein *Kaltkanal* eingesetzt. Die niedrige Temperatur in diesem Teil des Werkzeuges verhindert die Vernetzung der Formmasse, sodass sie ebenfalls beim nächsten Zyklus ins Formteil eingespritzt werden kann.

Anschnitt

Die Anbindung des Formteils an das Angusssystem erfolgt über den *Anschnitt*. Dieser stellt meist eine starke Querschnittsverengung gegenüber dem Angusskanal dar, damit das Formteil nach der Entformung leicht vom Angusssystem getrennt werden kann. Einige gebräuchliche Angussvarianten sind in Bild 6.48 dargestellt. Darüber hinaus gibt es eine Fülle von Systemen, die je nach Anzahl der Formnester oder nach Formteilgestalt unterschiedlich kompliziert ausfallen. Zur genauen Erläuterung dieses Problemkreises muss jedoch auf die Literatur verwiesen werden.

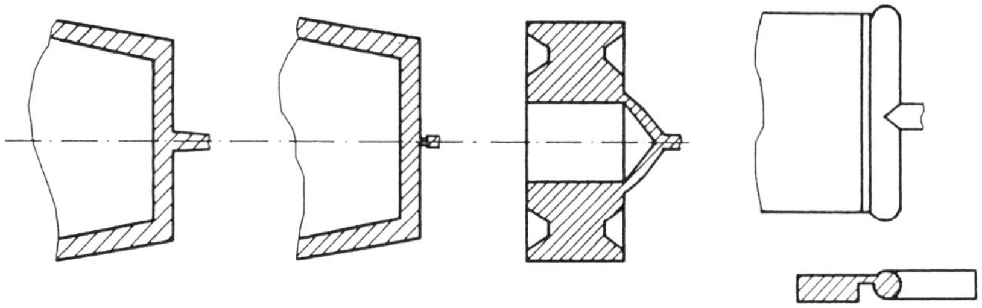

Bild 6.48 Angussvarianten

6.3.2.3.3 Sensoren

Wegen der zunehmend steigenden Anforderungen an die Qualität von Spritzgießteilen werden immer häufiger *Druckaufnehmer* und *Temperaturfühler* in Spritzgießwerkzeuge eingebaut, damit eine Überwachung des jeweiligen thermodynamischen Zustands der Schmelze anhand der Werkzeugwandtemperaturen sowie des Druckverlaufes im Werkzeug während der Formgebung erfolgen kann.

Werkzeuginnendruckverlauf

Eine Prinzipskizze für einen Werkzeuginnendruckverlauf einer stirnseitig angespritzten Platte ist für den angussnahen und angussfernen Druckaufnehmer bereits in Bild 6.44 dargestellt. Die Kurvenverläufe sind jedoch für jedes Formteil verschieden und abhängig vom Material und den Verarbeitungsbedingungen sowie von der Position des Drucksensors im Formteil. Aus der Form der Kurve lassen sich wichtige Hinweise auf potenzielle Fehlerquellen bei der Produktion gewinnen.

6.3.2.4 Werkzeugtemperierung

Wärmetransportmedien

Für die Temperierung des Spritzaggregates bei der Duroplast- oder Elastomerverarbeitung sowie zur Abfuhr der Wärme aus dem Formteil beim Thermoplastspritzgießen werden *Temperieraggregate* benötigt. Die für eine einwandfreie Temperierung erforderliche Anzahl richtet sich bei Werkzeugen nach der Komplexität des Formteils und seiner Größe und bei Plastifizieraggregaten nach der Anzahl der Heizzonen. Bei den Temperieraggregaten handelt es sich um Wärmetauscher, die in unterschiedlichen Größen, gestaffelt nach Heizleistung und Durchflussmenge, erworben werden können. In der Regel gehören sie nicht zur Maschine.

Als Wärmetransportmedium dient entweder Wasser (Temperaturen bis zu 200 °C) oder Öl (Temperaturen bis zu 300 °C). Die Flüssigkeit befindet sich in einem geschlossenen Kreislauf zwischen Aggregat und Werkzeug bzw. Zylinder. Eine eventuell notwendige Wärmeabfuhr aus diesem Kreislauf wird über Leitungswasser realisiert, von dem der Wärmetauscher bei Bedarf umströmt wird.

Vereinzelt gibt es noch Betriebe, die auf Wärmetauscher verzichten und ihre Thermoplastwerkzeuge nur mit Leitungswasser kühlen. Dies hat jedoch mehrere Nachteile. Da die Werkzeugtemperatur in starkem Maße durch die Temperatur des Temperiermediums und nur sehr geringfügig durch die Durchflussmenge zu beeinflussen ist, besteht kaum die Möglichkeit, eine für die Produktion geeignete Werkzeugtemperatur einzustellen. Zudem erzeugen jahres- und tageszeitbedingte Temperatur- und Druckschwankungen des Leitungswassers Temperaturschwankungen im Werkzeug, so dass die Produktqualität und die Kühlzeit nicht stabil sind. Weiterhin befinden sich im Leitungswasser Spuren von Kalk, die sich in den Temperierkanälen des Werkzeuges ablagern und so die Werkzeugtemperierung verschlechtern und sogar unwirksam machen können. Nicht zuletzt ist der unnötig hohe Wasserverbrauch aus ölologischen und wirtschaftlichen Gesichtspunkten nicht zu verantworten.

elektrische Heizung

Die Temperierung von Duroplast- oder Elastomerwerkzeugen erfolgt nur sehr selten mittels eines Temperiermediums sondern überwiegend elektrisch. Bei einfachen Formteilgeometrien wird oft eine indirekte Beheizung über *Heizplatten* eigesetzt, die an der Maschine angebracht sind. Bei komplizierteren Werkzeugen wird die Wärme über Heizpatronen eingebracht. Diese ermöglichen eine lokal differenzierte Wärmeeinbringung.

6.3.2.5 Maschinenbett und Steuereinheit

Das *Maschinenbett* ist in der Regel eine Schweißkonstruktion aus Stahl, welche die Plastifiziereinheit und die Schließeinheit trägt. Bei hydraulischen Maschinen sind darüber hinaus der Behälter für das Hydrauliköl und die Pumpen integriert. Häufig werden auch die Steuerungs- und Bedienungseinrichtungen sowie Temperieraggregate im Maschinenbett untergebracht. Die *Steuer- bzw. Regeleinheit* beinhaltet neben den Anzeigeninstrumenten auch die elektrischen Schaltelemente, die Temperaturregler und das Energieversorgungssystem. Mussten bei älteren Maschinen die Sollwerte für die Maschineneinstellung noch über Daumenradschalter oder Drucktasten eingestellt werden, so ist bei modernen Maschinen heute die Parametereingabe über Tastatur oder Touchscreen und Bildschirmdialog üblich. Der im Schaltschrank angebrachte Computer besorgt auch die Ablaufsteuerung, überwacht Prozess- und Produktionsdaten, gibt entsprechende Fehlermeldungen aus und speichert Daten zur Dokumentation oder erneuten Verwendung ab.

Meist ist es möglich, über Schnittstellen Handhabungsgeräte für die Entnahme von Formteilen zusätzlich anzusteuern und die Prozess- und Qualitätsdaten zu generieren, zu dokumentieren und an ein Leitrechnersystem weiterzugeben.

6.3.3 Sonderverfahren

Ziele

Der Anspruch, komplexe und hochintegrierte Formteile möglichst kostengünstig und ressourcenschonend sowie qualitäts- und termingerecht zu fertigen, stellt die kunststoffverarbeitende Industrie vor große Aufgaben. Das Spritzgießverfahren bietet durch Prozess- und Funktionsintegration außerordentlich vielfältige Möglichkeiten, diese Aufgaben zu lösen. Hierzu steht eine breite und permanent wachsende Palette an Sonderverfahren zur Verfügung, wie z. B. das Mehrkomponenten-Spritzgießen. Die Aufgabe des Ingenieurs oder Technikers ist es, die verschiedenen Sonderverfahren entsprechend ihrer Eignung für bestimmte Produkte auszuwählen, weiterzuentwickeln oder zu kombinieren, um den zukünftigen Marktanforderungen gerecht zu werden. Insbesondere die Kombination der in diesem Abschnitt vorgestellten Sonderverfahren kann zu neuen Produkten und daher zu Wettbewerbsvorteilen führen. Dabei sind die folgenden Ziele von besonderer Bedeutung:

- Kostenminimierung: Erhöhung der Funktionsdichte (Reduzierung von Montagearbeiten und Prozessschritten), geringerer Materialeinsatz oder preiswertere Materialien,
- Qualitätsverbesserung (Schwindung und Verzug, Oberflächenqualität etc.),
- Grundsätzliche Realisierung oder Verbesserung bestimmter Gebrauchseigenschaften (neue Anwendungsgebiete und Funktionen).

Dieser Abschnitt gibt einen beispielhaften Überblick über einige wichtige Sonderverfahren, mit denen die oben genannten Ziele realisiert werden können. Aufgrund der außerordentlichen Vielfalt und der zahlreichen Varianten ist eine vollständige Übersicht an dieser Stelle nicht möglich. Hierzu sei auf die entsprechende Literatur verwiesen.

Thermoplast-Schaumspritzgießen

6.3.3.1 Thermoplast-Schaumspritzgießen (TSG)

Das Thermoplast-Schaumspritzgießen (TSG) ist ein bereits seit vielen Jahrzehnten praktiziertes Spritzgieß-Sonderverfahren. Bei diesem Verfahren wird die Kunststoffschmelze mit einem Treibmittel versehen, wodurch diese nach dem Einspritzen in die Kavität des Spritzgießwerkzeugs aufschäumen kann. Um der Kunststoffschmelze den notwendigen Raum zum Aufschäumen zu geben, wird die Kavität dabei üblicherweise teilgefüllt und durch die Expansion der Schmelze vollständig volumetrisch ausgefüllt.

Vor- und Nachteile

Das TSG-Verfahren bietet gegenüber der Herstellung kompakter Bauteile mehrere Vorteile. So werden neben einer Gewichtsreduktion der Bauteile Einfallstellen durch die Expansion der Schmelze fast vollständig vermieden. Gegenüber kompakten Bauteilen kann auch der Formteilverzug deutlich verringert werden, da der Nachdruck nicht durch die Maschinendüse aufgebracht wird und entlang des Fließwegs abnimmt, sondern nunmehr im gesamten Bauteil auf einem sehr gleichmäßigen Niveau liegt. Da beim klassischen Schaumspritzgießen die Kavität nur teilgefüllt wird und der Druckabfall entlang des Fließwegs vernachlässigt werden kann, treten deutlich geringere Werkzeuginnendrücke als beim Spritzgießen kompakter Bauteile auf. Hierdurch können die Werkstoffschwindung kompensiert und der Bauteilverzug erheblich vermindert werden. Außerdem erlaubt es oft die Verwendung kleiner Spritzgießmaschinen mit geringeren Schließkräften. Der Verarbeiter profitiert zudem beim Einsatz des Schaumspritzgießens oft von einer Zykluszeitreduktion. Diese beträgt je nach Bauteil mehr als 25 % verglichen mit dem Spritzgießen kompakter Bauteile. Diesen Vorteilen steht jedoch oftmals eine verringerte Qualität der Bauteiloberfläche gegenüber, die einen Einsatz geschäumter Bauteile im Sichtbereich des Endanwenders erschwert. Durch geeignete Gegenmaßnahmen, wie z. B. eine Strukturierung oder Temperierung der Werkzeugoberfläche, kann diesen Nachteilen begegnet werden. Zudem ist die Berechnung der mechanischen Bauteileigenschaften deutlich komplexer, da diese erheblich von der lokalen Schaumstruktur abhängen.

Strukturschaum

Unabhängig von der verwendeten Anlagentechnik und des verwendeten Treibmittels entstehen beim Schaumspritzgießen immer Strukturschäume mit einer (nahezu) kompakten Randschicht und einem geschäumten Kern. Ein Beispiel eines solchen Schaums ist in Bild 6.49 dargestellt.

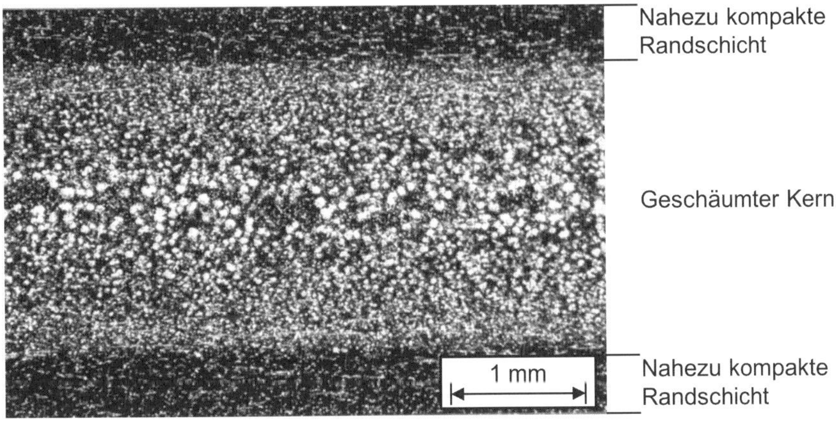

Bild 6.49 (Mikro-)Zellularer Aufbau eines Strukturschaums

Die Bauteileigenschaften – mechanisch, thermisch oder physikalisch – sind dabei abhängig von der Schaumstruktur, d.h. der Größe, Verteilung und Anzahl der Schaumzellen, sowie der Dicke der kompakten Randschicht.

Treibmittel

Der Prozess des Schaumspritzgießens ist in Bild 6.50 dargestellt. Zur Herstellung thermoplastischer Schäume wird ein Fluid, das als Treibmittel dient, dem Kunststoff in der Plastifiziereinheit zugegeben. Es wird zwischen chemischen und physikalischen Treibmitteln unterschieden. Diese unterscheiden sich im Wesentlichen durch die Art der Zugabe zum Prozess. Während chemische Treibmittel als Masterbatch dem Kunststoffgranulat zugegeben werden und das Treibfluid durch thermisch induzierte Zerfallsprozesse entsteht, wird bei physikalischen Treibmittel das Treibfluid direkt im gasförmigen Zustand unter hohen Drücken im Kunststoff gelöst. Gängige Treibfluide, die für das Schaumspritzgießen verwendet werden, sind Stickstoff (N_2) und Kohlenstoffdioxid (CO_2).

Prozess

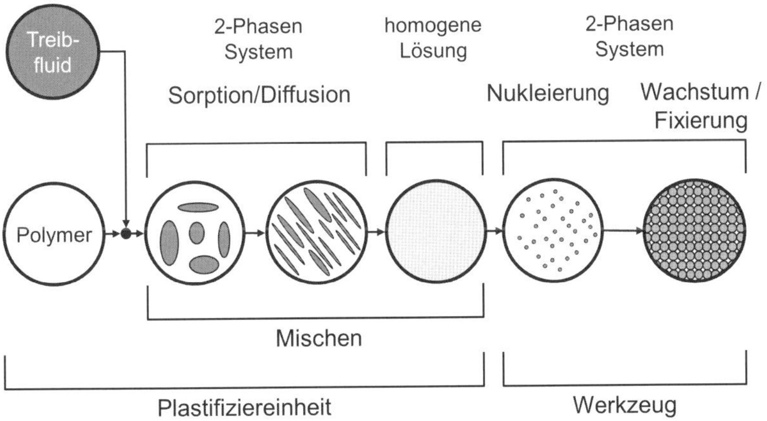

Bild 6.50 Schematischer Prozessablauf beim Thermoplast-Schaumspritzgießen

Unabhängig vom Verfahren wird das Treibfluid im Kunststoff gelöst, so dass im Schneckenvorraum eine homogene Lösung vorliegt. Durch den Druckabfall an der Fließfront während des Einspritzvorgangs beginnt die Nukleierung und es bilden sich Zellkeime. Durch die stetige Diffusion des Treibfluids aus der Lösung hinein in die Zellkeime wachsen diese zu größeren Zellen an. Das Blasenwachstum wird beendet durch die Erstarrung der Schmelze und die volumetrische Begrenzung durch das vorgegebene Kavitätsvolumen.

Für die Herstellung von Strukturschäumen im Spritzgießverfahren mit chemischen Treibmitteln ist keine besondere Anlagentechnik erforderlich ist, da das entsprechende Masterbatch mit dem Kunststoffgranulat über den Maschinentrichter zudosiert wird. Hingegen ist bei der Verwendung physikalischer Treibmittel eine spezielle verfahrenstechnische Ausrüstung notwendig, um das gasförmige Treibfluid in den Prozess einzubringen (Bild 6.51). Hierzu gibt es unterschiedliche Technologien. Unabhängig vom Verfahren werden stets an der Plastifiziereinheit eine Nadelverschlussdüse und eine aktive Staudruckregelung der Schnecke benötigt, damit das Treibfluid im Schneckenvorraum in Lösung gehalten werden kann. Die Staudruckregelung soll verhindern, dass die Schnecke durch die Expansion des Treibmittels nach hinten geschoben wird.

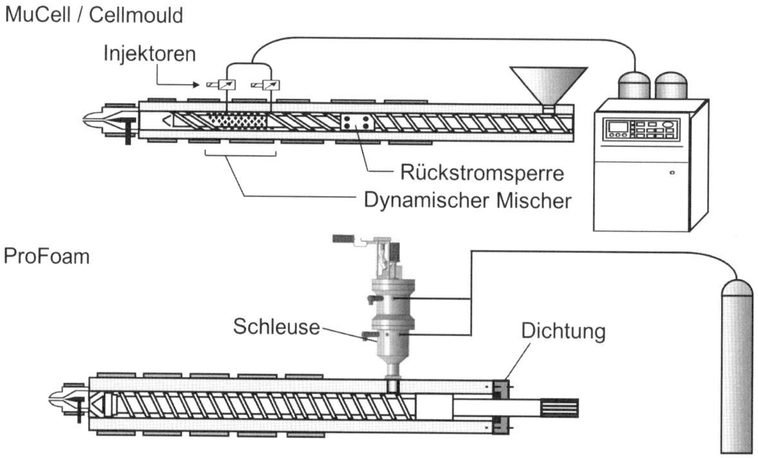

Bild 6.51 Verfahren für das physikalische Thermoplast-Schaumspritzgießen

Verfahren

Eine Möglichkeit besteht darin, das Treibmittel direkt in die Schmelze einzubringen. Dabei wird das Treibfluid im überkritischen Zustand (SCF = Super Critical Fluid), welches zuvor in einer Gasdosierstation auf entsprechenden Druck gebracht wurde, über Injektoren am Plastifizierzylinder in die Schmelze eingebracht. Ein zusätzlicher dynamischer Mischteil an der Plastifizierschnecke sorgt für eine ausreichende Vermischung des Treibfluids mit der Kunststoffschmelze, sodass im Schneckenvorraum eine homogene Lösung entsteht. Eine zweite Rückstromsperre verhindert, dass das Treibfluid dem Prozess verloren geht. Verfahren, die nach diesem Prinzip arbeiten, sind das MuCell-Verfahren der Firma Trexel oder das Cellmould-Verfahren der Firma Wittmann-Battenfeld. Eine andere Möglichkeit besteht darin, das Treibfluid dem Prozess über eine konstante Treibfluidatmosphäre mit einem bestimmten Druck zuzuführen. Dabei wird der Plastifizierzylinder gegenüber der Umgebung mit einer Dichtung zwischen Plastifizierzylinder und -schnecke und einer Schleuse zwischen Plastifizierzylinder und Materialtrichter abgedichtet. Die Schleuse regelt dabei die Material- und Treibfluidzuführung. Dieses am IKV mit der Firma Arburg entwickelte Verfahren wird ProFoam genannt.

6.3.3.2 Mehrkomponenten-Spritzgießen

Sequenzverfahren

Der Begriff Mehrkomponenten-Spritzgießen bezeichnet die Herstellung von Spritzgussteilen, die aus zwei oder mehreren – sei es in Farbe oder mechanischen Eigenschaften etc. – verschiedenen Kunststoffen bestehen. Das Verfahren bietet die Möglichkeit, Formteile in einem Arbeitsgang kostengünstig zu produzieren und dabei Funktionalitäten wie Design, Haptik, Dichtungsfunktion oder Spritzgießmontage zu integrieren. Grundsätzliches Merkmal der im Mehrkomponenten-Spritzgießverfahren hergestellten Formteile ist, dass diese kostengünstig in einem Arbeitsgang produziert werden können. Für die Herstellung der Formteile wird dabei nur ein Werkzeug und damit nur eine Maschine benötigt. Die Einteilung der Mehrkomponenten-Spritzgießverfahren kann nach der Art der Komponentenzusammenführung in Additionsverfahren („Aneinanderspritzgießen") und Sequenzverfahren („Ineinanderspritzgießen") erfolgen (Bild 6.52).

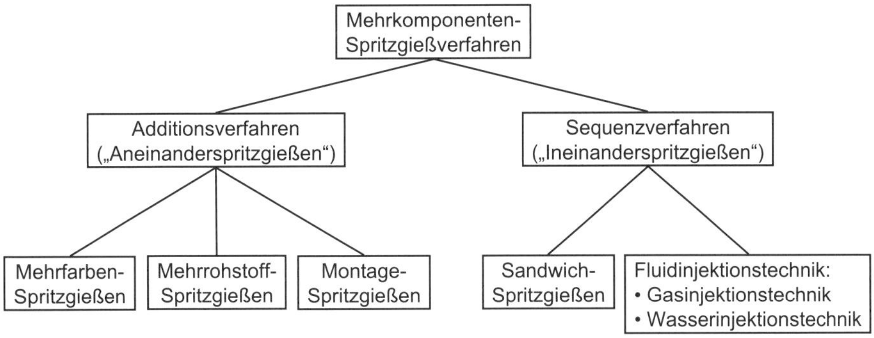

Bild 6.52 Mehrkomponenten-Spritzgießverfahren (schematisch)

Sandwich-Spritzgießen

Das Sandwich-Spritzgießen und die Fluidinjektionstechnik (FIT) gehören zu den Sequenzverfahren. In beiden Fällen werden zwei unterschiedliche Komponenten ineinander gespritzt. Dabei wird zunächst ein Kunststoff in die Kavität eingebracht. Anschließend wird die zweite Komponente injiziert, welche sich dann in der Schmelze der ersten Komponente ausbreitet. Beim Sandwich-Spritzgießen handelt es sich bei der zweiten Komponente ebenfalls um einen Kunststoff, wodurch eine Sandwichstruktur mit einer Kern- und Hautschicht entsteht (Bild 6.53).

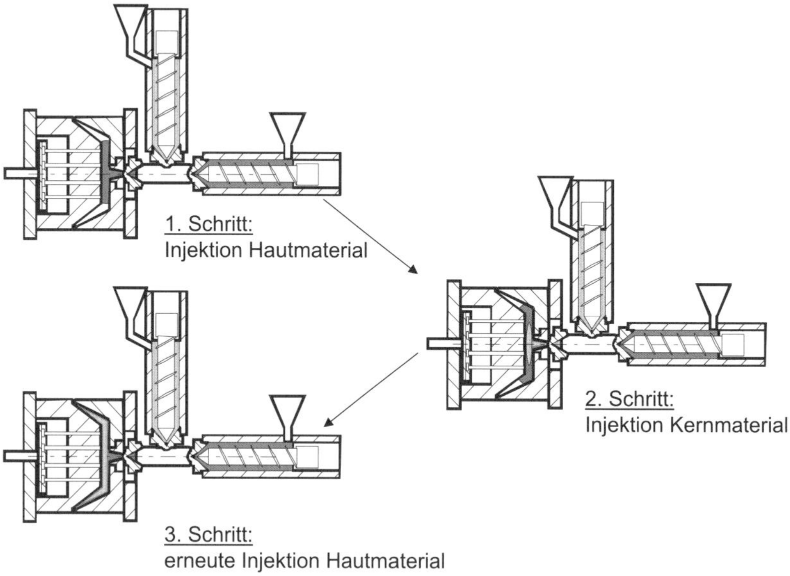

Bild 6.53 Prozessablauf Sandwich-Spritzgießen

Gasinjektionstechnik

Dieser Sandwichaufbau erlaubt die Kombination von Eigenschaften wie hoher Steifigkeit und elastischer Oberfläche durch einen harten Kern oder hoher Steifigkeit und definierter Dämpfungseigenschaft durch einen weichen Kern. Die Kombination einer Hautkomponente aus Neuware und recyceltem Kernmaterial ermöglicht eine hohe Zugabe an Recyclingmaterial ohne Einbußen an der optischen Bauteilqualität. Bei der FIT wird nach dem Kunststoff ein Fluid als zweite Komponente injiziert. Dabei handelt es sich um Gas, zumeist Stickstoff, im Fall der Gasinjektionstechnik (GIT) oder Wasser bei der Wasserinjektionstechnik (WIT). Das Fluid verdrängt die noch schmelzförmige Seele des Kunststoffs in noch nicht gefüllte Bereiche der Kavität und erzeugt auf diese Weise einen Hohlkörper (Bild 6.54).

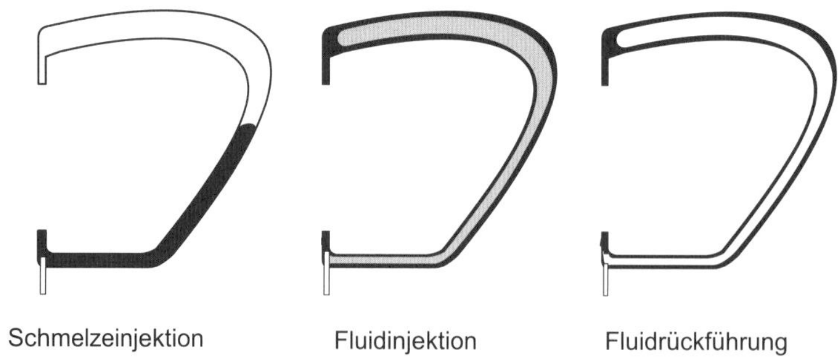

Bild 6.54 Prozessablauf Fluidinjektionstechnik

Wasserinjektionstechnik

Das klassische Anwendungsgebiet der GIT ist die Herstellung langer und dickwandiger Formteile. Aufgrund verbesserter Verfahrenstechnik und größeren Prozesswissens werden zunehmend hochintegrierte Produkte hergestellt. So konnte z. B. bei einem PKW-Türinnenmodul die Zahl der Bauteilkomponenten, die vorher montiert werden mussten, von 61 auf ein Bauteil reduziert werden. Eine weitere wachsende Bedeutung findet die GIT für Anwendungen, bei denen der Hohlraum selbst eine Funktion übernimmt, wie z. B. bei Medienleitungen. Auch bei der Herstellung großflächiger und verrippter Formteile bietet die GIT Vorteile. Die Rippen werden dabei als Schmelze- und Gasführungskanäle verwendet, d. h. die Rippen bilden eine Art Angusssystem entlang des Formteils. Somit wird der benötigte Einspritz- und Nachdruck wesentlich verringert. Der Verzug dieser Formteile wird dadurch reduziert, dass der Gasdruck konstant in allen Hohlräumen wirkt und es dadurch zu einer gleichmäßigen Druckverteilung in der Schmelze in der Nachdruckphase kommt. Dies vermeidet Schwindungsunterschiede im Formteil, wie sie beim konventionellen Spritzgießen entstehen, da dort der Druck in der Schmelze von Fließweganfang bis Fließwegende linear abfällt. Dieser Vorteil kann vor allem genutzt werden, um teure, schwindungsarme technische Thermoplaste durch preiswertere Massenkunststoffe (z. B. Polypropylen) zu ersetzen.

Auch die am IKV entwickelte WIT findet ähnlich wie die GIT Anwendung bei der Herstellung langer und dickwandiger Bauteile sowie bei der Fertigung von Medienleitungen. Die Vorteile der WIT liegen darin, dass, verglichen mit der GIT, geringere Wanddicken erzielt werden können. Aufgrund der deutlich besseren Kühlwirkung des Wassers im Vergleich zum Gas sind bei der WIT deutliche Zykluszeitreduzierungen von bis zu 70 % erreichbar.

Eine Erweiterung der Fluidinjektionstechnik stellt die sogenannte Projektilinjektionstechnik dar. Hier wird analog zur GIT bzw. WIT ein Projektil mithilfe eines Gases oder mit Wasser durch die noch schmelzeflüssige Seele des Kunststoffes in der Kavität gefördert und verdrängt diese. Auf diese Weise kann ein geometrisch bestimmter Querschnitt auf der Innenseite eines rohrförmigen Bauteils erzielt werden, so dass die Wanddicke unabhängig von Prozess und Werkstoff wird.

Additionsverfahren
Verbund-Spritzgießen

Bei den Additionsverfahren, die auch mit dem Begriff Overmoulding bezeichnet werden, werden die einzelnen Kunststoffe über zwei oder mehrere separate Angusssysteme in das Werkzeug eingespritzt. Die Herstellung von Spritzgussteilen nach einem Additionsverfahren, bei denen die Komponenten eine stoffschlüssige Verbindung an der Grenzfläche eingehen, wird mit dem Begriff Verbund-Spritzgießen bezeichnet. Eine nicht lösbare Verbindung kann bei nicht haftenden Materialkombinationen konstruktiv durch Formschluss realisiert werden. Additionsverfahren, bei denen zwei Kunststoffe stoff- oder formschlüssig an- oder übereinander gespritzt werden, werden als Mehrfarben- oder Mehrrohstoff-Spritzgießen bezeichnet (Bild 6.52). Im ersten Fall werden zumeist gleiche, jedoch unterschiedlich eingefärbte Materialien aneinander gespritzt. Im zweiten Fall werden unterschiedliche aber zugleich verträgliche Materialien aneinander gespritzt, um unterschiedliche Werkstoffeigenschaften an einem Bauteil zu kombinieren.

Das Verbund-Spritzgießen hat seinen Markt unter anderem in der Herstellung von mehrfarbigen, insbesondere transparenten Bauteilen wie Heckleuchten oder Bedienelementen gefunden. Zunehmend an Bedeutung gewinnen Hart-Weich-Kombinationen, bei denen z. B. eine elastische Dichtung an ein starres Konstruktionsteil angespritzt wird oder statt eines aufwendigen Federsystems der Druckpunkt einer Tastatur mithilfe einer Silikondichtung erzeugt wird. Die Herausforderung liegt bei derartigen Materialkombinationen vor allem in einer geeigneten thermischen Trennung zwischen den heißen Bereichen, die für die Vernetzung der Elastomere benötigt werden, und den kalten Bereichen, die zu Erstarrung der thermoplastischen Komponente dienen. Außerdem stellen die sehr geringen Viskositäten elastomerer Formmassen, insbesondere von Flüssigsilikon (LSR), hohe Anforderungen an die Präzision des Werkzeugs.

Bei Bauteilen, bei denen neben den Eigenschaften des Thermoplasten zusätzlich eine Griffigkeit, eine Rutschfestigkeit oder Flexibilität gefordert wird, sind thermoplastische Elastomere als zweite Komponente geeignet. Dies gilt auch für Bauteile, bei denen eine geringere Lärmentwicklung, ein besseres Abrollverhalten oder eine bessere Einfärbbarkeit der Teile gefordert wird. In neuerer Zeit werden auch klassische Gummi-Metall-Kombinationen durch Verbundspritzgussteile für Hart-Weich-Kombinationen wie Elastomer/Thermoplast- und thermoplastische Elastomer/Thermoplast-Verbunde ersetzt.

Montage-Spritzgießen

Das Montage-Spritzgießen (Bild 6.52), welches ebenfalls zu den Additionsverfahren gezählt werden kann, erlaubt die Herstellung beweglicher Komponenten in einem Werkzeug, wie z. B. bei PKW-Luftausströmern, Scharnieren oder beweglichen Gelenken bei Spielfiguren. Hierbei ist es von Bedeutung, dass die Materialien aufgrund werkstofflicher Unverträglichkeit nicht verschweißen oder unterschiedlich frei schwinden, sodass sich an der Gelenkanbindung ein Spiel ergibt und das Gelenk beweglich wird. Die unterschiedliche Schwindung kann durch die Verwendung bei gleichen Materialien durch geeignete Spritzgießparameter und durch eine spezielle Temperierung erzielt werden, bei der die erste Komponente soweit abgekühlt wird, das der Energieeintrag der zweiten Komponenten nicht ausreicht, um eine Schweißverbindung zu erzeugen.

6.3.3.3 Kaskadenspritzgießen

Das Kaskadenspritzgießen findet als Niederdruckverfahren Anwendung bei Formteilen mit langen Fließwegen, bei denen Bindenähte im Sichtbereich nicht akzeptiert werden können. Häufig wird es auch bei der Herstellung von textil-dekorierten Formteilen eingesetzt. Grundsätzlich wird das Formteil über ein Heißkanalsystem über mehrere Anschnitte gefüllt (Bild 6.55). Jeder Anschnitt ist durch eine Nadelverschlussdüse von der Kavität abgetrennt. Die Nadelverschlussdüsen lassen sich gezielt öffnen und wieder verschließen. Es wird zunächst eine Nadelverschlussdüse geöffnet, die Schmelze strömt über den Anschnitt in die Kavität. Wird ein weiterer Anschnitt erreicht, so wird die entsprechende Nadelverschlussdüse ebenfalls freigegeben. Die Schmelze strömt nun über beide Anschnitte in die Kavität, wobei der Hauptvolumenstrom aufgrund des geringeren Fließwiderstandes über den zuletzt geöffneten Anschnitt fließt. Da bei diesem Verfahren zu jedem Zeitpunkt nur eine Fließfront existiert, bzw. bei länglichen und zentrisch angespritzten Bauteilen beidseitig jeweils eine Fließfront, werden Bindenähte vermieden und es können sehr lange und dünne Bauteile hergestellt werden.

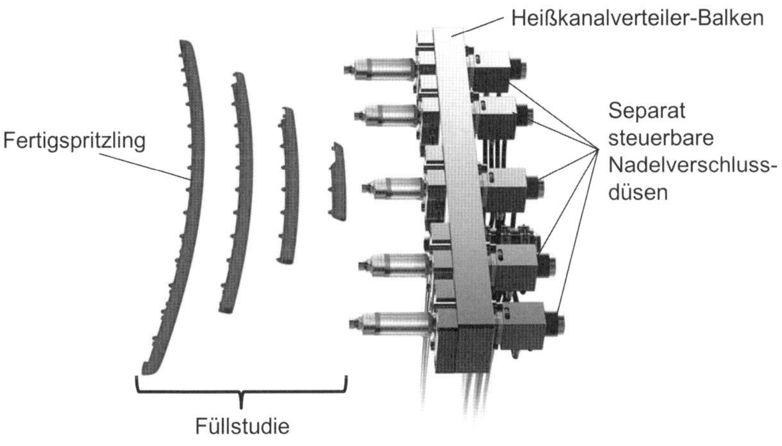

Bild 6.55 Füllstudie und Heißkanalverteiler für das Kaskadenspritzgießen (Bild: Synventive)

6.3.3.4 Spritzprägen

Das Spritzprägeverfahren hat ebenso wie die Gasinjektionstechnik oder das Thermoplast-Schaumspritzgießen das Ziel, eine gleichmäßige Druckverteilung in der Kavität zu bewirken und so dickwandige Formteile verzugsfrei und ohne Einfallstellen herzustellen. Es wird in letzter Zeit auch eingesetzt, um dünnwandige Teile mit langen Fließwegen oder dickwandige optische Komponenten mit geringen Molekülorientierungen und Eigenspannungen herzustellen.

Prozessschritte

Das Spritzprägen kann in die zwei Prozessschritte Einspritzen und Prägen unterteilt werden. Während der Einspritzphase wird eine genau vordosierte Kunststoffschmelze in das um einen Prägespalt teilgeöffnete Werkzeug eingespritzt (Bild 6.56, links). Da zu diesem Zeitpunkt das Volumen der Kavität größer als das spätere Formteilvolumen ist, ist der Fülldruck entsprechend gering und die eingespritzte Schmelze bildet einen Massekuchen. In der Prägephase wird dieser Schmelzekuchen durch Zufahren der schließseitigen Werkzeughälfte oder eines Prägekerns im Formhohlraum verteilt und ausgeformt. Dies setzt jedoch voraus, dass der Anguss zu Beginn der Prägephase verschlossen wird, um ein Zurückfließen der Schmelze aus der Werkzeugkavität zu verhindern. Aufgrund der größeren Wanddicken treten beim Spritzprägen im Vergleich zum Spritzgießen niedrigere Drücke auf (Bild 6.56, rechts). Das Aufbringen eines Nachdrucks ist im Allgemeinen nicht erforderlich. Damit während der Prägephase kein undefinierter Schmelzeaustritt aus der Werkzeugtrennebene erfolgt, ist es erforderlich, das Werkzeug mit Tauchkanten zu versehen.

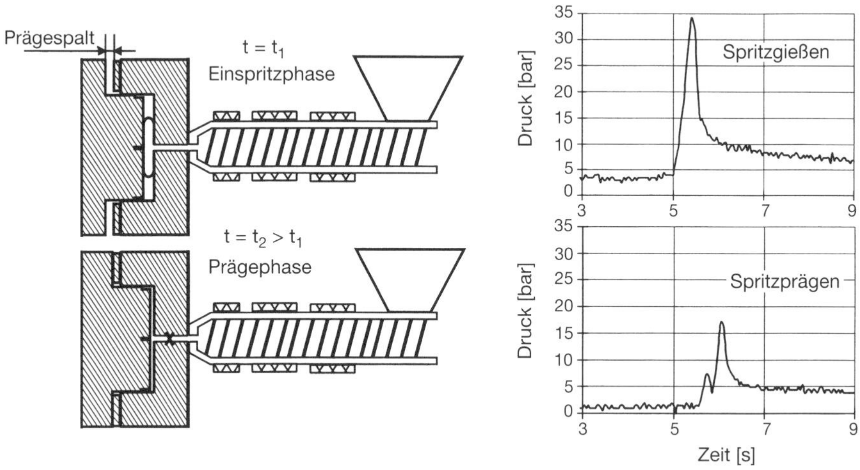

Bild 6.56 Verfahrensablauf bei der Spritzprägetechnik

Aufgrund des speziellen Verfahrensablaufs und der positiven Formteileigenschaften hat das Spritzprägeverfahren in der Duroplast- und Elastomerverarbeitung bereits beträchtliche technische Bedeutung erlangt. Im Bereich der Thermoplastverarbeitung wird diese Technologie vorwiegend bei der Herstellung dickwandiger Formteile mit hohen Anforderungen an die Maßhaltigkeit und zur Erzielung geringer Orientierungs- und Eigenspannungsniveaus im Bauteil eingesetzt (z. B. für optische Linsen). Bei spannungsaktiven optischen Werkstoffen können die geringeren Eigenspannungen bei der Herstellung mittels Spritzprägen mithilfe von polarisiertem Licht sichtbar gemacht werden (Bild 6.57). Doch auch technische Formteile mit großen Abmessungen und geringen Wanddicken (z. B. Membranen für Mikrofone und Lautsprecher) werden in zunehmendem Maße im Spritzprägeprozess hergestellt.

Bild 6.57 Innere Spannungen im Verfahrensvergleich

6.3.3.5 Hinterspritztechnik

Als Hinterspritztechnik wird ein Verarbeitungsverfahren bezeichnet, mit dem sich in wenigen Arbeitsschritten im Spritzgießverfahren dekorierte Formteile herstellen lassen. Die Formteile bestehen aus einem thermoplastischen Träger und einem Dekormaterial. Bei den Dekormaterialien handelt es sich um Folien oder Textilien.

Anwendungsfelder für die Hinterspritztechnik sind vielfältig in der Automobilindustrie zu sehen. Hierbei sind folgende Formteile zu nennen: Produktbeispiele

- A-, B- und C-Säulenverkleidungen in PKW,
- Türseitenverkleidungen,
- Kofferraumabdeckungen,
- Hutablagen,
- Instrumententafeln,
- Kabelkanalabdeckungen sowie
- Vorderwandverkleidungen.

Zwischen die beiden Hälften eines Spritzgießwerkzeuges (Schließseite und Düsenseite) wird das Dekormaterial eingebracht. Anschließend erfolgt die Schließbewegung des Werkzeuges. Hierbei wird das Dekormaterial in der Trennebene geklemmt oder aber in der Kavität elektrostatisch oder durch Unterdruck fixiert. Beim Einspritzvorgang verteilt sich der Kunststoff in der Kavität und verbindet sich mit dem Dekormaterial. Im Anschluss an den Erstarrungsvorgang wird das dekorierte Formteil entformt. Aufgrund der thermisch und mechanisch oftmals empfindlichen Dekore sowie der langsamen Wärmeabfuhr aus dem Formteil über das Dekor haben sich Verbindungen des Hinterspritzens mit Niederdruckverfahren, insbesondere dem Hinterspritzen und dem Thermoplastschaumspritzguss, etabliert. Aufgrund der flächigen und homogenen Druckwirkung erlauben sie die dekorschonende Herstellung verzugsarmer Bauteile. Verfahrensablauf

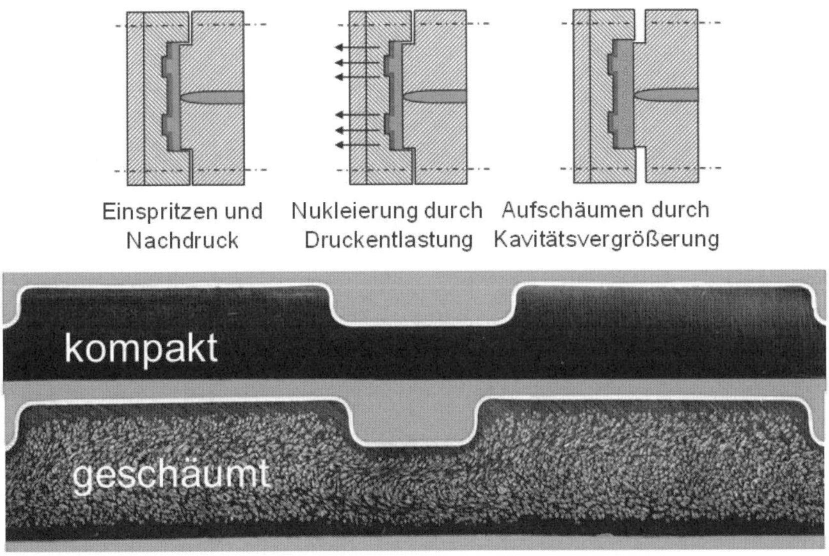

Bild 6.58 Hinterschäumen einer Kunststofffolie

Der Verfahrensablauf ist in Bild 6.58 anhand einer hinterschäumten Kunststofffolie dargestellt. Hierbei wurde das Thermoplast-Schaumspritzgießen mit dem Hinterspritzen kombiniert, um bei niedrigen, homogenen Drücken ein verzugarmes, dekoriertes Bauteil herzustellen.

6.3.3.6 Schmelzkerntechnik

Bei der Schmelzkerntechnik wird ein metallischer Kern, bestehend aus einer niedrigschmelzenden Metall-Legierung wie z.B. Zinn-Wismut, in das Spritzgießwerkzeug eingelegt und mit einer thermoplastischen Schmelze umspritzt. In einem weiteren Arbeitsgang wird der metallische Kern, dessen Schmelztemperatur unterhalb der des Kunststoffs liegt, wieder ausgeschmolzen, ohne dass es hierbei zu einer Schädigung des Kunststoffformteiles kommt. Dadurch werden Hohlräume oder Hinterschnitte im Formteil freigegeben.

Der besondere Vorteil der Schmelzkerntechnik gegenüber dem klassischen Spritzgießen ist die gleichzeitige Kombination folgender Eigenschaften:

- freiere Gestaltungsmöglichkeiten,
- komplexe Geometrien sind als einteilige Bauteile realisierbar und müssen nicht mehr nachträglich zusammengeschweißt werden,
- maßgenaue Innen- und Außenkonturen,
- Integration von Einlegeteilen (Teil im Teil),
- hohe Oberflächenqualität, dadurch ergeben sich beispielsweise beim Ansaugkrümmer sehr gute Strömungsverhältnisse bei Motorbetrieb,
- kostengünstigere Werkzeugkonstruktionen.

Ein Nachteil der Schmelzkerntechnik sind die hohen Kosten für das Herstellen, Einlegen und Entfernen des Kernes. Sie wurde für die Fertigung von Luft-Ansaugmodulen in Kfz entwickelt und über viele Jahre intensiv genutzt, ist inzwischen aber weitgehend vom konventionellen Spritzgießen von Halbschalen, die anschließend verschweißt werden, abgelöst worden.

6.4 Herstellung von Formteilen aus duroplastischen Pressmassen

6.4.1 Der Werkstoff „Duroplastische Pressmasse“

Harze

Duroplastische Pressmassen (Formmassen) bestehen aus Harz und Füllstoffen. Die Harze – meist Polykondensationsharze auf Basis von Phenol oder Melamin – sind vorvernetzt, haben also bereits Makromoleküle mittlerer Länge gebildet. Bei der erneuten Erwärmung beim Urformen im Werkzeug setzt sich die Reaktion fort: Das Harz vernetzt zum unschmelzbaren und unlöslichen Duroplasten. Daneben werden heute mehr und mehr auch Pressmassen auf Basis ungesättigter Polyester- und Epoxidharze eingesetzt.

Füll- und Verstärkungsstoffe, Additive

Den Harzen sind üblicherweise 35 bis 65 Vol.-% organische oder anorganische Füllstoffe zugesetzt. Hinzu kommen bis zu 1 % Gleitmittel und Regulatoren. Die wichtigsten Füllstoffe sind Holzmehl (zur Verbesserung der Zähigkeit und um die Rissausbreitung zu stoppen) und Kreide. Zudem werden zur Verstärkung oft Glasfasern (z. B. in SMC, siehe auch Unterpunkt in Abschnitt 6.7.3.10), aber auch Textilschnitzel, Gesteinsmehl und ähnliche Füllstoffe zugesetzt. Die Aufbereitung der Polykondensationsharze geschieht folgendermaßen: Nach der Vorvernetzung wird das erhaltene Erzeugnis gemahlen und mit den Zuschlägen auf einem Mischwalzwerk in flüssigem Zustand gemischt. Nach dem Festwerden wird das Produkt erneut gemahlen.

Fließhärtungsverhalten

Im Gegensatz zu thermoplastischen Pressmassen erfolgt die Verfestigung im formgebenden Werkzeug bei duroplastischen Pressmassen nicht durch Abkühlung, also durch Erstarren, sondern durch Reaktionshärten. Aus Bild 6.59 geht hervor, dass nur ein beschränktes Zeitfenster zur Verarbeitung zur Verfügung steht, das durch die Viskositätssenkung infolge Erwärmung einerseits und die Viskositätssteigerung infolge Vernetzung andererseits vorgegeben wird. Ab einem bestimmten Vernetzungsgrad steigt die Viskosität der Formmasse so stark an, dass der zur Formgebung erforderliche Druckbedarf den maximalen Pressdruck der Pressanlagen bzw. den maximalen Einspritzdruck der Spritzgießmaschine überschreitet. Eine Verarbeitung ist dann nicht mehr möglich. Je nach Grad der Vorvernetzung lässt sich eine Pressmasse mehr oder weniger schnell härtend einstellen.

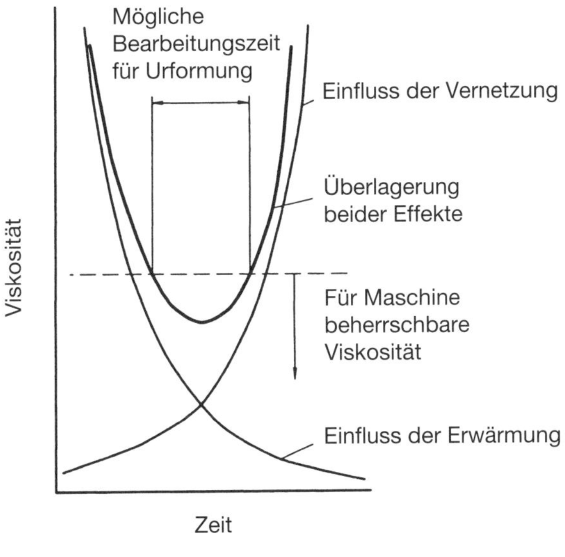

Bild 6.59 Fließhärtungsverhalten duroplastischer Pressmassen

6.4.2 Das Pressverfahren

Verfahrensschritte

Großflächige Bauteile aus duroplastischen Pressmassen werden in automatisierten Pressverfahren hergestellt. Verfahrensvarianten für kleinere Bauteile sind das Spritzpressen sowie für komplexe Bauteile das duroplastische Spritzgießen (Abschnitt 6.4.3). Der Verfahrensablauf bei der Verarbeitung von duroplastischen Pressmassen gliedert sich wie folgt auf:

- Vorwärmen der Pressmasse,
- Dosieren und Einfüllen ins Werkzeug,
- Verflüssigen (und falls notwendig Lüften zum Entgasen des Kondensations-Wasserdampfes),
- Urformen,
- Härten,
- Auswerfen,
- Entgraten.

Für die einzelnen Verfahrensschritte stehen prinzipiell die in folgenden Abschnitten beschriebenen Realisierungsmöglichkeiten zur Verfügung.

Vorwärmen

Das Vorwärmen der Pressmasse geschieht durch:

- *Hochfrequenz:* Von Vorteil ist hierbei die Entwicklung der Wärme von innen heraus, von Nachteil, dass der Vorgang aus Gründen der elektrischen Isolation nur außerhalb des Werkzeugs stattfinden kann. Für eine bessere Wärmeleitung sollte die Pressmasse tablettiert sein.
- *Leitung der Wärme von den heißen Wänden der Werkzeugkavität in das Material:* Hierbei ist ein Vorteil, dass der Transport der Pressmasse von einer getrennten Vorwärmstation in das Werkzeug entfällt. Nachteilig ist die zusätzliche Standzeit im Werkzeug zum Erwärmen durch Wärmeleitung, welche die Zykluszeit verlängert.
- *den Ofen:* Die konvektive Erwärmung im Ofen ist nur bis zu einer Temperatur möglich, bei der noch kein Verkleben eintritt. Das Verfahren wird oft bei der Verarbeitung in automatisierten Pressanlagen (Bild 6.61) angewendet.
- *Friktion*: Diese Möglichkeit wird bei den Verfahrensvarianten Spritzpressen (Bild 6.60) und Spritzgießen ausgenutzt.

Dosierung und Einfüllung

Die Dosierung erfolgt bei automatisierten Pressanlagen (Bild 6.61) nach dem Volumen oder dem Gewicht. Das Einfüllen geschieht bei automatisierten Pressanlagen durch freien Fall. In handbedienten Formen und beim Spritzpressen ist bei Verwendung von Masse-Tabletten auch eine Dosierung nach der Tablettenanzahl möglich.

Verflüssigen

Das Verflüssigen der Pressmasse (Formmasse) erfolgt:

- im Werkzeug (vor allem bei automatisierten Pressanlagen),
- in der Schnecke oder im Zylinder der Spritzpresse bzw. Spritzgießanlage.

Werkzeuge

Der Formgebungsvorgang erfolgt – je nach Art der Wärmezufuhr zum Verflüssigen – gleichzeitig oder im Anschluss durch Fließen und Verdichten während des Schließvorgangs des Werkzeugs, oder durch Einspritzen aus den Plastifiziervorrichtungen bei den genannten Verfahrensvarianten (Spritzzylinder, Schneckenzylinder).

Beim klassischen Pressverfahren werden in der Regel Tauchkantenwerkzeuge (teilweise auch Überlaufwerkzeuge) verwendet.

Das Bild 6.60 zeigt die beiden üblichen Werkzeugarten. Das Tauchkantenwerkzeug besitzt eine gut dichtende Trennebene (Tauchkante), über die die Abdichtung der Werkzeugkavität erfolgt, wodurch auch die Aufbringung von Nachdruck während der Vernetzung möglich ist. Bei der Füllung ist eine genaue Dosierung erforderlich, da überschüssige Pressmasse nicht entweichen kann bzw. eine Unterdosierung zu geringe Bauteildicken oder, im Falle der Verwendung von Distanzleisten, Lunker und Poren zur Folge hat. Tauchkantenwerkzeuge sind daher bei großen Pressteilen verbreitet, da in solchen Fällen die Dosierung nach Gewicht einfacher ist. Tauchkantenwerkzeug

Das Überlaufwerkzeug erfordert eine weniger genaue Dosierung. Es wird grundsätzlich mit Überschuss gearbeitet, der über den Überlauf entweichen kann und anschließend abgequetscht wird. Diese Werkzeugart eignet sich demzufolge für kleine Teile und besonders für automatisierte Pressanlagen. Überlaufwerkzeug

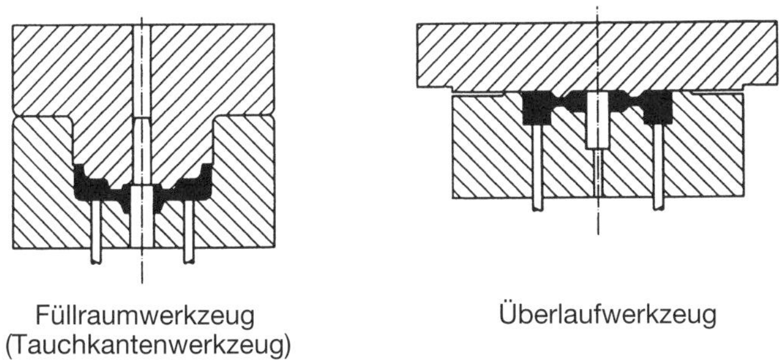

Bild 6.60 Presswerkzeuge zur Verarbeitung duroplastischer Pressmassen

Die Werkzeuge beim Spritzpressen und Spritzgießen unterscheiden sich prinzipiell wenig von Spritzgießwerkzeugen. Werkzeuge zur Verarbeitung duroplastischer Pressmasse werden zur Härtung auf höhere Temperaturen als bei der Thermoplastverarbeitung beheizt. Dabei kann die Beheizung indirekt durch Leitung von einer beheizten Aufspannplatte erfolgen oder durch eine direkte Temperierung des Werkzeugs.

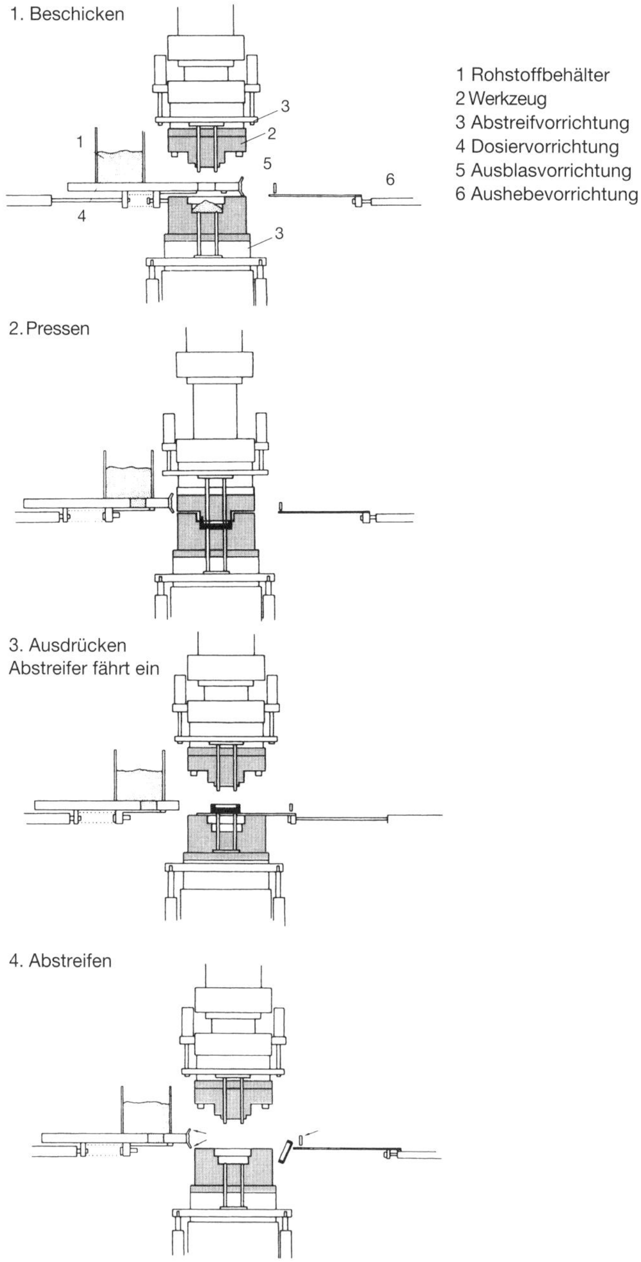

Bild 6.61 Automatisierte Pressanlage zur Verabreitung duroplastischer Pressmassen

Härten

Die Härtung erfolgt durch eine chemische Reaktion (Vernetzen der Moleküle). Die hierzu notwendige Wärme kann durch die heißen Werkzeugwände zugeführt werden oder aber noch vom Plastifiziervorgang in der Plastifizieranlage vorhanden sein. Ähnlich wie die Kühlzeit der zeit- und damit kostenbestimmende Faktor beim

Verarbeiten von Thermoplasten in Spritzgießmaschinen ist, so spielt bei den Duroplasten die Härtezeit die dominierende Rolle.

Auswerfen

Das Auswerfen der Pressteile kann wie beim Spritzgießen durch ein Auswerfersystem (teilweise mit Abstreifvorrichtung) erfolgen oder aber auch von Hand vorgenommen werden. Wichtig ist auch das anschließende Reinigen und oft auch Eintrennen der Werkzeugkavität, z. B. mithilfe einer Blasvorrichtung.

Entgraten

Während Thermoplastschmelzen im gekühlten Werkzeug zwangsläufig in Spalten besonders rasch erstarren, werden duroplastische Pressmassen in den Spalten beheizter Werkzeuge besonders niedrigviskos; Grund dafür sind die hohen Schergeschwindigkeiten und die gute Wärmeleitung. Das Material dringt so auch in kleinste Spalte und Zwischenräume ein. Die Folge sind Gratbildungen, deren Entfernung einen zusätzlichen Arbeitsaufwand erfordert, was für die Wirtschaftlichkeit des Verfahrens nachteilig ist.

6.4.3 Verfahrensvarianten

Neben dem Pressverfahren existieren zwei Verfahrensvarianten, das Spritzpressen (Transfer Moulding) und das Spritzgießen. Verfahrensvarianten

Spritzpressen

Während beim klassischen Pressen die eingefüllte Masse im Werkzeug von der Wand der Werkzeugkavität her zur Verflüssigung erwärmt wird, erfolgt die Plastifizierung des Duroplasten im Spritzpressen in einem zusätzlichen Hohlraum (Bild 6.62). Ähnlich wie beim Spritzgießen wird die verflüssigte Masse über einen Anguss in die Werkzeugkavität gespritzt. Möglich ist aber auch die Erwärmung von Masse-Tabletten vor dem Einlegen in den Zylinder, z. B. mittels Hochfrequenz.

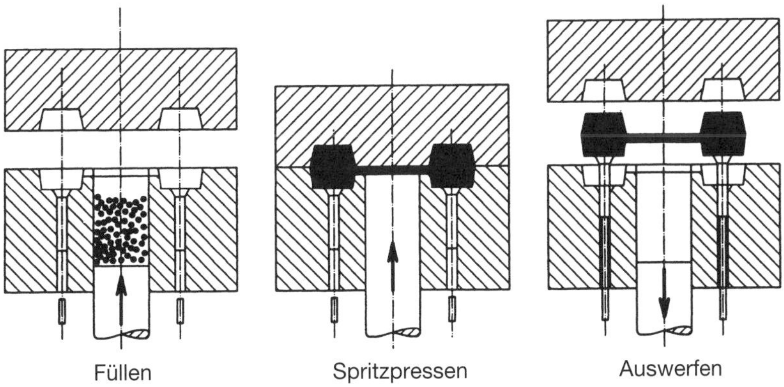

Bild 6.62 Spritzpressen (Transfer Moulding)

Verfahrensablauf

Der Verfahrensablauf ähnelt dem des Pressverfahrens. Nach dem eventuellen Vorwärmen der Pressmasse erfolgt das Einfüllen in die heiße Vorkammer und die Verflüssigung. Anschließend wird die Pressmasse in die heiße Werkzeugkavität eingespritzt und dort unter Kolbendruck ausgehärtet. Nach dem Entformen des heißen Spritzpressteils erfolgen das Entgraten und die Reinigung des Werkzeugs.

Vorteile

Die Vorteile des Spritzpressens gegenüber dem Pressen sind die homogenere und schnellere Erwärmung, die einfachere Entgasung über die Trennebene, die einen besonderen Entgasungsvorgang entbehrlich macht, die genauere volumetrische Dosierung über den Kolbenweg und wegen dünnerer Schwimmhäute ein leichteres Entgraten. Insbesondere die Homogenisierung der flüssigen Pressmasse beim Passieren der engen Einspritzkanäle führt zu kürzeren Härtezeiten und guter Qualität.

Nachteile

Von Nachteil sind die richtungsabhängige mechanische Festigkeit durch die Orientierung der Füllstoffteilchen und ein etwas höherer Materialverbrauch wegen der Angüsse. Zudem ist die Verarbeitung langfaserverstärkter Pressmassen aufgrund der engen Einspritzkanäle nicht möglich, oder aber es resultieren ein signifikanter Faserlängenabbau und damit schlechte mechanische Eigenschaften. Das Verfahren eignet sich insbesondere zum Herstellen kleiner und mittelgroßer Teile ohne Langfaserverstärkung. Das Spritzpressen steht in Konkurrenz zum automatisierten Pressverfahren und insbesondere zum Spritzgießen, von dem es mehr und mehr verdrängt wird.

Spritzgießen

Das Spritzgießen duroplastischer Formmassen entspricht hinsichtlich der verwendeten Maschinen und deren Steuerung dem Spritzgießen thermoplastischer Kunststoffe. Allerdings muss die Plastifizierschnecke entsprechend angepasst werden. Die Schnecke und der Zylinder sowie die Düse dürfen eine Temperatur von etwa 120 °C nicht überschreiten, um eine Aushärtung bereits im Schneckenzylinder zu verhindern. Die notwendige exakte Wärmeführung kann am besten durch eine Flüssigkeitsbeheizung gewährleistet werden. Die Schnecken sind reine Förderschnecken, um überschüssige Reibungserwärmung zu verhindern. Rückstromsperren und Verschlussdüsen sind wegen der Toträume, in denen die Formmassen aushärten könnten, ungeeignet. Das Werkzeug selbst besitzt eine Temperatur von etwa 160 °C.

Vorteile und Nachteile

Die Vor- und Nachteile entsprechen im Wesentlichen denen beim Spritzpressen, jedoch verdrängt das Spritzgießen zunehmend das Spritzpressen, wenn kleine und mittelgroße Teile hergestellt werden sollen, da ein automatischer Betrieb leicht möglich ist, und der Prozess dadurch wirtschaftlicher wird.

6.5 Elastomerverarbeitung

Aufgrund ihrer großen Elastizität, ihres Energieabsorptionsvermögens und ihrer individuell einstellbaren Eigenschaften stellen Elastomere für viele Anwendungen einen unverzichtbaren Werkstoff dar. Im Gegensatz zu Thermoplasten erfolgt bei

Elastomeren keine Erstarrung nach der Formgebung, etwa durch Kristallisation oder Abkühlung unter die Glastemperatur. Elastomere werden *vulkanisiert,* d. h. die Polymerketten werden in einer chemischen Reaktion durch eine kovalente Bindung fest verknüpft. Begrifflich unterscheidet man zwischen Kautschuken und Elastomeren bzw. Gummi. Als Kautschuk wird eine Rohmischung zur weiteren Verarbeitung bezeichnet, während man unter Elastomeren oder Gummi ein vulkanisiertes Bauteil versteht.

6.5.1 Rohstoffe und Mischungen

Um ihren vielfältigen und unterschiedlichen Anwendungen gerecht zu werden, werden Kautschukmischungen mit diversen Zuschlagsstoffen gemischt. Zu den wichtigsten Mischungsbestandteilen zählen:

- Kautschukpolymer
- Verstärkende Füllstoffe (Ruß, Kieselsäure)
- Weichmacher (Mineralölweichmacher, synthetische Weichmacher, Fettsäuren)
- Kleinchemikalien (Verarbeitungshilfsmittel, Alterungsschutz)
- Vernetzungssystem (Vulkanisationsbeschleuniger, -verzögerer, Vernetzungsmittel)

Einheit phr

Rezepturen für Kautschukmischungen werden aus praktischen Erwägungen nicht in prozentualen Verhältnissen angegeben. Die Mischungen werden kontinuierlich weiterentwickelt, es werden neue oder andere Bestandteile zugefügt oder ersetzt. Für viele Bestandteile ist nicht der Mengenanteil bezogen auf die Gesamtmischung relevant, sondern der Anteil des Mischungsbestandteils bezogen auf den Kautschukanteil. Dies gilt besonders für das Vernetzungssystem, das nur mit dem Kautschuk reagiert, aber unabhängig von verschiedenen Füllstoffen ist. Um dieses relevante Mengenverhältnis in der Mischung nicht mit jeder Mischungsentwicklung neu berechnen zu müssen, werden Kautschukmischungen in der Einheit phr (parts per hundred parts of rubber) angegeben.

6.5.1.1 Kautschukpolymere

Kautschukpolymere können nach unterschiedlichen Gesichtspunkten klassifiziert werden. In der DIN-ISO 1629 wird die Bezeichnung der unterschiedlichen Kautschuke gemäß des Aufbaus der Polymerstruktur aufgeführt. Der letzte Buchstabe in der Bezeichnung eines Kautschuks beschreibt den Aufbau seiner Hauptkette, während die ersten Buchstaben einen Hinweis auf das Monomer geben. Es wird unter anderem zwischen folgenden Gruppen unterschieden:

- R-Gruppe: Kautschuke mit Doppelbindungen in der Hauptkette („Rubber") (z. B. NR, SBR, CR, NBR)
- M-Gruppe: Kautschuke mit einer gesättigten Hauptkette („Methylen-Typ") (z. B. EPM, EPDM, FPM)
- Q-Gruppe: Silikonkautschuke (z. B. MQ, PMQ, VMQ)
- U-Gruppe: Polyurethankautschuke (z. B. AU, EU)

Eine anwendungsbezogene Klassifizierung ermöglicht die Einteilung von Kautschuken nach physikalischen Eigenschaften. Diese Klassifizierung wird vorrangig durch die Automobilindustrie vorangetrieben und ordnet Kautschuke nach anwendungsbezogenen Gruppen wie Quellneigung in Öl, Wasser, Reinigungs- oder Lösungsmitteln oder Hitzebeständigkeit. Beispielhaft ist diese Klassifizierung in Bild 6.63 für einige Kautschuke dargestellt. Mit steigender Öl- und Hitzebeständigkeit steigt auch der Preis des Kautschuks.

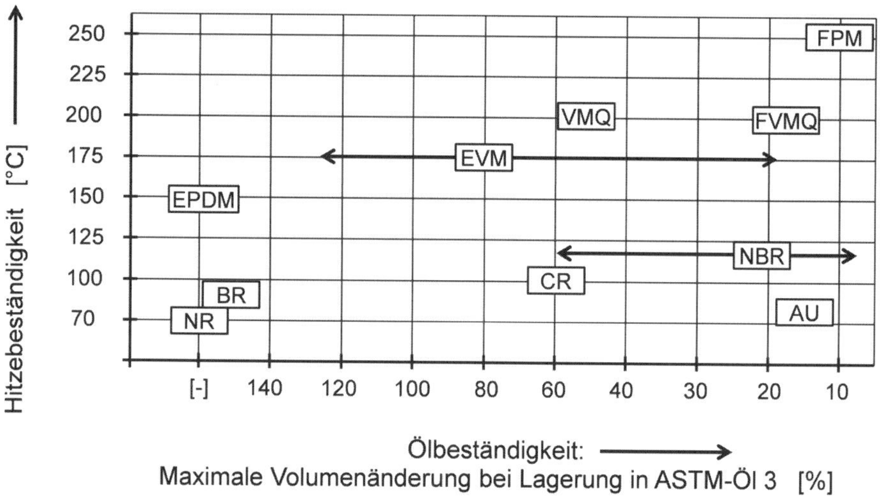

Bild 6.63 Klassifizierung von Elastomeren nach Öl- und Hitzebeständigkeit in Anlehnung an ASTM-D 2000/SAE J 200

Silikonkautschuke

Neben den Kautschuken, die vorrangig mit Kohlenstoff in der Hauptkette aufgebaut sind, gibt es die Gruppe der Polysiloxane, die aus Si-O-Verbindungen aufgebaut sind. Diese Gruppe wird auch Silikonkautschuke genannt. Silikonkautschuke zeichnen sich besonders durch hohe Temperaturbeständigkeit bis etwa 250 °C und Kälteflexibilität bis -100 °C aus. Dem gegenüber steht eine hohe Gasdurchlässigkeit, geringe Haftung zu anderen Substanzen und im Vergleich mitunter geringere mechanischen Eigenschaften. Silikonkautschuke können eingeordnet werden in:

- Festsilikonkautschuk (HTV - hochtemperaturvulkanisierender Silikonkautschuk)
- Flüssigsilikonkautschuk (LSR - Liquid Silicone Rubber)
- 2-Komponenten Siliconkautschuk (RTV - raumtemperaturvulkanisierender Silikonkautschuk)

6.5.1.2 Verstärkende Füllstoffe

aktive Füllstoffe

Um die mechanischen Eigenschaften des Gummi, z. B. Steifigkeit, Festigkeit oder Bruchdehnung, einzustellen, werden Kautschuke mitunter mit hohen Anteilen an Füllstoffen versetzt. Der bis heute wichtigste Füllstoff für Kautschuk ist Ruß. Ruß wird in Mengenanteilen bis zu 100 phr, je nach Anwendung noch in höheren Anteilen der Mischung zugefügt. Das ermöglicht die Entstehung eines Füllstoffnetzwerks, wodurch die mechanischen Eigenschaften des Elastomers signifikant steigen.

Im Gegensatz zu inaktiven Füllstoffen, wie Kreide, Kaolin oder Aluminiumoxidhydrat, findet zwischen aktiven Füllstoffpartikeln, wie Kieselsäure oder Ruß, und der Kautschukmatrix eine Wechselwirkung statt. Die Wechselwirkungen im Ruß-Netzwerk und auch die Anbindung zwischen Kautschuk und Ruß basieren auf Van-der-Waals-Kräften, Dipol-Dipol-Wechselwirkungen oder auch Wasserstoffbrückenbindungen. Durch die physikalische Anbindung des Ruß an das Kautschukpolymer wird die Kettenbeweglichkeit herabgesetzt, wodurch sich sowohl die viskoelastischen Eigenschaften des Kautschuks als auch die mechanischen Eigenschaften des Elastomers ändern.

Silanisierung

Neben Ruß werden auch vermehrt helle, aktive Füllstoffe wie Kieselsäuren oder Silikate eingesetzt. Da diese eine geringere Verträglichkeit zum Polymer aufweisen, ist bei der Mischungsherstellung ein zusätzlicher Schritt notwendig: die *Silanisierung*. Kieselsäure wird bei der Silanisierung gezielt hydrophobisiert und verbessert dadurch die Oberflächenaffinität gegenüber Kautschukpolymeren. Der Einsatz von Kieselsäure als aktivem Füllstoff konnte die Reifenherstellung revolutionieren: Es konnte erstmals eine gleichzeitige Verbesserung der Rollwiderstandseigenschaften, des Nassrutschverhaltens und eine Verringerung des Abriebs erzielt werden.

6.5.1.3 Vernetzungssystem

Die Vulkanisation erzeugt bei Elastomeren Formstabilität, indem die Polymerketten chemisch verknüpft werden. So wird ein nicht schmelzbares Netzwerk erzeugt, das ein Fließen des Elastomers verhindert. Die jeweiligen Vernetzungsreagenzien müssen in Abstimmung mit dem chemischen Aufbau des Kautschukpolymers ausgewählt werden. Die wichtigsten Vernetzungsreagenzien und Beispiele für geeignete Elastomere sind:

- Schwefel (NR, BR, SBR, NBR, EPDM)
- Peroxide (NBR, EPDM, Q, CM, FPM)
- Metalloxide (CIIR, BIIR)
- Diamine (FPM, CSM)
- Phenole (IIR, CIIR, FPM, ACM)

Nachdem 1839 Charles Goodyear erstmals ein Patent auf die Schwefelvernetzung von Naturkautschuk anmeldete, wurde das Vernetzungssystem durch verschiedene Zusatzstoffe hinsichtlich der *Reaktionsgeschwindigkeit* (Beschleuniger) und der *Inkubationszeit* (Zeit bis zum Beginn der Vernetzungsreaktion) (Inhibitoren) optimiert. Erst durch den Einsatz von so modulierten Vernetzungssystemen wurden Kautschukmischungen verarbeitbar, ohne dass es während des Formgebungsprozesses zu Anvernetzungen kommt oder das Produkt seine Form während der zu langsam ablaufenden Vulkanisation durch Fließen wieder verändert.

Neben der Vernetzung mit Schwefelsystemen können Kautschuke auch mit Peroxiden vernetzt werden. Weiterhin können Silikonkautschuke auch mittels platinkatalysierter Additionsvernetzung (keine Spaltprodukte, schnelle Vulkanisation) oder im Falle der raumtemperaturvernetzenden Silikonkautschuke (RTV) mittels Kondensationsvernetzung vulkanisiert werden.

6.5.2 Mischungsherstellung

Im Gegensatz zu Thermoplasten werden Kautschuke dem Verarbeiter in der Regel nicht durch einen Rohstoffhersteller verarbeitungsfertig geliefert. Durch die Vielzahl unterschiedlicher Anwendungsbereiche und daraus resultierende vielfältige Anforderungen an das Gummibauteil werden Gummimischungen häufig beim Anwender selbst hergestellt. Das erfordert zwar ein hohes Maß an Know-how und zusätzliche Anlagentechnik innerhalb eines Unternehmens, bietet aber gleichzeitig die Möglichkeit, schnell und individuell material- und prozessoptimiert neue Produkte zu entwickeln.

Innenmischer

Kautschukmischungen werden in der Regel in einem Innenmischer hergestellt und anschließend auf Walzwerken homogenisiert, abgekühlt und in Streifen gezogen. In einem Innenmischer (Bild 6.64) wird die Kautschukmischung durch zwei gegenläufig drehende Knetschaufeln gemischt. Durch den diskontinuierlichen Herstellprozess mit individueller Füllstoffzugabe können auch große Füllstoffmengen im Kautschuk dispersiv (zerteilend) und distributiv (verteilend) eingearbeitet werden und somit sehr homogene Mischungen erzeugt werden. Diese Mischqualität kann bisher in kontinuierlichen Prozessen noch nicht erreicht werden.

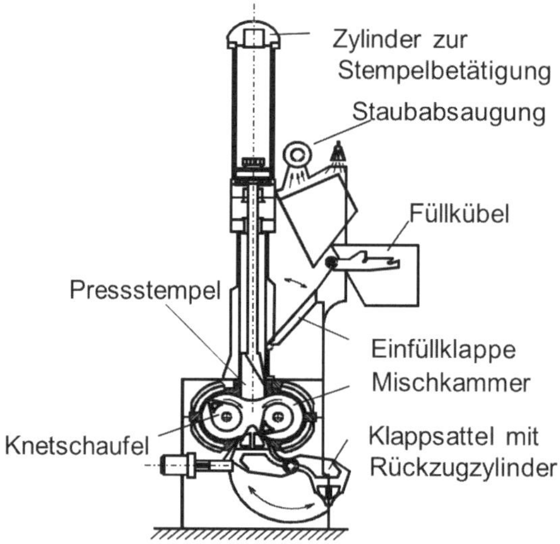

Bild 6.64
Kautschukinnenmischer

Mischprozess

Ein Mischprozess im Innenmischer läuft in der Regel mehrstufig ab. Man unterscheidet zwischen *konventionellen* und *upside-down* Mischvorschriften. Vereinfachte Mischvorschriften sind in Tabelle 6.4 aufgezeigt. Bei einer upside-down Mischvorschrift werden zuerst verstärkende Füllstoffe im Mischer dispergiert, bei einer konventionellen Vorschrift wird zuerst der Kautschuk mastiziert (gezieltes Verringern des Molekulargewicht und damit einhergehende Viskositätssenkung) und daraufhin werden nach und nach Füllstoffe zugegeben. Upside-down werden vor allem hochgefüllte Mischungen hergestellt, um eine ausreichende Dispersion der Füllstoffe sicherzustellen. Niedrig gefüllte Mischungen werden eher konventionell hergestellt.

Tabelle 6.4 Vergleich einer konventionellen und einer upside-down Mischvorschrift

	Konventionell	Upside-down
1. Phase	Kautschuk (Mastikationsphase)	Verstärkende Füllstoffe (Ruß)
2. Phase	Verstärkende Füllstoffe (Ruß)	Kautschuk (Einarbeitung Ruß)
3. Phase	Kleinchemikalien	Kleinchemikalien
4. Phase	Vernetzungssystem	Vernetzungssystem

Nach dem Innenmischer wird die Kautschukmischung auf Walzwerken (Bild 6.65) zur weiteren Verarbeitung vorbereitet und abgekühlt, um einen Beginn der Vernetzungsreaktion zu verhindern. Um die Kautschukmischung in Extrudern oder Spritzgießmaschinen weiter verarbeiten zu können, muss der Kautschuk noch unvernetzt sein. Weiterhin wird die Kautschukmischung zur Weiterverarbeitung in Streifen („Fütterstreifen“) geschnitten. Walzwerk

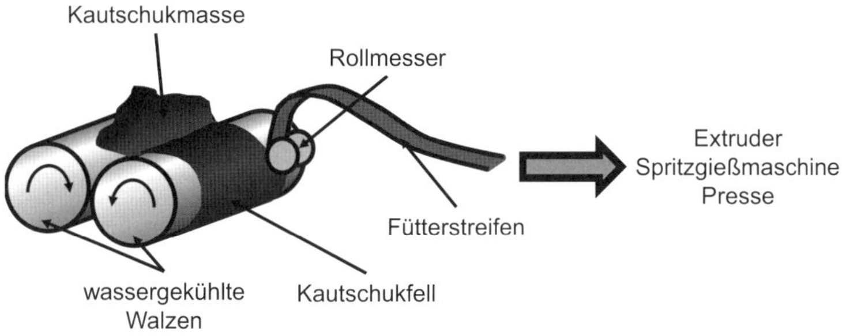

Bild 6.65 Herstellung von Fütterstreifen auf Walzwerken (schematisch)

6.5.3 Formgebung von Elastomeren

Die Formgebung von Kautschuken erfolgt vor der Vernetzungsreaktion. Dazu ist eine Temperierung notwendig, die die Formmasse einerseits unterhalb der Vernetzungstemperatur von etwa 100 °C hält, andererseits muss die Kautschukmasse zur Formgebung eine ausreichend geringe Viskosität aufweisen und dazu durch Scherung erwärmt werden.

6.5.3.1 Extrusion und kontinuierliche Vulkanisation von Elastomeren

Kautschukextruder weisen im Vergleich zu Thermoplastextrudern einige Unterschiede auf bzgl.:

- Überschneidungen im Einzugsbereich
- Speisewalze
- Flüssigtemperierung
- Sonderbauformen
- Aufbau des Extrusionswerkzeugs

Da die Rohmasse in der Kautschukverarbeitung vorrangig streifenförmig bereitgestellt wird, muss der Einzugsbereich eines Kautschukextruders speziell auf die geänderten Anforderungen angepasst werden. Kautschukstreifen werden dem Extruder mithilfe einer rotierenden Speisewalze zugeführt. Überschneidungen und eine Wendeltasche im Einzugsbereich optimieren das Einzugsverhalten der Streifen. Weiterhin kann das Einzugsverhalten von Kautschukextrudern durch günstige Temperaturführung optimiert werden.

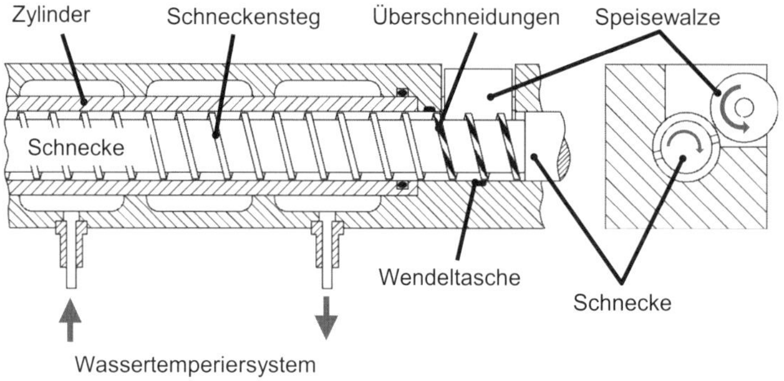

Bild 6.66 Schematischer Aufbau eines Kautschukextruders

Im Gegensatz zu einem Thermoplastextruder werden Kautschukextruder in der Regel nicht elektrisch beheizt, sondern Schnecke und Zylinder sind flüssigtemperiert. Die Verarbeitungstemperaturen liegen in Bereichen zwischen 20 °C (Silikonkautschuke) und 100 °C (Gummiprofile bei hoher Extrusionsgeschwindigkeit). Die Temperaturführung im Extruder hat einen großen Einfluss auf die Mischwirkung des Extruders sowie den Durchsatz. Eine hohe Schneckentemperatur in Verbindung mit geringer Zylindertemperatur führt zu höheren Durchsätzen, während eine geringere Schneckentemperatur zusammen mit hoher Zylindertemperatur die Durchmischung fördert.

Stiftextruder

Neben der konventionellen Bauform werden in der Kautschukverarbeitung auch sogenannte Stiftextruder eingesetzt (Bild 6.67), bei denen Stifte durch die Zylinderwand senkrecht bis an den Schneckengrund ragen. Im Bereich der Stifte ist der Schneckengang unterbrochen. Stiftextruder optimieren die Durchmischung und verbessern die thermische Homogenität der Kautschukschmelze. Besonders bei Extrudern mit Schneckendurchmessern über 120 mm, wie etwa für die Reifenlaufstreifenextrusion, werden Stiftextruder eingesetzt, um möglichst schnell eine ausreichende thermische Homogenität zu erreichen. Ohne den Einsatz eines Stiftextruders wären hohe Durchsätze aufgrund der Schererwärmung und schlechten Homogenisierung der Temperatur über der Fließkanalhöhe bei großen Extrudern nicht möglich.

Kautschuk Extrusionswerkzeuge

Extrusionswerkzeuge werden in der Kautschukverarbeitung bisher weitgehend empirisch ausgelegt. Es gibt zwar erste Ansätze, Verfahren der Strömungssimulation mittels der Finiten-Elemente-Methode (FEM) auf die Auslegung von Kautschukextrusionswerkzeugen anzuwenden, jedoch stellt das spezielle Materialverhalten von Kautschuken eine große Herausforderung dar. Dazu zählen beispielsweise das stark viskoelastische Materialverhalten, die Tendenz von Kautschukmischungen zum Wandgleiten und auch die Fließgrenze der Schmelze. Aufgrund der großen Anzahl verschiedener, individuell angepasster Mischungen existiert jedoch keine Materialdatenbank für Kautschuke.

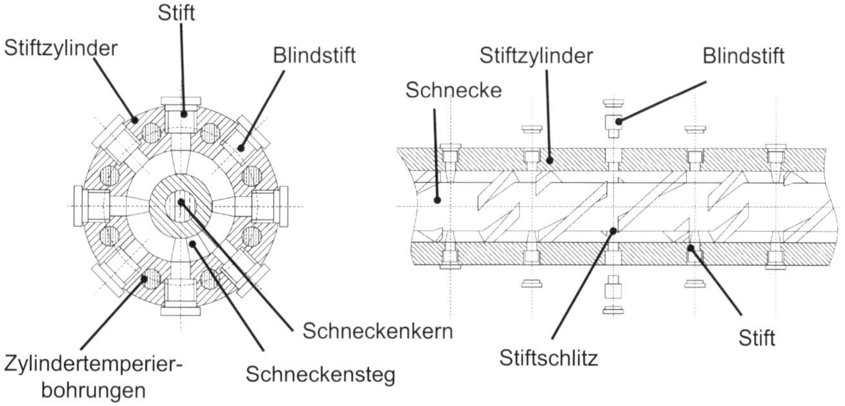

Bild 6.67 Aufbau eines Stiftextruders

kontinuierliche Vulkanisation

Hinter dem Extruder werden die Extrudate in der Laufstreifenextrusion konfektioniert, aber nicht vulkanisiert. Die konfektionierten Laufstreifen werden unvulkanisiert zum Reifen aufgebaut und in Pressformen vulkanisiert. Bei der Profilextrusion folgen hinter dem Extruder verschiedene Vulkanisationsanlagen, die die zur Vernetzung notwendige Temperatur in das Profil einbringen. Die am weitesten verbreiteten Verfahren zur kontinuierlichen Vulkanisation sowie ihre Vor- und Nachteile sind in Tabelle 6.5 dargestellt:

Tabelle 6.5 Verbreitete Vulkanisationsanlagen mit Vor- und Nachteilen

Vernetzungsart	Vorteile	Nachteile
Heißluft	▪ sauber ▪ einfach ▪ bei Gasbeheizung schnelle Temperaturanpassung	▪ schlechter Wärmeübergang ▪ Bandabdrücke auf Profilen ▪ Gefahr von Oberflächenoxidation
Mikrowelle (UHF)	▪ schnelle Erwärmung des gesamten Querschnitts ▪ saubere, fleckenlose Profiloberflächen ▪ guter Wirkungsgrad	▪ nur bei polaren Mischungen ▪ Gefahr von Oberflächenoxidation
Salzbad	▪ hervorragende Wärmeübertragung ▪ gute Wirtschaftlichkeit durch Isolationsmöglichkeiten ▪ keine Oberflächenoxidation	▪ Wärmeeintrag durch Oberfläche führt zu inhomogener Vulkanisation ▪ Salzverluste ▪ Verformungsgefahr (durch Auftrieb)

Tabelle 6.5 Verbreitete Vulkanisationsanlagen mit Vor- und Nachteilen *(Fortsetzung)*

Vernetzungsart	Vorteile	Nachteile
Infrarot-strahlung	▪ Schnelle, gezielte Erwärmung der Oberfläche ▪ weniger Bandabdrücke am Profil ▪ häufig energieeffizienter als Heißluft ▪ als alleiniges Verfahren zur Vernetzung von Silikonkautschuken möglich	▪ Schattenbildung kann zu ungleichmäßiger Bestrahlung der Oberfläche führen ▪ inhomogene Vernetzung über dem Querschnitt

Bei peroxidvernetzenden Mischungen erfordert die hohe Reaktivität von Peroxiden mit Luftsauerstoff die Vernetzung unter Luftabschluss, bei Heißluft- und Mikrowellenvernetzung kann es zu Oberflächenoxidation kommen. Daher werden peroxidvernetzende Kautschuke nicht unter Heißluft, sondern meistens in Salzbädern vulkanisiert. Da Heißluft- und UHF-Vulkanisationsanlagen jedoch Vorteile gegenüber der Salzbadvulkanisation hinsichtlich der Bedienerfreundlichkeit und Arbeitssicherheit bieten, werden bei der Schwefelvernetzung immer häufiger Kombinationen aus Heißluft- und UHF-Anlagen zur kontinuierlichen Vulkanisation eingesetzt. Hier bieten sich sowohl Wärmeeinträge über Strahlung (meistens Infrarot) als auch über Konvektion (Heißluft, Temperaturen bis 600 °C) an. Schockvulkanisationsanlagen werden eingesetzt, um Profiloberflächen schnell zu vulkanisieren und so Oberflächenabdrücke zu vermindern, die beim Transport auf Rollen oder Bändern entstehen können. Die eingesetzten Heißlufttemperaturen liegen abhängig von Fördergeschwindigkeit und Länge der Anlage bei 300 bis 350 °C. Übliche Baulängen sind ca. 9 bis 21 m. Die Vernetzungstemperaturen im Profil erreichen je nach Wanddicke, Material oder vorhandener Schaumstruktur etwa 200 °C.

6.5.3.2 Herstellung elastomerer Formteile

Zur Herstellung elastomerer Formteile werden unterschiedliche Verfahren eingesetzt. Diesen Verfahren gemein ist der Einsatz eines beheizten Werkzeugs, dessen Kavität die Negativform des herzustellenden Formteils darstellt. Die Verfahren zur Herstellung elastomerer Formteile lassen sich folgendermaßen unterteilen:

- Pressen
- Transferpressen
- Spritzgießen
- Spritzprägen

Pressen

Pressen zeichnet sich durch sehr einfache Werkzeugtechnik aus, da kein Schmelzeführungssystem notwendig ist. Beim Pressen wird eine definierte Menge Kautschuk in die Kavität eingelegt, gepresst, ausgeformt und in der heißen Kavität vulkanisiert. Insbesondere bei einer hohen zu produzierenden Stückzahl sinkt die Wirtschaftlichkeit beim Pressen.

Transferpressen

Als Verfahrensvariante bietet sich beispielsweise das Transferpressen an, bei dem der Kautschuk in einen Topf gefüllt wird und von diesem Topf über ein Angussverteilersystem in die Kavität(en) gepresst wird. Entscheidender Vorteil ist, dass hier mehrere Kavitäten im Presswerkzeug aus demselben Topf und damit mit demselben Druck gefüllt werden können. Nachteilig sind der Ausschuss und das notwendige Handlingsystem zum Einfüllen der Kautschukmischung.

Temperierung

Prinzipiell entspricht der Verfahrensablauf beim Elastomerspritzgießen dem Spritzgießen von Thermoplasten. Um jedoch ein vorzeitiges Anvernetzen im Plastifizierzylinder zu vermeiden, müssen die Temperaturen dort auf etwa 80 bis 100 °C gehalten werden. Da es hierzu auch notwendig werden kann, Friktionswärme abzuführen, sind die Aggregate flüssigkeitstemperiert. Die Werkzeugtemperaturen liegen meist bei 140 bis 220 °C, müssen jedoch im Einzelfall an den zu verarbeitenden Werkstoff und das jeweilige Vernetzungssystem angepasst werden.

Schnecken-vorplastifizierung

Deutliche Unterschiede zwischen der Elastomerverarbeitung sowohl untereinander als auch im Vergleich zur Thermoplastverarbeitung liegen in der Aggregat- und Schneckengestaltung. Grundsätzlich sind Schnecken zur Verarbeitung von Kautschuk kürzer und haben eine tiefer geschnittene Einzugszone als Thermoplastschnecken. Bei der Elastomerverarbeitung weicht man teilweise von der reinen Schneckeneinspritzung ab. Sehr oft sind Elastomerformteile voluminös und dickwandig. Daher müssen die Plastifiziereinheiten entsprechend große Schmelzemengen bereitstellen. Man benutzt häufig eine Schneckenvorplastifizierung mit Kolbeneinspritzung (Bild 6.68).

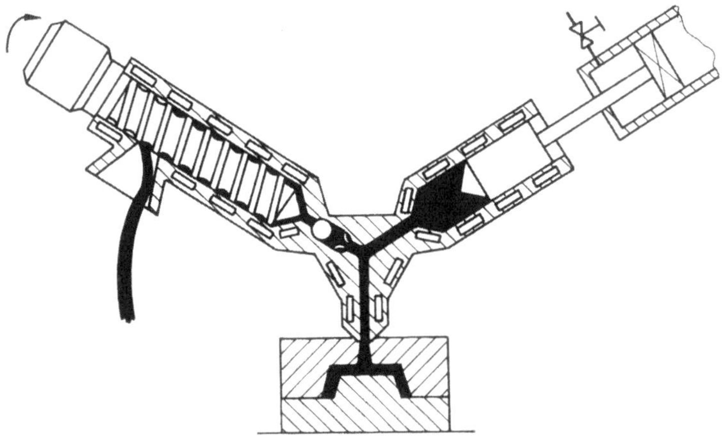

Bild 6.68 Schneckenvorplastifizierung mit Kolbeneinspritzung

Hierbei erfolgen Plastifizierung und Einspritzen mittels zweier getrennter Zylinder. Die meist streifenförmig angelieferte Kautschukmischung wird in dem Extruderteil, dessen Zylinder meist noch mit einer Einzugstasche versehen ist, eingezogen, plastifiziert und über ein Rückschlagventil in den Kolbenvorraum gefördert. Hierbei findet eine sehr gute *thermische und stoffliche* Homogenisierung statt. Das Material wird beim Einspritzvorgang von einem Kolben über eine Verschlussdüse in das Werkzeug gespritzt.

Werkzeuge

Elastomerwerkzeuge sind im Gegensatz zu Thermoplastwerkzeugen häufig dreigeteilt. Sie besitzen zwei Trennebenen, wobei in einer Ebene das Angusssystem, in der anderen die Formteile liegen. Diese Lösung wird deshalb gewählt, weil Elastomerformteile infolge mangelnder Steifigkeit häufig nicht mehr mit den bei Thermoplastformteilen üblichen mechanischen Entformungshilfen entformt werden können. Sie müssen dann von Hand entnommen werden. Dadurch, dass Formteil und Angusssystem in zwei unterschiedlichen Ebenen liegen und beim Öffnen des Werkzeuges voneinander getrennt werden, wird die Entnahme vereinfacht. Oft findet man aus diesem Grund auch eine vertikale Anordnung von Werkzeug und Aggregat.

Kaltkanal

Da Elastomere kalt verarbeitet werden müssen, um eine Vulkanisation während der Verarbeitung zu verhindern, hat sich beim Spritzgießen von Elastomeren die Kaltkanaltechnik etabliert. Dabei wird der gesamte Angussverteiler des Spritzgießwerkzeugs thermisch vom beheizten Werkzeug getrennt und flüssigtemperiert. Für Silikonkautschuke liegt die Kaltkanaltemperatur etwa bei 20 bis 60 °C, bei Kautschuken unter 100 °C. So kann die Schmelze während eines Spritzgießzyklus im Kaltkanal verbleiben, ohne dass die Vernetzungsreaktion beginnt.

Weitere Probleme beim Spritzgießen von Elastomeren treten wegen der im Vergleich zu Thermoplasten sehr niedrigen Viskosität der Mischungen und deren langer Fließfähigkeit auf. Schon kleinste Spalte in der Trennebene oder Spalte zwischen Auswerferstiften und Werkzeugchassis werden von der Mischung durchflossen. Es kommt so zur Bildung von *Schwimmhäuten* und *Graten*, die in einem anschließenden Nachbearbeitungsschritt entfernt werden müssen.

Man ist also bestrebt, Trennebenen und Durchbrüche im Werkzeug mit sehr glatten Oberflächen zu fertigen, so dass eine Gratbildung vermieden werden kann. Dies führt jedoch zu dem Problem, dass die im Werkzeug eingeschlossene Luft nicht mehr oder nur noch sehr schlecht entweichen kann. Sie wird daher komprimiert und führt zu *Brennern* im Formteil oder aber zu ungenügender Füllung.

Durch spezielle Regelstrategien und konstruktive Maßnahmen lassen sich heutzutage jedoch die oben angeführten Probleme fast gänzlich beseitigen.

6.6 Verarbeitung von Polyurethanen

Unter den vielzähligen Arten von Kunststoffen besitzt der Reaktionskunststoff Polyurethan (PUR) ein besonders breites Eigenschaftsspektrum. Abhängig von seiner chemischen Zusammensetzung und dem morphologischen Aufbau kann Polyurethan als einziger Kunststoff thermoplastisches, elastomeres oder duroplastisches Materialverhalten aufweisen. Seine Materialeigenschaften variieren von zäh-elastisch bis spröd-hart. Außerdem eignet sich der Werkstoff auch hervorragend zur Herstellung von Schaumstoffen. Die Dichte von PUR variiert daher zwischen 1200 kg/m^3 bei kompakten PUR und ca. 10 kg/m^3 bei Leichtschaumstoff.

Chemie der Polyurethane

Urethan-Gruppe

Die Gemeinsamkeit aller Polyurethane ist die namensgebende *Urethan-Gruppe*, die in einer exothermen Polyadditionsreaktion aus Polyol und Isocyanat gebildet wird (Bild 6.69). Sofern mehrere funktionelle Gruppen vorhanden sind, können vernetzte Polyurethane entstehen, so dass thermoplastische, elastomere oder duroplastische Eigenschaften erzielt werden können. Außerdem werden Hilfsstoffe eingesetzt, mit denen die Eigenschaften des Werkstoffs eingestellt werden. Hierbei handelt es sich um Treibmittel, Katalysatoren für die Schaumbildung, Inhibitoren oder Kettenverlängerer. Als Zusatzstoffe werden u. a. Füllstoffe, Farbstoffe, Stabilisatoren oder Flammschutzmittel zugegeben. Aufgrund der hohen Reaktivität des Isocyanats werden diese dem Polyol zugegeben.

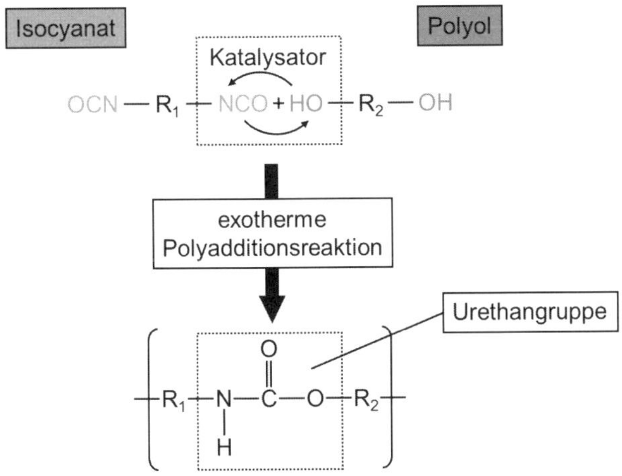

Bild 6.69 Polyaddition von Polyurethan

PUR-Schäume

Durch den Einsatz von Treibmitteln können *PUR-Schäume* hergestellt werden, die je nach Aufschäumgrad und PUR-Chemie sehr unterschiedliche Eigenschaften haben können (Bild 6.70). Weichschäume finden in großen Mengen in der Polsterindustrie für Matratzen und Sitzpolster Verwendung. Dagegen werden Hartschäume als Isolationsmaterialien eingesetzt und Integralschäume mit ausgeprägtem Dichteprofil über dem Querschnitt z. B. im PKW-Innenraumbereich.

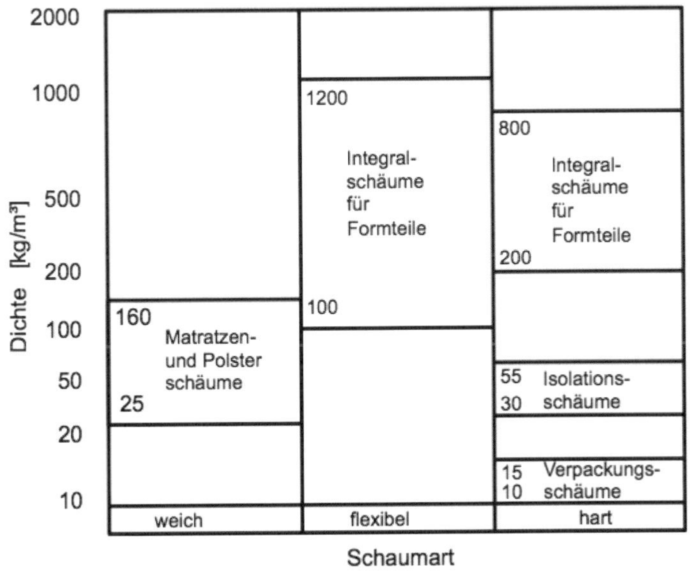

Bild 6.70 Dichten verschiedener PUR-Schäume

6.6.1 Schaumbildungsprozess

Treibmittel zur Erzeugung der Schaumstruktur

Rund 60 % aller Polyurethane werden zu Schaumstoffen verarbeitet. Voraussetzung für die Entstehung von Schaumblasen ist, dass ein sogenanntes Treibmittel in dem Reaktionsgemisch vorliegt, das ein Gas zur Zellbildung und zum Zellwachstum freisetzt und so eine Schaumstruktur erzeugt. Neben dem Treibmittel sind noch Zusatzstoffe wie Schaumstabilisatoren und oberflächenaktive Substanzen sowie keimbildende, d. h. nukleierend wirkende Stoffe notwendig, um eine gleichmäßige Schaumstruktur zu erzeugen. Nachfolgend sind verschiedene Treibmechanismen erläutert.

Chemisches Schäumen

Durch die chemische Reaktion von Isocyanat mit Wasser lässt sich CO_2 als Treibmittel gewinnen (Bild 6.71). Es ist für Polyurethane das älteste und am häufigsten eingesetzte Treibverfahren. Vor allem weiche Schaumstoffe werden fast ausschließlich mit Wasser geschäumt, das zuvor dem Polyol beigemischt wird.

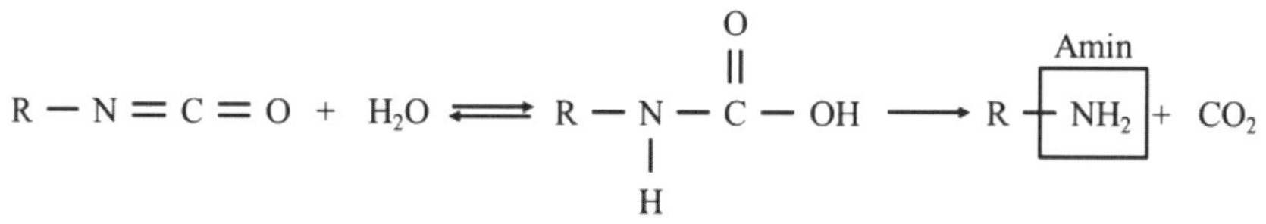

Bild 6.71 Reaktion von Wasser und Isocyanat zu CO_2 und Aminen

Der große Vorteil dieses Treibmittels ist, dass der Schäumprozess anlagentechnisch leicht umsetzbar und einfach in der Handhabung ist. Bei Weichschaumstoffen lassen sich mit dieser Methode hochgradig offenzellige Schaumstrukturen erzielen.

Physikalisches Schäumen

Alternativ zum chemischen Schäumen mit Wasser sind verschiedene physikalische Treibmittel verfügbar, die zur Herstellung von PUR verwendet werden können. Diese unterscheiden sich durch ihre Phasenumwandlung, mit der während der Schaumherstellung der gasförmige Zustand des Treibfluids herbeigeführt wird.

Vorrangig werden beim physikalischen Schäumen von PUR niedrig siedende Flüssigkeiten durch die Exothermie des Reaktionsgemischs verdampft. Sie werden in flüssiger Form einem der beiden Rohstoffe, Polyol oder Isocyanat, beigemischt. Seit dem Verbot fluorierter Gase im Jahr 1994 hat sich in Deutschland vor allem Pentan in geschlossenzelligen Isolierhartschäumen als Substitut durchgesetzt, da es den Eigenschaften von FCKW als Treibmittel ähnelt. Da Pentan allerdings als Gas leicht entzündlich und explosiv ist, bedarf es bei der Herstellung eines hohen Aufwands, um ein Entweichen auch kleiner Konzentrationen an Pentan zu verhindern.

Für offenzellige Schaumstoffe scheidet Pentan als Treibmittel in der Regel aus, da das Produktionsrisiko durch entweichendes Gas nur durch einen hohen Aufwand zu beherrschen ist. Als alternative Treibmittel dienen inerte Gase, wie CO_2 und N_2, die in den Rohstoffen gelöst werden und durch eine Druckabsenkung ausfällen. In der PUR-Verarbeitung besitzt vor allem CO_2 eine hohe Relevanz. Es wird als sehr vorteilhaftes physikalisches Treibfluid angesehen, da es kostengünstig erhältlich ist und im Vergleich zu den niedrigsiedenden Treibmitteln als außerordentlich umweltfreundlich gilt. Daher wird es heute, neben dem chemischen Schäumen, in der kontinuierlichen Blockschaumherstellung als Sekundärtreibmittel zur weiteren Dichtereduzierung eingesetzt.

PUR-Integralschäume

Eine besondere Form der geschäumten Polyurethane sind die im RIM-Verfahren (Reaction Injection Moulding) hergestellten Integralschäume. Ihr wesentliches Kennzeichen ist der Aufbau aus einem geschäumten Kern geringer Dichte, der kontinuierlich in die weitgehend porenfreie (kompakte) Außenhaut übergeht (Bild 6.72).

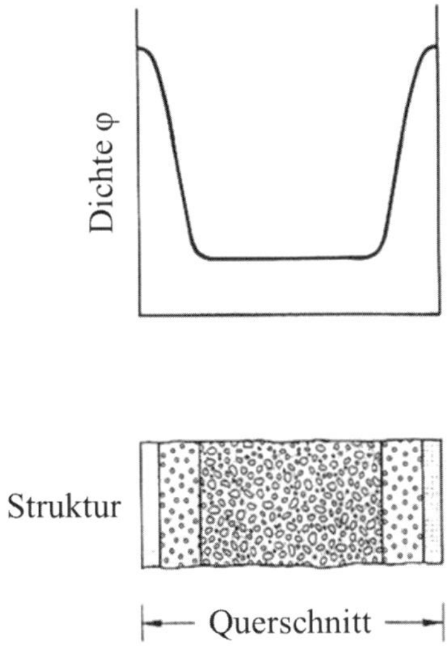

Bild 6.72
Dichteprofil eines Integralschaums

6.6.2 Anlagentechnik zur Verarbeitung reaktiver Polyurethane

Die Verarbeitungsmaschinen für reaktive Polyurethane lassen sich grundlegend in zwei Technologien unterteilen: Beim Niederdruckverfahren werden die Hauptkomponenten unter vergleichsweise geringen Drücken zwischen 3 und 40 bar dem Niederdruckmischkopf zugeführt und dort durch mechanische Rührwerke vermischt. Im Gegensatz dazu strömen die Komponenten beim Hochdruckverfahren unter Drücken zwischen 100 und 300 bar in den Mischkopf, wo sie nach dem Prinzip der Gegen- oder Parallelstrom-Injektion vermischt werden. Die hohen Drücke werden dabei in kinetische Energie und zuletzt in Vermischungsenergie umgewandelt.

Niederdruckverfahren

Hochdruckverfahren

Grundsätzlich funktionieren beide Anlagentypen nach dem in Bild 6.73 gezeigten Schema:

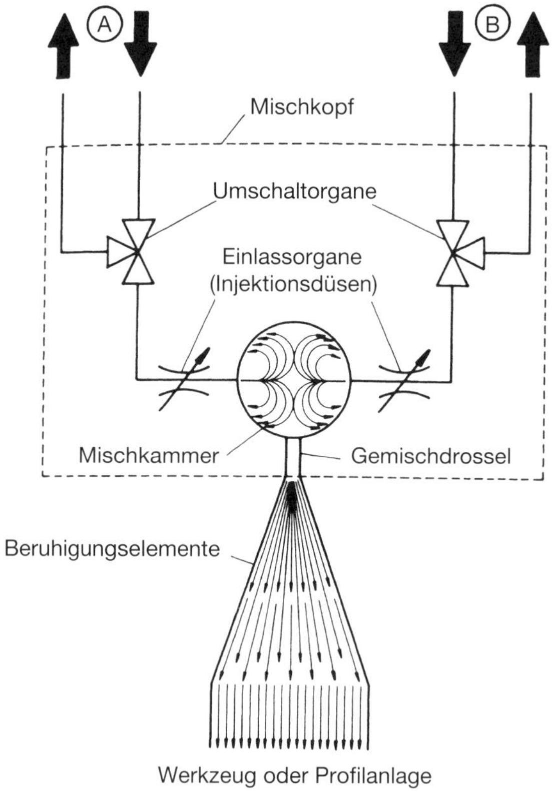

Bild 6.73 Mischermodell für die Mehrkomponenten-Verarbeitung

In den Vorratsbehältern A und B werden die Komponenten Polyol und Isocyanat sowie gegebenenfalls Zuschlagstoffe durch Rührwerke zunächst stofflich und thermisch homogenisiert. Die Komponenten werden in einem Kreislauf kontinuierlich gefördert, um Ablagerungen zu vermeiden und schon zu Beginn des Schusseintrags eine homogene Mischung bereitzustellen. Mit Beginn des Schusseintrags werden die Umschaltventile geöffnet, so dass die Masse über die Injektionsdüsen in die Mischkammer gelangt, wo sie homogen vermischt wird. Anschließend erfolgt der Eintrag in das Werkzeug über eine Beruhigungszone, in der turbulente Strömungsanteile, die einer homogenen Durchmischung zuträglich sind, abgebaut werden. Dadurch wird das Werkzeug oder die Profilanlage laminar angeströmt.

Tabelle 6.6 Vergleich von Nieder- und Hochdruckverfahren

Kenngröße	Niederdruckverfahren	Hochdruckverfahren
Arbeitsdruck	3 bis 40 bar	100 bis 300 bar
Mischverfahren	Rührwerksvermischung	Gegenprallstrom
Mischkopfreinigung	Lösemittel + Druckluft	mechanisch mit Stößel
Viskositätsbereich	bis 40 000 mPas	bis 2000 mPas
Kosten	kostengünstig	kostenintensiver

Die Art der Mischer bestimmt direkt die Bauart der Dosiereinrichtung. Wird das Material durch einen Rührer gemischt, braucht die Maschine nur auf einem Druckniveau zu arbeiten, das das Fördern durch die Leitungen ermöglicht. Man spricht deswegen bei Rührermaschinen auch von Niederdruckanlagen (Bild 6.74).

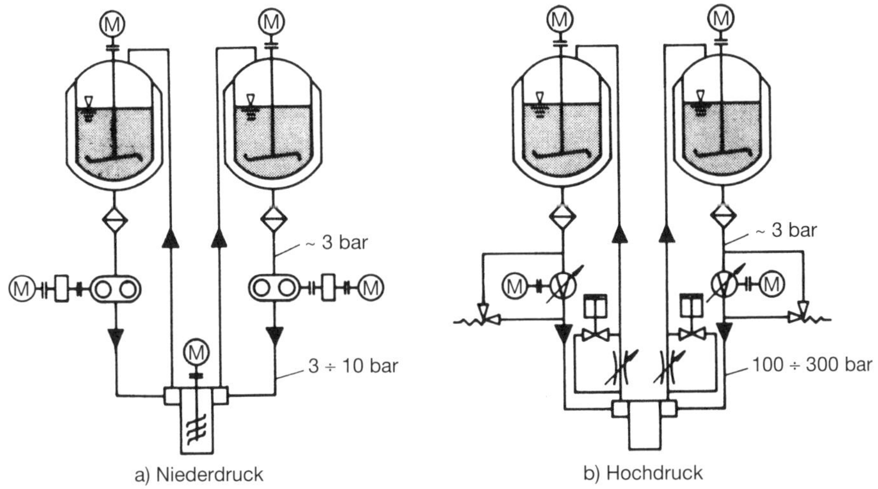

Bild 6.74 Verfahrensschema von Mehrkomponentendosier- und -mischanlagen

Zur Erzielung eines homogenen Gemisches in einem Gegenstrommischer muss die Anlage auf einem höheren Druckniveau arbeiten. Anlagen dieses Typs werden daher als Hochdruckanlagen bezeichnet. Des Weiteren werden durch die Art des Mischverfahrens auch die Möglichkeiten der Weiterverarbeitung bestimmt. Niederdruckköpfe müssen nach dem Austrag der Formmasse in das Werkzeug mit Lösemittel gespült und gereinigt werden, so dass derartige Mischer nicht direkt an ein Werkzeug angebaut werden können. Es werden daher nur offene Formteilherstellverfahren angewendet, bei denen der Materialeintrag in das geöffnete Werkzeug erfolgt (Bild 6.75). Das Arbeiten mit offenen Formen ist oft günstiger, da hier die mechanische Fertigung und Auslegung der Einströmstelle entfällt. Allerdings ist das Verfahren auf langsam reagierende PUR-Systeme beschränkt. Es findet Anwendung bei der Fertigung von Produkten mit zusätzlichen Verstärkungs- und Kaschierungsteilen, wie z. B. für Armaturentafeln im Automobil.

Bei Verwendung von Hochdruckanlagen werden die Mischköpfe nach Schussende mechanisch über Stößel gereinigt, so dass ein Spülen des Mischkopfes entfällt. Hierdurch kann der Mischkopf direkt an das Werkzeug angeflanscht werden und der Prozess ist besser automatisierbar.

Die Entscheidung, welches Maschinensystem zum Einsatz kommt, ist zum einen von der Viskosität der verwendeten Komponenten abhängig: Hohe Viskositäten von bis zu 20 000 mPas erfordern den Einsatz von Niederdruckverfahren, wohingegen Polyole mit einer Viskosität von bis zu 2000 mPas mit dem Hochdruckverfahren verarbeitet werden können. Zum anderen müssen bei der Auswahl auch die Austragsleistung, das Mischungsverhältnis sowie die Wirtschaftlichkeit berücksichtigt werden.

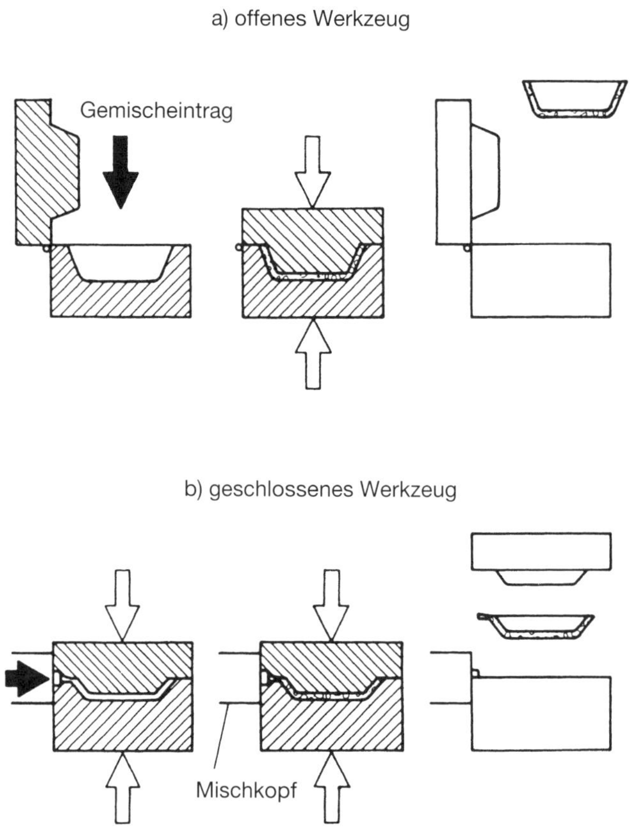

Bild 6.75 Formteilherstellung mit Reaktionsschaumstoffen

Die Vorteile des Hochdruckverfahrens sind:

- exakte Dosierung und Einhaltung des Schussgewichtes
- Verarbeitungsmöglichkeit hochreaktiver Systeme durch extrem kurze Mischzeiten
- minimale Materialverluste durch kleine Mischkammervolumina
- geringere Umweltbelastung durch mechanische Selbstreinigung mit Stößeln (Verzicht auf Lösungsmittel zur Reinigung der Mischköpfe)
- Füllen von geschlossenen Formen unter Gegendruck

Trennmittel in der PUR-Verarbeitung

Da Polyurethan beim Ausreagieren eine hohe Haftung zu metallischen Oberflächen entwickelt, müssen die formgebenden Werkzeuge in der Regel mit Trennmitteln versehen werden. Diese gewährleisten eine einfache, zerstörungsfreie Entformung der Bauteile und ermöglichen eine hohe Oberflächengüte. Dies trägt zu einer hohen Prozesssicherheit und einem störungsfreien Verfahrensablauf bei. Bei der Auswahl eines geeigneten Trennmittels müssen verschiedene Randbedingungen berücksichtigt werden; so sind das genutzte PUR-System, das Werkzeugmaterial (v.a.

Stahl, Aluminium, Nickel oder Kunstharz), die Werkzeugtemperatur oder die geforderte Oberflächenqualität entscheidend für die Verwendbarkeit eines Trennmittels.

6.6.3 RIM-Verfahren

Das RIM-Verfahren (engl.: reaction injection moulding, deutsch Reaktionsspritzgießen) dient zur diskontinuierlichen Herstellung technischer Formteile aus Polyurethan. Im Gegensatz zum Spritzgießen von Thermoplasten wird ein niedrigviskoses Reaktionsgemisch aus Polyol und Isocyanat in das geschlossene Werkzeug injiziert. Das RIM-Verfahren gliedert sich in die folgenden Verfahrensschritte:

- Eintrennen des Werkzeugs
- Dosieren der Reaktionspartner
- Mischen
- Eintragen der Formmasse in das Werkzeug und Ausfüllen der Kavität
- Reaktion im Werkzeug mit Bildung des Formteils (ggf. mit Ausschäumen)
- Entnahme des Formteils

Der Ablauf der Reaktion kann anhand von folgenden im Werkzeug ablaufenden Vorgängen beschrieben werden (Bild 6.76): Die Mischung der Reaktionspartner ist zu Beginn sehr niedrigviskos und wird dann aufgrund der Reaktion zunehmend zäher bis eine Verfestigung, der sogenannte Gelpunkt, erreicht wird. Hierbei kommt es zu einem Temperaturanstieg aufgrund der Polyadditionsreaktion, der den weiteren Härtungsverlauf sowie das Aufschäumen beeinflusst.

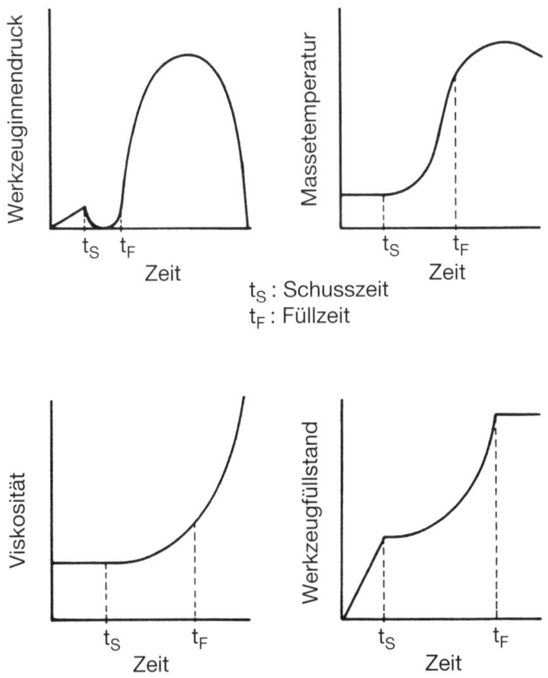

Bild 6.76 Verlauf physikalischer Größen bei der Formteilherstellung mit PUR-Schaum

In den temperierten Werkzeugen härtet das Reaktionsgemisch aus, wobei das fertige Bauteil je nach eingesetztem PUR-System nach einer Dauer von ca. 30 Sekunden bis hin zu wenigen Minuten entformt werden kann. Da zur Realisierung kurzer Zykluszeiten häufig hochreaktive PUR-Systeme eingesetzt werden, ist der Gebrauch der Hochdruckdosiertechnik für RIM-Anwendungen üblich.

Die Werkzeuggestaltung ist dem Spritzgießverfahren ähnlich, jedoch kann bei der Herstellung von Schaumkunststoffen im RIM-Verfahren nur mit einer Anbindung, d. h. mit einem Anguss, gearbeitet werden. Die sehr niedrige Viskosität des Materials gestattet trotzdem die Herstellung dünnwandiger, großflächiger Bauteile. Es lassen sich sehr lange Fließwege realisieren wie sie im Spritzgießen von Thermoplasten aufgrund der deutlich höheren Viskosität nicht möglich sind.

Häufig entscheiden auch die Eigenschaften des zu fertigenden Bauteils über den Einsatz der RIM-Technologie. So variieren die Eigenschaften von RIM-Bauteilen in einem weiten Bereich von weich-elastisch bis spröde-hart, wobei primär kompakte oder mikrozellulär geschäumte Polyurethane eingesetzt werden. Typische Anwendungen sind Karosseriebauteile oder Verkleidungselemente, beispielsweise von Geräten in der Medizintechnik.

Zur Verbesserung der mechanischen Eigenschaften können der Polyolkomponente geschnittene Kurzglasfasern von 140 bis 240 μm Länge zugegeben werden. Dieses Verfahren ist als reinforced reaction injection moulding (R-RIM) bekannt und wird zur Herstellung von Karosseriebauteilen wie Stoßfängern oder Kotflügeln eingesetzt.

6.7 Faserverstärkte Kunststoffe

Seit langem ist bekannt, dass man die Eigenschaften von Werkstoffen durch gezieltes Einbringen von Verstärkungselementen drastisch verbessern kann. Ein recht altes Beispiel sind mit Stroh verstärkte Lehmziegel. Ebenso bekannt ist Stahlbeton. In beiden Fällen übertragen die Fasern (Stroh, Kabel) die Kräfte, während das sie umgebende Material (Lehm, Beton) andere Aufgaben – wie Stützwirkung, Mediensperre etc. – übernimmt.

anisotroper Werkstoff

Durch diese Werkstoffkombination erhält man einen *anisotropen Werkstoffverbund*, d. h. dass die Werkstoffeigenschaften nicht in allen Richtungen gleich sind, meist sind sie in Faserrichtung besser als senkrecht zur Verstärkungsfaser. Es liegt also nahe, auch die Eigenschaften der Kunststoffe mittels Verstärkungsfasern zu verbessern. Beim Spritzgießen werden hierzu häufig Kurzglasfasern eingesetzt. Die Orientierung der Glasfasern ist hierbei von den komplexen Strömungsverhältnissen abhängig, die sich beim Füllen der Kavität eines Formteils einstellen. Durch die Variation der Angusslage kann die Faserorientierung beeinflusst und entsprechend dem vorliegenden Anwendungsfall in gewissen Grenzen verbessert werden.

Verbundwerkstoff

Unter langfaser- und endlosfaserverstärkten Kunststoffen versteht man Verbundwerkstoffe, in denen lange Verstärkungsfasern in eine Kunststoffmatrix eingebettet sind. Während Kurzfasern eine Länge im Bauteil von einigen 1/10 mm bis wenigen Millimetern aufweisen, sind Langfasern typischerweise zwischen 5 und 50 mm lang. Von Endlosfasern spricht man, wenn die Faserlänge den Bauteilabmessungen entspricht. Erst im Falle von Lang- bzw. Endlosfaserverstärkung spricht man von faserverstärkten Kunststoffen (FVK). Die resultierenden Eigenschaften des Werkstoffverbundes werden erst bei der Verarbeitung festgelegt. Sie sind von folgenden Faktoren abhängig:

- Fasermaterial
- Matrixmaterial
- Faserorientierung
- Faservolumengehalt
- Faser-/Matrixhaftung
- Fertigungsverfahren

Die lang- und endlosfaserverstärkten Kunststoffe gewinnen zunehmend an Bedeutung, da sie eine besonders leichtgewichtige Alternative zu metallischen Werkstoffen bieten. In Bild 6.77 sind die gewichtsbezogenen Steifigkeiten und Festigkeiten verschiedener endlosfaserverstärkter Kunststoffe und zum Vergleich von Metallen dargestellt. Auffällig ist, dass die unidirektionalen Eigenschaften, also die Eigenschaften, bei denen Fasern und Lasten parallel zueinander liegen, den quasi-isotropen Eigenschaften, bei denen der Werkstoffverbund in allen Raumrichtungen praktisch gleiche Eigenschaften zeigt, deutlich überlegen sind. Durch eine gezielte Ausnutzung der hohen Festigkeiten und Steifigkeiten in Faserrichtung kann das Werkstoffpotential somit vollständig ausgenutzt werden. In realen Anwendungen hingegen kann dieser Grenzfall nicht erreicht werden, sondern es werden Eigenschaften ermöglicht, die zwischen dem unidirektionalen und quasi-isotropen Fall liegen.

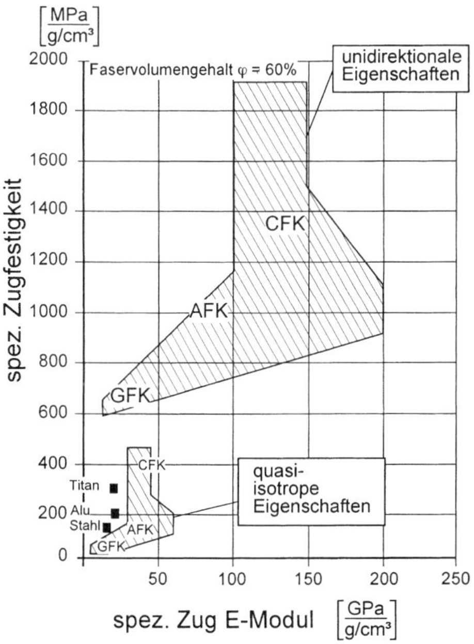

Bild 6.77
Spezifische Eigenschaften von FVK-Laminaten

Ein Mehrpreis für günstige Festigkeits-Gewichts-Relationen wird nur dann in Kauf genommen, wenn man eine Kostenersparnis an anderer Stelle erwartet. Als bekannteste Anwendung sind die Flügel moderner Windkraftanlagen zu nennen, die gleichzeitig die zurzeit größten Anwendungen endlosfaserverstärkter Kunststoffe darstellen. Daneben werden diese Verbundwerkstoffe zunehmend im Verkehrsflugzeugbau und traditionell im Rohrleitungs- und Behälterbau eingesetzt. Man nutzt hier in erster Linie das hohe Leichtbaupotenzial und die gute Korrosionsbeständigkeit des Werkstoffs aus.

Ein weiterer Einsatzbereich ist im Antennen- und Messgerätebereich zu finden, in dem die negativen Wärmeausdehnungskoeffizienten verschiedener Faserarten, wie z. B. bei der Kohlenstofffaser, genutzt werden, um hochsteife, thermostabile Konstruktionen zu bauen. Die guten Formgebungsmöglichkeiten werden im Schiffs- und Modellbau ausgenutzt. Allgemein werden faserverstärkte Kunststoffe für große flächige und schnell beschleunigte Bauteile eingesetzt.

6.7.1 Materialien

Verstärkungsfaser

Wie schon erwähnt, bestehen endlosfaserverstärkte Kunststoffe aus einer *Verstärkungsfaser* und einer *Matrix*. Die Faser überträgt die Zug- und Druckkräfte des Bauteils. Verständlicherweise kann sie nur Kräfte in Faserrichtung übertragen, so dass ihre *Orientierung* im Werkstück relativ zu der erwarteten Last von entscheidender Bedeutung ist. Die Aufgabe der Matrix ist es, den Verbund der Fasern sicherzustellen und so Schubkräfte zwischen den einzelnen Fasern zu übertragen.

Faserarten

Es werden Glasfasern, Kohlenstofffasern und auch solche aus Polymerwerkstoffen, wie Aramid und Polyethylen, eingesetzt. Glasfasern sind die billigsten und am meisten verwendeten Verstärkungsfasern. Man unterscheidet drei Typen von Glasfasern, die mit den Kürzeln E, R und C gekennzeichnet werden. Die E-Glasfasern sind sehr vielseitig einsetzbar und zeichnen sich vor allem durch ihren geringen Preis aus. Das Kürzel E steht für „elektrisch“, da diese Fasern ursprünglich für den Einsatz in elektrischen Anwendungen entwickelt wurden. R-Glas (französisch: resistance) besitzt höhere Festigkeiten als E-Glas, während C-Glas sich vor allem durch besonders gute chemische Beständigkeit auszeichnet. Glasfasern haben eine gute *Festigkeit* und ermöglichen eine im Vergleich zur Kohlenstofffaser recht hohe *Dehnung*.

Die Kohlenstofffaser ist eine hochfeste und zugleich hochmodulige Faser, die jedoch einen sehr hohen Preis hat. Es wird hier zwischen verschiedenen Fasertypen unterschieden: HT (high tenacity/hohe Festigkeit), HST (high strain and tenacity/hohe Dehnung und Festigkeit), IM (intermediate modulus/mittlere Steifigkeit) und HM (high modulus/hohe Steifigkeit).

Die Aramidfaser (hier gibt es die Typen Normal und HM) bzw. die PE-Faser hat eine etwa gleich hohe Festigkeit wie die Kohlenstofffaser, aber einen geringeren *E-Modul*. Sie besitzen ein hohes Energieaufnahmevermögen bei Stößen, zeigt aber eine vergleichsweise schlechte Harzhaftung.

Die Eigenschaften der einzelnen Fasern sind in Tabelle 6.7 zusammengefasst. Man kann auch verschiedene Fasern miteinander kombinieren. Beispielsweise ist ein

Hybrid aus Kohlenstofffaser und Aramidfasern hochfest (Kohlenstofffaser) und hat beim Bruch der Kohlenstofffaser dennoch eine gute Restdehnung (Aramidfaser, hohe zulässige Dehnung). Alle Fasern werden bei der Herstellung mit einer *Schlichte* überzogen, die die Fasern bei der Weiterverarbeitung vor Beschädigungen schützt. Diese Schicht wird danach meist durch einen Haftvermittler ersetzt, der für eine gute Benetzbarkeit der Faser und damit einen guten Kontakt zur Matrix sorgen soll.

Tabelle 6.7 Typische Eigenschaften verschiedener Faserarten

Kennwerte	Einheiten	Glasfaser			Kohlenstofffaser				Aramidfaser		PE-Faser
		E	R/S	C	HT	HST	IM	HM	Normal	HM	
Zugfestigkeit	GPa	2,3	1,9 bis 3,0	2,1	2,7 bis 3,5	3,9 bis 7,0	3,4 bis 5,9	2,0 bis 3,2	2,8 bis 3,0	2,8 bis 3,4	2,6 bis 3,3
E-Modul	GPa	72 bis 73	86 bis 87	71	228 bis 238	230 bis 270	280 bis 400	350 bis 490	58 bis 80	120 bis 186	87 bis 172
Bruchdehnung	%	2,2 bis 3,2	2,8 bis 3,6	2,3	1,2 bis 1,4	1,7 bis 2,4	1,1 bis 1,9	0,4 bis 0,8	3,3 bis 4,4	1,9 bis 2,4	2,7 bis 3,5
Spez. Zugfestigkeit	GPa·cm³/g	0,9	1,13 bis 1,23	0,9	1,5 bis 2,0	2,2 bis 3,0	2,0 bis 3,1	1,1 bis 1,7	1,9 bis 2,2	1,9 bis 2,3	2,7 bis 3,4
Spez. E-Modul	GPa·cm³/g	27,7 bis 28,2	34 bis 34,9	29	127 bis 134	127 bis 150	160 bis 200	190 bis 260	40 bis 56	83 bis 127	90 bis 177
Filament-Durchmesser	μm	3 bis 25			7 bis 8	5 bis 7	5 bis 7	6,5 bis 8,0	12	12	27 bis 38
Dichte	g/cm³	2,6	2,5 bis 2,53	2,45	1,75 bis 1,8	1,78 bis 1,83	1,73 bis 1,8	1,79 bis 1,91	1,39 bis 1,44	1,45 bis 1,47	0,97
Thermischer Ausdehnungskoeffizient	10^{-6}/K	5	4	7,2	-0,1 bis -0,7		-	-0,5 bis -1,3	-2,0 bis -6,0		< -9

Neben Endlosfasern (*Rovings*) werden auch flächige Halbzeuge wie Gewebe und Gelege verwendet. Gelege gibt es in den unterschiedlichsten Formen: Sie können aus statistisch verteilten Endlos- oder Kurzfasern sowie aus *uni*- oder *bidirektional* angeordneten Endlosfasern aufgebaut sein.

duroplastische Matrix

Die Matrix besteht bei den meisten endlosfaserverstärkten Anwendungen aus einem *duroplastischen Kunststoff* wie Polyester, Epoxid- oder Phenolharz. Sie unterscheiden sich in der Festigkeit, der maximal zulässigen Dehnung, den Einsatztemperaturen, der Verarbeitungsschwindung und der Chemikalienbeständigkeit (siehe auch Tabelle 6.8).

Füllstoffe

Oft werden auch Füllstoffe und Verarbeitungshilfen wie *Verdickungsmittel, Beschleuniger, Farbstoffe* und *Stabilisatoren* zugefügt. Alle duroplastischen Matrizes haben während der Verarbeitungsphase eine sehr niedrige *Viskosität,* die für eine gute Fasertränkung vorteilhaft ist. Oft wird auch ein vollständig imprägniertes Vorprodukt aus Fasern und Matrix, das sogenannte *Prepreg* verarbeitet. Zur besseren Handhabung der Prepregs werden *warmhärtende Harze* verwendet, die bei Raumtemperatur sehr hochviskos sind und nicht abtropfen. Man erhält dadurch ein durch den Hersteller vorbestimmtes konstantes Verhältnis des Faser-Harz-Volumens und eine gute Fasertränkung. Auch das Prepreg kann sowohl aus unidirektionalen Gelegen von Endlosfasern als auch aus Geweben bestehen. Besonders häufig werden Prepregs bei flächigen Produkten eingesetzt.

thermoplastische Matrix

Faserverstärkte Kunststoffe mit thermoplastischer Matrix gewinnen im Zuge des Einsatzes faserverstärkter Kunststoffe in der Großserie immer mehr an Bedeutung, da für die Verarbeitung im Gegensatz zu duroplastischen FVK keine Vernetzungs- bzw. Härtereaktion notwendig ist und somit kurze Zykluszeiten realisierbar sind. Ein weiterer Vorteil gegenüber den Duroplasten ist ihre hohe Bruchdehnung (siehe Tabelle 6.8, Polyethersulfon, Polyetheretherketon), die zu einer besseren Schlagzähigkeit führt. Die Möglichkeit, die Matrix wieder aufzuschmelzen, erlaubt es, Teile miteinander zu verschweißen. Als weiterer Vorteil wird auch eine bessere Rezyklierbarkeit angeführt. Herausforderungen stellen aber die höheren Verarbeitungstemperaturen bis über die Schmelzetemperatur der thermoplastischen Matrix und insbesondere die schlechtere Benetzbarkeit der Verstärkungsfasern aufgrund der hohen Schmelzeviskosität der Thermoplaste dar, die um mehrere Größenordnungen oberhalb der Verarbeitungsviskostität von Duroplasten liegt.

Tabelle 6.8 Materialkennwerte üblicher Matrixwerkstoffe

Material	Gebrauchstemperatur (°C)	Bruchdehnung (%)	Zugspannung (MPa)
Polyester (UP)	< 80	1 bis 3	30 bis 60
Vinylester (VE)	< 100	4 bis 6	80
Epoxidharze (EP)	120 bis 230	2 bis > 10	50 bis 100
Phenolharze (PF)	150 bis 230	0,3 bis 1	20 bis 60
Polyimide (PI)	200 bis 310	2 bis > 10	80 bis 100
Polypropylen (PP)	< 100	20 bis 800	30 bis 40
Polyamid (PA)	70 bis 130	40 bis 500	40 bis 60
Polyethersulfon (PES)	200	40 bis 80	80 bis 90
Polyetheretherketon (PEEK)	240 bis 260	40 bis 80	80 bis 90
Polyphenylensulfid (PPS)	240	-	75

6.7.2 Bauteilkonstruktion und -auslegung

Anders als bei den metallischen Werkstoffen muss bei der Konstruktion von Bauteilen aus Verbundwerkstoffen nicht nur das Bauteil selbst, sondern auch der Werkstoff „mitkonstruiert" werden. Die Ausrichtung der Fasern führt zwangsläufig zu exzellenten Eigenschaften in Faserrichtung, der jedoch eine prinzipielle Schwachstelle gegenübersteht: Die Eigenschaften quer zur Faserrichtung sind erheblich schlechter.

Festigkeit: Laminattypen

Wie stark die Festigkeit vom Belastungswinkel abhängt, zeigt Bild 6.78. Für einen Faservolumenanteil von 60 % (φ = 0,6) erhält man bei einer Winkelabweichung von 5° von der Orientierungsrichtung nur noch 60 % der möglichen Festigkeit in Faserrichtung. Die Festigkeit quer zur Faser beträgt lediglich einen verschwindenden Bruchteil der Längszugfestigkeit. Durch schichtweisen Aufbau mit Verstärkungslagen in mehreren Richtungen kann diese prinzipielle Schwachstelle beseitigt werden. Leider ist dies jedoch ein Kompromiss mit erheblichem Verlust des Werkstoff-Potenzials, wie der Vergleich derartiger „quasi-isotroper" Laminate mit den „unidirektionalen" Laminaten zeigt (Bild 6.78). Der E-Modul reduziert sich beispielsweise auf etwa 1/3, die Festigkeit auf etwa 1/10 des Wertes für unidirektionale Laminate. Unter diesem Gesichtspunkt ergibt sich für den Konstrukteur von Faserverbundkunststoffbauteilen nicht nur die oft zitierte Möglichkeit, sondern die unerlässliche Pflicht zu einer gezielten Ausnutzung der Werkstoffeigenschaften.

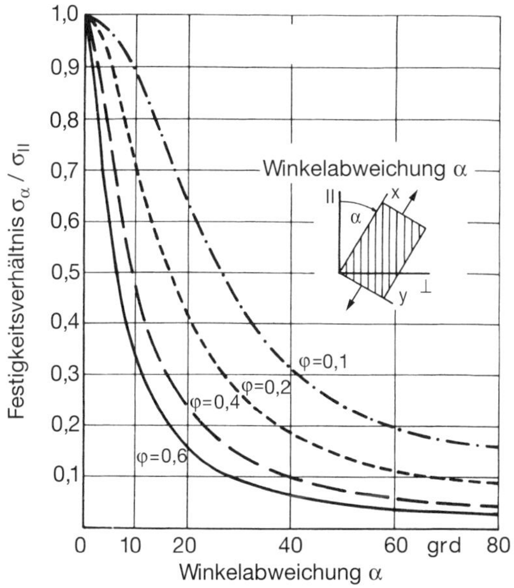

Bild 6.78
Einfluss der Winkelabweichung auf die Festigkeit eines unidirektionalen (UD-)Laminats (φ = Faservolumenanteil)

Eine ausführliche Darstellung der Konstruktionsrichtlinien für Bauteile aus faserverstärkten Kunststoffen findet sich in *Schürmann*. Für eine detaillierte Beschreibung einer empfehlenswerten Vorgehensweise in der Festigkeitsanalyse sei auf *Puck* und *Knops* verwiesen.

6.7.3 Verarbeitungsverfahren für Faserverbundkunststoffe

Für verschiedene Bauteilgeometrien, Fasertypen und Matrixrohstoffe stehen unterschiedliche Verarbeitungsverfahren zur Verfügung.

Bild 6.79 gibt einen Überblick über einige gängige Fertigungsverfahren, die entsprechenden Ausgangsstoffe sowie die mit den Verfahren bearbeitbaren Faserlängen l_F und erreichbaren Faservolumengehalte φ. Als eines der wichtigsten Merkmale ist zudem die übliche Faserorientierung im Bauteil dargestellt.

Fertigungsverfahren	Spritzgießen	Fließpressen	RI, RTM, Autoklavprozess, Handlaminieren
Ausgangsstoffe	Granulate	SMC, BMC, GMT Langfasergranulate	Textile Halbzeuge, Preforms, Prepregs
charakteristische Merkmale	Kurzfasern: $l_F < 5$ mm $\varphi < 25$ %	Langfasern: $5 < l_F < 50$ mm $\varphi < 25$ %	Endlosfasern: $l_F \sim$ Bauteilabmessung $\varphi > 30$ %
Faserorientierung im Bauteil			

mechanische Eigenschaften

Großserientauglichkeit

Bild 6.79 Eigenschaften gängiger Verarbeitungsverfahren für Faserverbundkunststoffe

Beim Spritzgießen werden prozessbedingt Granulate mit einer Faserlänge von unter 5 mm eingesetzt. Die größten Hindernisse für den Einsatz längerer Fasern sind die Scherung während der Dosierung sowie hohe Schergeschwindigkeiten während der Injektion. Das Fließpressen als offenes Verfahren zur Verarbeitung faserverstärkter Formmassen wie SMC, BMC, GMT und LFT ermöglicht den Einsatz von Langfasern mit einer Länge von 5 bis 50 mm. Strömungsbedingt bildet sich sowohl im Spritzgießprozess als auch während des Fließpressens lokal eine Faserorientierung aus. Die geschlossenen Verfahren (Harzinfusionsverfahren (Resin Infusion, RI), Harzinjektionsverfahren (Resin Transfer Moulding, RTM) und seine Derivate) sowie der Autoklavprozess ermöglichen den höchsten Orientierungsgrad und die größte Faserlänge im Bauteil. Das Handlaminieren als handwerkliches Verfahren erlaubt die Herstellung und Reparatur endlosfaserverstärkter Bauteile in kleinen Stückzahlen.

Endlosfasern, das heißt Fasern, deren Länge der Bauteillänge entspricht, kommen überall dort zum Einsatz, wo sehr gute mechanische Eigenschaften gefordert sind. Mit der Verbesserung der mechanischen Eigenschaften sinkt allerdings die Großserientauglichkeit, da die Imprägnierung der textilen Halbzeuge eine vergleichsweise lange Zykluszeit zur Folge hat.

Im Hinblick auf die Großserientauglichkeit ist zudem der erforderliche manuelle Aufwand von Bedeutung: Während der Spritzgießprozess voll automatisiert ist, erfolgen beim Fließpressen Nacharbeiten wie das Entformen und anschließende Entgraten weiterhin manuell. Bei den geschlossenen Verfahren und dem Autoklavprozess sind zusätzlich Vorbereitung und Einlegen der Halbzeuge nur manuell möglich.

6.7.3.1 Handlaminierverfahren

Gelcoat

Das *Handlaminierverfahren* (Bild 6.80) ist das einfachste Verarbeitungsverfahren für duroplastische FVK. Hierbei ist immer eine Form aus Holz oder anderen Materialien erforderlich, die die spätere Bauteilgeometrie bestimmt. Auf diese Form wird das Laminat aufgebracht. Es besteht aus der Matrix (häufig Polyesterharz) und den Verstärkungsfasern. Zunächst wird das Harz auf die Form aufgebracht. Anschließend werden Wirrfasermatten, Gelege oder Gewebe mit einem Pinsel oder einer Laminierrolle eingearbeitet, um eine gute Durchtränkung zu erhalten. So werden mehrere Faserlagen nacheinander übereinander gelegt, d. h. laminiert, bis die gewünschte Wanddicke erreicht ist. Eine gute Oberfläche wird durch Auftragen einer Gelcoatschicht auf die Form erreicht. Dies ist eine gefüllte Reinharzschicht, die ein Durchzeichnen der Faserstruktur verhindern soll. Das Handlaminieren ist ein sehr lohnintensives, aber investitionskostenarmes Verfahren, welches sich zur Herstellung von sehr großen und sehr komplexen Formteilen geringer Stückzahlen eignet. Jedoch ist es nicht möglich, eine vorgegebene Faserorientierung exakt einzuhalten. Zudem ist der Faseranteil meist kleiner als 45 Vol.-%, so dass Hochleistungsverbundbauteile im Handlaminierverfahren nicht hergestellt werden können. Typische Anwendungen sind die Herstellung von großen Bauteilen wie Boote oder Großbehälter, Prototypenfertigung, aber auch die Verbindung und Reparatur von FVK-Bauteilen. Vielfach wird das Handlaminierverfahren im Formenbau eingesetzt, da sich auch sehr komplexe Geometrien hiermit realisieren lassen.

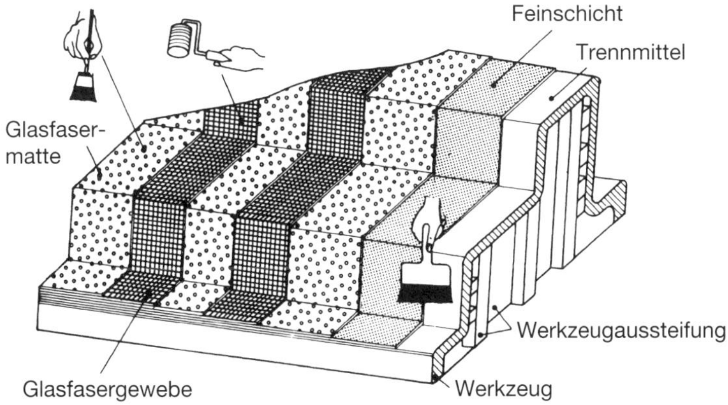

Bild 6.80 Prinzip des Handlaminierverfahrens

6.7.3.2 Faserspritzen

Das klassische duroplastische *Faserspritzen* eignet sich für Bauteile in kleinen bis mittleren Serien (Bild 6.81). Das Arbeitsgerät ist eine meist manuell geführte Faserspritzpistole, deren Aufgabe es ist, Harz, Härter, Beschleuniger und Langfasern bereitzustellen, zu mischen und auf eine Form aufzutragen. Die zugeführten Endlosfasern werden vom Schneidwerk auf die gewünschte Länge geschnitten und mittels Pressluft ausgetragen. Zum Verdichten und Entlüften des Laminates verwendet man wie beim Handlaminieren eine Laminierrolle oder man legt eine Folie über die Form mit dem aufgespritzten Laminat und evakuiert dieses. Dabei verdichtet sich das Laminat durch den Umgebungsdruck und die Luftblasen können entweichen. Um eine gute Oberfläche zu erreichen, wird eine Gelcoatschicht auf die Negativform aufgetragen. Es werden ausschließlich Polyesterharze eingesetzt, die aber durch die Harzzerstäubung die Umgebungsluft mit Styrol belasten. Typische Bauteile, die im klassischen Faserspritzverfahren hergestellt werden, sind Badewannen, Behälter, Dachelemente und Schwimmbäder.

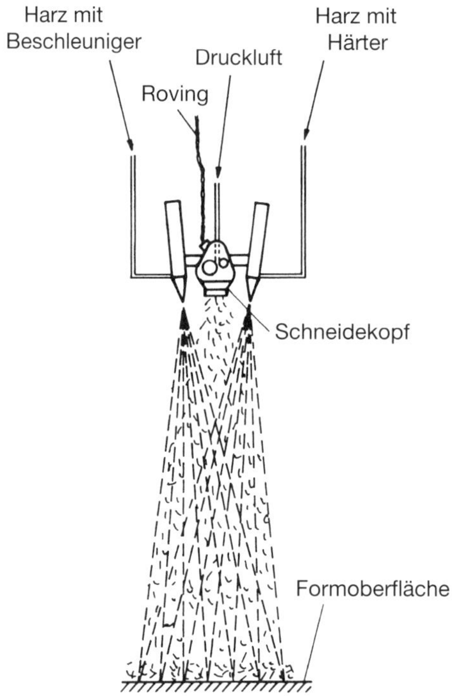

Bild 6.81
Faserspritzpistole

Eine Modifikation des Faserspritzverfahrens ist die Herstellung von Faser-Vorformlingen, sogenannten Preforms. Hierbei werden Verstärkungsfasern (z. B. Glas- oder Kohlenstofffasern) zusammen mit Thermoplastfasern geschnitten, auf einer Ablageform abgelegt und durch Anschmelzen der Thermoplastfilamente mit Heißluft zu einem handhabbaren Preform verbunden. Der im Preform enthaltene Thermoplast dient dabei entweder nur zur temporären Fixierung der Verstärkungsfasern während des Preformings (Weiterverarbeitung mittels RTM-Verfahren zu duroplastischen FVK), oder aber gleichzeitig auch direkt als Matrixmaterial im späteren Bauteil (Weiterverarbeitung mittels Press- oder Umformverfahren zu thermoplastischen FVK). Bei der Verfahrensalternative des sogenannten 3D-Faserspritzen können die Fasern bei der Preformherstellung zudem lastgerecht im Preform orientiert werden, um das Potenzial des anisotropen Werkstoffes optimal auszunutzen.

6.7.3.3 Prepregverarbeitung, Tapelegen, Autoklavieren

Sollen Bauteile mit sehr hohen Qualitätsansprüchen gefertigt werden, so wird die *Prepregverarbeitung* angewendet. Prepregs sind mit in der Regel duroplastischem Matrixmaterial vorimprägnierte Faserhalbzeuge. Diese werden entsprechend der gewünschten Faserorientierung manuell oder maschinell zugeschnitten und auf der Form abgelegt.

Das Ablegen kann auch automatisiert (Bild 6.82) mit einem Tape-Leger (Portalroboter) erfolgen. Danach wird die Form mit dem aufgelegten Laminat mit einer Folie überzogen und in einem Autoklaven unter Druck und erhöhter Temperatur ausgehärtet. Durch Anlegen von Vakuum wird die Luft zwischen den einzelnen Prepreglagen entzogen. Der im Autoklaven herrschende Überdruck verdichtet das Laminat gleichmäßig. Man erhält mit diesem Verfahren Bauteile höchster Qualität, da man die Fasern genau in Belastungsrichtung ausrichten kann.

Autoklav

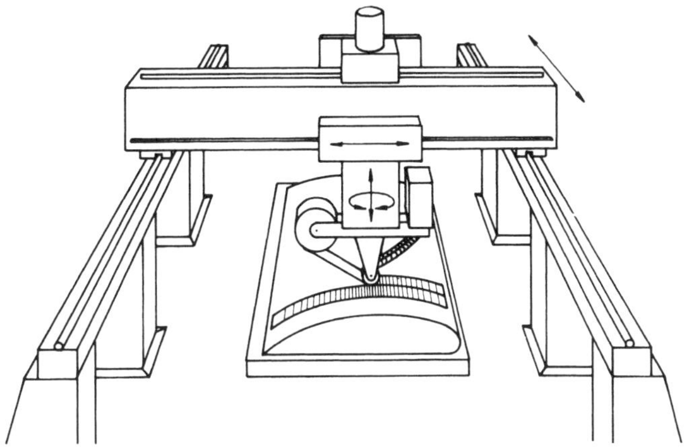

Bild 6.82 Tapelegen mit Portalroboter

6.7.3.4 Faserwickeln

Das *Faserwickeln* ist ein weitgehend automatisiertes Verfahren zur Herstellung von Hohlkörpern aus duroplastischen faserverstärkten Kunststoffen. Dabei werden die Verstärkungsfasern über einen Kern gewickelt. Je nach Geometrie der Kerne werden diese wiederverwendet, aus einem löslichen Medium hergestellt oder verbleiben im Bauteil als verlorener Kern. Solche verlorenen Kerne, die eine Bauteilfunktion erfüllen, werden *Liner* genannt und schützen vor aggressiven Medien oder wirken als *Diffusionssperre* für Gasbehälter. Das am meisten angewandte Wickelverfahren arbeitet nach dem *Drehbankprinzip*, wie es in den Bildern 6.83 und 6.84

Drehbankprinzip

dargestellt ist. Die Rovings werden von einem Spulenständer abgezogen. Dabei wird die Fadenspannung unabhängig von der Abzugsgeschwindigkeit auf einen konstanten Wert eingeregelt. Die *Fadenspannung* ist ausschlaggebend für den Faseranteil des Bauteils. Im *Tränkbad* werden die von der Schlichte verklebten Rovings aufgefächert, mit Harz benetzt und in einer *Walkstrecke* gut durchtränkt. Bei empfindlichen Fasern (z. B. hochmoduligen Kohlenstofffasern) muss auf die Walkstrecke verzichtet werden. Das Fadenauge führt die getränkten Rovings, die sich auf dem drehenden Wickelkern ablegen. Eine Steuerung kontrolliert die Bewegung des Fadenauges, so dass ein Faserorientierungswinkel auf der Kernoberfläche eingehalten wird. Die Einhaltung eines optimalen Faserorientierungswinkels ist insbesondere bei kompliziert geformten Körpern durch das Überschreiten der Rutschsicherheit des Rovings auf den Kern begrenzt.

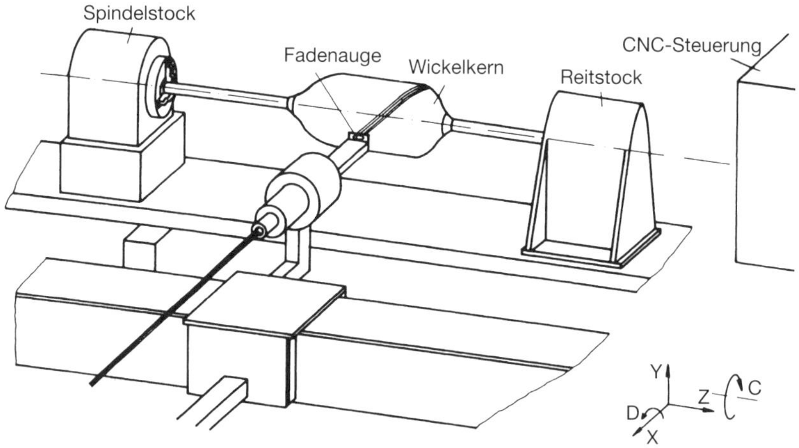

Bild 6.83 Drehbankwickelanlage mit Kern

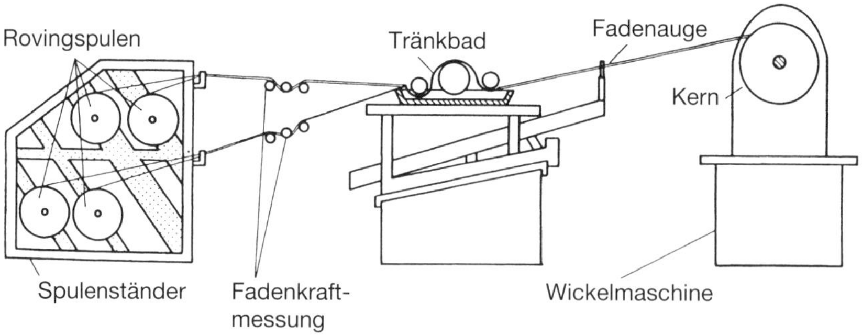

Bild 6.84 Wickelmaschine mit Spulenständer und Tränkbad

Um schneller und kostengünstiger zu produzieren, versucht man, die Wickelgeschwindigkeit oder die Rovingzahl zu erhöhen. Wickelt man mit mehreren Rovings, so werden sie parallel durch ein breites Fadenauge geführt, oder man verwendet ein sogenanntes *Ringfadenauge* (Bild 6.85). Eine weitere Möglichkeit ist es, mit Bändern zu wickeln, die aber zum Beulen in den Wendezonen neigen.

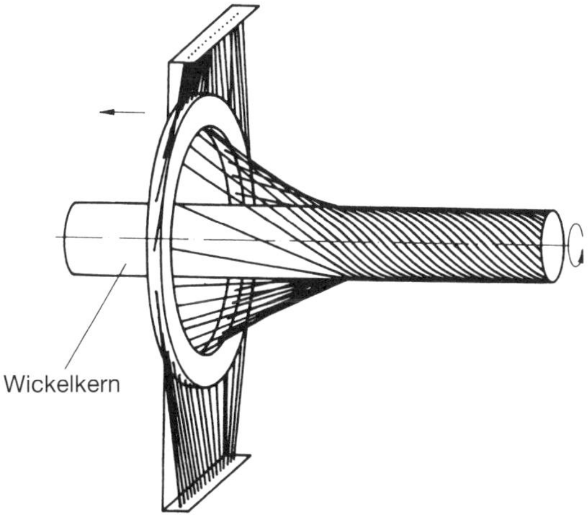

Bild 6.85
Ringfadenauge (Prinzip)

6.7.3.5 Pultrusionsverfahren

Das Pultrusionsverfahren dient zur Herstellung faserverstärkter Endlosprofile. Der prinzipielle Aufbau einer Anlage ist in Bild 6.86 dargestellt. In einem Harzbad werden die vorgetrockneten Faserrovings getränkt und anschließend in einem beheizten Düsenwerkzeug in die gewünschte Profilform gebracht. Durch die eingebrachte Wärme vernetzt das Harz. Das Werkzeug soll wegen der auftretenden hohen Reibungskräfte möglichst kurz sein. Andererseits muss das Harz soweit vernetzen, dass das austretende Profil in der folgenden Abzugseinrichtung formstabil bleibt. Wegen der großen Reibungskräfte werden oft hydraulische Abzugssysteme eingesetzt.

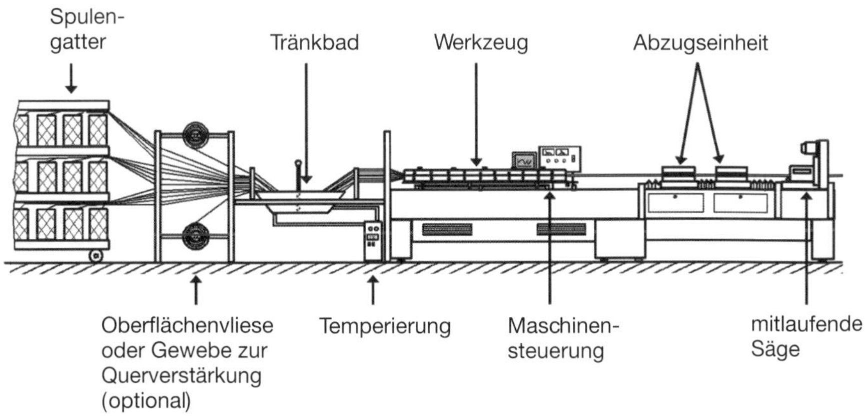

Bild 6.86 Aufbau eines Pultrusionsverfahrens

6.7.3.6 Harzinjektionsverfahren (Resin Transfer Moulding, RTM)

RTM-Prozess

Zur Herstellung von lang- und endlosfaserverstärkten flächigen Bauteilen mit duroplastischer Matrix in kleinen und mittleren Serien hat sich das Harzinjektionsverfahren RTM (Resin Transfer Moulding) etabliert.

Der Ablauf des RTM-Prozesses lässt sich in vier einzelne Prozessschritte unterteilen (Bild 6.87). In ein zweigeteiltes Werkzeug werden ungetränkte Verstärkungsfasern in Form eines vorkonfektionierten und konturnahen Preforms eingelegt. Die eingesetzte Preform kann durch manuelles Zuschneiden und Drapieren oder durch einen automatisierten Prozess hergestellt werden. Nach dem Schließen des Werkzeugs wird das reaktive Harzsystem über einen Anguss volumenstrom- oder druckkonstant in das Formnest injiziert. Bei der Injektion durchströmt das Harz die Faserlagen und tritt nach der Durchtränkung an den Einlüftungen (Steigern) aus.

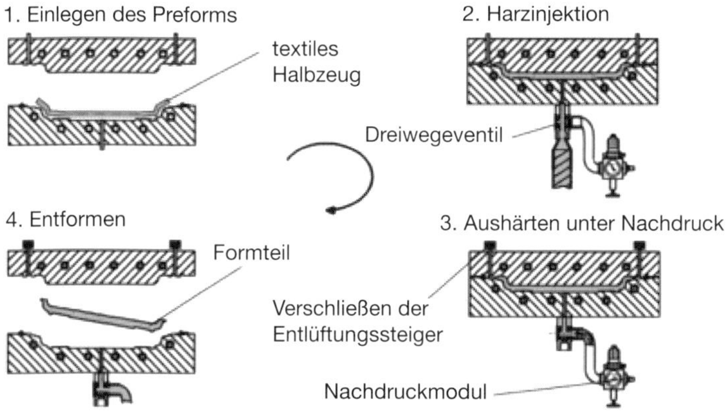

Bild 6.87 Das Harzinjektionsverfahren RTM

Spülvorgang

Nachdem die Kavität vollständig gefüllt ist, kann sich an die eigentliche Injektion eine Spülphase anschließen, bei der zusätzliches Harz durch die Kavität gefördert wird, um mögliche trockene Bereiche noch zu imprägnieren und/oder Poren innerhalb des Laminats herausspülen zu können. Treten während des Spülvorganges keine Luftblasen mehr aus den Steigern aus, werden die Entlüftungen verschlossen und - falls nötig - ein Nachdruck (z.B. mithilfe von Druckluft) über ein außerhalb des Werkzeugs befindliches Harzreservoir bis zur vollständigen Aushärtung des Harzes in der Kavität angelegt. Nach der Aushärtung des Bauteils kann dieses im letzten Schritt aus dem Werkzeug entnommen werden.

Beim Harzinjektionsverfahren werden die in Abschnitt 6.7.1 genannten Faser- und Matrixmaterialien eingesetzt. Dabei können die Faserrovings zu verschiedenen Faserhalbzeugen mit unterschiedlicher Architektur verarbeitet werden. Neben Gelegen, Geweben, Vliesstoffen und Matten werden auch Gestricke und Geflechte für die Herstellung von Bauteilen aus faserverstärkten Kunststoffen eingesetzt.

Drucktopfinjektion

Zur Injektion kommen einerseits Drucktöpfe zum Einsatz, bei denen die Injektion mit einem konstanten Injektionsdruck zwischen 0,5 bar und ca. 8 bar erfolgt. Die einzelnen Komponenten des Harzsystems werden vor der Überführung in den

Drucktopf vermischt. Diese Methode erlaubt allerdings nur den Einsatz von Harzsystemen mit ausreichend langer Topfzeit, um ein vorzeitiges Vernetzen schon im Drucktopf vor der eigentlichen Injektion zu vermeiden. Daher ist die Drucktopfinjektion nicht für den Einsatz bei größeren Serien geeignet.

Mischertypen

Für die Serienanwendung werden Zahnrad- oder Kolbenpumpen verwendet, die es ermöglichen, Harz und Härter in getrennten Kreisläufen zu fördern und erst direkt vor dem Eintrag in das Werkzeug mithilfe eines Statikmischers oder eines dynamischen Mischers zusammenzuführen. Bei kurzen Füllzeiten lassen sich so auch sehr reaktive Harzsysteme verarbeiten. Durch eine genaue Kontrolle des Mischungsverhältnisses und der Dosiervolumina ist es möglich, den Volumenstrom exakt einzustellen und sehr reproduzierbar Bauteile im RTM-Verfahren zu fertigen.

In Bild 6.88 ist ein qualitativer RTM-Zyklus dargestellt, der exemplarisch die Verarbeitung eines glasfaserverstärkten Bauteils mit Epoxidmatrix zeigt. Deutlich geht aus der Darstellung die Vernetzungsreaktion als Zykluszeit bestimmende Größe hervor. Durch die Verwendung von hochreaktiven Harzsystemen ist es aber möglich, die Vernetzungszeit auf unter drei Minuten zu reduzieren und auf diese Weise kurze Zykluszeiten im RTM-Prozess zu realisieren.

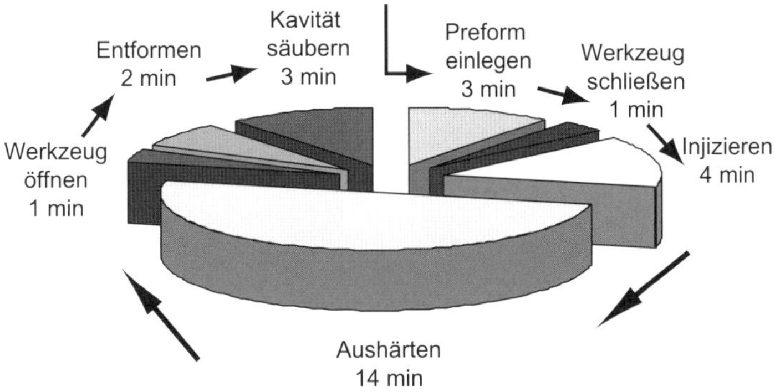

Bild 6.88 Beispielhafter Verlauf eines RTM-Zyklus

(VA)RTM

Ein Sonderverfahren des RTM ist das *Vacuum Assisted (VA)RTM*-Verfahren. Das Vacuum Assisted RTM benötigt ebenfalls wie das klassische RTM zwei starre Werkzeughälften und kombiniert das Anlegen eines Überdrucks an der Injektionsöffnung mit dem Anlegen eines Vakuums an den Entlüftungen während der Injektion. Dies ermöglicht die Realisierung eines höheren Druckgefälles innerhalb der Kavität und somit eine schnellere Tränkung, ohne den Absolutdruck während der Injektion zu erhöhen. Ein weiterer Vorteil des anliegenden Vakuums ist die Evakuierung der Kavität und die Vermeidung von möglichen Lufteinschlüssen bei der Tränkung des Preforms.

Compression-RTM

Beim *Compression-RTM* wird das Werkzeug mit dem eingelegten Verstärkungsmaterial zunächst nicht vollständig verriegelt. Dadurch ist der Fließwiderstand in den noch nicht komplett verpressten Fasern sehr gering und die nun folgende Harzinjektion wird durch den geringeren Faservolumengehalt erheblich erleichtert. Die Kavität wird nur teilweise gefüllt, so dass beim Zufahren des Werkzeugs durch die

Relativbewegung der Werkzeughälften wie beim Nasspressverfahren ein weiterer Harzfluss initiiert wird. Dabei durchtränkt das Harzsystem die noch trockenen Fasern innerhalb der Kavität. Der wesentliche Vorteil liegt in der Reduzierung der Injektionszeit, jedoch müssen meist teure Tauchkantenwerkzeuge eingesetzt werden.

Schlauchblas-RTM

In vielen Bereichen des Leichtbaus werden bevorzugt Hohlkörper eingesetzt. Als typische Anwendungen können hier Rohre, Krümmer und Krafteinleitungselemente genannt werden. Das *Schlauchblas-RTM-Verfahren* bietet hier die Möglichkeit, mithilfe von expandierbaren Kernen, verlorenen Kernen (z. B. mehrteilige Metallkerne, gegossene Kerne aus Wachs, Metalllegierungen oder auch Gips) oder auch im Bauteil verbleibenden Kernen (z. B. Schaumkerne) hohle Strukturen zu realisieren. Der Vorteil dieses Verfahrens liegt in der Herstellung von hohlen Bauteilen mit hoher Laminatqualität, die beispielsweise im Wickel- oder Flechtverfahren nicht darstellbar sind. Von Nachteil ist jedoch der manuelle Aufwand zur Handhabung der textilen Halbzeuge und der Erzeugung des Preforms, das Einspannen des Schlauches in die Be- und Entlüftungsbausteine und das Entfernen des verwendeten Blasschlauches aus dem fertigen Bauteil.

DP-RTM

Das *DP-RTM-Verfahren* (Differential Pressure-RTM) zeichnet sich durch die Verwendung nur einer starren Werkzeughälfte aus. Die andere Hälfte wird durch eine flexible Metallplatte oder auch Kunststofffolie gebildet, die luftdicht mit der unteren Werkzeughälfte abschließt. In einem Autoklav (Druckofen) wird über einen Drucktopf Harz injiziert und der zum Injektionsdruck benötigte Gegendruck an der flexiblen Werkzeughälfte wird im Autoklav durch einen Überdruck erzeugt. Die fertigen, meist flächigen Bauteile weisen bei einem sehr hohen Faservolumengehalt eine ausgezeichnete Laminatqualität auf. Nachteilig ist jedoch die Verwendung eines kostspieligen Autoklaven.

6.7.3.7 Harzinfusionsverfahren (Resin Infusion, RI)

Das Harzinfusionsverfahren mit Verteilmedium (Resin Infusion, RI) gehört wie das Harzinjektionsverfahren (Resin-Transfer-Moulding, RTM) zu den Flüssigimprägnierverfahren und eignet sich besonders zur wirtschaftlichen Herstellung von hochwertigen FVK-Bauteilen im mittleren bis oberen Größenbereich. Charakteristisch für dieses Verfahren ist, dass nur eine formgebende Werkzeughälfte benötigt wird und die Tränkung der Fasern in Dickenrichtung erfolgt, d. h. die Matrix nur kurze Fließwege im Preform zurücklegen muss. Der schematische Infusionsaufbau und der Fließfrontverlauf für die Imprägnierung von Bauteilen im Harzinfusionsverfahren mit Verteilmedium ist in Bild 6.89 dargestellt.

RI-Aufbau und Hilfsmittel

Für die Infusion wird zunächst ein Preform aus Faserhalbzeugen wie beispielsweise Geweben oder Gelegen aufgebaut. Der Preform wird auf eine Form gelegt und mit einer Lage Trenngewebe abgedeckt. Das Trenngewebe wird verwendet, um Fertigungshilfsmittel wie Verteilmedium und Vakuumfolie nach dem Aushärten vom Bauteil trennen zu können. Für das Harzinfusionsverfahren mit Verteilmedium sollte das Trenngewebe gute Trenneigenschaften haben, harzdurchlässig und gut drapierbar sein. Über das Trenngewebe wird ein Verteilmedium gelegt, welches die Matrix über dem Preform verteilt. Als Verteilmedien werden druckstabile, hochporöse Materialien/Textilien wie z. B. Gestricke oder Gewirke verwendet. Der gesamte

Aufbau wird mit einer Vakuumfolie gegenüber der Umgebung abgedichtet und mit einer Vakuumpumpe evakuiert. Die Einleitung der Matrix in das Verteilmedium erfolgt über einen Angusskanal. Der Vorteil des Harzinfusionsverfahrens mit Verteilmedium ist, dass auch große Bauteile mit komplexen Geometrien sehr wirtschaftlich hergestellt werden können, da weder druckstabile Formwerkzeuge noch teure Fertigungsanlagen wie z.B. ein Autoklav benötigt werden. Als nachteilig ist jedoch der hohe Anteil an Abfall, der bei der Produktion entsteht, zu nennen. Fertigungshilfsmittel wie Trenngewebe, Verteilmedium und Vakuumsackmaterial können nach der Aushärtung des Bauteils nicht wieder verwendet werden und müssen entsorgt werden. Außerdem weisen die in diesem Verfahren hergestellten Bauteile nur eine Seite mit guter Oberflächenqualität auf, da die andere Seite durch die Struktur des Trenngewebes geprägt ist. Bauteile, die im Harzinfusionsverfahren mit Verteilmedium hergestellt werden, sind z.B. Strukturbauteile für die Luft- und Raumfahrt, Bootsrümpfe und Rotorblätter von Windkraftanlagen.

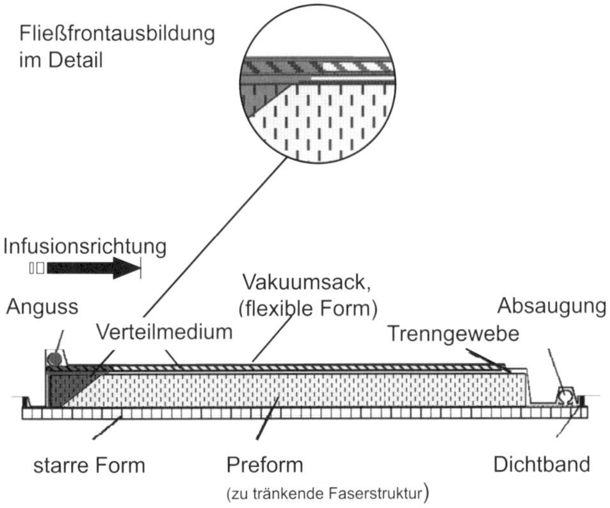

Bild 6.89 Schematischer Infusionsaufbau und Fließfrontverlauf

6.7.3.8 Spaltimprägnierverfahren

Zur Realisierung der Prozessführung erfordert das Spaltimprägnierverfahren eine spezielle Werkzeug- und Anlagentechnik (siehe Bild 6.90). Das Werkzeug besteht aus einer Unterform mit Kavität (Matrize) und einer beweglichen Oberform (Patrize) mit Tauchkantenverschluss. Für die Bauteilherstellung wird ein endkonturnaher Preform mit definiert ausgerichteten Endlosfasern in die Kavität eingelegt. Anschließend wird die Kavität mit der beweglichen Oberform luftdicht verschlossen und durch Anlegen von Vakuum evakuiert. Im nächsten Schritt wird auf einer Seite des Preforms ein Fließspalt durch ein definiertes Anheben der Oberform erzeugt. Das Anheben der beweglichen Formhälfte erfolgt gegen die Druckdifferenz zwischen der evakuierten Kavität und dem Umgebungsdruck.

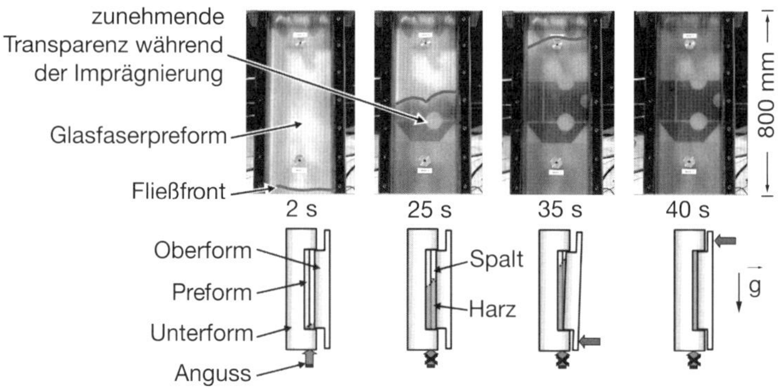

Bild 6.90 Konzept des Spaltimprägnierverfahrens

Anschließend wird der Anguss geöffnet und die duroplastische Matrix in die Kavität gefördert. Um eine optimale Abfuhr von Luftblasen zu gewährleisten, wird das Werkzeug so positioniert, dass die Fließrichtung der Matrix entgegen der Schwerkraft ist. Durch den Fließspalt kann die Matrix sehr schnell über dem Preform verteilt werden. Die eigentliche Imprägnierung des Preforms erfolgt somit in Dickenrichtung – ähnlich dem Harzinfusionsverfahren –, sodass die Matrix nur kurze Fließwege innerhalb des Preforms zurücklegen muss. Da der Preform während der Imprägnierung dekomprimiert ist, wird die Imprägnierung zusätzlich unterstützt. Nachdem eine ausreichende Menge Matrixmaterial eingeleitet wurde, wird der Anguss verschlossen und der Fließspalt durch Kippen der Oberform im Angussbereich keilförmig geschlossen. Die Matrix wird durch die Kippbewegung im Fließspalt in Richtung Absaugung verdrängt und imprägniert so die noch trockenen Bereiche des Preforms. Im letzten Schritt wird der Fließspalt vollständig verschlossen und das Laminat auf den im Fertigbauteil angestrebten Faservolumengehalt (über 50 Vol.-%) komprimiert. Nachdem die Matrix ausgehärtet ist, wird das Bauteil endkonturnah aus dem Werkzeug entformt. Die Nachbearbeitung beschränkt sich auf das Entfernen eines umlaufenden Reinharzgrats. Durch die Verwendung von schnellen Harzsystemen können derzeit Zykluszeiten von 280 s erreicht werden.

Sandwichbauteile

Für die Fertigung von Sandwichbauteilen ist es erforderlich, auf beiden Seiten des Preforms einen Fließspalt zu erzeugen. Hierfür wird ein Werkzeugkonzept mit zwei beweglichen Formhälften eingesetzt. Als Preform wird ein endkonturnaher Schaumkern mit beidseitig aufgebrachten Verstärkungsfasern verwendet. Mittels geschlossenzelliger Schaumkerne lässt sich gewährleisten, dass das Harz nicht in den Schaumkern eindringt und nach der Bauteilfertigung als zusätzliches Gewicht im Bauteil verbleibt. Die Imprägnierung erfolgt analog zur Imprägnierung von monolithischen Bauteilen.

Aufgrund der speziellen Werkzeugtechnik und der Prozessführung bietet das Spaltimprägnierverfahren eine gute Automatisierbarkeit, beidseitig hohe Formteil-Oberflächengüten, enge Fertigungstoleranzen und einen geringen Anteil an Produktionsabfall, bei schnellem Imprägniervorgang.

6.7.3.9 Umformen endlosfaserverstärkter Thermoplaste

Thermoplastische FVK-Halbzeugherstellung

Der Einsatz thermoplastischer Matrices gewinnt aufgrund der kurzen Prozesszeiten und der besonderen Werkstoffeigenschaften an Bedeutung. Wie beschrieben liegt die Herausforderung beim Einsatz von Thermoplasten als Matrixmaterial für FVK in der hohen Viskosität der thermoplastischen Schmelze, die 10- bis 1000mal so hoch ist wie die Viskosität duroplastischer Harzsysteme. Die Herstellung von Bauteilen aus endlosfaserverstärkten Thermoplasten (TP-FVK) erfolgt daher auf der Basis vorimprägnierter, flächiger Halbzeuge (thermoplastische Prepregs), da die Anwendung klassischer Flüssigimprägnierverfahren wie z. B. RTM nicht möglich ist. Diese Halbzeuge werden anschließend zugeschnitten und mittels Aufheizen und Umformen zu Bauteilen verarbeitet.

Zu den wichtigsten Verfahren der Halbzeugherstellung gehören:

- Pulverimprägnierung
- Lösungsmittelimprägnierung
- Textile Vermischung (Coweaving, Commingling)
- Filmstacking-Verfahren
- Schmelzebeschichtung

Bei allen Verfahren wird der Ansatz verfolgt, den thermoplastischen Kunststoff so fein wie möglich im Verstärkungshalbzeug zu verteilen, um die Fließwege für den finalen Imprägnierungsschritt zu minimieren. Die Produkte der Verfahren Pulverimprägnierung, Lösungsmittelimprägnierung und textile Vermischung sind nur teilweise imprägnierte Semipregs, bei denen die thermoplastische Matrix die Oberfläche der Fasern noch nicht oder noch nicht vollständig benetzt hat und die Luft nur teilweise aus dem Faserhalbzeug verdrängt wurde. Um ein vollständig imprägniertes Prepreg herzustellen, müssen diese Semipregs anschließend weiterverarbeitet werden. Die Weiterverarbeitung kann z. B. in Heizpressen, Autoklaven, Intervallheißpressen oder Doppelbandpressen erfolgen. Das Filmstacking-Verfahren und die Schmelzebeschichtung erfordern immer eine sofortige Weiterverarbeitung in einem der genannten Verfahren.

Halbzeugaufbau

Die am häufigsten in thermoplastischen Prepregs eingesetzten Fasern sind Glas- und Kohlenstofffasern, es werden aber auch Aramid-, Basalt- und verschiedene pflanzliche Naturfasern eingesetzt. Bei der Wahl des Fasermaterials sind die hohen Verarbeitungstemperaturen der thermoplastischen Matrix zu beachten, um eine thermische Schädigung der Verstärkungsfasern zu vermeiden. Im einfachsten Falle liegen die Fasern im Verstärkungshalbzeug in einer Ebene parallel nebeneinander, so dass zusammen mit der Matrix ein unidirektionales Prepreg entsteht. Diese Prepregs werden häufig auch als Tapes bezeichnet. Durch das Ablegen mehrerer, unterschiedlich orientierter Tapelagen, z. B. mittels thermoplastischem Tapelegen, können Laminate mit angepasster Faserorientierung hergestellt werden. Neben unidirektionalen Prepregs werden auch Prepregs aus Gelegen hergestellt. Der große Vorteil von Laminaten auf Basis von unidirektionalen Tapes oder Gelegen besteht in der einstellbaren Faserorientierung. Zudem liegen die Fasern gestreckt im Halbzeug vor, wodurch hohe Steifigkeiten erreicht werden. Dennoch werden heutzutage fast ausschließlich thermoplastische Prepregs mit Gewebeverstärkung (sogenannte Organobleche) hergestellt und verwendet. Gründe hierfür sind unter anderem die sehr kostengünstige Fertigung von Geweben und die gute, reproduzierbare Drapierbarkeit bei der Umformung der gewebeverstärkten Prepregs. Nachteilig ist, dass Gewebe immer eine 0/90°-Faserorientierung besitzen und aufgrund der Webtechnik die Ondulation (Welligkeit) der Fasern unvermeidbar ist, wodurch die Steifigkeit des Bauteils reduziert wird.

Typische Anwendungen für Bauteile auf Basis thermoplastischer Prepregs sind flächige Bauteile im kleinen und mittleren Größenbereich, z. B. für die Luftfahrt (z. B. Clips und Versteifungsprofile), der Elektronikindustrie (z. B. Gehäuse für Lautsprecher, Smartphones oder Laptops), oder im Sport- & Freizeitbereich (z. B. Fahrrad- und Skihelme, Sportschuhe, Schläger, Körperschutz). Die Bauteilherstellung erfolgt mittels Umformverfahren. Durch Aufheizen bis zum Aufschmelzen der thermoplastischen Matrix wird zunächst eine ausreichende Beweglichkeit der Fasern ermöglicht. Anschließend wird das Prepreg im aufgeschmolzenen Zustand unter Druck umgeformt, wobei sich die Verstärkungsfasern umorientieren. Durch Abkühlen unter Druck wird das Bauteil konsolidiert und kann anschließend formstabil entnommen werden. Für komplexere Bauteile (z. B. Stoßfänger oder Seitenaufprallschutz in der Automobilindustrie) können die Bauteile nach der Umformung z. B. mittels Spritzgießverfahren funktionalisiert werden.

Stempelumformverfahren

Industriell etabliert ist das Stempelumformverfahren (Pressverfahren), bei der die Umformung und Konsolidierung in einer zweiseitigen, metallischen Werkzeugform realisiert wird. Der Verfahrensablauf des Stempelumformverfahrens ist in Bild 6.91 dargestellt. Das Prepreg wird in einem Spannrahmen mit Führungssystem fixiert, welches die Drapierung des gewebeverstärkten Prepregs unterstützt und Faltenbildung bei der Umorientierung der Fasern verhindert. Anschließend wird das Prepreg mittels Infrarot-Strahlungserwärmung ca. 20 bis 40 °C oberhalb der Schmelztemperatur der thermoplastischen Matrix erwärmt und in die Umformstation befördert. Die eigentliche Umformung findet durch das Schließen der Presse statt. Im kalten Umformwerkzeug kühlt das umgeformte Prepreg ab und wird anschließend als Bauteil entformt. Dieses Verfahren hat sich in den letzten Jahren vor allem aufgrund der kurzen Zykluszeiten im Bereich von einer Minute für die Großserienfertigung etabliert.

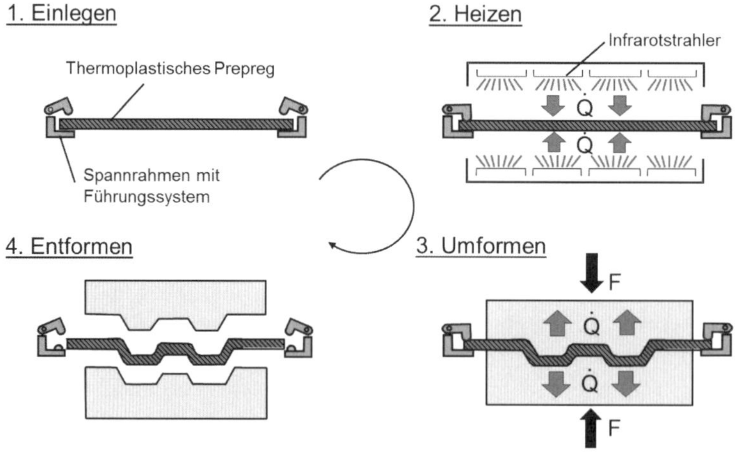

Bild 6.91 Ablauf des Stempelumformverfahrens

Nachteile des Stempelumformverfahrens liegen in der komplexen Werkzeugtechnik, da bereits geringe Änderungen des Prepregmaterials (Dicke, Gewebeart) das Umformverhalten verändern und eine Überarbeitung des Umformwerkzeugs erfordern. Dies stellt insbesondere für die wirtschaftliche Fertigung kleiner und mittlerer Serien ein Hindernis dar. Neben dem Stempelumformverfahren mit zweiseitigem, metallischen Werkzeug hat sich daher auch das Umformen mit Gummistempel (Rubber Forming) etabliert. Auch hier wird der benötigte Umformdruck über die Presskraft der eingesetzten Presse auf das Umformwerkzeug übertragen, jedoch können über den elastischen Gummistempel geringe Unterschiede im Umformverhalten ausgeglichen werden. Nachteile des Umformens mittels Gummistempel liegen jedoch in der limitierten Haltbarkeit und Temperaturbeständigkeit der Gummistempel.

Diaphragma-Umformverfahren

Neben den beschriebenen Pressverfahren, die in beiden Fällen die Presskraft für die Umformung und Konsolidierung des Halbzeugs nutzen, besteht eine weitere Möglichkeit zur Umformung thermoplastischer FVK in verschiedenen Diaphragma-Umformverfahren. Beim serientauglichen Doppel-Diaphragma-Umformverfahren (DDF-Verfahren) wird zur Umformung über zwei Diaphragmen (in der Regel elastomere Membranen) mittels eines Fluids (z. B. Luft) ein hydrostatischer Druck auf das aufgeschmolzene Prepreg aufgebracht. Der Verfahrensablauf ist in Bild 6.92 dargestellt. Das Prepreg wird zwischen den Diaphragmen in einem Transportrahmen positioniert. Durch Vakuum wird das Prepreg örtlich fixiert und die enthaltene Luft weitestgehend entfernt. Anschließend wird das Halbzeug durch Kontakterwärmung zusammen mit den Diaphragmen auf Verarbeitungstemperatur gebracht. Die Diaphragmen verhindern dabei ein Anhaften des klebrigen Matrixmaterials auf den Heizplatten. Die Kontakterwärmung ermöglicht die Applikation eines Drucks, der zusätzlich zum anliegenden Vakuum die Imprägnierung und Konsolidierung des Halbzeugs unterstützt. Nach dem Aufheizen wird das Prepreg in der Umformstation mittels Luftdruck umgeformt und abgekühlt.

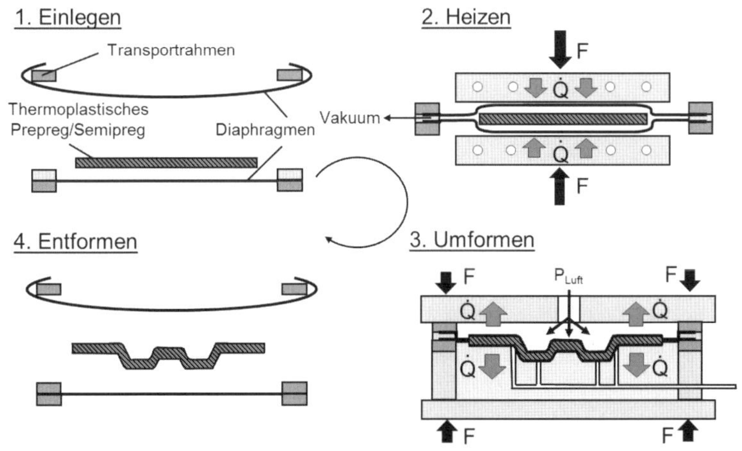

Bild 6.92 Ablauf des Doppel-Diaphragma-Umformverfahrens

Vorteile gegenüber dem Stempelumformverfahren liegen vor allem in der sehr einfachen Werkzeugtechnik, da nur einseitige Umformwerkzeuge notwendig sind. Diese müssen bei einer Änderung des Prepregmaterials nicht angepasst werden. Darüber hinaus wird durch den hydrostatischen Druck richtungsunabhängig eine homogene Druckaufbringung auf das Prepreg erreicht. Hierdurch können auch Bauteile mit senkrechten Seitenwänden oder Hinterschnitten gefertigt werden. Neben thermoplastischen Prepregs können zudem aufgrund der Nutzung von Diaphragmen auch verschiedene Semipregs verarbeitet werden. Solche biegeschlaffen Halbzeuge werden beim Transport durch die Diaphragmen fixiert und können bei der Aufheizung mittels Kontakterwärmung über den aufgebrachten Druck vollständig imprägniert und im nächsten Prozessschritt direkt umgeformt werden.

Nachteilig gegenüber dem Stempelumformverfahren ist der eingeschränkte Verarbeitungstemperaturbereich der wiederverwendbaren elastomeren Diaphragmen. Als Alternative mit größerem Verarbeitungstemperaturbereich kommen superplastische Aluminiumfolien infrage, diese können jedoch nur einmal verwendet werden und sind daher für eine Serienfertigung nicht geeignet. Ein weiterer Nachteil der Diaphragma-Umformverfahren ist die geringere Präzision der Abformung der Werkzeuggeometrie, da sich stets das Diaphragma zwischen dem Prepreg und der Werkzeugoberfläche befindet.

6.7.3.10 Pressen langfaserverstärkter Kunststoffe

Das Pressen langfaserverstärkter Kunststoffe bietet sich immer dann als geeignetes Fertigungsverfahren an, wenn komplexe Bauteile in großen Stückzahlen mit guten mechanischen Eigenschaften hergestellt werden sollen. Die guten mechanischen Eigenschaften werden durch die in den Pressmassen enthaltenen Langglasfasern (Faserlänge bis ca. 50 mm) bewirkt. Durch die schonende Verarbeitung des Pressens – im Vergleich zum Spritzgießen – werden die Verstärkungsfasern kaum geschädigt und liegen im fertigen Bauteil praktisch in ihrer ursprünglichen Länge von einigen Zentimetern vor. Die Fertigung erfolgt dabei in Zykluszeiten zwischen ca. 20 Sekunden bis zu wenigen Minuten.

6.7.3.10.1 Pressmassen

Sheet Moulding Compound (SMC)

Inhaltsstoffe SMC

Das SMC stellt zurzeit die langfaserverstärkte Pressmasse mit der größten wirtschaftlichen Bedeutung dar. Diese duroplastische Pressmasse besteht im Wesentlichen aus ungesättigten, also härtbaren Polyesterharzen, dem Härter, mineralischen Füllstoffen, den Glasfasern und einigen Hilfs- und Zuschlagstoffen. Hierzu zählen Farbpigmente zum Einfärben, Zinkstearat als Gleit- und Trennmittel und Magnesiumoxid zum Eindicken der Harzmasse. Tabelle 6.9 zeigt drei typische Rezepturen. Bei den LS-(Low-Shrink) und LP-(Low-Profile) Rezepturen handelt es sich um Pressmassen, die durch den Zusatz von Thermoplastpartikeln modifiziert wurden, um bessere Oberflächenqualitäten der Bauteile (z. B. Vermeidung von Welligkeiten oder Einfallstellen) zu erzielen. Die Thermoplastkomponente kann teilweise die Schwindung der Harzmasse während der Härtung kompensieren.

Tabelle 6.9 Typische SMC-Matrix-Rezepturen (SMC-Paste)

Type Bestandteile	Standard Gew.%	LS Gew.%	LP Gew.%
1. Polyesterharz (inkl. Styrol)	37,1	27,8	25,54
2. Thermoplastische Komponente	-	9,3	14,60
3. Reaktionsmittel (inkl. Inhibitor, Härter)	0,4	0,4	0,36
4. Trennmittel	1,5	1,5	1,50
5. Polyethylenpulver	2,0	2,0	-
6. Füllstoffe	55,6	55,6	56,50
7. Pigmentdispersion	3,0	3,0	-
8. Verdickungsmittel	0,4	0,4	1,50
Insgesamt	**100,0**	**100,0**	**100,0**

Herstellung SMC

Hergestellt wird das SMC auf sogenannten Mattenanlagen (Bild 6.93). In diesen Mattenanlagen wird zunächst der fertig gemischte und noch dünnflüssige Harzansatz auf Trägerfolien aufgerakelt. Eine dieser Trägerfolien wird dann unter einem Schneidwerk durchgeführt, dem von Spulen endlose Glasfaserrovings zugeführt werden. Je nach Einstellung werden die Rovings im Schneidwerk auf eine Länge von 12 bis 50 mm geschnitten, die dann durch Schwerkraft auf die berakelte Trägerfolie fallen. Hierdurch entsteht eine dichte gleichmäßige Schnittfaserlage, in der die Glasfasern statistisch gleichmäßig orientiert vorliegen. Durch Ablegen ungeschnittener Rovingstränge können auch Pressmassen hergestellt werden, die dann eine unidirektionale Verstärkung mit quasi endlosen Glasfasern aufweisen (Option in Bild 6.93).

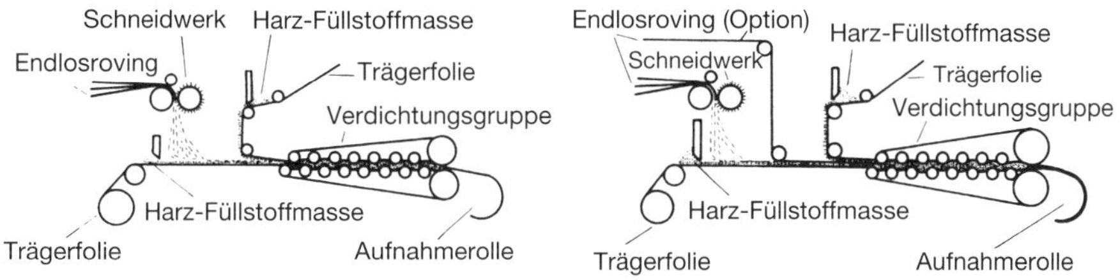

Bild 6.93 Prinzip einer SMC-R- und einer SMC-C/R-Fertigung

Die so entstandene Schicht wird schließlich durch das Bedecken mit der zweiten berakelten Folie und dem Durchlaufen einer Walkstrecke intensiv von der Harzmasse durchtränkt. Die Harzmatte hat in aller Regel eine Dicke von 2 bis 3 mm und wird zu großen Rollen aufgewickelt. An diesen eigentlichen Herstellungsprozess schließt sich eine mehrtägige Reifezeit an, in der das Magnesiumoxid ein Eindicken der ursprünglich dünnflüssigen Harzmasse bewirkt. In die Produktionsstätten gelangt das SMC dann als lederartige und klebrige, aber nicht fädenziehende Matte.

Da sehr viele SMC-Verarbeiter ihre Pressmassen selber herstellen, gibt es eine kaum zu überblickende Vielfalt im Detail unterschiedlicher Harzrezepturen und Faserstrukturen. Der Begriff SMC ist somit als Sammelbegriff für eine Gruppe von vielen, sich in der genauen Zusammensetzung unterscheidenden Pressmassen zu verstehen.

Anwendungen SMC

Typische Anwendungen für SMC liegen bei Bauteilen für die Elektroindustrie – z.B. Gehäuse für Schalterschränke, Langfeldleuchten usw. – und auf dem Kraftfahrzeugsektor. Im Nutzfahrzeugbau werden Spoiler und Karosserieelemente aus LP-Matten hergestellt, für Pkw Motorhauben, Heckklappen, kleinere Verkleidungselemente für Lüftungsöffnungen und mit unidirektional verstärkten Pressmassen auch hochbelastete Stoßfängerträger.

Glasmattenverstärkter Thermoplast (GMT)

Bei GMT handelt es sich wie zuvor beim SMC wieder um einen Sammelbegriff für eine Gruppe von Pressmassen. Im Gegensatz zum SMC wird GMT aber nur von einigen Rohstoffherstellern als großes plattenförmiges Halbzeug vertrieben, denn in diesem Zustand ist es aufgrund der thermoplastischen Matrix im Gegensatz zum duroplastischen SMC formstabil, nicht klebrig und praktisch unbegrenzt lagerfähig. Verschiedene GMT-Typen unterscheiden sich hauptsächlich in der Struktur der Glasfaserverstärkung voneinander. Durch unterschiedliche Faserlängen und Anordnung der Glasfasern lassen sich die Verarbeitungs- und Endeigenschaften in einem weiten Bereich variieren (von nur umformbaren Glasmatten bis hin zu fließfähigen dispers angeordneten Fasern).

GMT-Typen

Derzeit wird praktisch nur Polypropylen (PP) aufgrund seiner guten Eigenschaften bei niedrigem Preis (Bild 6.94) als Matrixwerkstoff eingesetzt. Moderne GMT-Typen besitzen einen Rezyklatanteil von ca. 10 % des Matrixwerkstoffs.

Vorteile:

- geringe Dichte
- hoher E-Modul
- hohe Energieaufnahme
- hohe Kälteschlagzähigkeit
- ähnliche Werte für Schlag- und Kerbschlagzähigkeit
- ausreichende Wärmeformbeständigkeit [155 °C]
- gute Chemikalienbeständigkeit
- Herstellung mittelgroßer Bauteile
- geringer Preis

Nachteile:

- Hinterschneidungen kaum realisierbar
- Nachbearbeitung erforderlich
- schlecht lackierbar (Temperaturbeständigkeit, Oberfläche, PP) alternativ: genarbt, kaschiert

Bild 6.94 Eigenschaftsbild GMT-PP

Aufgrund seiner hervorragenden Schlagzähigkeit, die auch bei tiefen Temperaturen erhalten bleibt, gekoppelt mit einem ausreichend hohen E-Modul, findet man GMT als Geräuschkapselung unter PKW-Motorräumen und in anderen steinschlaggefährdeten Bereichen. Weitere Anwendung sind großflächige Bauteile, wie das mechanisch hochbelastete Rückgrat in Fondsitzen und Saalbestuhlungen.

Langfaserverstärkter Thermoplast (LFT)

Beim LFT handelt es sich, wie beim GMT, um eine Gruppe von faserverstärkten thermoplastischen Ausgangsmaterialien, die im Plastifizier-Pressprozess verarbeitet werden. LFT

LFT wird in Form von stäbchenförmigem Granulat, den sogenannten Pellets, vertrieben. Je nach Dimension der Pellets besitzt das Ausgangsmaterial eine Faserlänge von 12 bis 25 mm – in Sonderanwendungen auch darüber. Im Wesentlichen werden beim LFT Polypropylen als Matrixwerkstoff und Glasfasern als Verstärkungsmaterial verwendet.

Im Vergleich zum oben beschriebenen GMT-Bauteil liegen bei LFT-Produkten in der Regel kürzere Glasfasern vor. Durch den Plastifizierprozess während der Verarbeitung von LFT werden die Glasfasern im Plastifizierer aufgrund einwirkender mechanischer Kräfte geschädigt bzw. verkürzt. Untersuchungen ergaben, dass von einer Halbierung der Faserlänge während des Plastifizierprozesses ausgegangen werden kann.

Demgegenüber stehen einige deutliche Vorteile des LFT. Zum einen ist das Ausgangsmaterial kostengünstiger, zum anderen ist die Dosierung technisch wenig komplex und das komplette Fertigungsverfahren ist gut automatisierbar. Durch den Aufheizprozess im Plastifizierer ist es weiterhin problemlos möglich, einen gewünschten Anteil an Rezyklat (z. B. geschredderte oder gemahlene Produktionsabfälle, Ausschuss etc.) beizufügen. Des Weiteren ist es beim sogenannten Direkt-LFT-Verfahren möglich, die Verstärkungsfasern und die Thermoplastgranulate getrennt zu dosieren und erst im Plastifizierprozess zu einer LFT-Pressmasse zusammen zu führen. Dadurch kann der Verarbeiter den Werkstoff individuell an die Anforderungen der zu fertigenden Produkte anpassen.

Das LFT-Material konnte sich mittlerweile durchsetzen und findet unter anderem in der Automobilindustrie breite Anwendung.

6.7.3.10.2 Verarbeitung

Vorbereitung der Pressmassen

Zur Vorbereitung des eigentlichen Pressvorganges müssen bei SMC und GMT aus den Halbzeugen Zuschnitte ausgetrennt werden. Dieses Ausschneiden kann beim SMC mit einfachen Messern erfolgen, während beim GMT auf Schlagscheren zurückgegriffen werden muss. Die Zuschnitte sind üblicherweise rechteckig, um den Abfall beim Zuschneiden möglichst gering zu halten. Mit der Gesamtmenge der Zuschnitte, die für einen Prozesszyklus benötigt werden, werden das Gewicht und die Wanddicke des fertigen Bauteils bestimmt, mit der Form der Zuschnitte wird die Ausprägung der Fließvorgänge im Presswerkzeug wesentlich mitbestimmt. In der Regel werden die Einzelzuschnitte vor dem Einlegen in das Presswerkzeug zu Verarbeitung einem Zuschnittpaket gestapelt. Hierzu reicht es beim SMC aus, die Trägerfolien zu entfernen, die Zuschnitte aufeinander zu legen und in das Presswerkzeug einzulegen.

Im Gegensatz zum SMC muss das GMT zunächst auf Temperaturen oberhalb der Schmelzetemperatur der thermoplastischen Matrix aufgeheizt werden, um umformbar zu sein. Hierzu werden Vorheizstationen eingesetzt, die entweder über Konvektion (Umluftöfen), Strahlung (mittelwellige Infrarot-Strahler) oder über Leitung (Kontaktbeheizung) die Einzelzuschnitte erwärmen.

Nach dem Verlassen der Vorheizstation müssen die GMT-Zuschnitte zu einem Zuschnittpaket gestapelt werden. Dabei handelt es sich um eine viel aufwendigere Handhabungsaufgabe als beim SMC. Im Vergleich zum lederartigen SMC sind die vorgeheizten GMT-Zuschnitte noch weniger biegesteif und durch die jetzt schmelzeflüssige Matrix extrem klebrig. Zudem muss das Zuschnittpaket schnell aufgebaut und im Presswerkzeug abgelegt werden, um ein Abkühlen und damit einen Verlust an Fließfähigkeit zu verhindern. In modernen Fertigungsstraßen werden deshalb meist entsprechende Beschickungs- und Handhabungssysteme mit Nadelgreifern eingesetzt.

Zur Vorbereitung von LFT werden die Pellets zunächst entweder über Dosieranlagen oder auch über einfache Trichter einem Plastifizierer zugeführt. Beim D-LFT-Verfahren werden die Verstärkungsfasern erst nach dem Plastifizieren der Matrix zugegeben, um die mechanische Belastung der Fasern zu minimieren. Nach dem Einziehen des Materials wird dieses ähnlich wie beim Spritzgießprozess in den Schneckenvorraum gefördert. Dabei schmilzt das LFT auf und wird zusätzlich vermischt. Nachdem genügend Material im Schneckenvorraum vorliegt, wird der sogenannte Strang ausgestoßen und anschließend in das Presswerkzeug eingelegt (Bild 6.95).

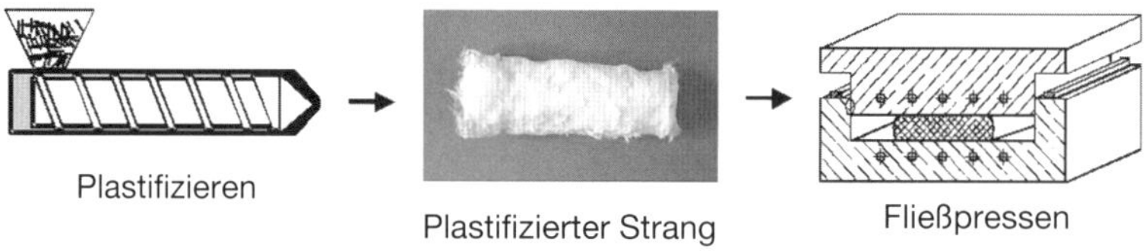

Bild 6.95 Verfahrensablauf beim Plastifizier-Pressprozess

Während des Plastifiziervorgangs unterliegt das Material hohen mechanischen Beanspruchungen, so dass es zu einer Verkürzung der Fasern kommt. Damit die Fasern möglichst wenig geschädigt werden, kommen reine Förderschnecken mit einer einheitlichen Gangtiefe ohne Kompressionszone zum Einsatz. Folglich wird das Material im Wesentlichen durch von außen eingebrachte Temperatur erwärmt und die einwirkende Scherenergie minimiert. Das Einlegen des plastifizierten Stranges in das Presswerkzeug kann sowohl manuell als auch über Handhabungssysteme automatisiert erfolgen.

Formgebung durch Pressen

Wie bei vielen anderen Verarbeitungsverfahren der Kunststoffverarbeitung findet man auch beim Pressen eine Kopplung von thermischen Ausgleichsvorgängen und Strömungsprozessen. Beim SMC liegt die Ursache für den thermischen Ausgleichsvorgang in der Temperaturdifferenz zwischen dem ca. 150 °C heißen Presswerkzeug und der Pressmasse mit Raumtemperatur. Mit dem Kontakt zwischen der oberen Werkzeugoberfläche und dem Zuschnittpaket, also dem Beginn des Fließprozesses, tritt die Erwärmung auch von dieser Oberfläche ausgehend auf. Die Erwärmung schreitet während des Fließens weiter fort und macht das SMC zunehmend dünnflüssig. Bei der Verarbeitung von GMT und LFT sind die Presswerkzeuge auf ca. 80 °C temperiert. GMT und LFT werden also vom Moment des Einlegens an abgekühlt.

Tauchkante

Aus der Art der Vorbereitung der Pressmassen beim Pressen ergibt sich der Umstand, dass die Pressmassendosierung nie wirklich exakt ist. Daher kann kein Werkzeug mit einer definierten Trennebene eingesetzt werden, stattdessen verwendet man Werkzeuge mit sogenanntem Tauchkantenverschluss (Bild 6.96). Die Tauchkanten der beiden Presswerkzeughälften bilden bei schließendem Werkzeug einen engen Dichtspalt in Pressrichtung, der ein Austreten der Pressmasse verhindert. Geringe Dosierfehler äußern sich somit nur in einer kleinen Dickenabweichung des fertigen Bauteils. Moderne Pressen (Beispiel Bild 6.97) sind häufig numerisch auf Parallelität geregelt, um reproduzierbare Fließvorgänge zu gewährleisten.

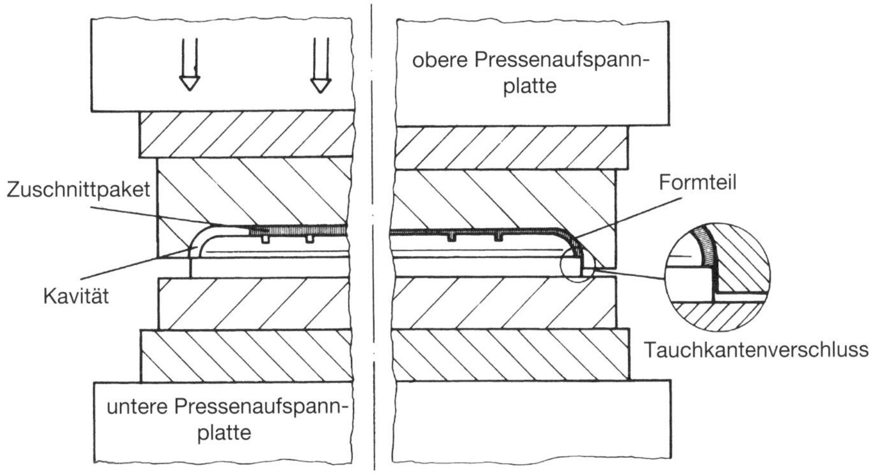

Bild 6.96 Pressen von SMC

Es werden ausschließlich hydraulische Pressen mit Schließkräften bis zu einigen zehntausend kN eingesetzt. Für die Qualität gepresster Bauteile ist der Fließvorgang beim Umformen des Zuschnittpaketes von entscheidender Bedeutung, da die Strömung der Pressmasse fast immer eine bevorzugte Orientierung oder Ausrichtung der ursprünglich statistisch orientierten Glasfasern bewirkt. Bis auf wenige

Ausnahmen (bei denen zufällig die strömungsbedingte Orientierung zusammenfällt mit der Beanspruchungsrichtung eines mechanisch hochbelasteten Bauteils) sind solche Orientierungen nicht erwünscht. Die Orientierung bewirkt beim Härten und Abkühlen eine richtungsabhängige Schwindung und führt häufig zu einem Verzug des Bauteils. Der Fließvorgang kann durch die Geometrie des Zuschnittspakets (SMC oder GMT) bzw. des plastifizierten Strangs (LFT) und den Ablegeort des Zuschnittpakets gezielt beeinflusst werden.

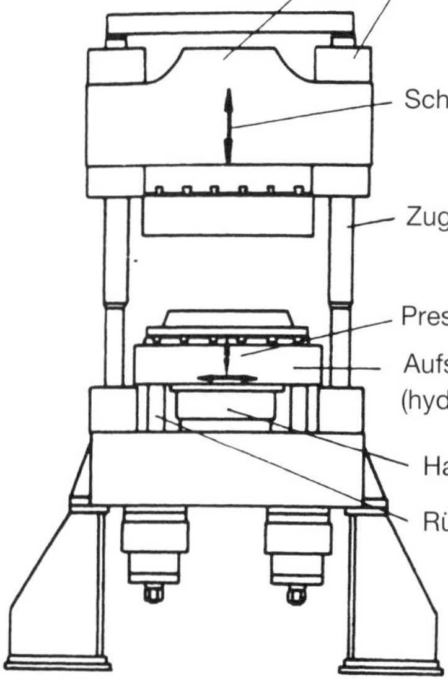

Bild 6.97
Kurzhubpresse mit Parallelführung

Verfestigung der Pressmassen

Härtung

Nach dem Fließprozess befindet sich das SMC in Ruhe unter hydrostatischem Druck im geschlossenen Werkzeug. Der Kontakt mit dem heißen Presswerkzeug bewirkt einen weiteren Temperaturanstieg, der schließlich zur Aktivierung des Härters führt. Durch den Zerfall des Härters werden Radikale gebildet, die die Härtung oder Vernetzung des ungesättigten Polyesterharzes einleiten. Nach Durchlaufen eines Viskositätsminimums wird die Pressmasse allmählich wieder zähflüssiger und schließlich zu einem steifen Festkörper (Bild 6.98). Aufgrund der exothermen Vernetzungsreaktion wird mit zunehmendem Härtungsverlauf nicht mehr Wärme vom Werkzeug, sondern von der Pressmasse abgegeben.

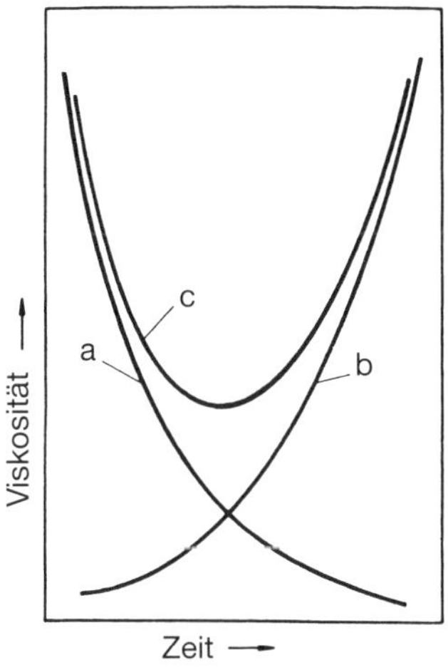

a – Abnahme durch Temperaturanstieg
b – Zunahme durch Härtungsreaktion
c – resultierender Viskositätsverlauf

Bild 6.98
Qualitativer Viskositätsverlauf beim Pressen von SMC

Abkühlung

GMT oder LFT erhalten die notwendige Formstabilität einfach durch das Abkühlen und Einfrieren der thermoplastischen Matrix. Diese Abkühlung beginnt schon mit dem Einlegen des Zuschnittpaketes in das Werkzeug. So kann es sein, dass die oberflächennahen Schichten der Pressmasse noch während des Fließvorgangs so weit abkühlen, dass sie Feststoffcharakter annehmen. Das Material beginnt also, von den Werkzeugoberflächen ausgehend, einzufrieren. Der Formfüllvorgang und das Erlangen der Formstabilität lassen sich daher nicht wie beim SMC voneinander trennen.

6.7.4 Prozesssimulation bei der Pressverarbeitung

Durch die immer komplexer werdenden Bauteile, die mittels Pressen hergestellt werden (z. B. im Fahrzeugbereich: Frontend, Seitenschweller, Heckklappe, Ölwanne etc.) gewinnt die Prozesssimulation für den Pressvorgang zunehmend an Bedeutung. Zu den Simulationsprogrammen zählen u. a. CADPRESS und EXPRESS. Sie ermöglichen die Simulation der komplexen Strömungsvorgänge in der Kavität und die Berechnung der daraus resultierenden Faserorientierungen. Somit besteht in der Entwicklungsphase schon frühzeitig die Möglichkeit, das Bauteil auf seine Herstellbarkeit und die späteren mechanischen Eigenschaften hin zu untersuchen. Weiterhin werden Prozesssimulationsprogramme dafür verwendet, eine Vorhersage hinsichtlich der Schwindungs- und Verzugseigenschaften des Bauteils zu treffen. Dies ist insbesondere für die Maßhaltigkeit des späteren Bauteils von hoher Bedeutung. Durch die Prozesssimulation ist somit schon frühzeitig die Möglichkeit der Optimierung des Prozesses und der Bauteilgeometrie gegeben. Dies ermöglicht kürzere Entwicklungszyklen und erspart Kosten.

6.8 Kalandrieren

Stabilisatoren einsparen

Kalanderanlagen gehören zu den größten und teuersten Investitionen im Bereich der Kunststoffverarbeitung. Beim Kalander handelt es sich um ein Walzwerk, bestehend aus einer Reihe von Präzisionswalzen, mit denen vorbereitete Schmelze ausgeformt wird. Kalanderanlagen werden zum Herstellen von Folien und Platten (Fußböden) und zum Beschichten benutzt (z. B. Reifencordbeschichtung mit Gummi für die Herstellung von Autoreifen). In der Kunststoffverarbeitung hat sich der Kalander nur für die Verarbeitung von PVC-Formmassen zu Folien und Fußbodenbelägen halten können. Hier bietet er gegenüber dem Extrudieren eine größere Rentabilität, die durch einen sehr hohen Ausstoß und die Einsparung teurer Stabilisatoren gewährleistet ist, da im Gegensatz zu Extrusionsanlagen (Blaskopf, Breitschlitzdüse) der Kunststoff während kürzerer Zeiten in Hitzezonen verweilt. Hierdurch wird die thermische Schädigung der Formmasse vermindert, weshalb Stabilisatoranteil in der Rezeptur und somit die Rezepturkosten reduziert werden können. Neben dem hohen Ausstoß sind die augenscheinlichsten Vorteile einer Kalandriervorrichtung die leichte Zugänglichkeit und die Möglichkeit eines schnellen Materialwechsels (Reinigung bei Chargenwechsel usw.) sowie das einfache Handling auch sehr hochviskoser Formmassen.

Es gibt für *Hart-PVC* (ohne Weichmacher) zwei grundsätzlich unterschiedliche Verfahren, den Niedertemperatur (NT)- oder *Luvitherm-Prozess* und das *Hochtemperatur-(HT)-Verfahren*. Beim seltener angewandten Luvitherm-Verfahren für z. B. Klebebänder wird das PVC-Pulver auf dem Kalander nur zusammengesintert (160 °C). Erst beim Überlaufen über eine dem Kalander nachgeschaltete Schmelzwalze (240 °C) wird das Band durchgeschmolzen und dabei hochtransparent.

Hochtemperatur-Verfahren

Hier wollen wir uns lediglich ausführlicher mit dem *HT-Verfahren* beschäftigen, wie es in breitem Maß für Folien aus PVC eingesetzt wird. *PVC-Weich-Kalander* sind hinsichtlich Bauart nicht sehr viel anders. Die wesentlichen Stationen einer Kalanderstraße für das HT-Verfahren zeigt Bild 6.99. Dies sind:

- die Wäge- und Vormischstation (im Bild nicht dargestellt),
- die Plastifizieranlage,
- der Kalander zum Ausformen und Kalibrieren,
- die Kühlwalzen,
- die Abzugswalzen,
- die Wickelvorrichtung

und zwischen diesen Stationen Vorrichtungen zum eventuellen Recken, Prägen oder für andere Verfahrensprozesse. Im Gegensatz zum Extrudieren erfolgen das Plastifizieren und die Formgebung getrennt. Die einzelnen Stationen sollen nachfolgend näher beschrieben werden.

Wiege- und Vormischstation

Diese Aufgaben werden heute vollautomatisch bewältigt. Das Prinzip gleicht demjenigen anderer großer Wiegeanlagen von schüttförmigen Gütern.

Plastifizierung

(Bild 6.99: Station 1 und 2 sowie Bild 6.100 Station 1, 2, 3 und 4)

Mischen, Plastifizieren

Nach dem Mischen des PVC-Pulvers mit den notwendigen Zuschlagstoffen (Weichmacher, Stabilisatoren, Gleitmittel usw.) wird die Masse meist zunächst chargenweise in einem *Wirbelmischer* oder bei hohen Füllstoffgehalten (Fußböden) in einem *Stempelkneter* erwärmt und gemischt. Dem Wirbelmischer folgt dann zur Plastifizierung ein Schneckenkneter, ein Stempelkneter oder ein Planetwalzenextruder (Bild 5.7) und/oder ein Mischwalzwerk. Dieses dient als Pufferstation und bildet ein sogenanntes Fell, wovon Schmelze kontinuierlich meist dadurch abgenommen wird, dass man an einer Seite ein Band abtrennt und dieses über das Förderband (Bild 6.99) dem ersten Kalanderspalt zuführt. Zur Herstellung von Weich-PVC-Folien (Bild 6.100) wird vor dem ersten Walzenspalt zusätzlich ein Strainerextruder (4) eingesetzt, der das Material weiter homogenisiert und eventuelle Verunreinigungen herausfiltert.

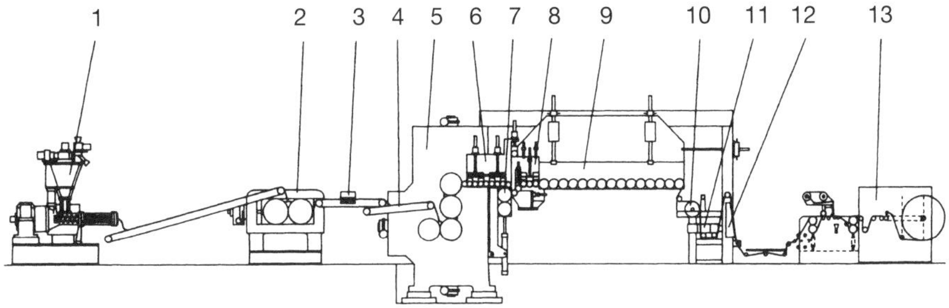

1 Walzenextruder, **2** Mischwalzwerk, **3** Metallsuchgerät, **4** Beschickeinrichtung (schwenkbar), **5** 4-Walzen-L-Kalander, **6** Mehrwalzenabzug, **7** Prägeeinrichtung, **8** Abnahmeeinrichtung, **9** Temperatur- und Kühleinrichtung, **10** Vakuumwalze, **11** Flächengewichts-Messanlage, **12** Leuchtschirm, **13** Zweifach-Wickelmaschine

Bild 6.99 Schema einer Kalandrierlinie zum Herstellen von Hart-PVC-Folien nach dem Hochtemperaturverfahren (Hermann Berstorff Maschinenbau GmbH, Hannover)

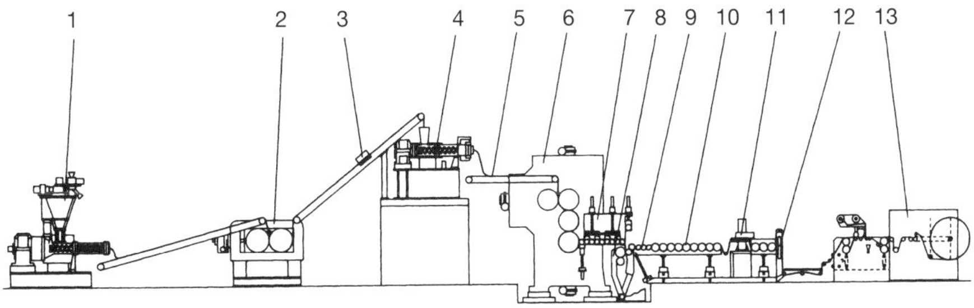

1 Walzenextruder, **2** Mischwalzwerk, **3** Metallsuchgerät, **4** Strainer, **5** Beschickeinrichtung, **6** 4-Walzen-F-Kalander, **7** Mehrwalzenabzug, **8** Prägeeinrichtung, **9** Abnahmeeinrichtung, **10** Temperatur- und Kühleinrichtung, **11** Flächengewichts-Messanlage, **12** Leuchtschirm, **13** Zweifach-Wickelmaschine

Bild 6.100 Schema einer Anlage zum Herstellen von Weich-PVC-Folien (Hermann Berstorff Maschinenbau GmbH)

Kalander zum Ausformen

Knetwirbel

(Bild 6.99: Station 5 bzw. Bild 6.100 Station 6)

Der erste Walzenspalt wird mit dem Band vom Mischwalzwerk oder dem Strainer über eine Beschickeinrichtung gespeist. Dort wird das eingelaufene Band zusammengewalzt zur Rohfolie, die noch keine gute Oberflächenqualität besitzt. Sie läuft nun aus dem ersten Kalanderspalt mit der zweiten Walze in den zweiten Kalanderspalt. Hier bildet sich ein „laufender Knet" (Bild 6.101). Solche Knete sind auch in dem folgenden Walzenspalt vorhanden. Die Wirbel entstehen dadurch, dass die Kunststoffmasse sich vor dem engeren Walzenspalt aufstaut. Im Knetwirbel steht das zurückgelaufene Material unter dem Druck der Außenhaut und der Walzen. Es fließt in einer laminaren Strömungsform, d.h. Stromlinie um Stromlinie des einlaufenden Folienbandes wird zurückgelenkt. So wird die Folie quasi an ihrer Oberfläche „abgehobelt". Beim Rückfließen gelangen die Stromlinien, die jetzt innen liegen – also diejenigen, die früher die Folienoberfläche bildeten – in den mittleren, den „Knetwirbel" (vgl. Bild 6.101). Etwas mehr als die Hälfte des einlaufenden Folienbandes läuft unbeeinflusst durch den Walzenspalt (Dicke h_A). Das in die Wirbel verdrängte Material wird zur Seite verdrängt (Bild 6.102).

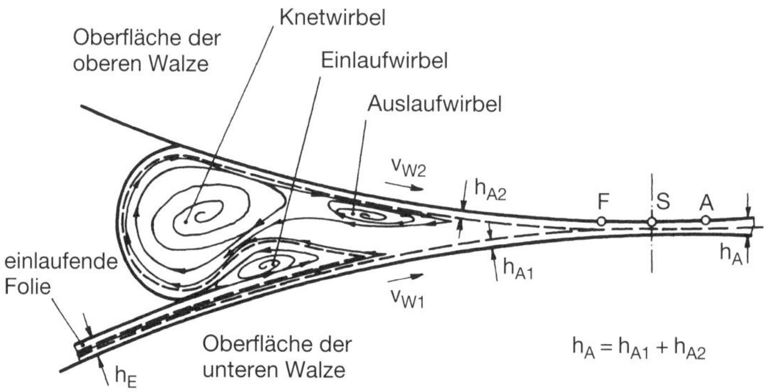

F Fließscheide, **S** Engste Stelle des Spaltes, **A** Ablösestelle, $\mathbf{h_{A,E}}$ Dicke der Bahn, $\mathbf{v_W}$ Walzenumfangsgeschwindigkeiten, $\mathbf{v_{W2}} > \mathbf{v_{W1}}$ (ca. 10 %)

Bild 6.101 Schematische Darstellung der Strömungsverhältnisse im Knet beim Kalandrieren (nach Unkrüer)

Folienqualität

Solche Knete sind in allen Walzenspalten vorhanden. Man erkennt aus den gezeigten Bildern, dass jeweils die Unterseite des einlaufenden Bandes den Walzenspalt unverändert passiert, dagegen die Oberseite Stromlinie um Stromlinie abgetragen und zurückgerissen wird. Auf diese Weise wird in jedem Spalt jeweils eine neue Oberfläche gebildet. Die Qualität der Folie wird folglich von der Ausbildung der Knete bestimmt. Um eine Folie ausreichender Qualität herzustellen, sind zwangsläufig mindestens drei Walzenspalte notwendig. Der erste zum Formen der Urfolie, der zweite und dritte Walzenspalt, um beide Oberflächen neu zu gestalten. Grundsätzlich bringt jeder weitere Walzenspalt einen Qualitätsgewinn. Die Mitnahme des Bands erfolgt stets von der heißeren Walze, also von der, die stärker aufgeheizt wird oder schneller läuft (Friktionswärme).

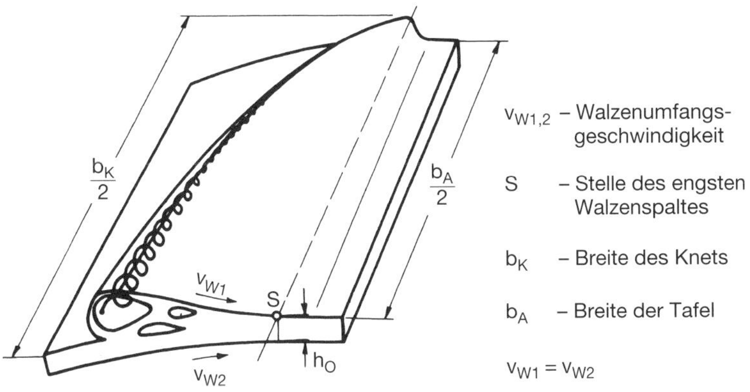

v_{W1} Umfangsgeschwindigkeit der Oberwalze, **v_{W2}** Umfangsgeschwindigkeit der Unterwalze, **h_0** Höhe des engsten Walzspaltes, **h_A** Höhe der Kalanderfolie, **b_A** Folienbreite nach Verlassen des Walzspaltes, **b_k** Breite des Knetes, **S** Stelle des engsten Walzspaltes

Bild 6.102 Spiralenförmige Bewegung eines Massenteilchens im Knetwirbel in Querrichtung

Walzenanordnung

Am häufigsten werden die Kalanderwalzen in F- oder – umgekehrt – in L-Form angeordnet (Bild 6.103). Die Walzen bestehen üblicherweise aus verchromtem Schmiedestahl oder hochglanzpoliertem Hartguss. Der Durchmesser reicht bis etwa 900 mm, die Breite bis 4500 mm. Die Anforderungen an die Oberflächengüte sowie die Rundlaufgenauigkeit mit < 2,5 μm sind extrem hoch. Die Walzenspalte sind einzeln verstellbar. Optimal herstellbar sind Foliendicken zwischen 100 und 140 μm. Dünnere Folien werden dann durch Recken in einer Folgestation erzeugt.

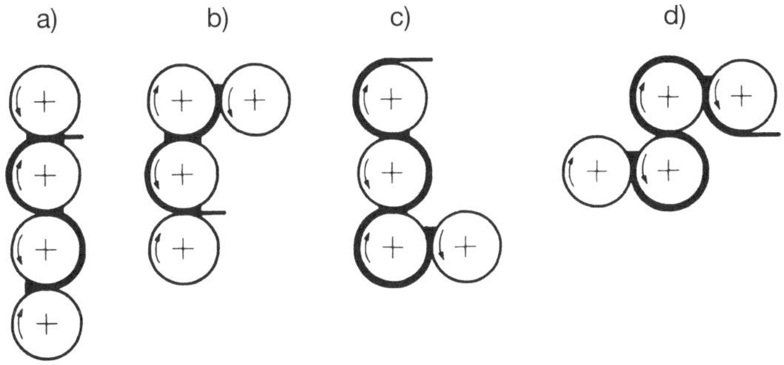

Bild 6.103 Anordnung von Kalanderwalzen; a) Vierwalzen-I-Kalander b) Vierwalzen-F-Kalander c)Vierwalzen-L-Kalander d) Vierwalzen-Z-Kalander

Zum Beheizen eignet sich am besten Heißwasser, da über die gesamte Walzenbreite eine Temperaturkonstanz von ±1 °C gewährleistet sein muss. Die Temperatur steigt von Walze zu Walze bei der Verarbeitung von PVC-Hart von etwa 180 °C auf über 200 °C. Die letzte Walze wird des leichteren Abzugs wegen dann wieder etwas kühler gehalten.

Kalanderspalt

Das Einhalten einer über die Walzenbreite exakten Spaltdicke bereitet maschinentechnisch große Schwierigkeiten. Zum Ausgleich der Durchbiegung stehen im Wesentlichen die in Bild 6.104 gezeigten Möglichkeiten zur Verfügung. Die einfachste Lösung stellt die Bombage dar. Dabei werden die Walzen von vornherein so geschliffen, dass die Durchbiegung gerade aufgehoben wird. Dies kann für einen Betriebspunkt für ein Material recht genau ermittelt werden. Bei Änderungen der Materialviskosität oder anderer Parameter, wie der Dicke des Felles, sind darüber hinaus weitere Möglichkeiten zu nutzen. Das Produktionsfenster kann durch die Gegenbiegung und/oder leichtes Kreuzen der Walzen (Schrägstellen) vergrößert werden.

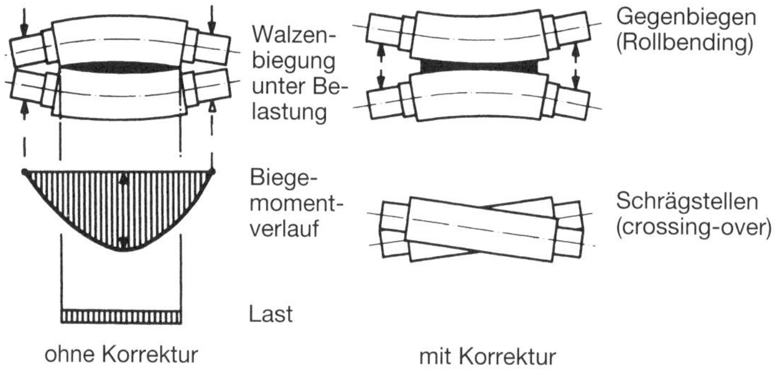

Bild 6.104 Korrekturmöglichkeiten für die Walzendurchbiegung

Kühlwalzen (vgl. Bild 6.99 , Station 9)

Die Folie wird von der letzten Kalanderwalze mit einer Abzugswalze kleinen Durchmessers abgenommen und läuft dann auf die Kühlwalzen. Dabei handelt es sich bei relativ dicken Substraten, z. B. Fußbodenbahnen aus Weich-PVC, die ein zusätzliches Kühlen erfordern, um größere angetriebene Kühlwalzen. Relativ dünne Folien dagegen kühlen bereits durch Abstrahlung und Konvektion beim Ablaufen über temperierte Führungswalzen ausreichend ab.

Abzugswalzen

Der Abzug erfolgt über Bremswalzen mit großem Umschlingungswinkel, damit stets eine konstante Spannung an der Folie anliegt und somit der unterschiedliche Zug der Haspel keine Rückwirkung auf die Foliengeschwindigkeit in der Anlage hat. Die Folien werden mit Wendewicklern aufgewickelt. Diese Wickler können automatisch ohne Unterbrechung der Produktion die Folie umlegen, sobald ein Haspel gefüllt ist. Die Geschwindigkeiten betragen bei PVC-Hart etwa 40 m/min, bei PVC-Weich etwa 60 m/min und bei in der Straße gereckten Folien etwa 180 m/min.

Veredelung (Zusatzeinrichtungen)

Vielfach werden Veredlungsstufen wie Präge- und Reckstationen in die Kalanderstraße eingebaut. Beim Recken von Folien will man eine Festigkeitssteigerung und (oder) eine Dickensenkung erreichen. Eine weniger günstige Lösung wäre nämlich, die Folie zuerst wieder aufzuwärmen und dann zu recken.

Bei der heute gebräuchlichsten Reckmethode wird die Folie über viele kleine nebeneinanderliegende Walzen geführt, von denen die letzte Walze schneller als die erste angetrieben wird und dadurch die Folienbahn gedehnt wird. Die zwischenliegenden Walzen drehen frei. Alle Walzen werden auf Recktemperatur gehalten.

6.9 Verarbeitung durch Gießen

Charakteristisch für dieses Verfahren ist die Verarbeitung fließfähiger Kunststoffe, die allein unter Schwerkrafteinfluss bzw. dem Einfluss von Zentrifugalkräften (*Schleuderguss*) fließen. Formteile werden drucklos in offenen oder geschlossenen Werkzeugen, Folien auf Trommeln oder Endlos-Bänder gegossen. Dieses Verarbeitungsverfahren wird sowohl für duro- als auch für thermoplastische Kunststoffe angewendet.

Voraussetzung für die Anwendung dieses Verfahrens ist das Vorliegen eines fließfähigen Kunststoffs. Die Kunststoffe liegen in Form von Schmelzen, Lösungen, Dispersionen, Pulver (Thermoplaste) oder als härtbare *Gießharze* (Duroplaste) vor. Nach dem *Ausformen* des Formteils erstarrt der Kunststoff durch Abkühlung (Thermoplaste) oder durch die Vernetzungsreaktion (Duroplaste). Verfahrenstechnische Vorteile dieses Verarbeitungsverfahrens sind:

- der geringere werkzeugtechnische Aufwand (durch die weitgehend drucklose Verarbeitung ist die mechanische Werkzeugbelastung geringer, so dass die Werkzeuge mechanisch weniger aufwendig sein müssen),
- der geringe maschinenbauliche Aufwand bei der Formteilherstellung,
- die wirtschaftlich günstigere Herstellbarkeit kleiner Losgrößen und
- die besondere homogene isotrope Struktur von Gießteilen.

Dem stehen jedoch folgende Nachteile gegenüber:

- Bei duroplastischen Formmassen wird beim Mischen oftmals Luft eingemischt, die unter Umständen infolge ansteigender Viskosität durch die Härtungsreaktion nicht mehr entweichen kann. Daher ist für das Gießen blasenfreier Teile eine Evakuierung erforderlich.
- Die Vernetzungsreaktion von Gießharzen ist in vielen Fällen exotherm, so dass bei fehlender Wärmeableitung ein zu schneller Reaktionsablauf zu übermäßiger Erwärmung im Inneren des Gießteils und somit zu Rissbildung führen kann.
- Bei sehr dickwandigen Teilen müssen aufgrund der Reaktionswärme sehr lange Härtezeiten gewählt werden. Daher ist mit längeren Zykluszeiten zu rechnen, und für eine rationelle Fertigung müssen meist mehrere Formen verwendet werden, so dass der Vorteil niedriger Werkzeugkosten teilweise wieder aufgehoben wird.
- Bei der Verarbeitung lösungsmittelhaltiger Kunststoffe ist eine Rückgewinnung des Lösungsmittels erforderlich.

Bei den Gießverfahren unterscheidet man das:

- Gießen,
- Schüttsintern,
- Schleudergießen (Rotationsformen),

- Foliengießen,
- Umgießen und
- Imprägnieren.

6.9.1 Gießen

Der Verfahrensablauf beim Gießen von Duroplasten gliedert sich in folgende Schritte:

- Aufbereiten,
- Vermischen der Reaktionspartner,
- Vergießen,
- Aushärten in der Form und
- Entformen und eventuell Nachhärtung des Formteils im Wärmeschrank und Nachbearbeitung.

Niederdruckharze

Bei den duroplastischen Materialien wird bevorzugt Epoxidharz nach dem Gießverfahren verarbeitet. Bei diesen Harzen handelt es sich um Niederdruckharze, d.h., sie können mit geringem oder ganz ohne Druck verarbeitet werden, da bei der Vernetzung keine Nebenprodukte abgespalten werden. Das Bild 6.105 zeigt eine vierstufige Vakuum-Gießanlage für Formteile aus gefüllten, wärmehärtenden Epoxidharzen. Alle Behälter werden auf einer erhöhten Temperatur gehalten, um die Viskosität der einzelnen Komponenten zu senken.

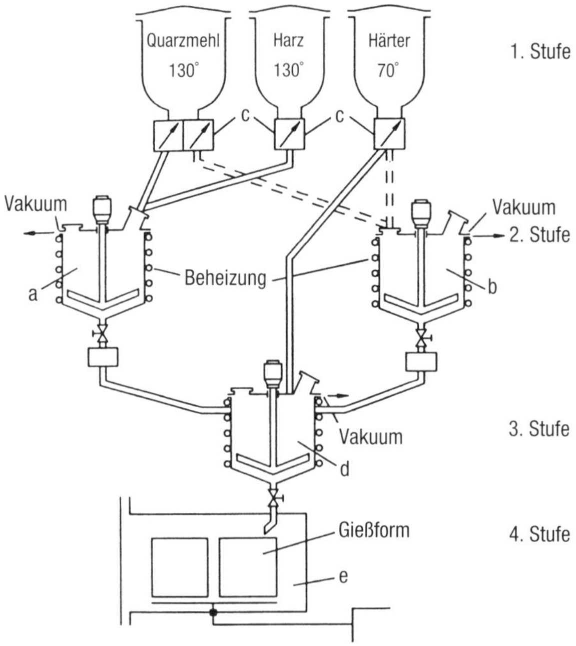

Vakuumgießanlage mit Vor- und Endmischen für heißhärtendes Harz
a Vormischer für die erste Komponente
b Vormischer für die zweite Komponente
c Dosiergeräte d Endmischer e Gießkessel

Bild 6.105 Gießanlage

Aufbereiten (Stufe 1 und 2)

Die Füllstoffe werden meist nur in die – mengenmäßig überwiegende – Harzkomponente eingearbeitet. Bei hochwertigen Teilen, die keine Lufteinschlüsse enthalten dürfen, werden die Füllstoffe bereits in der zweiten Stufe mit dem Harz unter Vakuum vermischt. Dies ist notwendig für Elektroteile wie Isolatoren, bei denen Gaseinschlüsse die Isolationswirkung erheblich mindern können.

Vermischen (Stufe 3)

Zur Vermeidung von Gaseinschlüssen erfolgt das Einmischen des Härters ebenfalls unter Vakuum. Die Temperaturführung muss hier besonders genau eingehalten werden, damit die Reaktion nicht vorzeitig beginnt und die Fließfähigkeit reduziert wird.

Vergießen (Stufe 4)

Das Vergießen des Gemisches kann mit und ohne Vakuum erfolgen. Als Material für die Gießwerkzeuge ist jeder dichte und gegenüber den zu erwartenden Härtetemperaturen beständige Werkstoff geeignet. Da Epoxidharze sehr adhäsiv sind, muss unbedingt vor Eintragen des Gießharzes Trennmittel auf die Werkzeugoberfläche aufgebracht werden.

Aushärten

Bei warmhärtenden Harzen muss die Temperaturführung des Ofens mit der Temperaturentwicklung durch die Vernetzungsreaktion des Harzes abgestimmt sein.

Entformen, Nachhärtung und Nachbearbeitung

Die Entformung erfolgt in der Regel manuell. Zur Erzielung eines hohen Durchsatzes der Gießwerkzeuge wird die Zykluszeit möglichst gering gewählt und es wird ein Nachhärten im Ofen nachgeschaltet. Schließlich ist meist eine Nachbearbeitung zur Entfernung von Anguss und Steigern erforderlich.

Gießharzteile finden wegen ihrer hohen Wärmeformbeständigkeit und ihres günstigen Brandverhaltens in der Hauptsache als Elektroteile Verwendung.

6.9.2 Schüttsintern

Schüttsintern ist ein Sinterverfahren zur Herstellung von Formteilen aus thermoplastischen Pulvern (Bild 6.106). Der Hohlraum wird dabei mit dem Pulver vollgefüllt und die Form im Ofen aufgeheizt. Das im Ofen erwärmte Pulver schmilzt in der Nähe der Formwandung an. Anschließend wird das nicht angeschmolzene Pulver ausgeschüttet und die Form nochmals erwärmt, um die innere Oberfläche des Formteils zu glätten. Nach abschließendem Abkühlen und Verfestigen kann das Formteil entnommen werden.

thermoplastische Pulver

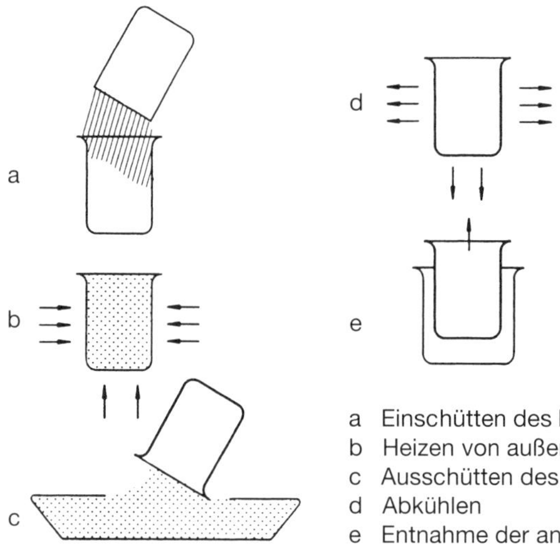

a Einschütten des Pulvers in Metallbehälter
b Heizen von außen
c Ausschütten des Pulvers
d Abkühlen
e Entnahme der an der Innenfläche gesinterten Schicht

Bild 6.106 Schüttsintern

Dieses Verfahren wird vorwiegend beim Erstellen großer Hohlkörper wie Behälter angewendet, insbesondere dann, wenn die Stückzahlen für das Hohlkörperblasverfahren oder das Spritzgießverfahren zu klein sind. Da das Verfahren quasi drucklos arbeitet, können mechanisch wenig aufwendige und leichte Werkzeuge hierbei eingesetzt werden.

6.9.3 Schleudergießen (Rotationsformen)

Analog zum Schleuderguss zur Herstellung von Metallrohren lassen sich in rotierenden Formen auch Kunststoffformteile herstellen (Bild 6.107). Zur Herstellung von Rohren ist lediglich eine Rotationsachse erforderlich. Ausgangsstoff kann wiederum ein Gießharz sein oder das Pulver eines Thermoplasten, das in der erwärm-

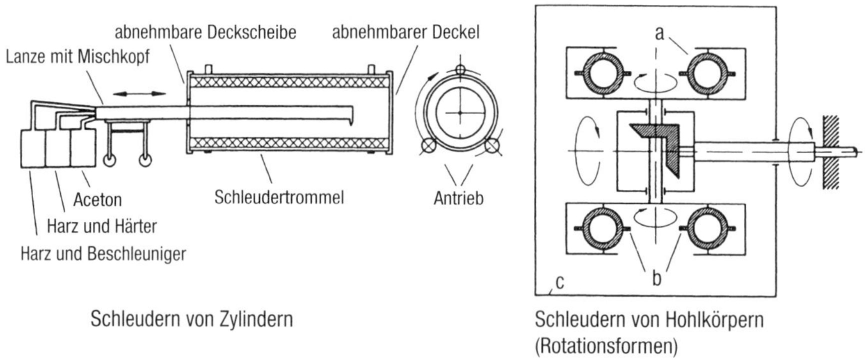

Bild 6.107 Schleudergießen

ten rotierenden Form aufschmilzt und durch die Zentrifugalkraft verdichtet wird. Auf diese Weise lassen sich z. B. Rohre aus Polyethylen mit großem Durchmesser, wie sie nicht durch Extrusion herstellbar sind, erzeugen.

6.9.4 Foliengießen

Beim Foliengießen wird die Gießmasse auf einer horizontalen Fläche gleichmäßig ausgebreitet. Auf der Unterlage kann die Gießmasse anschließend erhärten. Die kontinuierliche Arbeitsweise mit laufendem Band (Bandgießmaschine) oder rotierender Trommel (Trommelgießmaschine) als Gießunterlage ist in Bild 6.108 dargestellt. Vorteile gegossener Folien sind ihre gleichmäßige, orientierungsfreie Struktur und teilweise erzielbare höhere Kristallisationsgrade.

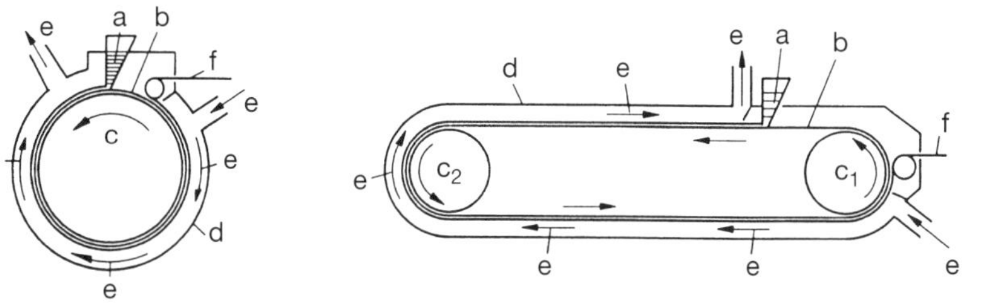

a) Trommel-Gießmaschine

a Gießer b Gießunterlage
c Gießtrommel d Gehäuse, luftdicht
e Trockenluft f Folie

b) Band-Gießmaschine

a Gießer b Metallband
$c_1 c_2$ Umlenk- und Antriebstrommel
d Gehäuse, luftdicht e Trockenluft
f Folie

Bild 6.108 Foliengießen

6.9.5 Umgießen

Viele Bauteile in der Elektrotechnik werden durch Einbetten in Kunststoff vor äußeren Einwirkungen geschützt. Dazu werden in der Regel Gießharze verwendet. Die Verfahrenstechnik unterscheidet sich nicht vom konventionellen Gießen, mit der Ausnahme des Umschließens eines Einlegeteils.

6.9.6 Imprägnieren

Unter Imprägnieren versteht man das Tränken flächiger, poröser Gebilde (z. B. Papier, Gewebe, Matten, Vliese) mit Gießharzen, Lösungen oder Dispersionen. Ziel dieser Behandlung ist die Verbesserung der mechanischen Eigenschaften (Papier, Textil) bzw. es soll z. B. durch die Imprägnierung der Einfluss von Feuchtigkeit auf die Eigenschaften des zu imprägnierenden Stoffes verringert werden.

Literatur zu Abschnitt 6.1

Domininghaus, H.: Fortschrittliche Extrudertechnik, VDI-Verlag, 1970

Feistkorn, W.: Auslegung und Optimierung von Plastifizierextrudern, Dissertation an der RWTH Aachen, 1985

Kerres, K.: Zahnradschmelzepumpen in der Extrusion – Prozessanalyse und Möglichkeiten der rechnergestützten Auslegung, Dissertation an der RWTH Aachen, 1993

Kohlgrüber, K.: Der gleichläufige Doppelschneckenextruder – Grundlagen, Technologie, Anwendungen, Carl Hanser Verlag, München, 2007

Limper, A.: Verfahrenstechnik der Thermoplastextrusion, Carl Hanser Verlag, München, 2013

Lindt, J. T. und *Elbirli, B.*: Effect of the Cross-Channel Flow of Polymers on the Melting Performance of a Single Screw Extruder; in Polymer Engineering and Science25 (1985), 7, p. 412 – 418

Menges, G.: Einführung in die Kunststoffverarbeitung, 2. Aufl., Carl Hanser Verlag, München, 1979

Michaeli, W.: Extrusionswerkzeuge für Kunststoffe und Kautschuk, Bauarten, Gestaltung, Berechnung, 3. Aufl., Carl Hanser Verlag, München, 2009

Potente, H.: Modellgesetze für Ein- und Zweischneckenmaschinen, Carl Hanser Verlag, München, 1981

Predöhl, W.: Technologie extrudierter Kunststoffolien, VDI-Verlag, 1979

Schäfer, B.: Schmelzefiltration in der Extrusion, Dissertation an der RWTH Aachen, 1997

Schenkel, G.: Kunststoff-Extrudertechnik, Carl Hanser Verlag, München, 1963

Wortberg, J.: Entwicklung von Glattrohr- und Nutbuchsenextrudern, Bad Dürkheim: VDI, 2005

Wortberg, J.: Werkzeugauslegung für die Ein- und Mehrschichtextrusion, Dissertation an der RWTH Aachen, 1978

N. N.: Der Doppelschneckenextruder – Grundlagen und Anwendungsgebiete, VDI-Verlag, Düsseldorf, 1998

N. N.: Coextrusion von Folien, VDI-Verlag, Düsseldorf, 1996

N. N.: Der Einschneckenextruder, VDI-Verlag, Düsseldorf, 1997

Literatur zu Abschnitt 6.2

Brümmer, T.: Verfahren zur berührungslosen Erfassung der Vorformlingswanddicke beim Extrusionsblasformen, Dissertation an der RWTH Aachen, 2009

Esser, K.: Untersuchungen zur Prozessführung beim Streckblasformen von PP, Dissertation an der RWTH Aachen, 1985

Franke, M.: Beiträge zur Verbesserung der Prozessführung beim Extrusionsblasformen, Dissertation an der RWTH Aachen, 1996

Grünewald, J.: Entwicklung und Erprobung neuer Werkzeugkonzepte zur radialen Wanddickenbeeinflussung beim Extrusionsblasformen, Dissertation an der RWTH Aachen, 2004

Harms, R.: Modellbildung zur Beschreibung der Formgebung beim Extrusionsblasformen – Eine praktische und numerische Analyse des Formbildungsprozesses, Dissertation an der RWTH Aachen, 1993

Hartwig, K.: Simulation des Streckblasverfahrens und Charakterisierung des prozessrelevanten Material Verhaltens, Dissertation an der RWTH Aachen, 1997

Holzmann, R. und *Lesch, H. D.*: Blasformanlagen – aus Sicht des Verarbeiters in: Automatisierung in der Kunststoff-Verarbeitung, Carl Hanser Verlag, München, 1986

Hüsgen, U.: Thermische und Rheologische Berechnungen im Bereich Blasformen, Dissertation an der RWTH Aachen, 1988

Junk, P. B.: Betrachtung zum Schmelzeverhalten beim kontinuierlichen Extrusionsblasformen, Dissertation an der RWTH Aachen, 1978

Kulik, M.: Ein Beitrag zur Prozessanalyse des kontinuierlichen Extrusionsblasformens, Dissertation an der RWTH Aachen, 1974

Langkamp, U.: Meß-, Steuer- und Regelungsverfahren für die Wanddicke beim Extrusionsblasformen, Dissertation an der RWTH Aachen, 1998

Rosato, D. V.: Blow Molding Handbook, 2. Aufl., Carl Hanser Verlag, München, 2004

Speuser, G.: Beschreibung und Gestaltung des Abkühlprozesses beim Extrusionsblasformen – Thermische Werkzeugauslegung und Prozessplanung, Dissertation an der RWTH Aachen, 1992

Schmidt, G.: Untersuchungen zur Blasteilkühlung beim Extrusionsblasformen unter verwendung erhöhter Blasdrücke, Dissertation an der RWTH Aachen, 1999

Thielen, M., *Hartwig, K.* und *Gust, P.*: Blasformen von Kunststoff-Hohlkörpern, Carl Hanser Verlag, München, 2006

N. N.: Qualität sichern im Blasformbetrieb, VDI-Verlag, Düsseldorf, 1979

N. N.: Extrusionsblasformen, VDI-Verlag, Düsseldorf, 1979

N. N.: Spritzblasen, VDI-Verlag, Düsseldorf, 1976

N. N.: Technologien des Blasformens, VDI-Verlag, Düsseldorf, 1977

N. N.: Die Blasformtechnik – Herausforderung durch Wirtschaftlichkeit und Qualität, VDI-Verlag, Düsseldorf, 1995

N. N.: Blasformen – Innovationen und Perspektiven, VDI-Verlag, Düsseldorf, 1997

■ Literatur zu Abschnitt 6.3

Altstädt, V. und *Mantey, A.*: Thermoplast-Schaumspritzgießen. München: Carl Hanser Verlag, 2011

Avery, J.: Injection Molding Alternatives – A Guide for Designers and Production Engineers, Carl Hanser Verlag, München, 1998

Brinkmann, S.: Verbesserte Vorhersage der Verbundfestigkeit von 2-Komponenten-Spritzgießbauteilen, Dissertation an der RWTH Aachen, 1996

Bürkle, E. und *Wobbe, H.*: Kombinationstechnologien auf Basis des Spritzgießverfahrens, Carl Hanser Verlag, München, 2015

Cramer, A.: Analyse und Optimierung der Bauteileigenschaften beim Thermoplast-Schaumspritzgießen. RWTH Aachen, Dissertation, 2008

Eckardt, H.: Mehrkomponentenspritzgießen, in: Neue Werkstoffe und Verfahren beim Spritzgießen, VDI-Verlag Kunststofftechnik, Düsseldorf, 1990

Eckardt, H.: Thermoplastische Schaumstoffe – Märkte und wirtschaftliche Perspektiven, Umdruck zur IKV-Fachtagung „Kunststoffschäume – Neues aus Spritzgießen und Extrusion“, Aachen, 2006

Ehrhard, G.: Konstruieren mit Kunststoffen, 4. Aufl., Carl Hanser Verlag, München, 2008

Elbe, W.: Der Plastifiziervorgang – Verfahrenstechnische Forderungen und Erkenntnisse in: Spritzgießtechnik, VDI-Verlag, Düsseldorf, 1980

Findeisen, H.: Ausbildung der Restwanddicke und Prozesssimulation bei der Gasinjektionstechnik, Dissertation an der RWTH Aachen, 1997

Findeisen, H., Keller, H. und *Klapper, C.:* Gasinjektionstechnik: Verfahrenstechnik-Anlagentechnik-Gestaltungsregeln, Broschüre, IKV, Aachen, 1995

Florez Sastre, L. F.: Effects of the Foam Morphology on the Mechanical Properties of Structural Polymer Foams, RWTH Aachen, Dissertation, 2011

Gastrow, H.: Der Spritzgieß-Werkzeugbau in 130 Beispielen, 6. Aufl., Carl Hanser Verlag, München, 2007

Gruber, M.: Maschinenausführung und Prozessführung. Umdruck zum SKZ-Seminar „Spritzgießen mikrozelliger Bauteile", Würzburg, 2010

Herren, S.: Zweikomponenten-Sandwich-Spritzgießen unter besonderer Berücksichtigung von Hart-Weich-Kombinationen, 17. IKV-Kolloquium, Aachen 1994, S. 62 - 65

Jaroschek, C.: Spritzgießen für Praktiker, Carl Hanser Verlag, München, 2013

Johannaber, F.: Spritzgießmaschine in: Kunststoffmaschinenführer, 4. Aufl., Carl Hanser Verlag, München, 2003

Johannaber, F.: Kunststoffmaschinenführer. München: Carl Hanser Verlag, 2003

Johannaber, F. und *Michaeli, W.:* Handbuch Spritzgießen, Carl Hanser Verlag, München, 2004

Khakhar, D. V. und *Joseph, K. V.:* Optimization of the Structure of Integral Skin Foams for Maximal Flexural Properties. Polymer Engineering and Science 34 (1994) 9, S. 726 - 733

Malloy, R.: Plastic Part Design for Injection Molding, Carl Hanser Verlag, München, Wien, New York, 1994

Menges, G. und *Mohren, R.:* Anleitung zum Bau von Spritzgießwerkzeugen, 6. Aufl., Carl Hanser Verlag, München, 2007

Mennig, G.: Werkzeuge in der Kunststoffverarbeitung, 5. Aufl., Carl Hanser Verlag, München, 2008

Michaeli, W.: Charakterisierung spritzgegossener thermoplastischer Schäume, Institut für Kunststoffverarbeitung, RWTH Aachen, Abschlussbericht zum IGF-Vorhaben Nr. 15010N, 2009

Michaeli, W. und *Cramer A.:* Increasing the surface quality of foamed injection molded parts. Proceedings of the 64th Annunal Technical Conference of the Society of Plastics Engineers (ANTEC). Charlotte, USA, 2006

Michaeli, W., Greif, H., Kretschmar, G. und *Ehrig, F.:* Technologie des Spritzgießens, Lern- und Arbeitsbuch, 3. Aufl., Carl Hanser Verlag, München, 2009

Michaeli, W. und *Poetsch, G.:* Injection Molding - An Introduction, 2. Aufl., Carl Hanser Verlag, München, 2008

Mink, G.: Grundzüge der Spritzgusstechnik, 5. Aufl., Zechner & Hüthig Verlag, 1990

Müller, N.: Spritzgegossene Integralschaumstrukturen mit ausgeprägter Dichtereduktion. Universität Erlangen-Nürnberg, Dissertation, 2006

N. N.: Plug and Play, Automobil Industrie (1996) 3, S. 46 - 47

Obeloer, D.: Thermoast-Schaumspritzgießen mit gemeinsamer Granulat- und Gaszuführung, RWTH Aachen, Dissertation, 2012

Osswald, T. und *Hernandez-Ortiz, J.-P.:* Polymer Processing - Modelling and Simulation, Carl Hanser Verlag, München, New York, 2006

Ozkul, M. H.; Mark, J. E. und *Aubert, J. H.:* The Elastic and Plastic Mechanical Responses of Microcellular Foams. Journal of Applied Polymer Science 48 (1993) 5, S. 767 - 774

Rees, H.: Understanding Injection Molding Technology, Carl Hanser Verlag, München, 1994

Rong, Z., Tanner, R. I. und *Fan, X. J.:* Injection Molding - Integration of Theory and Modeling Methods, Springer Verlag, Berlin, 2011

Sarholz, R., Beese, U., Hengesbach, H. A. und *Wübken, G.:* Spritzgießen, Verfahrensablauf, Verfahrensparameter, Prozessführung, Carl Hanser Verlag, München, 1979

Sauthof, R.: Potenziale des physikalischen Schäumens mit ErgoCell, IKV-Fachtagung „Kunststoffschäume – Neues aus Spritzgießen und Extrusion, Aachen, 2006

Schmachtenberg, E. und *Polifke, M.*: Schmelzkerntechnik – Ein Sonderverfahren des Spritzgießens, Ehrenkolloquium am 26.01.1996, Essen

Semerdjiev, S.: Thermoplastische Strukturschaumstoffe, VEB Deutscher Verlag für Grundstoffindustrie, Leipzig, 1980

Smith, A.: How to Choose a Plastics Injection Molding Machine, Plastics Design Library, 1995

Steinbichler, G.: Verbundspritzgießtechnik mit thermoplastischen Elastomeren, in: Thermoplastische Elastomere, SKZ-Fachtagung, Würzburg, 1995, S. III/1 – 111/22

Tadmor, Z. und *Gogos, C. G.*: Principles of Polymer Processing, 2. Aufl., J. Wiley & Sons, New York, 2006

Thoma, H.: Vollhydraulik- oder Kniehebelsystem, Kunststoffberater 26 (1981) 2, S. 821 – 825

Wiegand, H.-G.: Prozessautomatisierung beim Extrudieren und Spritzgießen von Kunststoffen, Carl Hanser Verlag, München, 1979

Zipp, T.: Fließverhalten beim 2-Komponenten-Spritzgießen, Dissertation an der RWTH Aachen, 1992

Literatur zu Abschnitt 6.4

Baur, E., *Brinkmann, S.*, *Osswald, T.* und *Schmachtenberg, E.*: Saechtling Kunststofftaschenbuch, 30. Ausg., Carl Hanser Verlag, München, 2007

Becker, W. und *Braun, D.*: Kunststoffhandbuch, Band 10: Duroplaste, herausgegeben von *W. Woebcken*, Carl Hanser Verlag, München, 1988

Burns, R.: Polyester Molding Compounds, Marcel Dekker, Inc., New York, 1982

Meyer, R. W.: Handbook of Polyester Molding Compounds and Molding Technology, Chapman and Hall, New York, London, 1987

Menges, G., *Haberstroh, E.*, *Michaeli, W.* und *Schmachtenberg, E.*: Menges Werkstoffkunde Kunststoffe, 6. Aufl., Carl Hanser Verlag, München, 2011

Schönthaler, W.: Verarbeiten härtbarer Formmassen, VDI-Taschenbuch T40, VDI-Verlag GmbH, Düsseldorf, 1973

Literatur zu Abschnitt 6.5

Harms, E. G.: Ein neuer Extruder für die Kautschukverarbeitung. Entwicklung und modelltheoretische Überprüfung. RWTH Aachen, Dissertation, 1981

Köster, L., *Perz, H.* und *Tsiwikis, G.*: Praxis der Kautschukextrusion. München: Carl Hanser Verlag2007

Rinnbauer, M.: Technische Elastomerwerkstoffe. Landsberg/Lech: Verlag moderne Industrie, 2006

Röthemeyer, F. und *Sommer, F.*: Kautschuk Technologie: Werkstoffe, Verarbeitung, Produkte. München: Carl Hanser Verlag, 2013

N. N.: DIN-ISO 1629:2004-11: Kautschuk und Latices – Einteilung, Kurzzeichen. Berlin: Beuth Verlag GmbH, 2004

Literatur zu Abschnitt 6.6

Avar, G.: Polyurethane (PUR). Kunststoffe 101 (2011) 10, S. 110 - 116

Becker, G. W., Braun, D. und *Oertel, G.* (Hrsg.).: Kunststoff-Handbuch: Polyurethane. Band 7. München, Wien: Carl Hanser Verlag, 2. Auflage, 1993

Begemann, M., Maier, U., Müller, H. und *Pierkes, L.*: RIM - die Formteilqualität verbessern (Teil 1): Homogenisierung von Mehrkomponentensystemen, Plastverarbeiter, 37. Jahrgang, Nr. 6/1986, S. 62 ff.

Braun, H.-J. und *Eyerer, P.*: PUR-RIM und RRIM-Technologie: Fortschritte und Wirtschaftlichkeit, Kunststoffe; 78 (1988) 10, S. 991 ff.

Eaves, D.: Handbook of Polymer Foams. Shawbury, Shrewsbury, Shropshire, UK: Rapra Technology Limited, 2004

Ehbing, H.: Methoden zur Charakterisierung der Polyurethan-Schaumstoffentstehung, Dissertation an der RWTH Aachen, 1999

Grasse, H.: Bausteine für Anlagen zur Herstellung von RRIM-Formteilen, Kunststoffe; 76/1986, Nr. 12, S. 1181 - 1184

Lee, L. J.: Reaction Injection Molding Comprehensive Polymer Science and Engineering (1989) 14, S. 72 - 100, John Wiley & Sons, New York, Brisbane, Toronto, 1989

Leppkes, R.: Polyurethane - Werkstoff mit vielen Gesichtern. Landsberg/Lech: Verlag Moderne Industrie, 2012

Macosko, C. W.: RIM - Fundamentals of Reaction Injection Molding, Carl Hanser Verlag, München, 1989

Maier, U.: Auslegung von Werkzeugen zur Fertigung von PUR-Formteilen nach dem RIM-Verfahren, Dissertation an der RWTH Aachen, 1987

Meyer, F.: Einfluss ausgewählter Prozessgrößen auf die Eigenschaften von Weichformschäumen aus Polyurethan. RWTH Aachen, Dissertation, 2010

Müller, H.: RIM-Technologie - Beitrag zur Verbesserung und Sicherung der Fertigung technisch hochwertiger Formteile, Dissertation an der RWTH Aachen, 1985

Mrotzek, W.: Gegenstrominjektionsvermischung niedrigviskoser Reaktionsharze, Dissertation an der RWTH Aachen, 1982

Tercan, C. E.: Herstellung und Prüfung großflächiger Bauteile im Resin Spray Prepregging-Prozess. Institut für Kunststoffverarbeitung, RWTH Aachen, unveröffentlichte Diplomarbeit, 2012

Uhlig, K.: Polyurethan Taschenbuch. München, Wien: Carl Hanser Verlag, 2006

Oertel, G.: Polyurethane. München, Wien: Carl Hanser Verlag, 1993

Literatur zu Abschnitt 6.7

Becker, H. und *Neise, E.*: CFK beflügelt den Flugzeugbau. Kunststoffe88 (1988) 4, S. 488 - 492

Chawla, K.: Composite Materials - Science and Engineering, Springer Verlag, New York, 1998

Cochran, R., Matson, C., Thomas, S. und *Wondg, D.*: Advanced Composite Processes for Aerospace Applications. Proceedings of the 42rd International SAMPE Symposium, May 4 - 8, 1997, S. 635 - 640

Dyckhoff, J.: Resin Transfer Moulding: Beitrag zur Verbesserung der Formteiloberflächenqualität, Rheinisch-Westfälische Technische Hochschule Aachen, Dissertation, 1995

Ehrenstein, G. W.: Faserverbundkunststoffe, Carl Hanser Verlag, München, 2006

Flemming, M., *Ziegmann, G.* und *Roth, S.*: Faserverbundbauweisen: Fasern und Matrices, Springer Verlag, Berlin, 1995

Folgar, F. und *Tucker, C. L.*: Orientation Behavior of Fibers in Concentrated Suspensions, Journal of Reinforced Plastics and Composites, Vol. 3 (1984) 4, S. 98 - 119

Fitzer, E.: Wehrtechnisches Symposium am Wehrwissenschaftlichen Institut für Materialuntersuchung, Erding, 1984, S. 3.01 - 3.39

Goedel, M.: Straßenbahnwagen in Vollkunststoff-Bauweise. Kunststoffe88 (1998) 12, S. 2180 - 2182

Heber, M.: Modell zur theoretischen Auslegung faserverstärkter, thermoplastischer Preßbauteile, Dissertation an der RWTH Aachen, 1995

Hillemeier, K.: Aramidfaser in: Kohlenstofffaser- und Aramidfaserverstärkte Kunststoffe, VDI-Verlag, 1977, S. 29 - 44

Hintermann, M.: Industrieller Einsatz der Harzinjektionsverfahren. Tagungshandbuch VDI-Seminar „Faserverbundkunststoffe“, Aachen, 2002

Hoerbergern, A., *Bock, M.*, *Dresler, G.* und *Pipenbrock, J.*: The Manufacture of Large Parts Using the Vacuum Injection Technique, Practical Injection Strategies for Boat Building Used in the Manufacture of the Contest 55, SAMPE Europe, Frankreich, Paris, 1999

Hopmann, Ch., *Fecher, M. L.*, *Böttcher, A.* und *Pöhler, M.*: 3D-Faserspritzverfahren für wirtschaftliche FVK-Fertigung, Konstruktion10 (2013), S. IW 6 - 8

Jehrke, M.: Umformen gewebeverstärkter thermoplastischer Prepregs mit Polypropylen- und Polyamid-Matrix im Preßverfahren, Aachener Beiträge zur Kunststoffverarbeitung, Band 37, Verlag der Augustinus Buchhandlung, Aachen, 1995

Kia, H. G.: Sheet Moulding Compounds, Science and Technology, Carl Hanser Verlag, München, 1993

Kruckenberg, T. und *Raja, J.*: Liquid Moulding of a Composite Aileron, SAMPE Journal34, 1998

Lang, R. W., *Stutz, M.*, *Heim, M.* und *Nissen, D.*: Polymere Hochleistungs-Faserverbundwerkstoffe Tagung der Fachgruppe „Makromolekulare Chemie“ der GDCh in Bad Nauheim, 14./15. April 1986, Tagungsumdruck

Lehmann, U.: Herstellung von endlosverstärkten, hohlen Formteilen mit innendruckbeaufschlagten Kernen im Harzinjektionsverfahren, Rheinisch-Westfälische Technische Hochschule Aachen, Dissertation, 1989

Martin, J. D. und *Sumerak, J. E.*: Pultrusion, Engineered Materials Handbook, Composites, ASM International, Ohio, 1987, p. 533 - 5643

Mayer, C.: Prozeßanalyse und Modellbildung bei der Herstellung gewebeverstärkter, thermoplastischer Halbzeuge. Universität Kaiserslautern, Dissertation, 2000

Meyer, R. W.: Handbook of Pultrusion Technology, Chapman and Hall, New York, London, 1985

Michaeli, W. u. a.: Thermoplastische Faserverbundkunststoffe: Stand der Technik; Aktuelle Forschungsergebnisse, VDI-Verlag GmbH, Düsseldorf, 1995

Michaeli, W. und *Fischer, K.*: Spaltimprägnierverfahren für schnellere Herstellung von Hochleistungsbauteilen, Lightweight Design3 (2010) 01 - 02, S. 48 - 54

Michaeli, W., *Huybrechts, D.* und *Wegener, M.*: Dimensionieren mit Faserverbundkunststoffen - Einführung und praktische Hilfen, Carl Hanser Verlag, München, 1995

Michaeli, W. und *Wegener, M.*: Einführung in die Technologie der Faserverbundwerkstoffe, Carl Hanser Verlag, München, 1989

Neitzel, M. und *Breuer, U.*: Die Verarbeitungstechnik der Faser-Kunststoff-Verbunde, Carl Hanser Verlag, München, 1997

Neitzel, M. und *Breuer, U.*: Handbuch Verbundwerkstoffe, Carl Hanser Verlag, München, 2004

Niedermeier, M. E.: Analyse des Diaphragmaverfahrens kontinuierlich faserverstärkter Hochleistungsthermoplaste, Fortschr.-Ber. VDI-Reihe 2, Nr. 354, VDI-Verlag, Düsseldorf, 1995

Niederstadt, G.: Übersicht über die Vielfalt der Verbundkonstruktionen, VDI-Bildungswerk

Öry, H. und *Reimerdes, H. G.*: Faserverbundkunststoffe, Umdruck zur Vorlesung Faserverbundwerkstoffe, RWTH Aachen, 1987

Peters, S. T., *Humphrey, W. D.* und *Foral, R. F.*: Filament Winding – Composite Structure Fabrication. SAMPE, Covina, California, USA, 1991

Phelan, F. R.: Analysis of injection/compression liquid composite molding. Proceedings of the 5th International Conference on Automated Composites, 4.-5. September 1997, Glasgow, Schottland, S. 417 - 424

Potter, K.: Resin Transfer Moulding, Chapman & Hall, 1997

Potter, K.: The early history of the resin transfer moulding process for aerospace applications. Composites Part A, 30 (1999) S. 619 - 621

Puck, A.: Festigkeitsanalyse von Faser-Matrix-Laminaten, Modelle für die Praxis, Carl Hanser Verlag, München, 1996

Rebenfeld, L.: The interface between fibres and resins in composites, 25. Internationale Chemiefasertagung 1986, Dornbirn

Reinhard, T. J. et al.: Composite, Engineered Materials Handbook, ASM International, 1987

Seeman, W. H.: Plastic Transfer Moulding Techniques for the Production of Fibre Reinforced Plastics Structures, US Patent No. 4902215, March 30, 1989

Seeman, W. H.: Unitary Vacuum Bag and Processing for Making Same, World Patent No. WO94 2078, Feb. 7, 1994

Semmler, E.: Simulation des mechanischen und thermomechanischen Verhaltens faserverstärkter, thermoplastischer Bauteile, Dissertation an der RWTH Aachen, 1998

Schöldgen, R.: Inline-Imprägnieren und Hochtemperatur-Diaphragma-Umformen endlosfaserverstärkter Thermoplaste. Rheinisch-Westfälische Technische Hochschule Aachen, Dissertation, 2013

Schürmann, H.: Konstruieren mit Faser-Kunststoff-Verbunden, Springer-Verlag, Berlin, Heidelberg, 2005

Schwarz, O.: Glasfaserverstärkte Kunststoffe, kurz und bündig, Vogel-Verlag, 1975

Sumerak, J. E.: Understanding Pultrusion Process Variables for the First Time, SPI, 40th Annual Conference, Februar 1985, Atlanta, USA

Wolfangel, R.: Wolfangel keeps RTM simple. Reinforced Plastics40 (1996) 3, S. 36 - 38

N. N.: Du Pont Informationsblatt über Kevlar

N. N.: Formteile und Profile aus GFK für den industriellen Einsatz, VDI-Gesellschaft Kunststofftechnik, Herausgeber: Verein Deutscher Ingenieure, Düsseldorf 1980

Literatur zu Abschnitt 6.8

Breuer, H.: in: Hensen, Knappe, Potente: Handbuch der Kunststoff-Extrusionstechnik Band II. – Extrusionsanlagen, Carl Hanser Verlag, München, 1986

Kohlert, C.: Kalandrieren von Polymeren, Dt. Verlag für Grundstoffindustrie, Leipzig, 1992

Kopsch, H.: Kalandertechnik, Herstellung von Folien und Tafeln nach dem Walzwerkverfahren, Carl Hanser Verlag, München, 1978

Menges, G.: Einführung in die Kunststoffverarbeitung, 2. Aufl., Carl Hanser Verlag, München, 1979

Literatur zu Abschnitt 6.9

Rost, A.: Verarbeitungstechnik für Epoxid-Harze, Carl Hanser Verlag, München, 1963

7 Weiterverarbeitungstechniken für Kunststoffe

7.1 Thermoformen

Die Herstellung dreidimensionaler Formteile aus flächenförmigen Kunststoffhalbzeugen (Folien und Platten) unter Einwirkung von Wärme und Druckluft oder Unterdruck wird Thermoformen genannt. Das Thermoformen hat sich aus vornehmlich handwerklichen Anfängen zu Beginn der 50er Jahre zu einem voll automatisierbaren industriellen Fertigungsprozess entwickelt.

Umformung

Prinzipiell kann dieser *Umformvorgang* auf unterschiedliche Weise durchgeführt werden. Bei der Umformung thermoplastischer Kunststoffe hat es sich durchgesetzt, dass die Formänderungsenergie durch Unterdruck und/oder Druckluft sowie durch mechanische Verstreckhilfen eingebracht wird. Die Umformung erfolgt im kautschukelastischen Bereich (siehe Bild 7.1). Demgegenüber werden die Urformverfahren, Extrusion und Spritzgießen, in einem Temperaturbereich durchgeführt, bei dem die Materialien als Schmelze vorliegen. Kennzeichnend für Umformvorgänge ist, dass die Halbzeuge erst von Raum-/Lager- auf Umformtemperatur gebracht werden müssen, weshalb sich im internationalen Sprachgebrauch „Thermoformen“ als Oberbegriff für alle Verfahrensvarianten eingebürgert hat.

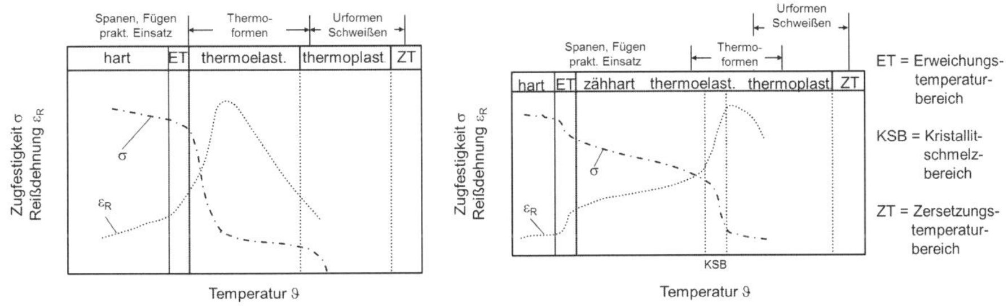

Bild 7.1 Formänderungsverhalten amorpher und teilkristalliner Thermoplaste

Die Spanne der nach diesem Verfahren hergestellten Teile reicht von kleinen Verpackungsbehältern (Stückzahlen bis zu 100 000/h) bis hin zu Großformteilen wie Schwimmbecken der Größe 8 × 4 × 1,50 m (Stückzahl 1,5/h). Nicht zuletzt ist es ein bedeutendes Verfahren für die Herstellung technischer Formteile z. B. für die Automobilindustrie (Armaturentafeln, Türinnenverkleidungen).

Werkstoffe

Verarbeitet werden amorphe Thermoplaste (PS, ABS, SAN, PMMA, PC) und teilkristalline Werkstoffe (PP, PE, PET) sowie spezielle Verbundfoliensysteme, die die guten Eigenschaften mehrerer Kunststoffe in einer Folie preisgünstig vereinigen und – je nach Kombination – Barriereeigenschaften bezüglich Gas- oder Flüssigkeitsdiffusion (im Lebensmittelverpackungsbereich) aufweisen.

7.1.1 Maschinen

Im Wesentlichen haben sich heute bei den industriellen Thermoformmaschinen zwei Systeme durchgesetzt:

- Einstationenmaschinen,
- Mehrstationenmaschinen.

Bei der *Einstationenmaschine* (Bild 7.2) finden Erwärmung und Formung in derselben Station statt. Zunächst wird das Heizsystem über das fest eingespannte platten- oder folienförmige Halbzeug gefahren, um dieses zu erwärmen. Nach Abschluss der Erwärmungsphase und vor dem Verformen wird das Heizsystem wieder zurückgefahren; gelegentlich wird auch das eingespannte Halbzeug in die Heizzone eingefahren. Die Zeiten für die einzelnen Verfahrensschritte Einlegen, Aufheizen, Ausfahren des Heizsystems, Vorformen, Ausformen, Kühlen und Entnehmen addieren sich zur Gesamtzykluszeit.

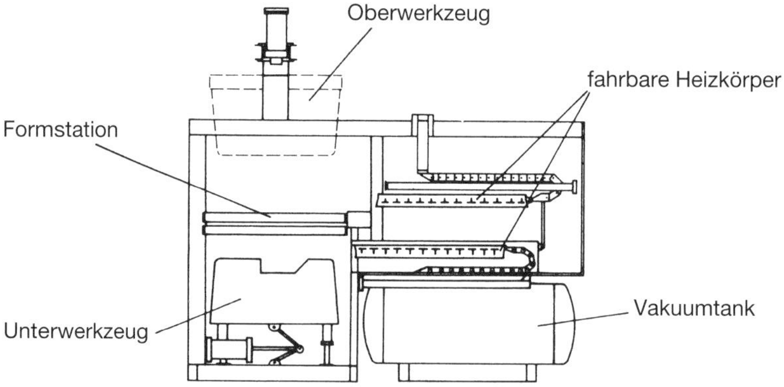

Bild 7.2 Aufbau einer Einstationenmaschine

Mehrstationenmaschine

Bei der *Mehrstationenmaschine* (Bild 7.3) findet das Aufheizen und Formen in räumlich getrennten Stationen statt. Der langsamste Verfahrensschritt bestimmt hierbei die Zyklus- oder Taktzeit.

Plattenmaschine

Wird das Halbzeug als Zuschnitt der Maschine zugeführt, spricht man von einer *Plattenmaschine*. Zuführung und Entnahme können sowohl manuell als auch automatisch erfolgen. Die Halbzeugdicke liegt dabei etwa zwischen 0,1 und 12 mm. In der Regel werden Einstationenmaschinen mit Platten bestückt und sind so universell einsetzbar. Einfacher als die Beschickung vom Plattenstapel ist das Arbeiten von der Folienrolle mit einem *Rollenautomaten*. Im Allgemeinen lassen sich thermoplastische Halbzeuge bis zu einer Dicke von 2,5 mm von einer Rolle abwickeln. Anwendungen finden Rollenautomaten in der Serienproduktion, wie bei der Herstellung von Verpackungsmitteln oder Automobilinnenverkleidungen.

Stanzen

Nach dem Umformschritt ist häufig ein Stanzprozess erforderlich, in dem das Bauteil aus dem flächigen Halbzeug konturgetreu herausgelöst wird. Übrig bleibt das sogenannte Stanzgitter, das in geschlossenen Stoffkreisläufen nach einer Regranulierung wieder der Folien- bzw. Plattenextrusion zugeführt wird, um so Abfall und Kosten zu sparen. Bild 7.3 zeigt eine Maschine mit einer von der Formstation getrennten Stanzstation, wie sie für nicht zu hohe Stückzahlen und nicht zu hohe Anforderungen an die Stanzgenauigkeit Verwendung findet. Bei höheren Anforderungen an die Genauigkeit wird das Stanzen auch in der Form, d. h. mit einem kombinierten Form- und Stanzwerkzeug, durchgeführt. Die Werkzeuge ermöglichen eine gleichbleibende zentrische Stanzung und eine Verringerung des sogenannten Stanzversatzes, sie erfordern allerdings auch aufwendigere Konstruktionen und haben im Allgemeinen eine geringere Standzeit als reine Formwerkzeuge mit getrennter Stanze. Um den Abfallanteil zu minimieren, sind jedoch aufwendige Werkzeuganordnungen und -konstruktionen gerechtfertigt.

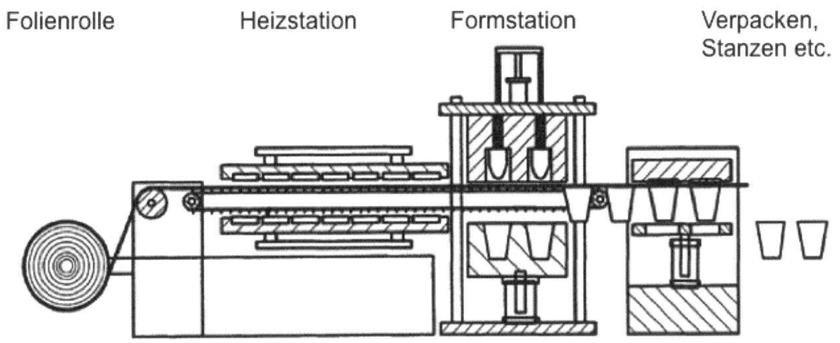

Bild 7.3 Aufbau einer Mehrstationenmaschine

In-Line-Anlagen

Es gibt außerdem Fertigungsstraßen, die die Herstellung der Folie durch eine Extrusionsanlage mit einer nachgeschalteten Thermoformstation verbinden (In-Line-Anlagen). Die extrudierte Folie wird hierbei bis unterhalb der Schmelztemperatur abgekühlt und kalibriert. Anschließend wird das Halbzeug in der Heizstrecke der Thermoformanlage auf Umformtemperatur aufgeheizt. Energetisch vorteilhaft ist die Verarbeitung aus erster Wärme. Außerdem wird das Stanzgitter üblicherweise direkt zerkleinert und dem Extruder zugeführt.

Skinverpackung

Eine der einfachsten und billigsten Verpackungsarten für kleine und leichtgewichtige Teile, aber auch für Maschinenteile bis zu 50 kg Gewicht, ist die hautenge *Skinverpackung*. Die zu verpackende Ware wird auf einen klebstoffbeschichteten Karton gelegt, die Folie erwärmt, gleichzeitig der Karton mit der Ware auf den Formtisch geschoben und mit diesem in die erwärmte Folie gedrückt. Durch Absaugen der eingeschlossenen Luft wird die Folie eng an die Ware und den Karton gesaugt. Die Skinverpackung erfordert keine Werkzeugform, da das Packgut selbst die Form darstellt, über die die erwärmte Folie mittels Vakuum gezogen wird.

Blisterverpackung

Beim sogenannten *Blisterverpacken*, wie es z. B. bei Tablettenverpackungen weit verbreitet ist, werden durchsichtige, dünnwandige Verpackungshauben mit dem Packgut gefüllt und danach wie bei der Skinverpackung mit einem Karton, mit einer Aluminium- oder Kunststofffolie durch Heißsiegeln verbunden. Die Fertigung der Blisterhauben erfolgt auf Mehrstationen-Thermoformautomaten, die die Blisterfertigung, die automatische Befüllung der Blister mit den Tabletten sowie das Versiegeln der Verpackung mit Folien inline gestatten.

7.1.2 Verfahrensschritte

Das Thermoformen von Kunststoffen wird in drei grundlegende Verfahrensschritte (Prozessstufen) unterteilt:

- den Aufheizvorgang,
- den Umstell- und Formvorgang und
- den Abkühlvorgang.

Aufheizvorgang

Dem Aufheizvorgang, Eingangsstufe bei allen Thermoformverfahren, kommt im Hinblick auf die spätere Qualität der Formteile entscheidende Bedeutung zu. In dieser Prozessstufe wird das Halbzeug von Ausgangs- auf Umformtemperatur gebracht. Da der Thermoformprozess im Bereich des Dehnungsmaximums durchgeführt wird, werden amorphe Kunststoffe auf Temperaturen oberhalb der Erweichungstemperatur und teilkristalline Kunststoffe auf Temperaturen um den Kristallitschmelzpunkt erwärmt.

Da im Thermoformverfahren Folien und Platten mit einer Dicke zwischen 0,1 mm und 12 mm verarbeitet werden, haben sich verschiedene Aufheizmethoden durchgesetzt:

- Konvektionserwärmung
- Kontakterwärmung
- Infrarot-Strahlungserwärmung

Alle Verfahren können sowohl einseitig wie auch zweiseitig angewendet werden. Außer bei der Verarbeitung sehr dünner Folien hat sich die zweiseitige Arbeitsweise durchgesetzt.

Konvektion

Bei der *Konvektionserwärmung* wird das Halbzeug über Gebläse mit heißer Luft angeblasen und erwärmt. Die Oberflächentemperatur steigt im Laufe der Erwärmungszeit an, über Wärmeleitung werden die inneren Schichten des Halbzeugs erwärmt. Die langen Heizzeiten, bedingt durch die geringe Wärmeleitfähigkeit der Kunststoffe und die geringen Wärmeübergangskoeffizienten, ergeben geringe Temperaturunterschiede über dem Halbzeug-Querschnitt und lange Heizzeiten. Extrem dicke Kunststoffplatten werden häufig auf diese Weise langsam und schonend erwärmt. Ein besonderes Merkmal dieser Methode ist ihre Formatunabhängigkeit, d. h. mit einer Konfiguration der Heizstation können unterschiedlich große und dicke Halbzeuge erwärmt werden. Hierdurch zeigt dieses Verfahren eine hohe Flexibilität.

Wärmeleitung

Bei der *Kontakterwärmung* erfolgt die Erwärmung des Halbzeuges durch Wärmeleitung. Elektrisch beheizte Heizelemente werden beidseitig an das Halbzeug angelegt und mit einem definierten Druck beaufschlagt. Die Oberflächentemperatur nimmt schlagartig die Heizelementtemperatur an und bleibt während der weiteren Erwärmungszeit konstant. Um ein Ankleben der Folien zu verhindern, werden die Heizplatten mit einer antiadhäsiven Beschichtung versehen. Man arbeitet heute mit Heizplattentemperaturen um 200 °C. Mit dieser Aufheizmethode ist eine sehr präzise Temperaturführung möglich, sie eignet sich daher besonders zur schnellen Erwärmung dünnwandiger Folien. Hierbei ist eine kurze und homogene Erwärmung erforderlich, um ein Reißen der Folie aufgrund lokaler Überhitzung zu verhindern.

Strahlung

Die *Infrarot-Strahlungserwärmung* ist wegen ihrer Flexibilität das am häufigsten angewendete Erwärmungsverfahren. Sie besitzt den großen Vorteil, dass ein Teil der Energie direkt in das Innere des Materials eindringen kann. So können höhere Wärmestromdichten zur Realisierung kürzerer Aufheizzeiten erzielt werden, ohne dabei die Oberfläche des Kunststoffes thermisch zu schädigen. Als Strahlungsquellen werden überwiegend Keramik- und Quarzstrahler eingesetzt. Moderne Thermoformanlagen beinhalten eine Strahlungsheizung, die aus einer Vielzahl von Strahlerelementen modular aufgebaut ist. Durch unterschiedliche Intensitäten der einzelnen Strahlerelemente wird die Halbzeugtemperatur lokal an die Erfordernisse des Materials und des Formteils angepasst. Zusätzlich werden Thermoformanlagen mit Infrarot-Strahlungspyrometern ausgestattet, die an einer bestimmten Stelle der Umformfläche die Folientemperatur messen und beim Erreichen der gewünschten Oberflächentemperatur den Heizzyklus beenden und den Formzyklus auslösen. Um den Heizprozess noch genauer kontrollieren zu können, können Automatisierungskonzepte genutzt werden, durch die die Folientemperatur während des Vorschubs nach Verlassen der Heizstation flächig gemessen wird und die Strahlerintensitäten für den nächsten Takt einem vorgegebenen Solltemperaturfeld folgend geregelt werden.

In der Praxis werden auch Kombinationen unterschiedlicher Aufheizmethoden eingesetzt, wenn hierdurch z. B. eine schnelle und homogene Durchwärmung über der Halbzeugdicke erreicht werden kann, die für eine hohe Ausformschärfe erforderlich ist. So ist bei der Verarbeitung dicker Halbzeuge eine Vorheizung durch Konvektionserwärmung sinnvoll: Würde das Halbzeug lediglich per Infrarot-Strahlungsheizung erwärmt, könnte die Oberfläche schon thermisch geschädigt sein, bevor die Kerntemperatur des Halbzeugs die Umformtemperatur erreicht hat.

Umstell- und Formvorgang

Beim Thermoformen handelt es sich um einen reinen Dehnvorgang, der in einem kontinuierlichen Ablauf durchgeführt wird. Der zu formende Zuschnitt ist im Gegensatz zum Tiefziehen von Metallen am Rand fest eingespannt, die bei der Umformung auftretende Flächenvergrößerung hat daher eine Dickenabnahme zur Folge.

Der Umstell- und Formprozess beginnt mit dem Ende des Aufheizvorganges und endet mit dem Anliegen der Folie am Werkzeug. In dieser Prozessstufe werden die Heizungen zurückgefahren (Einstationenmaschine) bzw. wird das Halbzeug von der Heiz- in die Formstation transportiert (Mehrstationenmaschine).

Formverfahren

Verstrecken

Bei allen Verfahrensvarianten des Thermoformens wird das durch Erwärmung in den gummi-elastischen Zustand gebrachte Halbzeug einer schnellen biaxialen Verstreckung unterworfen. Dieser Vorgang dauert im Allgemeinen weniger als eine halbe Sekunde und kann daher in guter Näherung als isotherm angenommen werden, solange eine freie Verstreckung vorliegt. Unmittelbar bei Kontakt mit der Werkzeugwand beginnt jedoch die Abkühlung des Materials. Dadurch steigt insbesondere bei teilkristallinen Thermoplasten der Verformungswiderstand spontan an.

Positiv- und Negativformen

Grundsätzlich unterscheidet man beim Thermoformen zwischen *Positiv- und Negativformverfahren* (siehe Bild 7.4). Die Entscheidung, ob ein Positiv- oder Negativformverfahren eingesetzt wird, hängt in erster Linie davon ab, welche Seite des Formteils exakt abgebildet werden soll. Nur die am Werkzeug anliegende Seite ist maßgenau, die andere Seite weist prinzipiell Ungenauigkeiten auf, besonders die unvermeidlichen Rundungen an den Ecken. Diese entstehen durch die bei der Verstreckung verursachten Dickenunterschiede.

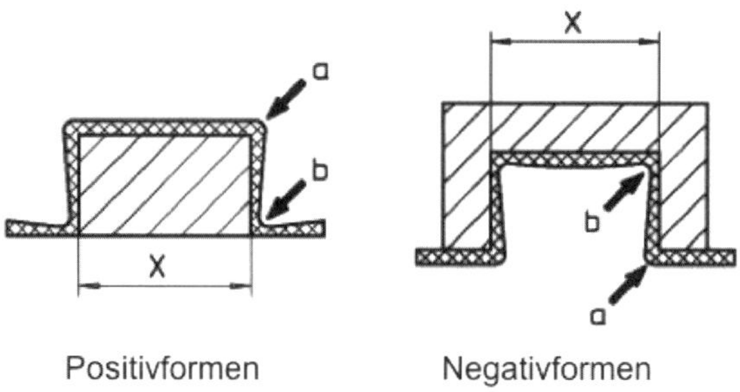

Bild 7.4 Positiv- und Negativformen

Bei einigen Sonderverfahren (Teppichformung, Fließpressen, Formprägen) werden Patrize-Matrize-Werkzeuge verwendet, wobei sich Abkühlverhältnisse vergleichbar zum Spritzgießen ergeben.

Als Werkzeugmaterialien werden beim Thermoformen eingesetzt:

- Hartholz: für 0-Serien
- Duroplaste/Silikon: für kleine Serien, immer mit Füllstoffen zur Verbesserung der Steifigkeit und Festigkeit
- Zinklegierungen: größere Serien
- Kupferlegierungen: größere Serien, Galvanoform
- Aluminium: größere Serien, nur formende Werkzeuge
- Stahl: größere Serien, formende und stanzende Werkzeuge

Für die Großserienproduktion sind die Werkzeuge mit einer Temperierung versehen. Die Werkzeugtemperaturen beginnen bei ca. 10 °C (PP-Verpackungen), können aber auch 70 °C (PS, Kühlschrankinnenauskleidungen) und bis zu 100 °C (Formteile aus HDPE) betragen. In Maschinen sind je nach der zu fertigenden Stückzahl sowohl Einfach- wie auch Mehrfachwerkzeuge vorzufinden.

a) Negativformung

Druckdifferenz

Bei der Negativformung wird das erwärmte Halbzeug in den *konkaven Formhohlraum* gepresst (Bild 7.4). Während bei der reinen Vakuumformung meist nur eine Druckdifferenz von 0,8 bis 0,93 bar vorliegt, arbeiten Druckluftmaschinen meist mit 4 bis 7 bar, gelegentlich auch mit bis zu 25 bar Formungsdruck. Durch die höhere Verformungskraft kann bei niedrigeren Temperaturen umgeformt werden, entsprechend wird Heizzeit und -energie eingespart. Andererseits ist aber der Energieaufwand für den Einsatz von Druckluft höher als für die Erzeugung eines Vakuums.

Die Homogenität der Wanddickenverteilung wird durch das Arbeiten mit Druckluft im Allgemeinen nicht verbessert, jedoch werden die Ecken und Kanten besser ausgeformt. Materialien mit höherem Verformungswiderstand können leichter geformt werden. Der engere Kontakt des abkühlenden Formteils mit dem Werkzeug verbessert die Kühlwirkung und verkürzt damit die Taktzeit.

Im Gegensatz zu flachen Formteilen werden tiefere Formteile wegen der erforderlichen Gleichmäßigkeit der Wanddicke stets mit einer mechanischen Vorstreckung umgeformt. Mithilfe des Oberstempels, auch Helfer genannt, sorgt man dafür, dass für den Formteilboden genügend Material zur Verfügung steht, so dass Seitenwände und Boden gleichmäßiger ausgebildet werden. Gegenüber dem einfachen Negativformen wird die Dickenverteilung deutlich verbessert (Bild 7.5).

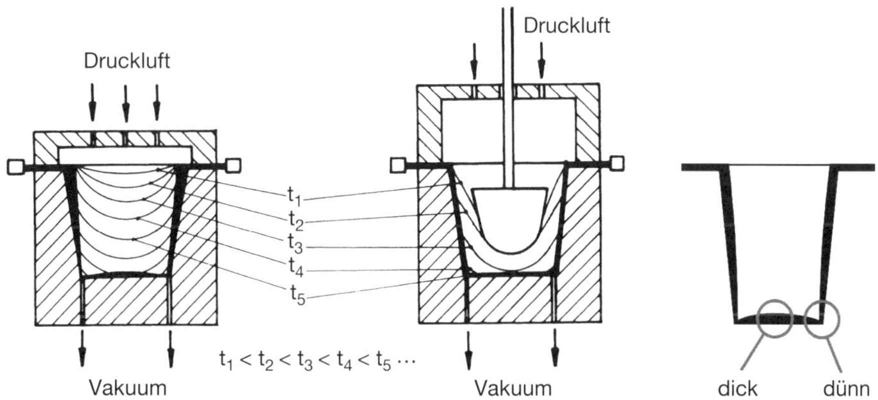

Bild 7.5 Druckluftnegativ-Formen ohne bzw. mit Vorstreckstempel, Dickenverteilung

Dickenverteilung

Die Dickenverteilung im thermogeformten Produkt wird durch Halbzeugtemperatur, Stempelform, -material und -temperatur, Eintauchtiefe und den zeitlichen Ablauf von Stempelbewegung, Formbewegung und Einsetzen der Formluft bestimmt. Bei optimaler Abstimmung aller Parameter ist ein Umformverhältnis von Durchmesser zu Höhe von 1 : 2 bei guter Materialverteilung erreichbar.

Als Stempelmaterial verwendet man entweder isolierende Stoffe wie Hartfilz oder temperaturbeständige Kunststoffe, die nach wenigen Takten eine konstante Temperatur annehmen, oder beheizte Metallstempel aus Aluminium oder Stahl, mit denen ein zu rasches Abkühlen des Kunststoffes vermieden wird.

b) Positivformung

Häufige Anwendung findet auch die Positivformung, z. B. bei der Herstellung von Armaturentafeln. Bei diesem Verfahren wird die Folie beim Formvorgang gegen ein Konvex-Modell (Positiv-Formkern) gepresst, d. h. der Kunststoff schmiegt sich vollständig und fest an einen *Positivkern* an.

Folienvorblasen

Während beim einfachen Negativformverfahren (ohne Vorstreckstempel) ein Formteil mit dünnem Boden und dünnen Ecken entsteht, bleibt beim einfachen Positivverfahren der Boden dick und der obere Randbereich wird dünner. Um Dickstellen am Formteil zu vermeiden, wird beim Positivformen die Folie vorgeblasen und dadurch gleichmäßig vorgedehnt (Bild 7.6). Bei ausgeprägten Hinterschneidungen und komplexen Formen werden einfahrende Vorstreckhilfen oder in die Form einfahrende Schieber eingesetzt.

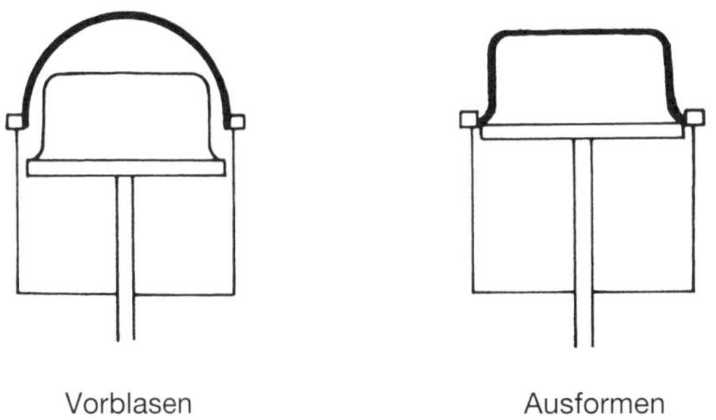

Bild 7.6
Positiv-Formen mit Vorblasen

Abkühlprozess

Der Abkühlprozess beginnt definitionsgemäß mit dem Anliegen der Folie am Werkzeug und endet mit dem Beginn des Entformungsvorgangs. In der Mehrzahl der in der Praxis vorkommenden Fälle hat das Material einseitig Kontakt mit dem Werkzeug, auf der anderen Seite erfolgt die Wärmeabfuhr durch Konvektion. Dabei erfolgt die konvektive Wärmeabfuhr entweder an die ruhende Luft (freie Konvektion) oder durch ein Gebläse (erzwungene Konvektion). Zum Teil wird zur Intensivierung der Kühlung dem Luftstrom bei der Gebläsekühlung noch ein Wassernebel zugegeben (Sprühdüsenkühlung).

Vor- und Nachteile

Wirtschaftlichkeit

Das Thermoformen, sei es für die Herstellung von Verpackungsbehältern oder großflächigen technischen Teilen, steht bei einigen Anwendungen in direkter Konkurrenz zum Spritzgießverfahren. Mit beiden Verfahren lassen sich auch qualitativ hochwertige Teile herstellen. Die allgemeinen Vorteile des Thermoformens gegenüber anderen Herstellungsverfahren sind die geringen Kosten der im Gegensatz zum Spritzgießen nur einseitigen Werkzeuge, die Verwendung kombinierter Maschinenanlagen sowie ein schneller Verfahrensablauf und damit hohe Ausstoßleistungen durch die Verwendung von Mehrfachwerkzeugen. Außerdem kann man im Vergleich zum Spritzgießen geringere Wanddicken erzielen. Allgemein gilt, dass die meisten thermogeformten Artikel etwa 50 % des Gewichts äquivalenter gespritzter Packmittel aufweisen.

Im Gegensatz zum Spritzgießverfahren, bei dem der Druck nur über der Fläche senkrecht zur Fließrichtung auf die Formgebung einwirken kann, wird beim Thermoformen die gesamte Formteiloberfläche ausgenutzt. Dies ist der Grund dafür, dass die Drücke um 2 bis 3 Zehnerpotenzen niedriger liegen und sich mit einer leichteren Maschinenbauweise sowie mit Werkzeugen geringerer Steifigkeit auch großflächige Formteile fertigen lassen.

Nachteilig ist, dass die Formgebung begrenzt ist. Formteile mit komplexer Geometrie sind im Thermoformen im Gegensatz zum Spritzgießen in der Regel nicht herstellbar. Auch ist die Kühlzeit wegen der nur einseitigen Wärmeabfuhr und des aufgrund der geringeren Drücke weniger intensiven Kontakts zur Werkzeugwand deutlich länger. Wie beim Spritzgießen ist darauf zu achten, dass keine Hinterschneidungen die Entformung erschweren. Zudem sind bei anderen Formverfahren die Entwicklungen bezüglich des Automatisierungsgrades bereits weiter fortgeschritten, moderne Thermoformanlagen sind aber bereits in der Lage, Prozessparameter entsprechend einer Änderung der äußeren Randbedingungen anzupassen.

7.2 Schweißen von Kunststoffen

dauerhafte Verbindung

Dem Kunststoffverarbeiter steht heute eine große Anzahl von Schweißverfahren zur Verfügung, mit denen eine feste und dauerhafte Verbindung erzielt werden kann. Der Einsatz des jeweiligen Verfahrens hängt dabei im Wesentlichen von der Wirtschaftlichkeit und der erzielten Nahtqualität ab.

Schweißprozess

Beim Schweißprozess wird der Werkstoff der Fügeteile in der Fügezone durch Zufuhr von Energie (Wärme) in den schmelzeflüssigen Zustand überführt und beide Teile werden unter Druck zusammengefügt. Daraus geht hervor, dass aus den drei Werkstoffgruppen Duroplaste, Thermoplaste und Elastomere sich nur Thermoplaste verschweißen lassen, da nur sie in den Schmelze- (thermoplastischen) Zustand überführt werden können. Das Bild 7.7 zeigt exemplarisch für einen teilkristallinen Thermoplast den Temperaturbereich, in dem der Schweißprozess stattfindet. Der Temperaturbereich ist identisch mit dem, in dem Urformverfahren wie Spritzgießen oder Extrusion ablaufen.

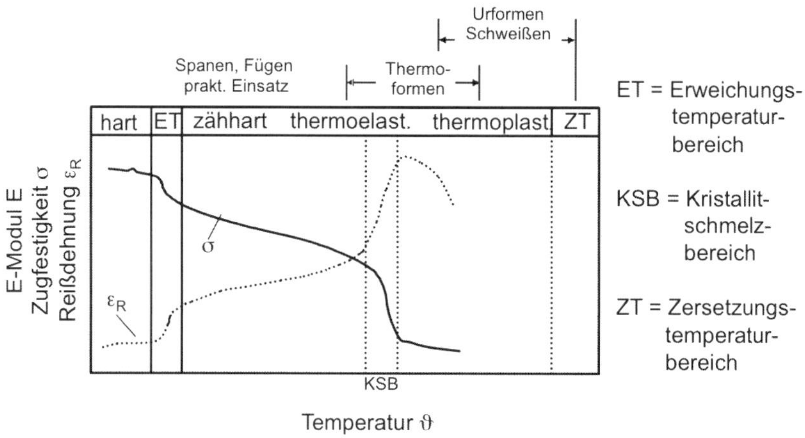

Bild 7.7 Temperaturbereiche am Beispiel eines teilkristallinen Kunststoffs

Einordnung in die Produktionskette

Der Schweißprozess bildet in der Regel das Ende der Produktionskette. Dadurch ergeben sich Herausforderungen, die dem Schweißprozess selber nicht zugeordnet werden können. Beispielsweise können Einfallstellen in den Bauteilen oder Verzug der Bauteile, die im Spritzguss-Prozess entstehen, den Schweißprozess und die Fügenahtqualität beeinflussen. Des Weiteren verändern vorgelagerte Verarbeitungsschritte die Materialeigenschaften, so dass diese im Schweißprozess berücksichtigt werden müssen.

physikalische Prozesse

Um den zu schweißenden Werkstoff in den thermoplastischen Zustand zu überführen, stehen folgende physikalische Prozesse zur Verfügung:

- Wärmeleitung,
- Konvektion,
- Strahlung,
- Reibung,
- Induktion.

Fließbewegung

Neben der Energiezufuhr in der Fügezone ist der Druck eine weitere wichtige Bedingung. Die *Fließbewegung* in der *Nahtebene* unter Druck bewirkt eine Verknäuelung der Molekülketten in der Grenzfläche und sorgt damit für die stoffschlüssige Verbindung beider Teile.

Schmelzebildung

Um eine ausreichende Schmelzemenge in der Fügezone zu erhalten, ist die Dauer der Energiezufuhr (je nach Verfahren als *Erwärmungszeit* oder *Schweißzeit* bezeichnet) als dritte beeinflussende Komponente zu nennen. Ziel jeder Parameteroptimierung beim Schweißen ist es, die Kombination aus Druck, Zeit und Temperatur zu ermitteln, die zum qualitativ besten Ergebnis führt.

Die Einteilung der Schweißverfahren erfolgt nach der Art der Energiezufuhr. In Tabelle 7.1 sind dementsprechend die gängigen Schweißverfahren für Thermoplaste zusammengefasst.

Tabelle 7.1 Einteilung der Schweißverfahren in Abhängigkeit der Energiezufuhr

Wärmeleitung		**Konvektion**
Heizelementschweißen		**Warmgasschweißen**
direktes	**indirektes**	
▪ Heizelementstumpfschweißen ▪ Heizelement-Muffenschweißen ▪ Elektromuffenschweißen ▪ Heizkeilschweißen ▪ Abkantschweißen	▪ Wärmekontaktschweißen ▪ Wärmeimpulsschweißen (einseitiges und beidseitiges)	▪ Warmgas-Fächelschweißen ▪ Ziehschweißen ▪ Warmgas-Überlappschweißen ▪ Warmgas-Extrusionsschweißen
Reibung		**Strahlung**
innere	**äußere**	▪ Heizelementstrahlungsschweißen ▪ Laserstrahlschweißen ▪ Laserdurchstrahlschweißen ▪ Infrarotschweißen
▪ Hochfrequenzschweißen ▪ Ultraschallschweißen ▪ (Nah- und Fernfeldschweißen)	▪ Rotationsreibschweißen ▪ Vibrationsschweißen	**Induktion**
		▪ Elektromagnetschweißen

Allen in Tabelle 7.1 zusammengestellten Schweißverfahren liegen im Prinzip folgende Arbeitsschritte zur Erzielung einer guten Schweißverbindung zugrunde:

prinzipieller Prozessablauf

1. **Vorbereiten der Fügeflächen:** Die Fügeflächen müssen trocken, staub- und fettfrei sein. Eventuell vorhandene Oxidschichten (z. B. bei Polypropylen) sollen durch Abziehen mit einer Ziehklinge entfernt werden.
2. **Erwärmen der Fügeflächen:** Die Erwärmungszeit ist so zu wählen, dass ausreichend Schmelze für den Fügeprozess bereitgestellt wird.
3. **Aufbringen des Fügedruckes:** Ein zu hoher Fügedruck verdrängt zu viel Schmelze aus der Fügezone, so dass kältere Materialschichten aufeinandertreffen, die infolge ihrer geringen Fließfähigkeit keine Verknäuelung der Molekülkette in der Fügenaht hervorrufen können. Dies tritt ebenfalls bei geringer Fließbewegung infolge eines zu niedrigen Druckes ein.
4. **Abkühlen unter Druck:** Um Verzug und Lunker zu vermeiden, soll der Druck so lange aufrecht erhalten werden, bis die Temperatur so weit zurückgegangen ist, dass die Verbindung einen formstabilen Zustand erreicht hat.
5. **Nachbearbeiten der Naht (falls erforderlich):** Wenn der bei einigen Verfahren entstehende Schweißwulst aus praktischen (z. B. bei Fensterrahmen) oder auch optischen Gründen störend wirkt, kann er in einem Nachbearbeitungsschritt durch Hobeln oder Schleifen entfernt werden.

Schweißbarkeit

Theoretisch sind alle Thermoplaste schweißbar, jedoch bestimmen Struktur und Molekulargewicht der Werkstoffe weitgehend die technische Durchführbarkeit. Da das Schweißen im plastischen Zustand der Fügeflächen durchgeführt wird, ist die Möglichkeit des Plastifizierens ein wichtiges Kriterium für die *Schweißbarkeit* eines

Kunststoffes. Aufgrund ihrer Struktur bzw. des hohen Molekulargewichts sind Werkstoffe wie z.B. Polytetrafluorethylen (PTFE), gegossenes Polymethylmethacrylat (PMMA geg.) oder ultrahochmolekulares Polyethylen (UHMWPE) nicht oder sehr schwer plastifizierbar und damit auch kaum technisch schweißbar.

Verbindung artungleicher Thermoplaste

Unterschiedliche Thermoplaste können miteinander verschweißt werden, wenn die Schmelzbereiche nicht weit auseinanderliegen und die Viskositätsverhältnisse in der Schmelze sich ähneln, so dass unter Druck eine stoffschlüssige Verbindung erzielt werden kann. Neben den Oberflächenspannungen spielen auch die Wärmeausdehnungskoeffizienten und das Schwindungsverhalten eine Rolle. Aus diesem Grund sollten nur Thermoplaste innerhalb der Gruppe „amorph“ oder „teilkristallin“ verschweißt werden. Weiterhin ist darauf zu achten, dass die Schmelzpunkte nicht zu weit auseinander liegen und eine Verträglichkeit zwischen den zu schweißenden Kunststoffen besteht.

In Bild 7.8 sind gängige Thermoplaste anhand ihrer Schweißbarkeit zusammengefasst.

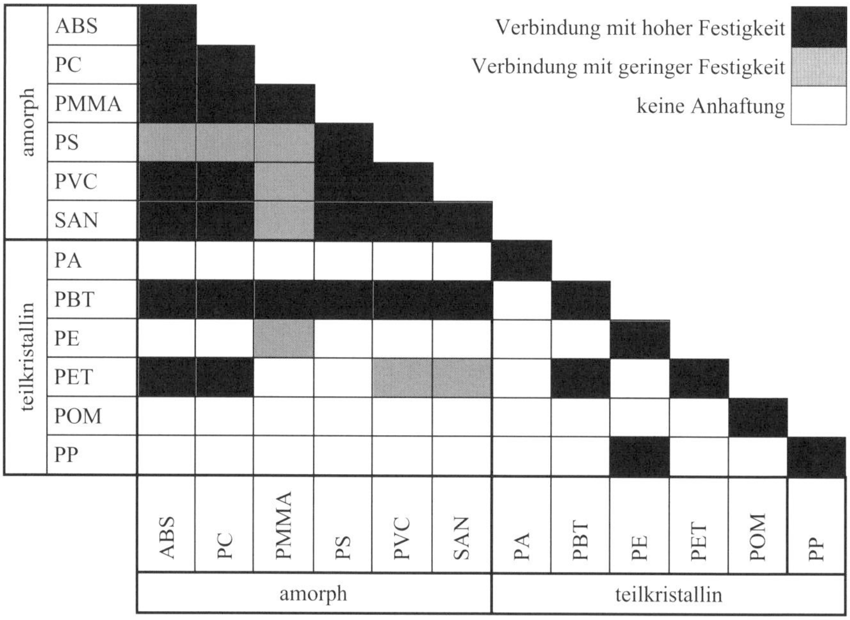

Bild 7.8 Matrix schweißbarer Thermoplaste

Im Folgenden werden die einzelnen Verfahren, die Verfahrenstechnik und die Einsatzgebiete vorgestellt.

7.2.1 Heizelementschweißen (HE-Schweißen)

Wärmeleitung

Alle Heizelementschweißverfahren besitzen das gemeinsame Merkmal, dass die Energie durch meist elektrisch beheizte metallische Elemente mittels Wärmeleitung den Fügeflächen zugeführt wird. Dabei wird grundsätzlich zwischen dem direkten und dem indirekten Heizelementschweißen unterschieden. Beim direkten HE-Schweißen fließt die Wärme direkt vom HE in die Fügefläche, beim indirekten HE-Schweißen erfolgt der Wärmetransport von außen durch das Fügeteil hindurch zur Fügefläche. Aufgrund der schlechten Wärmeleitfähigkeit der Kunststoffe wird das indirekte HE-Schweißen nur bei sehr geringen Wanddicken (Folien) eingesetzt.

7.2.1.1 Direkte Heizelement-Schweißverfahren

7.2.1.1.1 Das Heizelementstumpfschweißen (HS-Schweißen)

Stumpfschweißen

Das HS-Schweißen ist das am meisten verbreitete thermische Fügeverfahren für Kunststoffe. Es hat für das Verbinden von Halbzeugen (Tafeln, Rohre, Fensterprofile) eine große Bedeutung und wird vielfach für das *Formteilschweißen* in der Serienfertigung eingesetzt. Vorteilhaft ist hier, dass die metallischen Heizelemente durch spanende Formgebung auch komplizierten, nicht ebenen Fügeflächenkonturen angepasst werden können. Die Heizelementoberflächen werden mit einer antiadhäsiven PTFE-Schicht versehen.

Beschichtung der Heizelemente

Aufgrund der Einsatztemperatur von 240 °C von PTFE nutzt man für das Verschweißen von hochtemperaturbeständigen Kunststoffen und für Kunststoffe mit sehr niedriger Schmelzeviskosität das Heizelement-Strahlungsschweißen. Dabei wird das Formteil in einem Abstand von ca. 1 mm vom Heizelement positioniert und über die Strahlungserwärmung erhitzt (Abschnitt 7.2.4.).

Verkürzung der Heizzeit

Zur Verkürzung der Erwärmungszeiten beim Heizelementschweißen wird das *Hochtemperatur-Heizelementschweißen* eingesetzt. Bei Temperaturen von 300 bis 500 °C wird ohne antiadhäsive Beschichtung erwärmt und das anhaftende Material in der Ruhephase des Heizelementes verdampft. Hier finden nur solche Thermoplaste Einsatz, deren Zersetzungstemperatur im angegebenen Bereich liegt und die möglichst rückstandsfrei abdampfen können.

Prozessablauf Heizelementschweißen

Der Verfahrensablauf umfasst grundsätzlich drei Phasen, die schematisch in Bild 7.9 dargestellt sind:

- die Erwärmungsphase,
- die Umstellphase und
- die Fügephase.

Erwärmung

In der *Erwärmungsphase* wird über direkten Kontakt mit einem Heizelement die zur Plastifizierung der Fügeflächen nötige Wärme in die Fügeteile eingebracht. Hierdurch kommt es aufgrund der Wärmedehnung zunächst zu einem negativen Fügeweg. Für die Erwärmungsphase gibt es zwei Möglichkeiten:

- **Erwärmung mit Abschmelzbegrenzung:**
  (*Angleichen*) Die Fügeteile werden mit einem hohen Druck (dem Fügedruck) gegen das HE beaufschlagt, um eventuelle Unebenheiten der Kontaktfläche auszugleichen und den vollständigen Kontakt sicherzustellen. Dabei wird ein Teil der Schmelze in den Wulst transportiert. Das Abschmelzen wird nach einer

bestimmten Zeit unterbrochen. Dies kann entweder durch Anschläge erfolgen oder dadurch, dass der Druck nahezu auf Null abgesenkt wird. Es beginnt das „drucklose“ *Anwärmen*.

- **Erwärmung ohne Abschmelzbegrenzung:**
  Der Abschmelzvorgang wird während der gesamten Erwärmungszeit unterbunden, so dass ständig Masse in den Wulst abfließt.

Abschmelzbewegung

Generell wird mit Abschmelzbewegung gearbeitet, daher sind in Bild 7.9 die Druck- und Wegverläufe über der Zeit für diese Variante dargestellt. Nur in besonderen Fällen, z. B. bei stark orientierten Formteilen oder thermisch sehr empfindlichen Thermoplasten, erfolgt die Erwärmung ohne Abschmelzbegrenzung.

Umstellen

Während der Umstellphase wird das Heizelement aus der späteren Fügeebene entfernt. Es tritt ein Temperaturabfall an der Grenzfläche ein. Die Umstellzeit sollte so kurz wie möglich sein, um ein zu starkes Abkühlen der Grenzflächen und eine damit verbundene geringere Fließfähigkeit des Materials zu unterbinden.

Fügen

In der Fügephase erfolgt das eigentliche Verbinden der Schweißteile durch ein Aneinanderpressen der plastifizierten Fügeflächen. Die vom Fügedruck hervorgerufenen Fließbewegungen im Nahtbereich sorgen für eine Verknäuelung der Moleküle (Interdiffusion) und somit für die Verbindung beider Fügeteile.

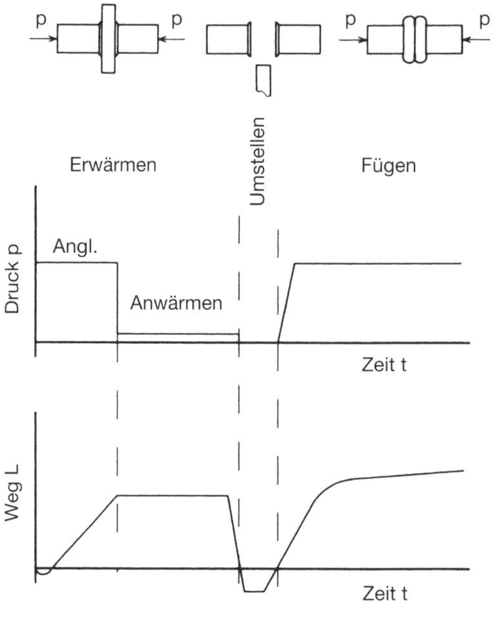

Bild 7.9 Heizelementstumpfschweißen

Fertigung von kleinen und großen Stückzahlen

Mit dem Heizelementstumpfschweißen werden vornehmlich Polyolefine geschweißt. Bei der Trinkwasser- und Gasversorgung ist es für das Verbinden von PE- und PP-Rohren Stand der Technik. Infolge der Reproduzierbarkeit und Automatisierbarkeit des Verfahrens ist es auch heute Bestandteil der Serienteilfertigung. Dabei reicht das Spektrum der Teile von Kondensatoren mit einer Schweißfläche von 6 × 10 mm^2 bis hin zu großen Transportpaletten. Weiterhin wird das Verfahren im Automotive-Bereich sowie in der Medizintechnik eingesetzt. Im Automotive-Bereich werden Exterieur, wie z. B. Rückleuchten oder Blinker, sowie „Under-the-Hood"-Anwendungen wie Batterien und Luft-Ansaugrohre mittels Heizelement-Schweißmaschinen verschweißt.

7.2.1.1.2 Das Heißkeilschweißen

Schweißen von Folien

Bei der überlappenden Verbindung von Kunststofffolien, -bahnen (z. B. aus PE, PP) oder auch beschichteten Gewebeplanen (z. B. aus PVC) oberhalb einer Foliendicke von 0,3 mm wird das Heizkeilschweißen als kontinuierliche Fügetechnik eingesetzt (Bild 7.10). Während bei der manuellen Variante der beheizte Metallkeil und die Andruckrolle von Hand geführt werden, sind bei der maschinellen Ausführung, ähnlich dem Nähmaschinenprinzip, Heizkeil und Transport-/Druckrollen ortsfest, die zu verschweißenden Bahnen werden am Heizkeil entlang geführt. Bei der Wahl der Schweißparameter ist zu beachten, dass eine Kombination aus Heizelementtemperatur und Abzugsgeschwindigkeit verwendet wird, die für eine ausreichende und gleichmäßige Plastifizierung der Fügeflächen sorgt.

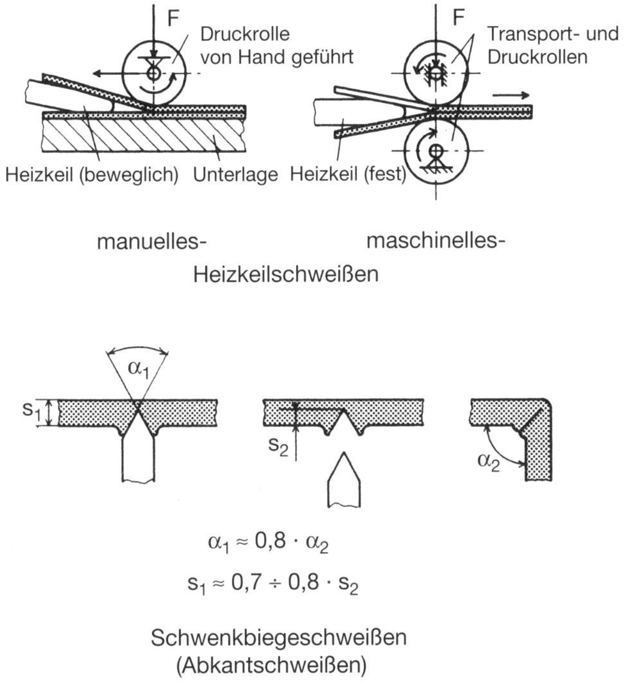

Bild 7.10 Heizkeil- und Schwenkbiegeschweißen

7.2.1.1.3 Das Schwenkbiegeschweißen (Abkantschweißen)

Schweißen von Tafeln und Platten

Eine mehr im handwerklichen Bereich eingesetzte Verfahrensvariante ist das Schwenkbiegeschweißen von Tafeln und Platten (Bild 7.10). Das an der Spitze keilförmige Heizelement wird bis zu 3/4 der Tafeldicke in das Fügeteil gedrückt und nach der Anwärmzeit (nahezu drucklos) wieder entfernt. Die Tafel wird während des Biegens geschweißt. Damit ausreichend Schweißdruck aufgebracht werden kann, soll der Spitzenwinkel des Heizelementes etwa 20 % kleiner sein als der Abkantwinkel.

Zur Abkürzung der Erwärmungszeit bei dicken Tafeln kann eine keilförmige Nut vorgefräst werden.

7.2.1.1.4 Das Heizelement-Muffenschweißen

Rohrleitungsbau

Im Rohrleitungsbau wird als Verbindungstechnik oft das Heizelement-Muffenschweißen angewandt. Es erfolgt eine überlappende Verbindung zwischen Rohr und Muffe (Bild 7.11). Das Heizelement besitzt auf der einen Seite die Innenkontur der Muffe, auf der anderen Seite die Außenkontur des Rohres. Die Abmessungen von Heizelement, Rohr und Fitting sind so aufeinander abgestimmt, dass sich nach Erwärmen und Umstellen beim Fügevorgang ein Fügedruck aufbaut.

Das Verfahren findet fast ausschließlich bei Rohrleitungssystemen aus PE und PP Anwendung. Der sorgfältigen Nahtvorbereitung kommt hier beim Einsatz auf der Baustelle eine besondere Bedeutung zu.

7.2.1.1.5 Das Elektromuffenschweißen

Elektronenmuffen

Als Schweißverfahren für Rohrleitungssysteme mit gutem Bedienkomfort gilt das Elektromuffenschweißen. Im Gegensatz zum Heizelement-Muffenschweißen ist es ein komfortables Verfahren, welches mit weniger Prozessschritten auskommt. Die spritzgegossene Muffe enthält an der inneren Oberfläche elektrische *Widerstandswendeln*, die nach Positionierung der Rohrenden an einen Schweißtransformator angeschlossen werden (Bild 7.11). Durch das Anlegen einer Spannung – die Zeit-

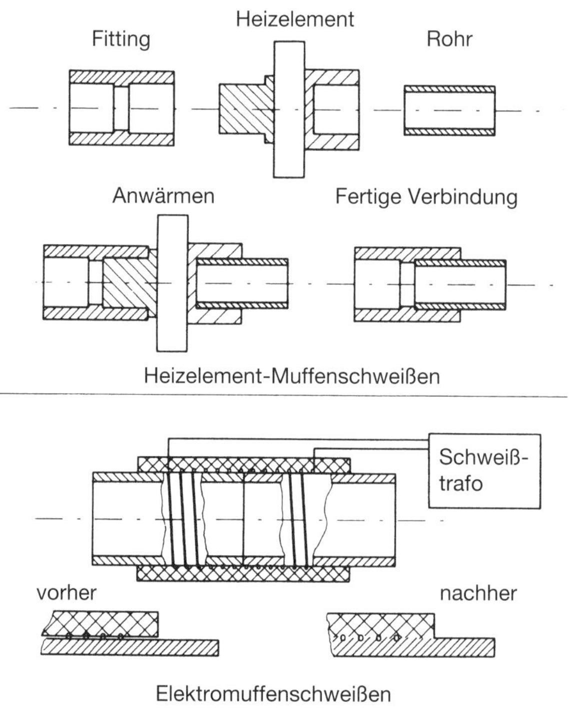

Bild 7.11 Heizelement-Muffenschweißen und Elektromuffenschweißen

dauer hängt vom Durchmesser ab – wirken die Widerstandswendeln als Heizelement. Die Innenfläche der Muffe und die Außenfläche des Rohres werden plastifiziert. Da die Muffen mit eingefrorenen Orientierungen gespritzt werden, tritt beim Erwärmungsprozess ein Schrumpf ein, der für den nötigen Schweißdruck sorgt. Die Wendeln verbleiben dauerhaft in der Verbindung.

7.2.1.2 Indirekte HE-Schweißverfahren

7.2.1.2.1 Wärmekontaktschweißen

Das Wärmekontaktschweißen kann nur bei Teilen mit geringer Wanddicke (<< 1 mm) und bei Folien eingesetzt werden, da nur diese die nötige Wärmeleitfähigkeit aufweisen, um das gesamte Bauteil zu durchwärmen. Ein dauerbeheiztes Element mit antiadhäsiver Beschichtung leitet die Wärme von außen durch das Fügeteil zur Fügefläche hin (Bild 7.12). Dabei wird das Material durchgewärmt. Insbesondere beim Versiegeln von Beutelverpackungen aus PET/PE-Kaschierverbunden findet diese Variante Verwendung. Die Heizelemente werden auf die äußeren PET-Schichten aufgesetzt, schmelzen aber aufgrund des deutlich niedrigeren Schmelzpunkts nur die PE-Schichten auf, die nun die Schweißnaht ausbilden und den Beutel verschließen. Da die Heizelemente keinen Kontakt mit der Schmelze haben, werden hohe Heizelementtemperaturen möglich und gleichzeitig Anhaftungen von Schmelze am Heizelement vermieden, so dass kurze Taktzeiten in der Abpackmaschine realisiert werden können.

dauerbeheiztes Heizelement

7.2.1.2.2 Wärmeimpulsschweißen

Das Wärmeimpulsschweißen ist das am meisten verbreitete indirekte HE-Schweißverfahren. Es hat große Bedeutung für Polyolefine in der Verpackungsindustrie beim Verschließen von Beuteln, Tüten und Säcken. Wie das Wärmekontaktschweißen ist aufgrund der schlechten Wärmeleitfähigkeit der Kunststoffe die Anwendung ebenfalls auf Teile mit sehr geringen Wanddicken beschränkt (PE-Folien: $\leq$ 0,3 mm; PVC-Folien: $\leq$ 0,08 mm). Der Vorteil gegenüber dem Wärmekontaktschweißen besteht in der Abkühlung unter Druck.

Abkühlung unter Druck

Zu Beginn des Fügevorganges werden dünne Metallschienen, die mit einer Antihaftschicht (meist PTFE) versehen sind, mit einem kurzen, aber hohen Stromimpuls beaufschlagt und erwärmen sich dabei. Durch Wärmeleitung wird die Wärme durch die Folie an die Fügestelle gebracht (Bild 7.12). Man unterscheidet zwei Varianten: das *einseitige* und das *beidseitige* Wärmeimpulsschweißen. Während beim beidseitigen Verfahren das Temperaturprofil in den Fügeteilen aufgrund der Anordnung der Heizbänder symmetrisch verläuft, zeigt es bei der einseitigen Verfahrensvariante einen asymmetrischen Verlauf ähnlich dem Wärmekontaktschweißen (Bild 7.12).

Metallschienen

Der Verfahrensablauf bei den indirekten HE-Verfahren bedingt die Ausbildung eines ausgeprägten Temperaturprofils, bei dem die höchste Temperatur stets an der Oberfläche auftritt. Bei der Wahl der Schweißparameter (HE-Temperatur, Kontaktzeit bzw. Impulshöhe, Impulsdauer) ist daher darauf zu achten, dass folgende Bedingung erfüllt wird: Die Temperatur in der Fügenaht muss oberhalb der Schmelztemperatur liegen und gleichzeitig darf die Temperatur an der Oberfläche die Zersetzungstemperatur nicht erreichen.

Temperaturprofil

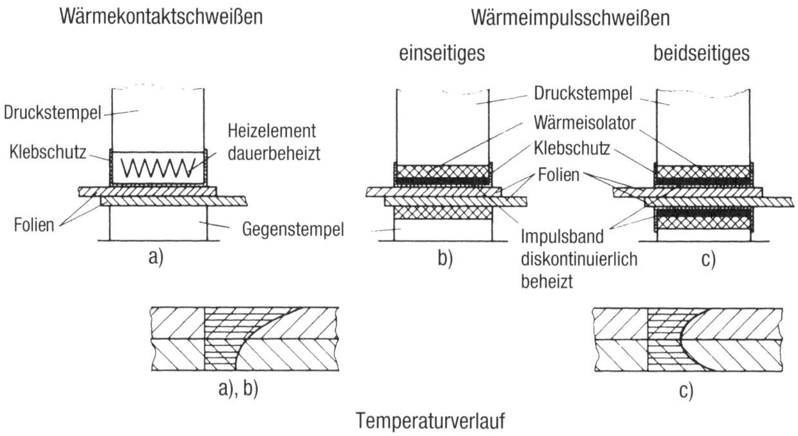

Bild 7.12 Wärmekontaktschweißen und Wärmeimpulsschweißen

7.2.2 Warmgasschweißen

handwerkliche Schweißverfahren

Das Warmgasschweißen wird meist von Hand ausgeführt und erfordert deshalb ein hohes Maß an handwerklichem Geschick. Als Wärmeträger wird generell heiße saubere Druckluft verwendet, bei einigen oxidationsgefährdeten Materialien wird auch mit Inertgasen wie Stickstoff oder Kohlendioxid gearbeitet. Die Verbindungsflächen der Teile werden mit warmen Gasen erwärmt und unter Druck vorwiegend mit Zusatzwerkstoff (*Schweißzusatz*) geschweißt (Bild 7.13). Das Verfahren eignet sich gut für Montagen und Reparaturen, es wird im Apparate- und Behälterbau vielfach verwendet. Der Einsatz des Verfahrens ist immer dann zu empfehlen, wenn die Schweißnähte schwer zugänglich sind oder es sich um schwer schweißbare Materialien handelt.

Düsen- und Schweißzusatzführung sowie konstanter Druck sind neben einer reproduzierbaren *Warmgastemperatur* und einem konstanten *Warmgasdurchsatz* die wichtigsten Einflussgrößen auf die Nahtqualität.

Varianten

Man unterscheidet folgende Varianten:

- Fächelschweißen
- Ziehschweißen (Schnellschweißen)
- Überlappschweißen
- Extrusionsschweißen
- Heißgasschweißen

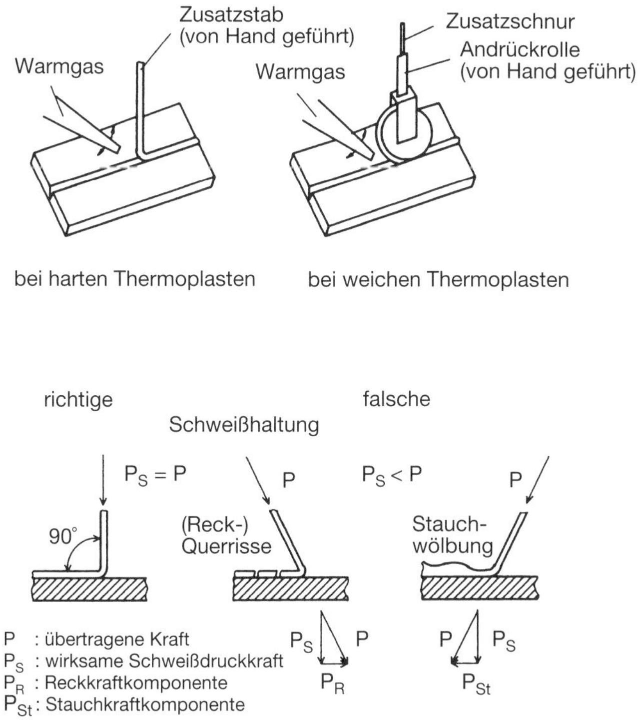

Bild 7.13 Warmgasschweißen, Fächelschweißen

7.2.2.1 Fächelschweißen (Runddüse)

Durch fächelnde Bewegung der Schweißdüse von Hand werden Fügeteile und Schweißzusatz erwärmt. Der Schweißstab wird ebenfalls von Hand senkrecht in die vorbereitete Schweißfuge gedrückt, so dass in Schweißrichtung vor dem Stab eine Bugwelle entsteht. Bei falscher *Schweißstabhaltung* kann es zu Stauchwölbungen oder Querrissen kommen. Während bei harten Thermoplasten die Schweißstabzufuhr ohne Zusatzeinrichtung erfolgt, ist der Einsatz einer Andrückrolle bei weichen Materialien erforderlich (Bild 7.13).

7.2.2.2 Ziehschweißen (Schnellschweißen)

Beim Ziehschweißen gleitet der Schweißzusatz durch eine Führung in der Warmgasdüse (Bild 7.14). Durch Aufteilung des Warmgasstromes werden Grund- und Zusatzmaterial erwärmt und plastifiziert. Der aus der Führung im plastischen Zustand austretende Schweißzusatz wird mithilfe der Düsenzunge auf den Grundwerkstoff gedrückt. Im Vergleich zum Fächelschweißen sind hier höhere Schweißgeschwindigkeiten erzielbar.

7.2.2.3 Warmgas-Überlappschweißen

Wenn Bahnen aus Weich-PVC oder flexiblen Polyolefinen mit einer Dicke von mehr als 0,8 mm verbunden werden sollen, wird das Warmgas-Überlappschweißen eingesetzt. Die zu verschweißenden Bahnen werden mit einer Überlappung von mehr als 4 cm aufeinander gelegt. Daraufhin werden die Oberflächen des sich überlappenden Materials durch Warmgas über eine Breitschlitzdüse in den schmelzeförmigen Zustand gebracht und mittels einer entsprechenden Walze angepresst. Das Warmgas-Überlappschweißen, welches mit Handschweißgeräten ohne Schweißzusätze durchgeführt wird, wird hauptsächlich im Deponiebau eingesetzt.

7.2.2.4 Extrusionsschweißen

Zum Verbinden dickwandiger Teile wird das Extrusionsschweißen empfohlen. Während beim Fächel- und beim Ziehschweißen mehrere Lagen der Zusatzmaterialien notwendig sind, wird beim Extrusionsschweißen die Schweißfuge oft in einem Arbeitsgang gefüllt. Der Grundwerkstoff wird mit Warmgas vorgewärmt, während der Zusatzwerkstoff direkt als plastifizierter Strang vom Extruder zugeführt wird und mithilfe eines Schweißschuhs in die Naht eingepresst wird (Bild 7.14).

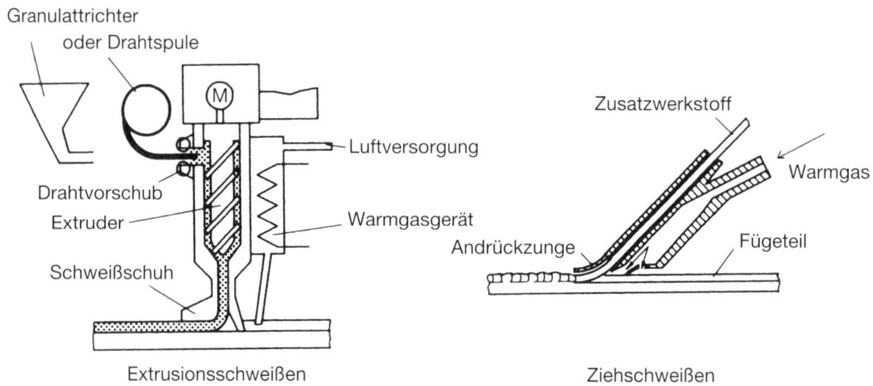

Bild 7.14 Extrusions- und Ziehschweißen

7.2.2.5 Heißgasschweißen

Beim Heißgasschweißen handelt es sich um eine Weiterentwicklung des Heizelementschweißens. Es wird hauptsächlich zur Verschweißung von Polyamid und anderen technischen Thermoplasten wie PBT, POM, PPO und PPS eingesetzt. Bei dem Schweißvorgang werden hochfeste Verbindungen realisiert, ohne dass Kleinstpartikel entstehen, wie dies bei mechanischen Schweißverfahren der Fall ist. Weiterhin wird im Schweißnahtbereich Schutzgas eingesetzt, um eine Oxidation und somit eine thermische Schädigung des Kunststoffs zu vermeiden. Das Schutzgas übernimmt ebenfalls die Wärmeüberleitung vom Heizelement zur Schweißnaht. Die Bauteile werden daraufhin aneinander gedrückt und im Zuge der Abkühlung vernetzen die Molekülketten.

Das Heißgasschweißen wird im Automotivebereich eingesetzt, da dieses Verfahren besonders für komplexe medienführende (Luft, Öl oder Wasser) Bauteile geeignet ist.

7.2.3 Reibschweißverfahren

äußere und innere Reibung

Die Reibschweißverfahren nutzen die Reibungswärme aus, um die Fügeflächen zu plastifizieren. Dabei wird grundsätzlich zwischen äußerer und innerer Reibung unterschieden. Während bei der äußeren Reibung eine Relativbewegung der Fügeteile zueinander für die Erwärmung sorgt, sind es bei der inneren Reibung *elektrische* und *mechanische Dämpfungseigenschaften* der Materialien wie auch Molekülschwingungen, die eine Wärmeerzeugung „von innen heraus" bewirken. Bei den Verfahren mit äußerer Reibung hat sich besonders das Vibrationsschweißen durchgesetzt, da dieses Verfahren besonders bei großen Geometrien eingesetzt werden kann. Bei den Schweißverfahren mit innerer Reibung wird hauptsächlich das Ultraschallschweißen eingesetzt, da die sehr kurzen Schweißzeiten einen Einsatz beim Schweißen von Massenartikeln zulassen.

7.2.3.1 Verfahren mit äußerer Reibung

7.2.3.1.1 Rotationsreibschweißen

Rotation

Dieses einfache und preiswerte Verfahren eignet sich nur für rotationssymmetrische Fügenähte. Das Verfahrensprinzip wird anhand von Bild 7.15 erläutert. Das in der Spannvorrichtung befindliche Fügeteil rotiert, während das Gegenstück von der Haltevorrichtung festgehalten wird. Über die drehbare Körnerspitze wird die Kraft *F* aufgebracht. Bei Beginn der Reibung passen sich die Grenzflächen aneinander an und infolge der Reibungswärme steigt die Temperatur bis zum Anschmelzen der Fügeflächen. Die weitere Erwärmung wird durch die Schervorgänge in der Schmelze hervorgerufen. Ist ein ausreichendes Schmelzereservoir erzeugt - dies ist an dem am Umfang austretenden plastifizierten Material erkennbar - wird die Haltevorrichtung entspannt, beide Fügeteile rotieren miteinander, die Verbindung wird unter Druck abgekühlt. Als Richtwerte für die Umfangsgeschwindigkeit können 0,8 bis 2,5 m/s und für die Anpressdrücke 1 bis 2 N/mm^2 angegeben werden.

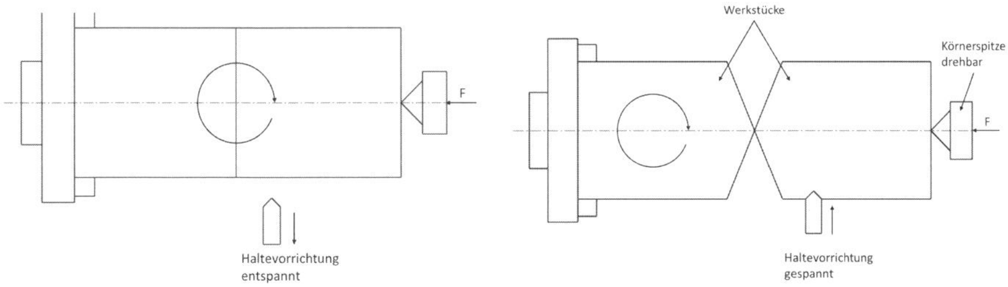

Bild 7.15 Rotationsreibschweißen

7.2.3.1.2 Vibrationsschweißen

oszillatorisch

Im Vergleich zum Rotationsreibschweißen eignet sich das Vibrationsschweißen für unregelmäßig geformte Teile mit nicht rotationssymmetrischen Fügeflächen. Die Reibungsbewegung kann dabei sowohl *linear-* als auch *winkeloszillierend* sein

(Bild 7.16). Geschweißt wird mit Frequenzen zwischen 70 und 300 Hz und Drücken bis zu 4 N/mm². Die Amplituden der Schwingung liegen bei bis zu 2,5 mm, die Schweißzeiten bei ca. 5 Sekunden.

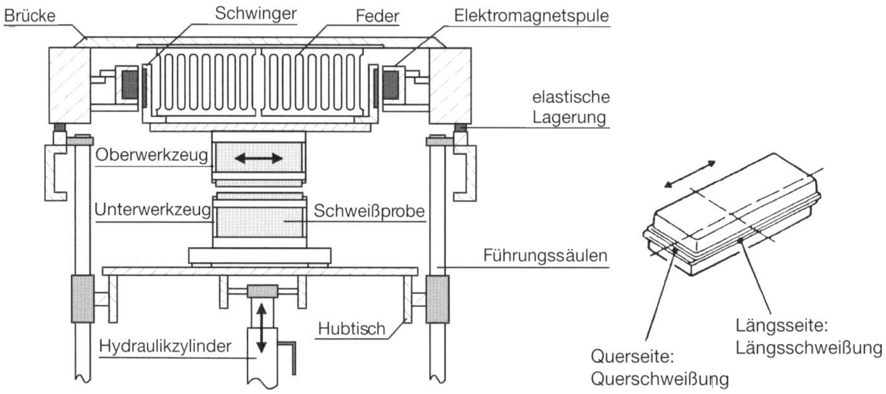

Bild 7.16 Lineares Vibrationsschweißen

große Bauteile

Besonders in der Automobilzulieferindustrie hat sich das Vibrationsschweißen einen festen Platz erobert. Gegenüber dem Ultraschall- sind beim Vibrationsschweißen weitaus größere Geometrien schweißbar. Auch beim Schweißen von Hohlkörpern, besonders aus Werkstoffen, die sich aufgrund ihrer hohen Dämpfung für das indirekte Ultraschallschweißen nicht eignen, hat sich der Einsatz des Vibrationsschweißens bewährt.

7.2.3.2 Verfahren mit innerer Reibung

7.2.3.2.1 Das Ultraschallschweißen

innere Reibung

Beim Ultraschallschweißen wird das mechanische Dämpfungsvermögen der Kunststoffe genutzt. Mechanische Schwingungen im Ultraschallbereich (20 bis 40 kHz, in Sonderfällen bis 70 kHz) werden infolge innerer Reibung und Grenzflächenreibung in der Fügefläche in Wärme umgewandelt, das hierdurch plastifizierte Material wird dann unter Druck verbunden (Bild 7.17).

Prozessablauf

Ein Hochfrequenzgenerator wandelt die Netzfrequenz in hochfrequente elektrische Schwingungen um. Diese werden meist von einem piezoelektrischen Wandler in mechanische *Longitudinalschwingungen* umgewandelt, die über Verbindungsstück (Booster) und Schweißwerkzeug (Sonotrode) dem Fügeteil zugeleitet werden. Die Amplituden reichen von 20 bis 100 μm. Durch die Reflexion am Amboss wird eine *stehende Welle* erzeugt. Da die schwingende Einheit (Wandler, Booster, Sonotrode) in Resonanz betrieben wird, ist der geometrischen Gestaltung besondere Aufmerksamkeit zu widmen. Man unterscheidet zwei Verfahrensvarianten, das *direkte* (*Nahfeld-*) und das *indirekte* (*Fernfeld-*)*Ultraschallschweißen*. Als Kriterium für eine Differenzierung gilt der Abstand zwischen Sonotrodenstirnfläche und Fügefläche: Ist der Abstand kleiner als 6 mm, spricht man vom direkten, ist er größer als 6 mm vom indirekten US-Schweißen. Generell lassen sich alle Thermoplaste im Nahfeld schweißen. Für das Fernfeld eignen sich nur harte Thermoplaste, da bei weichen Thermoplasten infolge der hohen Dämpfung die Schallenergie auf dem Weg durch das Fügeteil so weit absorbiert wird, dass kaum eine Erwärmung der Fügefläche erreicht werden kann.

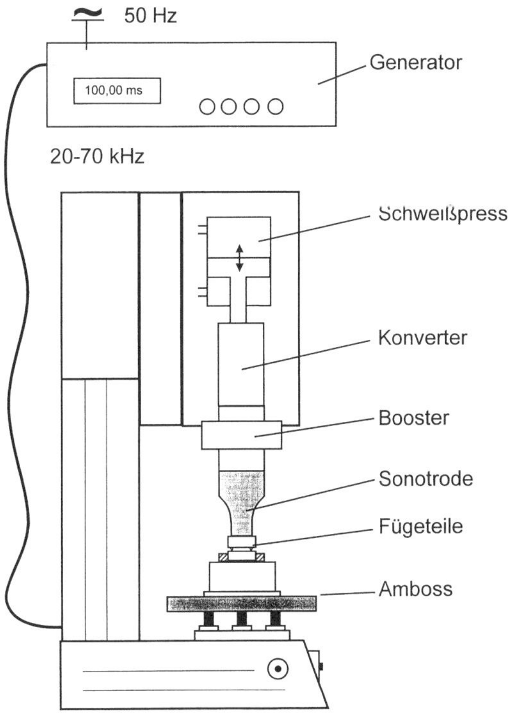

Bild 7.17
Ultraschallschweißen

Aufgrund der sehr kurzen Schweißzeiten (0,2 bis 1,5 s) eignet sich das Verfahren vornehmlich für Massenartikel, z. B. Großserien der Kfz-Zulieferindustrie, der Haushaltswaren-, Elektro- und Spielzeugindustrie. Für das Verschweißen von Folien wird das Verfahren in großem Maße in der Verpackungsindustrie eingesetzt. Weitere Einsatzgebiete sind das Einbetten von Gewindeeinsätzen, das Nieten und Umbördeln sowie das Punktschweißen.

kurze Schweißzeiten

7.2.3.2.2 Das Hochfrequenzschweißen (HF-Schweißen)

polare Kunststoffe

Einige Kunststoffe verfügen über polare Gruppen, die sich nach einem äußeren elektrischen Feld ausrichten können. Aufgrund dieser Tatsache können diese polaren Kunststoffe (wie z. B. PVC, ABS, PA) beim Hochfrequenzschweißen (Bild 7.18) in einem elektrischen Wechselfeld im molekularen Bereich zum Schwingen gebracht werden. Durch die auftretende intermolekulare Reibung wird das Material erwärmt. Die Erwärmung kann so weit getrieben werden, dass der Kunststoff in den Schmelzezustand überführt wird.

Die elektrische Polarität eines Werkstoffs wird angegeben durch seinen *dielektrischen Verlustfaktor* tan δ. Je größer δ ist, desto größer ist die Polarität und desto besser lässt sich der Kunststoff im HF-Feld erwärmen. Tabelle 7.2 enthält die tan δ-Werte einiger Kunststoffe:

Tabelle 7.2 Elektrische Solarität einiger Kunststoffe

Werkstoff	tan δ
PVC-U	0,03 bis 0,02
PVC-C	0,1 bis 0,05
ABS	0,03 bis 0,05
PA	0,04 bis 0,02
PS	0,0008 bis 0,0003
PE	0,0003 bis 0,0005

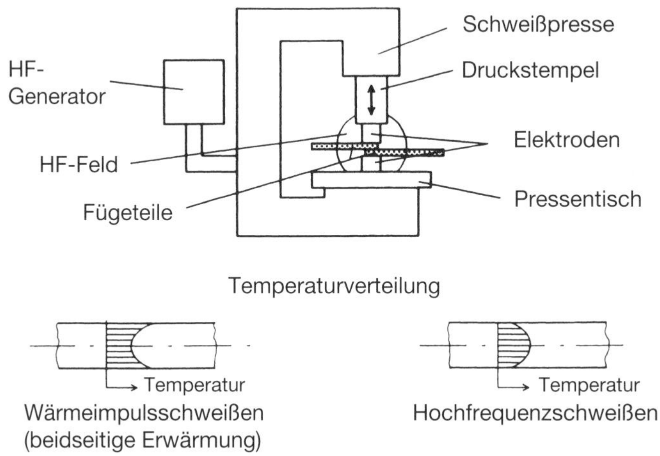

Bild 7.18 Hochfrequenzschweißen

7.2.4 Strahlungsschweißverfahren

Strahlung

Die Schweißverfahren, bei denen die Energieeinbringung auf Strahlung basiert, lassen sich generell in zwei Gruppen einteilen und zwar in Verfahren, die die Wärmestrahlung eines Heizelements ausnutzen und in diejenigen, die mithilfe von Lichtstrahlen oder Laserstrahlen arbeiten.

7.2.4.1 Heizelementstrahlungsschweißen

berührungsloses Heizelementschweißen

Beim Heizelementschweißen kann es trotz antiadhäsiver Beschichtung bei einigen Materialien in der Umstellphase zum Ziehen von Fäden kommen. Abhilfe schafft eine Prozessführung, bei der die Fügeteile nicht mehr in direktem Kontakt, sondern in einer geringen Entfernung (0,5 bis 1 mm) zum Heizelement stehen. Die Erwärmung erfolgt hier überwiegend durch Wärmestrahlung, allerdings auch mit einem Anteil

Konvektion. Da sich die Fügeteile bei der Erwärmung ausdehnen, muss der Abstand zum Heizelement stets korrigiert werden, um eine Berührung zu unterbinden.

7.2.4.2 Infrarotschweißen

Infrarotschweißen

Das Infrarotschweißen bedient sich der elektromagnetischen Strahlung im infraroten Bereich. Das verwendete Spektrum umfasst dabei Wellenlängen von 0,8 μm bis zu 1 mm. Die Strahlquelle wird je nach der emittierten Wellenlänge in kurzwellig (bis 1,6 μm), mittelwellig (1,6 μm bis 3,5 μm) und langwellig (ab 3,5 μm) eingeteilt. Kurzwellige Strahler bestehen aus einem Quarzglasrohr, in dem sich eine Wolframwendel befindet. Die sehr geringe Masse der Wolframwendel bewirkt zwar eine sehr kurze Aufheizzeit, allerdings sind der Glaskolben und die dünne Wendel sehr empfindlich, so dass schon geringe mechanische Belastungen oder lokale Verschmutzungen eine Zerstörung des Strahlers zur Folge haben können. Langwellige Infrarotstrahler gibt es sowohl als keramische Strahler als auch als Metallrohrstrahler. Langwellige Strahler sind sehr robust und haben eine lange Lebensdauer.

Eine Infrarotschweißmaschine ist wie eine Heizelementschweißmaschine aufgebaut. Allerdings wird das Heizelement durch einen oder mehrere Strahler substituiert. Durch die Bestrahlung wird ein Schmelzepolster erzeugt, wodurch im Fügevorgang unter Druck eine Verbindung der Bauteile erreicht wird.

konstruktive Gestaltung

Bei der konstruktiven Gestaltung der Schweißnaht sollten einfache Stumpfstöße bevorzugt werden. Des Weiteren müssen unter Umständen Abschirmungen vorgesehen werden, um ein Aufschmelzen der Fügeteile außerhalb der Nahtbereiche zu vermeiden. Eine dreidimensionale Nahtgeometrie ist realisierbar, allerdings muss hierfür der Strahler dreidimensional ausgelegt sein, so dass mit erheblich höheren Kosten gerechnet werden muss.

Anwendung findet dieses Verfahren in der Medizintechnik, bei Haushaltsgeräten, Rohrleitungen sowie „Under-the-hood“-Anwendungen.

7.2.4.3 Laserstrahlschweißen

nichttransparente Materialien

Durch gebündelte Lichtstrahlen lassen sich Kunststoffe berührungslos aufschmelzen und verschweißen. Dieses Verfahren ist nur für Materialien geeignet, die die Laserstrahlung hinreichend absorbieren. Man unterscheidet das *direkte* (*Laserstumpfschweißen*) und das *indirekte* (*Laserdurchstrahlschweißen*) Laserstrahlschweißen.

Sonderverfahren

Beim direkten Verfahren wird die Strahlungsenergie direkt auf die Fügefläche aufgebracht, während beim indirekten die Energie durch die Fügeteile zur Fügefläche transportiert werden muss. Das Laserstrahlschweißen wird bisher nur in Sonderfällen für Folien eingesetzt.

7.2.4.4 Laserdurchstrahlschweißen

Das Laserdurchstrahlschweißen zählt unter den Kunststoffschweißverfahren mittlerweile zu den etablierten, in der Serienfertigung eingesetzten Fügetechnologien.

Prinzip

Beim Laserdurchstrahlschweißen handelt es sich um einen einstufigen Prozess, bei dem die Erwärmung des Kunststoffs und der Fügevorgang nahezu gleichzeitig ablaufen. Dabei muss ein Fügepartner im Bereich der Laserwellenlänge einen hohen Transmissionsgrad und der andere einen hohen Absorptionsgrad aufweisen.

Der transparente Fügepartner wird vom Laserstrahl ohne nennenswerte Erwärmung durchstrahlt (Bild 7.19). Erst im zweiten Fügepartner wird der Laserstrahl in einer oberflächennahen Schicht vollständig absorbiert, wobei die Laserenergie in Wärmeenergie umgewandelt und der Kunststoff aufgeschmolzen wird. Durch Wärmeleitung wird auch das transparente Bauteil im Bereich der Fügezone plastifiziert.

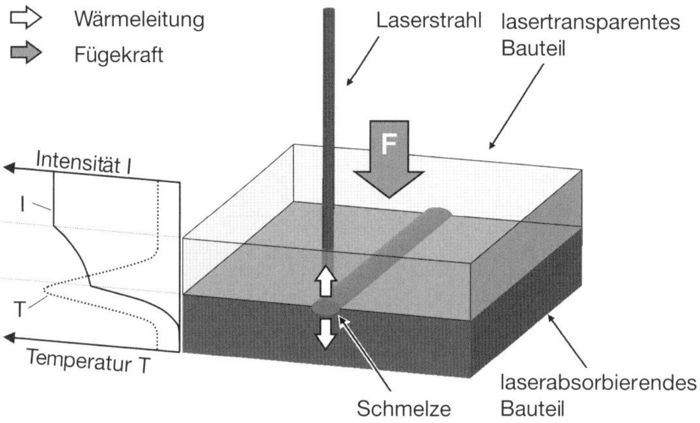

Bild 7.19 Prinzip des Laserdurchstrahlschweißens

Vor- und Nachteile

Die Vorteile dieses Verfahrens sind unter anderem:

- die berührungslose Energieeinbringung,
- die sehr kleinen Wärmeeinflusszonen,
- die Realisierung fast beliebiger Nahtgeometrien,
- die Vermeidung einer mechanischen Belastung der Fügeteile,
- der geringe Schmelzeaustrieb,
- das optisch gute Erscheinungsbild der Schweißnaht.

Demgegenüber stehen jedoch auch einige Limitationen:

- Die Fügepartner müssen unterschiedliche optische Eigenschaften besitzen.
- Es muss eine die Laserstrahlung absorbierende Pigmentierung verwendet werden.
- Ein nahezu spaltfreier Kontakt der Fügepartner ist notwendig. Dies ist aufgrund von Schwindung und Verzug spritzgegossener Kunststoffbauteile oftmals eine Herausforderung.
- Die Schweißnaht muss vom Laserstrahl erreichbar sein.

optische Eigenschaften

Da nahezu alle Kunststoffe im nahen Infrarotbereich (Wellenlänge ca. 800 bis 1100 nm) einen hohen Transmissionsgrad besitzen, werden für das Laserdurchstrahlschweißen üblicherweise Festkörper- und Hochleistungsdiodenlaser eingesetzt. Dem absorbierenden Fügepartner werden absorbierende Pigmente zugesetzt, bei denen es sich meist um Ruß handelt, woraus die für das menschliche Auge schwarze Farbe dieser Bauteile resultiert. Es existieren jedoch auch sogenannte

Nah-Infrarot-Absorber, die im sichtbaren Wellenlängenbereich eine nicht-schwarze Farbe aufweisen können.

Verfahrensvarianten

Grundsätzlich lassen sich die vier verschiedenen Verfahrensvarianten Kontur-, Simultan-, Quasi-Simultan- und Maskenschweißen unterscheiden. Die wichtigsten Unterscheidungsmerkmale liegen in der Art der Energieeinbringung sowie der Strahlformung (Bild 7.20).

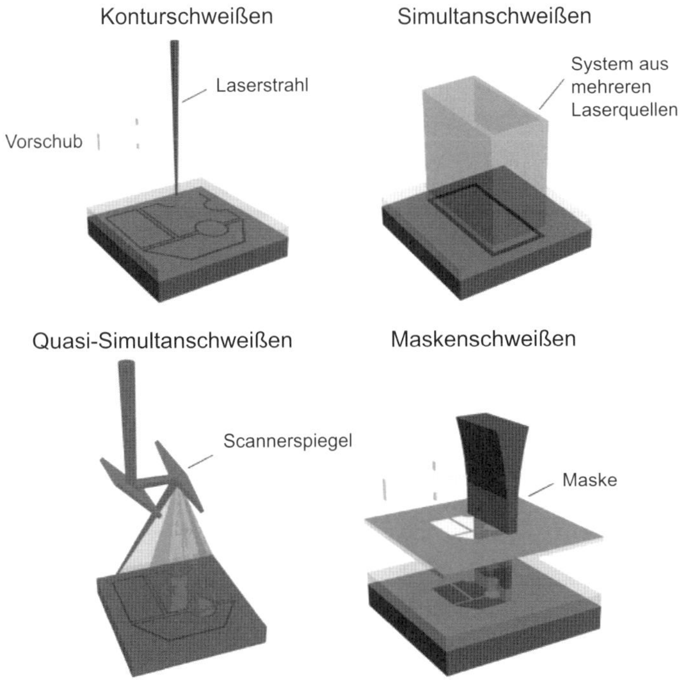

Bild 7.20 Verfahrensvarianten beim Laserdurchstrahlschweißen

Das Konturschweißen ist die am weitesten verbreitete Variante. Dabei wird die Schweißnaht mit einem fokussierten Laserstrahl sequenziell abgefahren und lokal aufgeschmolzen. Beim Simultanschweißen erfolgt das Aufschmelzen der gesamten Nahtkontur gleichzeitig. Normalerweise wird ein System aus mehreren Hochleistungsdiodenlasern so angeordnet, dass die komplette Nahtkontur simultan bestrahlt wird. Beim Quasi-Simultanschweißen wird der Laserstrahl mithilfe von Scannerspiegeln mit einer hohen Geschwindigkeit entlang der Schweißnaht geführt und die Kontur mehrmals pro Sekunde abgefahren. Die gesamte Fügefläche wird fast zeitgleich (quasi simultan) erwärmt. Bei der Maskentechnik wird zwischen dem Fügeteil und der Laserquelle eine Maske positioniert. Der Laser wird über die Maske verfahren und trifft nur dort auf die Fügefläche, wo sich eine Aussparung in der Maske befindet. Kleinste Nähte von etwa 100 μm Breite lassen sich hiermit erzeugen.

7.2.5 Induktionsschweißen (Elektromagnetisches Schweißen)

Zusatzmaterial

Für diese Fügetechnik wird das Prinzip der Induktionswärme genutzt. Zwischen die zu verbindenden Fügeteile wird ein Zusatzmaterial platziert, das ein magnetisch aktivierbares Pulver enthält. Das Zusatzmaterial ist meist dasselbe oder ein ähnliches Material wie das der Fügeteile. Die erforderliche Wärmeenergie wird durch ein hochfrequentes Magnetfeld erzeugt, das durch *Hysterese* und *Wirbelstromverluste* die Partikel erwärmt und dadurch das Zusatzmaterial auf Schmelzetemperatur bringt. Dieses überträgt die Wärme auf die Fügeflächen, die dann unter Druck verbunden werden (Bild 7.21).

Das Verfahren zeichnet sich dadurch aus, dass ähnlich dem HF-Schweißen die Wärme im Material erzeugt wird und dass teilweise schwer zugängliche Flächen verbunden werden können. Ein Nachteil ist die schlechte Energieumsetzung im Zusatzmaterial, so dass mit Generatorfrequenzen bis zu 10 MHz gearbeitet wird.

Das Induktionsschweißen wird hauptsächlich in der Luftfahrtbranche und dem Automobilbereich eingesetzt. Hierbei werden z. B. Stoßfänger oder Durchladeklappen in Rücklehnen mittels Induktionswärme verschweißt. In der Luftfahrtbranche werden besonders Rippen und Versteifungselemente in diesem Verfahren verbunden.

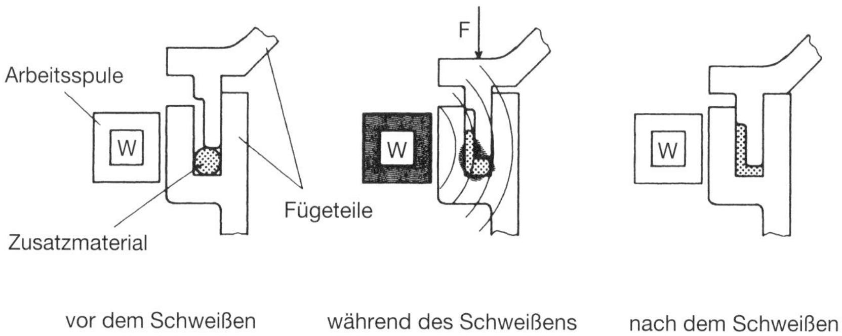

Bild 7.21 Elektromagnetisches Schweißen

7.3 Kleben von Kunststoffen

Ergänzung zum Schweißen

Das Kleben von Kunststoffen, als ganzflächige Verbindungstechnik zum Zweck der Kraftübertragung, hat in der Montagetechnik enorm an Bedeutung gewonnen und stellt eine wichtige Ergänzung zur Schweißtechnik dar. Während sich nur Thermoplaste verschweißen lassen, ist das Kleben eine für alle Kunststoffe, d. h. neben Thermoplasten auch Elastomere und Duroplaste, anwendbare Fügetechnik. Zudem können Kunststoffbauteile mit anderen Werkstoffen (oftmals Stahlbleche) sicher und dauerhaft verklebt werden.

Die Anwendung der Klebtechnik wird durch folgende Vorteile begünstigt:

Vorteile

- Kleben ermöglicht durch eine gleichmäßige Kraftverteilung über der Klebfläche die Ausnutzung der Materialdicke bis zur Belastungsgrenze (Gewichtsersparnis).
- Es lassen sich dünne, kleine; aber auch große, dicke sowie kompliziert geformte Teile kleben.
- Die Klebverbindung kann auch zusätzliche Aufgaben erfüllen, wie Abdichten, Überbrücken von Unebenheiten durch fugenfüllende Klebstoffe, Schwingungsdämpfung und thermische oder elektrische Isolation.
- Klebverbindungen ermöglichen dem Konstrukteur einen weiten Spielraum hinsichtlich Gestaltung, Materialauswahl und Herstellungstechnik der Fügeteile.

Einschränkungen

Als einschränkende Faktoren bzgl. Anwendung und Einsatzbereich sind zu nennen:

- Das *Anbinden bzw. Aushärten* erfordert eine gewisse Zeitspanne im Produktionsablauf.
- Es ist zum Teil eine aufwendige Vorbehandlung der Fügeflächen sowie eine exakte Positionierung der Fügeflächen zueinander notwendig.
- Klebverbindungen zeigen bisweilen ein ungünstiges Alterungsverhalten bei Medieneinfluss.

7.3.1 Mechanismus der Klebung

Haftfestigkeit

Die Haftfestigkeit einer Klebverbindung wird durch Adhäsion und Kohäsion hervorgerufen. Den inneren Zusammenhalt eines Werkstoffes, also sowohl des Klebstoffes als auch des Fügeteils (Substrat) bewirken *Kohäsionskräfte,* den Zusammenhalt zwischen Klebstoff und Fügeteil *Adhäsionskräfte* (Bild 7.23).

Adhäsion

Bei der Adhäsion unterscheidet man zwischen der mechanischen und der spezifischen Adhäsion. Die mechanische Adhäsion entsteht durch mechanische Verankerung des Klebstoffes in Poren des Fügeteils. Sie ist von Bedeutung bei Werkstoffen wie Schaumstoffen oder Kork. Haftwirkungen, die auf *zwischenmolekularen Nebenvalenzkräften* beruhen, werden der *spezifischen Adhäsion* zugeordnet.

Kohäsion

Sowohl Kohäsions- als auch Adhäsionskräfte sind zwischenmolekulare Kräfte, die eine geringe Reichweite besitzen (wenige Nanometer). Der Klebstoff muss daher genügend nahe an die Oberfläche des Fügeteils kommen, damit die Adhäsionskräfte wirksam werden können. Das ist der Grund für die hohen Anforderungen an die Sauberkeit beim Kleben. Schmutzpartikel oder Fettschichten auf der Oberfläche setzen die Haftung wesentlich herab.

Oberflächeneigenschaften

Die Oberflächengestalt der zu verklebenden Flächen beeinflusst stark die praktisch erzielte Haftfestigkeit. Man unterscheidet die *wahre Oberfläche,* die von der Oberflächenrauhigkeit bestimmt wird, von der *geometrischen Oberfläche,* die sich aus den Fügeteilabmessungen ergibt. Die Grenzfläche Klebstoff/Fügeteilabmessungen wird durch die *wirksame Oberfläche* beschrieben, die aus dem Grad der *Benetzung* (Bild 7.22) der wahren Oberfläche resultiert (Bild 7.23). Der Klebstoff wird meist in flüssiger oder plastischer Form aufgetragen, um die angestrebte vollständige Benetzung und damit den engen Kontakt zwischen Klebstoff und Fügeteil zu gewährleisten.

In Bild 7.22 ist eine schlechte sowie eine gute Benetzung eines Wassertropfens auf einer Oberfläche dargestellt. Nur eine gute Benetzung garantiert eine gute Adhäsion.

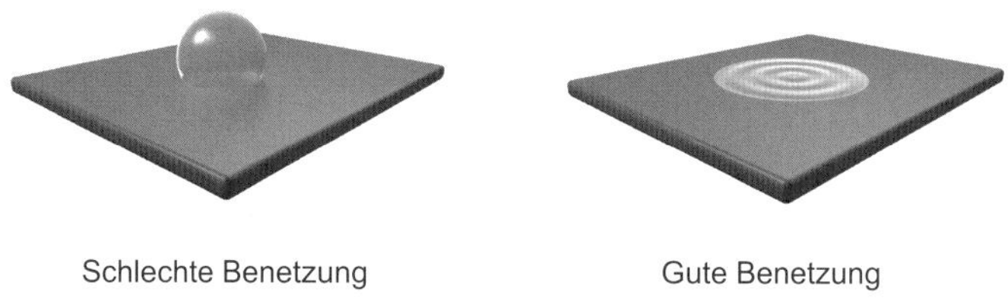

Bild 7.22 Benetzung einer Oberfläche

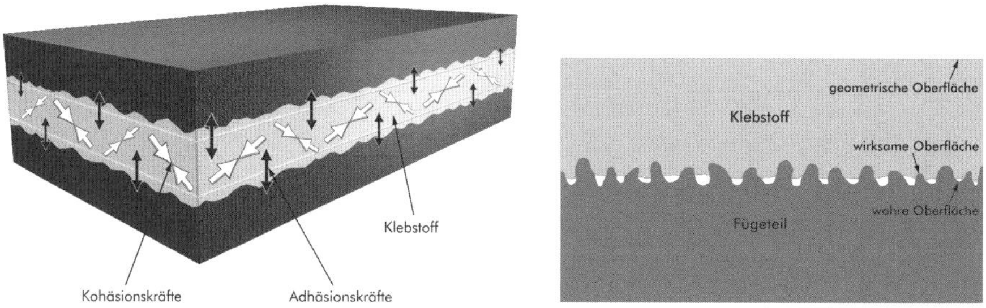

Bild 7.23 Kräfte- und Oberflächenbezeichnung beim Kleben

7.3.2 Einteilung der Klebstoffe

Klebstoffarten

Eine sinnvolle Einteilung der Klebstoffe erfolgt nach der Art des Abbindemechanismus. Man unterscheidet generell zwei große Gruppen (Bild 7.24), physikalisch abbindende Klebstoffe und chemisch abbindende (Reaktions-)Klebstoffe.

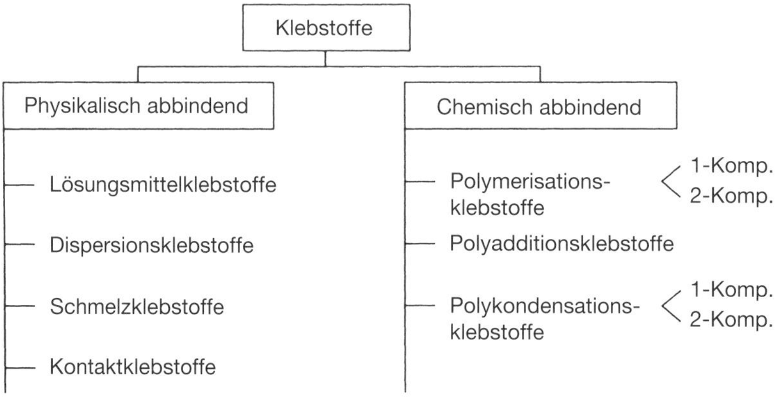

Bild 7.24 Einteilung der Klebstoffe

7.3.2.1 Physikalisch abbindende Klebstoffe

7.3.2.1.1 Lösemittel- und Dispersionsklebstoffe

Zur Erzielung einer guten Benetzung werden Klebstoffe oft gelöst (in organischen Lösemitteln) oder in Wasser dispergiert aufgetragen. Vor der eigentlichen Klebung ist für die Abführung des Löse- bzw. Dispersionsmittels zu sorgen. Dies geschieht durch Verdunstung oder Aufnahme durch das Substrat. Bei der Verwendung von Lösemitteln ist auf die Verträglichkeit mit dem Substrat zu achten, da ansonsten eine nachteilige Veränderung der Fügeteile die Folge sein kann (z. B. Spannungsrisskorrosion etc.). Eine besondere Variante bei den Lösemittelklebstoffen stellt das Kleben mit reinen Lösemitteln dar. Es kann nur bei gut anlösbaren Thermoplasten verwendet werden. Man spricht hierbei von einer Diffusionsklebung.

7.3.2.1.2 Schmelzklebstoffe

Diese werden als Schmelze bzw. als plastifizierte Masse aufgetragen. Die Klebung wird unmittelbar danach – bevor die Schmelz- bzw. Fließtemperatur unterschritten wird – durchgeführt. Es besteht die Möglichkeit, den Klebstoff erstarren zu lassen, um ihn unmittelbar vor dem Klebvorgang wieder aufzuschmelzen. Da die Abkühlung aus dem thermoplastischen Zustand verhältnismäßig schnell erfolgt, kann die Fixierung der Klebstelle entsprechend kurz sein, was diese Technik besonders für Großserien wirtschaftlich interessant macht. Es gibt auch chemisch abbindende Klebstoffe, die beim Fügen aufgeschmolzen werden; diese rechnet man jedoch den Reaktionsklebstoffen zu.

7.3.2.1.3 Kontaktklebstoffe

Für technische Anwendungen enthalten Kontaktklebstoffe meist Lösemittel, die vor dem Fügen verdunsten müssen (*offene Zeit*). Erst wenn sich der Klebstoff trocken anfühlt, kann die Klebung vorgenommen werden. Nach dem Zusammenlegen der Fügeteile ist keine Korrektur mehr möglich.

Kontaktklebstoffe ohne Lösemittel (*Haftklebstoffe*) finden Verwendung bei Haftetiketten, Heftpflastern, selbstklebenden Folien etc. Ein mehrmaliges Trennen der Verbindung ist bei den meisten Haftklebstoffen aufgrund der geringen Kohäsionskräfte möglich.

7.3.2.2 Chemisch abbindende Klebstoffe (Reaktionsklebstoffe)

Abbindeprinzip

Das Abbindeprinzip bei Reaktionsklebstoffen beruht auf der Bildung von Makromolekülen nach dem Fügen infolge einer chemischen Reaktion. Diese Reaktionen sind die gleichen wie bei der Synthese von Kunststoffen, nämlich Polymerisation, Polyaddition oder Polykondensation. Dabei entstehen meist vernetzte Makromoleküle. Die Reaktion kann durch sogenannte Reaktionsmittel (*Härter, Beschleuniger*), durch Wärme oder auch durch Luftfeuchtigkeit (z. B. bei Klebstoffen auf Cyanoacrylatbasis) in Gang gesetzt werden.

Mehrkomponentensystem

Werden Reaktionsmittel eingesetzt, so spricht man von *Zwei- oder Mehrkomponentensystemen*. Bei diesen Systemen ist vor dem Auftrag der Klebstoff nach einer Mischungsvorschrift anzusetzen. Ihre exakte Einhaltung ist Voraussetzung für ein vollständiges Aushärten. Die Ansätze sind nach dem Mischen nur eine begrenzte

Zeit, die sogenannte Topfzeit, gebrauchsfähig. Die Topfzeit endet, wenn die Mischung einen ersten, durch die chemische Reaktion hervorgerufenen Temperaturanstieg zeigt. Sie hängt von der Zusammensetzung des Gemisches ab (Bild 7.25) und wird auch von der Umgebungstemperatur beeinflusst. Je niedriger diese ist, desto langsamer laufen chemische Reaktionen ab.

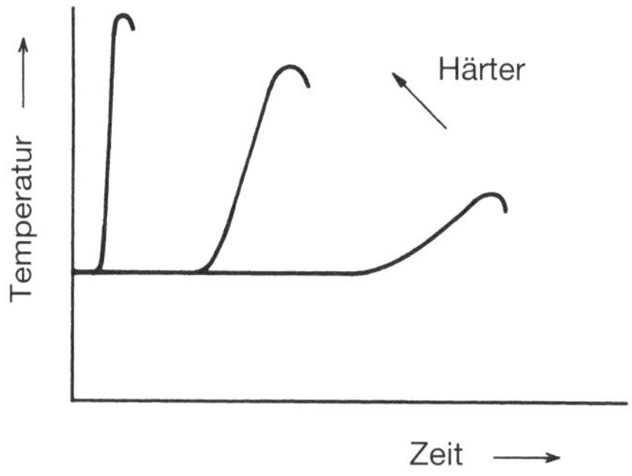

Bild 7.25
Reaktionsverlauf bei Zweikomponentenklebstoffen

7.3.3 Werkstoffeinflüsse auf die Klebbarkeit von Kunststoffen

Klebbarkeit

Die vorhandene Vielfalt der polymeren Werkstoffe bedingt – klebtechnisch betrachtet –, dass nicht alle Kunststoffe sich gleich gut und mit den gleichen Klebstoffen und der gleichen Technik verkleben lassen. Dafür gibt es im Wesentlichen zwei Gründe:

Polarität

1. Der chemische Aufbau der Kunststoffe (Fügeteil und Klebstoff):
Je nach Art des chemischen Aufbaus wird zwischen polaren und unpolaren Kunststoffen unterschieden. Die Polarität ist für die Ausbildung von elektromagnetischen Wechselwirkungen verantwortlich. Der chemische Aufbau bestimmt ebenfalls die Oberflächenspannung der Werkstoffe, die wiederum ein Maß für ihre Benetzbarkeit ist.

Eine weitere wichtige Größe ist die Löslichkeit der Fügeteilwerkstoffe, die dazu führen kann, dass Klebstoffe in das Fügeteil eindiffundieren und damit zusätzliche Bindungskräfte zwischen Fügeteil und Klebstoffe ausbilden können. Der Einfluss dieser auf den chemischen Aufbau zurückgehenden Eigenschaften auf die Klebbarkeit ist für einige ausgewählte Werkstoffe in Tabelle 7.3 dargestellt. Polarität, gute Benetzbarkeit und Löslichkeit begünstigen die Klebbarkeit.

Löslichkeit

mehrachsige Spannung

2. Das deformationsmechanische Verhalten der Werkstoffe:
Kunststoffe weisen im Allgemeinen unter mechanischer Spannung hohe Verformungen auf. Diese Verformungen müssen von der Klebnaht aufgenommen werden. Daher sind Fügeteil und Klebstoff im *deformationsmechanischen Verhalten* so aufeinander abzustimmen, dass möglichst keine Spannungsinhomogenitäten entstehen, die zu vorzeitigem Versagen der Klebnaht führen.

Tabelle 7.3 Für das Kleben wichtige Eigenschaften

Kunststoff	Benetzbarkeit	Polarität	Löslichkeit	Klebbarkeit
Polyvinylchlorid hart	++	polar	löslich	++
Polystyrol	–	unpolar	löslich	++
Polyethylen	–	unpolar	unlöslich	–
Polyamid 66	++	polar	schwer löslich	+
Polymethylmethacrylat	++	polar	löslich	++
Phenol-Formaldehydharz-pressstoff Typ 31	++	polar	unlöslich	++
Ungesättigter Polyester-harzpressstoff Typ 801	++	polar	unlöslich	++

gut: ++ mäßig: + schlecht: –

7.3.4 Verfahrensablauf beim Kleben

Klebvorgang

Die Verfahrenstechnik hat entscheidende Bedeutung bei der Herstellung qualitativ hochwertiger Klebverbindungen. Unabhängig von der Art des verwendeten Klebstoffes lässt sich der Klebvorgang in folgende Teilschritte unterteilen:

- **Herstellen passender Fügeflächen:**
  Wichtigste Voraussetzung beim Kleben ist, dass die Fügeteile und die Klebnähte klebgerecht gestaltet sind. Die günstigste Beanspruchungsart ist die Scherbeanspruchung. Zug- oder Schälbeanspruchungen sind zu vermeiden. Sollte die Gefahr des Abschälens bestehen, so sind z. B. Entlastungsversteifungen anzubringen. Die Bilder 7.26 und 7.27 zeigen einige der gängigen Gestaltungsformen.

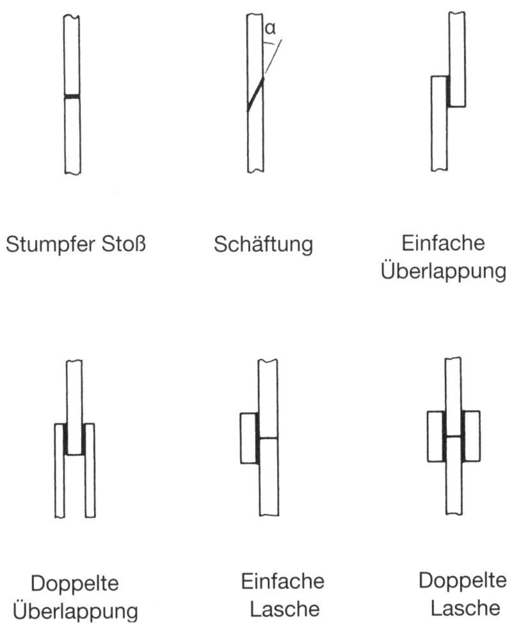

Bild 7.26 Formen der Klebverbindung 1

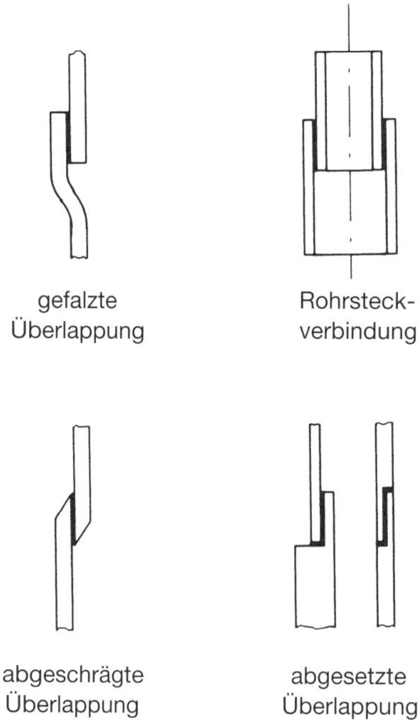

Bild 7.27
Formen der Klebverbindung 2

- **Reinigen der Fügeflächen:**
  Die Fügeflächen müssen grundsätzlich gereinigt werden. Dabei werden Fremdkörper wie Fett, Staub, Trennmittel, Wasser u. a. entfernt. Hierzu werden Durchlaufbäder mit organischen Löse- oder alkalischen Reinigungsmitteln, Ultraschall- oder Dampfentfettungsbäder verwendet. Für eine Reihe von Kunststoffen reicht das Reinigen aus, um die Klebung im Anschluss daran durchzuführen. Bei anderen Kunststoffen wird folgender Schritt erforderlich:
- **Vorbehandlung der Fügeflächen:**
  Es bestehen zwei Möglichkeiten zur Vorbehandlung der Fügeflächen: *Aufrauen* und Veränderung der Oberflächenstrukturen und -eigenschaften. Das Aufrauen kann mechanisch (*Schleifen, Sandstrahlen*) oder auch chemisch erfolgen. Es ist zum Teil wichtig bei Pressteilen aus Phenolformaldehyd- oder Melaminformaldehydharzen sowie bei Bauteilen aus glasfaserverstärkten, ungesättigten Polyester- oder Epoxidharzen, da die Außenhaut klebstoffabweisende Bestandteile enthält, die mit Reinigungsmitteln nicht entfernt werden können. Wegen der Gleichmäßigkeit ist bei mechanischen Rauverfahren dem Sandstrahlen der Vorzug zu geben. Bei den schwer klebbaren Kunststoffen – wie Polyolefine oder Polyacetate – ist es notwendig, Veränderungen in den Oberflächenstrukturen und -eigenschaften zur Aktivierung dieser Oberflächen durchzuführen. Hierbei geht es meistens um eine Anlagerung von Sauerstoff (*Beflammen, Corona-Behandlung*) oder ein Anoxidieren, so dass eine gewisse Klebbarkeit gegeben ist.
- **Auftragen des Klebstoffs:**
  Beim Auftragen des Klebstoffs ist auf eine gleichmäßige Benetzung der Fügefläche und eine konstante Schichtdicke des Klebstoffs zu achten. Für die Einzelteil- und Kleinserienfertigung erfolgt der Auftrag mithilfe einer Klebpistole, eines Pinsels oder Spachtels, in der Großserienfertigung werden maschinelle Auf-

tragsaggregate eingesetzt. Bei der Verwendung von Mehrkomponentensystemen ist für eine homogene Vermischung der Komponenten vor dem Auftragen Sorge zu tragen.

- **Abwarten, bis der Klebstoff verbindungsfähig ist:**
  Je nach Art des Klebstoffes müssen gewisse Zeitabstände vor dem Zusammenfügen der Teile eingehalten werden. So ist z. B. bei der Verwendung von Lösemittelklebstoffen dafür zu sorgen, dass die *Ablüftzeit* (Zeit, bis das Lösemittel verdunstet) eingehalten wird. Beim Kleben mit reinen Lösemitteln darf man nur eine begrenzte Zeit (offene Zeit) warten, damit das Lösemittel noch hinreichend wirksam wird.
- **Fügen und Fixieren:**
  Es genügt häufig ein Andrücken von Hand oder mit Walzen, bei größeren Teilen werden Pressen eingesetzt. Der Druck soll die Luft zwischen den Klebflächen verdrängen. Bei sogenannten „Sekundenklebern" wird die maximale Klebfähigkeit durch kurzes Aufbringen eines hohen Druckes erreicht. Physikalisch oder chemisch abbindende Klebstoffe erfordern in der Regel Einrichtungen zum Fixieren der Teile während der Abbindephase. Eine Temperaturerhöhung beschleunigt in der Regel den Abbindevorgang. Der Anpressdruck beeinflusst außerdem die Klebfilmdicke.
- **Aushärten des Klebstoffs**
- **Entfernen der Fixierung:**
  Nach Beendigung der Klebung muss vielfach eine weitere Zeit abgewartet werden, bis die Klebverbindung belastet werden darf. Diese Wartezeit kann bis zu einigen Tagen betragen.

Bei richtiger Durchführung ist das Kleben bei Kunststoffen heute als vollwertiges Fügeverfahren anzusehen, mit dem unlösbare Verbindungen mit hohem Kraftschluss hergestellt werden können.

7.4 Mechanische Bearbeitung

Die spanende Bearbeitung von Kunststoffteilen ist trotz der moderner Fertigungsverfahren von Kunststoffformteilen, wie z. B. durch Spritzgieß- oder Spritzpressverfahren, oft nicht zu vermeiden. Formteile müssen nachbearbeitet werden (Entgraten), komplizierte Einzelteile z. B. gebohrt, geschliffen oder maßlich angepasst werden und Halbzeuge müssen zugeschnitten und in eine gewünschte Form gebracht werden. Insbesondere bei Einzelanfertigungen, Prototypen und sehr kleinen Serien werden spanende Fertigungsverfahren auch in der Kunststofftechnik oftmals eingesetzt. Weiterhin spielen sie eine zentrale Rolle bei der handwerklichen Anwendung von Kunststoffprodukten, wie z. B. Rohren, Fenstern, Fassadenisolierungen, bei der Reparatur von Kunststoffbauteilen in der Fahrzeugtechnik und Windrädern sowie vielen weiteren Anwendungsfeldern. spanende Bearbeitung

Dabei müssen jedoch die Eigenschaften des Werkstoffes Kunststoff berücksichtigt werden. Da die Wärmeleitfähigkeit der Kunststoffe sehr gering ist, sind *Schnittgeschwindigkeit, Vorschub* und *Schneidengeometrie* so zu wählen, dass die entstehende

Wärme weitgehend mit dem Span abgeführt wird. Thermoplaste dürfen sich dabei nicht über 60 °C und Duroplaste nicht über 150 °C erwärmen. Ist eine Kühlung erforderlich, muss darauf geachtet werden, nur solche *Kühlmedien* zu verwenden, die den Werkstoff weder anlösen noch anquellen. Für die Bearbeitung werden Werkzeuge aus Schnellarbeitsstahl (SS-Stahl), Hochleistungsschnellarbeitsstahl (HSS-Stahl), Hartmetall (Sinterlegierung von Metallkarbid), Diamant (Polykristallin-Diamant, PKD; Bordotierter Diamant, BDD) und Korund eingesetzt.

7.4.1 Sägen

Kreissägen eignen sich zum Herstellen gerader Schnitte. Als Sägeblätter kommen nur Schnellarbeitsstahl bzw. hartmetallbestückte Sägeblätter in Frage, die ungeschränkt und hohlgeschliffen sein müssen (Bild 7.28). Bei dünnen Tafeln und harten Werkstoffen ist eine kleine *Zahnteilung* erforderlich. Der Antrieb der Kreissägen ist stärker zu dimensionieren als bei der Holzbearbeitung. Richtwerte für das Sägen von Kunststoffen enthält Tabelle 7.4.

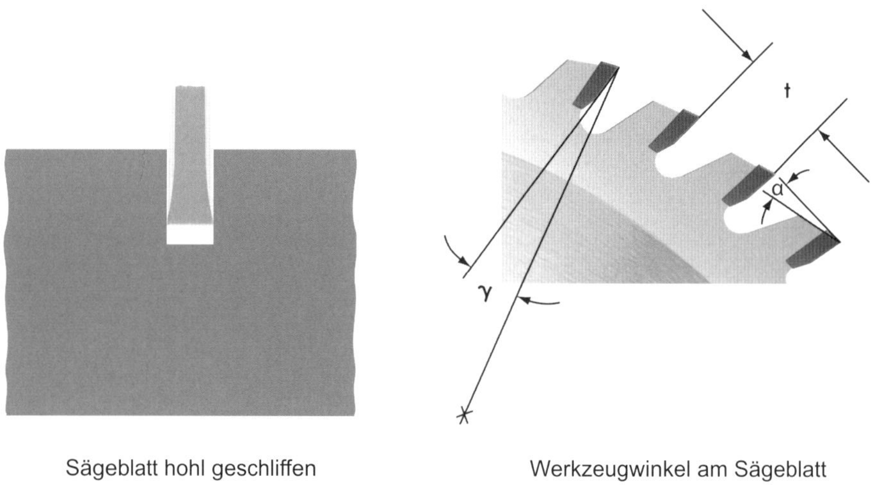

Bild 7.28 Zahngestaltung und Werkzeugwinkel bei Sägeblättern

Der Sägetisch soll beim Sägen, besonders bei spröden Kunststoffen, so eingestellt sein, dass die Zähne nur gering über die Oberfläche der zu sägenden Platte hinausragen. So werden Absplitterungen des Materials beim Durchstoßen des Sägeblattes verhindert, und es wird ein sauberer Schnitt gewährleistet.

Bandsäge: Zahnteilungen

Rohre, Blöcke und dickere Tafeln werden mit der Bandsäge zugeschnitten. Auch *Kurvenschnitte* werden mit der Bandsäge vorteilhaft ausgeführt. Bei Bandsägeblättern sind die Zähne im Allgemeinen leicht geschränkt, um das Verschmieren der Zahnlücken durch Späne zu vermeiden. Die gegenseitigen Beziehungen zwischen den optimalen Zahnteilungen, den Schnittgeschwindigkeiten und den Materialdicken sind von der Art des Kunststoffes abhängig. Genaue Angaben darüber befinden sich in Tabelle 7.4.

Tabelle 7.4 Richtwerte für das Sägen von Kunststoffen nach VDI-Richtlinie 2003

	Kunststoffe		Kurzzeichen	Werkzeug	α	γ_K	γ_B	t	v_K	v_B
Duroplaste	Schichtpressstoffe und Pressstoffe	Organische Füllstoffe	Hp Hgw GFK	SS HM	30 bis 40 10 bis 15	5 bis 8 3 bis 6	5 bis 8	4 bis 8 8 bis 18	bis 3000 bis 5000	bis 2000
		Anorganische Füllstoffe		HM Diamant	Diamantkorn Z				1000 bis 2000	300
Thermoplaste	Polymethylmethacrylat und Copolymere		PMMA AMMA			0 bis (−)4 0 bis 5				
	Polystyrol und Styrol-Acrylnitril-Copolymere		PS SAN							
	Acrylnitril-Butadien Styrolcopolymere		ABS							
	Styrol-Butadien-Copolymere		SB							
	Polyoxymethylen, Polyacetal		POM	SS	30 bis 40 SS 10 bis 15 HM		0 bis 8	2 bis 8 Bei spröden Werkstoffen kleine Zahnteilung wählen		bis 3000
	Polycarbonat		PC			5 bis 8 SS 0 bis 5 HM				
	Polyfluorethylen		PTFE							
	Polyvinylchlor hart und VC-Copolymere		PVC CA							
	Celluloseester		CAB							
	Polyolefine		PE, PP							
	Polyamide		PA							

v = Schnittgeschwindigkeit in m/min
K = Index für Kreissägen
B = Index für Bandsägen

Hp = Hartpapier
Hgw = Hartgewebe
GFK = Glasfaserverstärkte Kunststoffe

7.4.2 Fräsen

Werkzeugwinkel

Fräser zur Bearbeitung von Kunststoffen haben im Gegensatz zu Fräsern zur Bearbeitung von Metall eine geringere Schneidenzahl, gegenüber Fräsern zur Holzbearbeitung jedoch meist größere Schneidenzahlen, mit Ausnahme der einschneidigen Oberfräser. Die Fräser bestehen aus Schnellarbeitsstahl oder Hartmetall, sie können auch hartmetallbestückt sein. Die Werkzeugwinkel bei Fräsern sind in Bild 7.29 dargestellt. Die Schnittgeschwindigkeit soll möglichst hoch und der Vorschub verhältnismäßig klein gehalten werden, um ein Splittern spröder Werkstoffe zu verhindern. Zur Vermeidung von Materialschädigung ist hier eine intensive Kühlung wichtig. Beim *Umfangs-* und *Formfräsen* von Thermoplasten sollten die Werkzeuge nicht mehr als zwei Schneiden haben, damit die *Spanräume* genügend groß sind und Schwingungen aufgrund der Schneidezahl klein bleiben. Die größten Schnittleistungen sind bei hohen Oberflächengüten mit *Einschneidenwerkzeugen* zu erreichen. Für plane Flächen ist das *Stirnfräsen* wirtschaftlicher als das Umfangsfräsen.

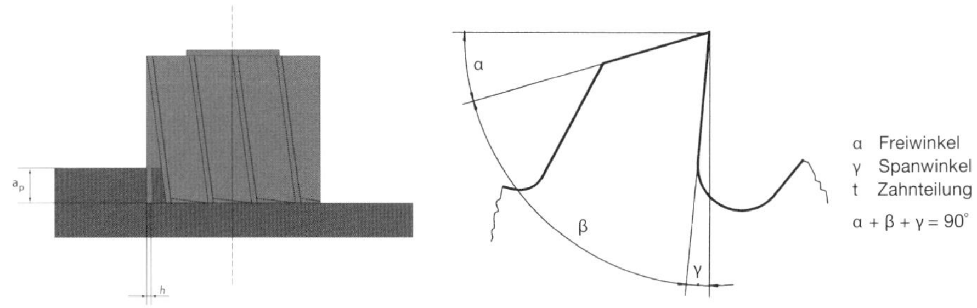

a_p = Schnitttiefe
h = Spandicke
a_c = Fräsbreite
φ = Winkel Fräsbreite

Bild 7.29 Werkzeugwinkel bei Fräsern

Spanwinkel

Allgemein gilt die Regel: Der Spanwinkel geht umso mehr von positiven Werten gegen Null, je härter der Werkstoff und je dünner das Werkstück ist. Die Schneidenzahl ist umso kleiner, je weicher der Werkstoff ist, dagegen ist der Vorschub größer, um die Wärme mit dem Span abzuführen. Nähere Angaben können der Tabelle 7.5 entnommen werden.

Tabelle 7.5 Richtwerte für das Fräsen von Kunststoffen nach VDI-Richtlinie 2003

	Kunststoffe	Kurzzeichen	Werkzeug	α	γ	v_c
Duroplaste	Schichtpressstoffe und Pressstoffe – Organische Füllstoffe	Hp Hgw GFK	SS HM	bis 15 bis 10	15 bis 25 5 bis 15	bis 80 bis 1000
Duroplaste	Schichtpressstoffe und Pressstoffe – Anorganische Füllstoffe		HM Diamant	bis 10 Diamantkonzentration ca. 50 % Korngröße *D* 125 bis 250	5 bis 15	bis 1000 bis 1500
Thermoplaste	Polymethylmethacrylat und Copolymere	PMMA AMMA	SS	2 bis 10	1 bis 5	bis 2000
	Polystyrol und Styrol-Acrylnitril-Copolymere	PS SAN	SS			
	Acrylnitril-Butadien Styrolcopolymere	ABS	SS			
	Styrol-Butadien-Copolymere	SB	SS			
	Polyoxymethylen, Polyacetal	POM	SS	5 bis 10	bis 10	bis 400
	Polycarbonat	PC	SS	5 bis 10	bis 10	bis 1000
	Polyfluorethylen	PTFE	SS			
	Polyvinylchlorid hart und VC-Copolymere	PVC CA	SS	5 bis 10 5 bis 25	bis 15	bis 1000
	Celluloseester	CAB	SS			
	Polyolefin	PE, PP	SS	5 bis 15	bis 15	bis 1000
	Polyamid	PA	SS			

v_c = Schnittgeschwindigkeit in m/min
Der Vorschub c_f kann bis 0,5 mm/U betragen

Hp = Hartpapier
Hgw = Hartgewebe
GFK = Glasfaserverstärkte Kunststoffe

7.4.3 Schleifen und Polieren

Schleifgeschwindigkeiten

Das Schleifen wird bei der Kunststoffverarbeitung wenig angewandt. Die Nachbehandlung von Sägeschnitten oder das *Verputzen* von Sägeschnitten kann durch Schleifen sowohl mit handelsüblichen Schleifpapieren (mit groben bis staubfeinen Körnungen) als auch mit Schleifbändern geschehen. Die Schleifgeschwindigkeit bei umlaufenden Schleifbändern soll etwa 10 m/s betragen. Duroplaste können im Allgemeinen gut durch Schleifen bearbeitet werden, während Thermoplaste wegen der hohen Wärmeentwicklung sehr stark zum „Schmieren“ neigen. Durch *Polieren* erhält man seidenmatte bis hochglänzende Oberflächen. Das Polieren kann von Hand oder maschinell mit *Filz-* oder *Schwabbelscheiben* erfolgen. Die dabei verwendeten Poliermittel haben wesentlichen Einfluss auf die Oberflächengüte.

Voraussetzung für eine gute Politur ist, dass die zu beseitigenden Oberflächenunebenheiten (Kratzer, Riefen) nur gering sind. Beim Polieren von Thermoplasten ist darauf zu achten, dass durch die entstehende Reibungswärme die Oberflächen nicht zu hoch erwärmt werden bzw. schmelzen. Dies lässt sich durch mehrmaliges Unterbrechen des Poliervorganges erreichen.

7.4.4 Bohren

Wendelbohrer

Bohren kommt in der Werkstatt und in der Fertigung sehr häufig vor. Die fast überall vorhandenen Hand- oder Ständerbohrmaschinen können dafür verwendet werden. Die für die metallischen Werkstoffe bekannten *Wendelbohrer* sind für die Kunststoffe fast immer anwendbar. Von großem Vorteil sind Wendelbohrer mit steilem Drall, da sie eine gute *Spanabfuhr* gewährleisten. Die Spitzenwinkel bei Thermoplasten betragen im Allgemeinen 60° bis 90°. Werkzeugwinkel bei Wendelbohrern sind in Bild 7.30 dargestellt. Genauere Angaben über die Schneidengeometrie sind werkstoffabhängig in Tabelle 7.6 aufgeführt.

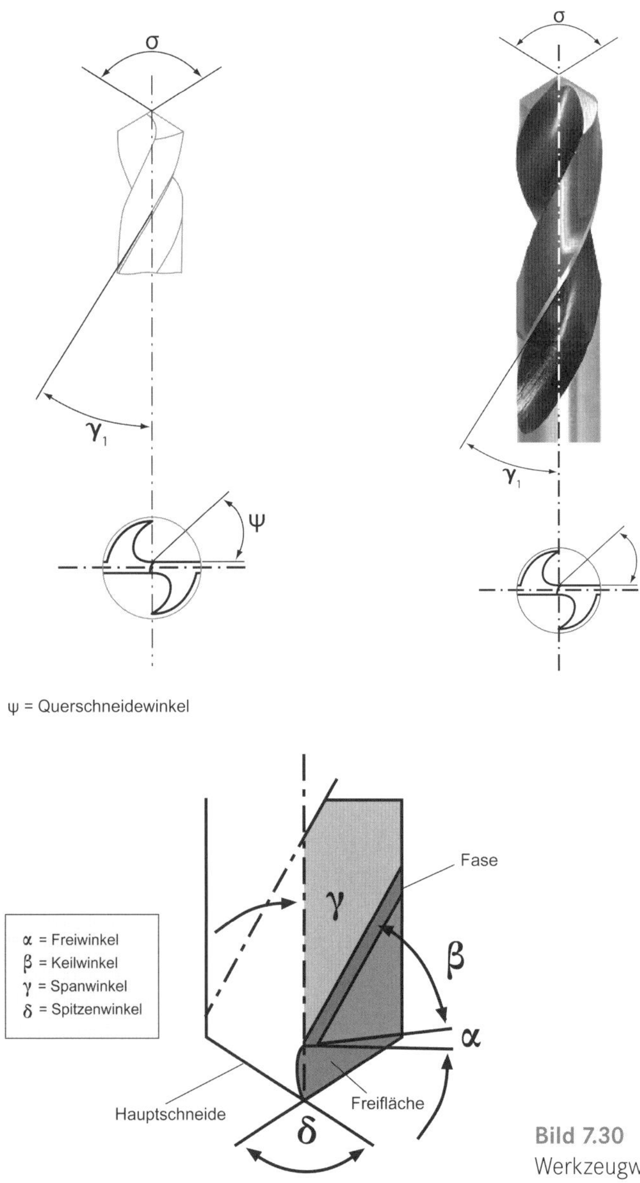

Bild 7.30
Werkzeugwinkel bei Wendelbohrern

Tabelle 7.6 Richtwerte für das Bohren von Kunststoffen nach VDI-Richtlinie 2003

	Kunststoffe		**Kurzzeichen**	**Werkzeug**	α	γ	φ	η	s
Duroplaste	Schichtpressstoffe und Pressstoffe	Organische Füllstoffe	Hp Hgw GFK	SS HM	6 bis 8 6 bis 8	6 bis 10 6 bis 10	100 bis 120 100 bis 120	30 bis 40 100 bis 120	0,04 bis 0,6 je nach Bohrerdurchmesser und Füllstoff
		Anorganische Füllstoffe		HM Diamant	6 bis 8	0 bis 6	80 bis 100	20 bis 40	
Thermoplaste	Polymethylmethacrylat und Copolymere		PMMA AMMA	SS	3 bis 8	0 bis 4	60 bis 90	20 bis 60	0,1 bis 0,5
	Polystyrol und Styrol-Acrylnitril-Copolymere		PS SAN	SS	3 bis 8	3 bis 5	60 bis 90	20 bis 60	0,1 bis 0,5
	Acrylnitril-Butadien Styrolcopolymere		ABS	SS	5 bis 8	3 bis 5	60 bis 90	30 bis 80	0,1 bis 0,5
	Styrol-Butadien-Copolymere		SB	SS	8 bis 10	3 bis 5	60 bis 75	30 bis 80	0,1 bis 0,5
	Polyoxymethylen, Polyacetal		POM	SS	5 bis 8	3 bis 5	60 bis 90	50 bis 100	0,1 bis 0,5
	Polycarbonat		PC	SS	5 bis 8	3 bis 5	60 bis 90	50 bis 120	0,2 bis 0,5
	Polyfluorethylen		PTFE	SS	16	3 bis 5	130	100 bis 300	0,1 bis 0,3
	Polyvinylchlorid hart und VC-Copolymere		PVC CA	SS	8 bis 10	3 bis 5	80 bis 110	30 bis 80	0,1 bis 0,5
	Celluloseester		CAB	SS					
	Polyolefin		PE, PP	SS	10 bis 12	3 bis 5	60 bis 90	50 bis 100	0,2 bis 0,5
	Polyamid		PA	SS					

v = Schnittgeschwindigkeit in m/min
s = Vorschub mm/U
Der Drallwinkel b des Bohrers soll ca. 12–16° betragen

Hp = Hartpapier
Hgw = Hartgewebe
GFK = Glasfaserverstärkte Kunststoffe

Bohrerübermaß

Wegen der starken Ausdehnung der Kunststoffe durch die beim Bohren entstehende Reibungswärme fallen die Bohrungen um 0,05 bis 0,1 mm enger als der Bohrerdurchmesser aus. Man wählt daher in der Praxis ein entsprechendes Bohrerübermaß. Beim Bohren tiefer Löcher lüftet man den Bohrer öfters und kühlt im Allgemeinen mit Druckluft. Bei leicht schmierenden Werkstoffen wie PE und PP ist bei kleinen Schnittgeschwindigkeiten ein sehr großer Vorschub von Vorteil. So kann die Reibungswärme mit dem Span abgeführt werden.

Bei Bohrungen im Bereich von 10 bis 150 mm Durchmesser empfiehlt sich, für dünnwandige duroplastische Werkstücke Hohlbohrer mit Diamantkrone einzusetzen (Bild 7.31), wobei die Schnittflächen nach der spanenden Bearbeitung mit Harz zu versiegeln sind.

Bild 7.31
Diamanthohlbohrer

7.4.5 Drehen

Drehmaschinen

Die verwendeten Drehmaschinen sollten schnelllaufend, in der Einstellbarkeit der *Spindeldrehzahl* weitgehend variabel und mit einer Luft- und Flüssigkeitskühlung ausgerüstet sein. Die Schnittgeschwindigkeiten betragen je nach Werkstoff bis zu 500 m/min.

Drehmeißel

Die Drehmeißel können aus Schnellarbeitsstahl sein, wenn geringe Verschleißwirkungen zu erwarten sind. Die Werkzeugwinkel bei Drehstählen sind in Bild 7.32 dargestellt. Bei Duroplasten und vor allem bei Kunststoffen mit Glasfaserfüllungen sollen die Drehmeißel Hartmetallschneiden haben.

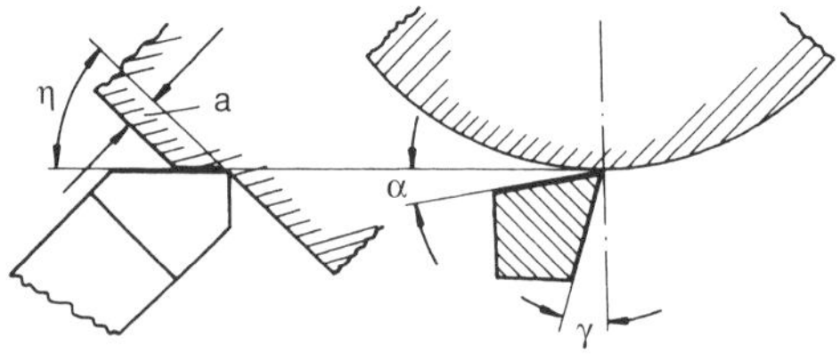

Bild 7.32
Werkzeugwinkel bei Drehstählen

Wird das Schneidenprofil leicht abgerundet, entstehen in der Werkstückoberfläche keine scharfkantigen Rillen. Die Oberfläche wird sehr sauber. Genauere Angaben über Richtwerte für die Schneidengeometrie der Werkzeuge zum Längs- und Plandrehen können der Tabelle 7.7 entnommen werden.

Schneidengeometrie

Tabelle 7.7 Richtwerte für das Drehen von Kunststoffen nach VDI-Richtlinie 2003

	Kunststoffe		**Kurzzeichen**	**Werkzeug**	α	γ	χ	v	s	a
Duroplaste	Schichtpressstoffe und Pressstoffe	Organische Füllstoffe	Hp Hgw GFK	SS HM	5 bis 10	15 bis 25 10 bis 15	45 bis 60 45 bis 60	bis 80 bis 400	*	**
		Anorganische Füllstoffe		HM Diamant	5 bis 11	0 bis 12	45 bis 60	bis 40		
Thermoplaste	Polymethylmethacrylat und Copolymere		PMMA AMMA	SS	5 bis 10	0 bis (−4)	ca. 15	200 bis 300	0,1 bis 0,2	bis 6
	Polystyrol und Styrol-Acrylnitril-Copolymere		PS SAN							
	Acrylnitril-Butadien Styrolcopolymere		ABS		5 bis 10	0 bis 2	ca. 15	50 bis 60	0,1 bis 0,2	bis 2
	Styrol-Butadien-Copolymere		SB							
	Polyoxymethylen, Polyacetal		POM		5 bis 10	0 bis 5	45 bis 60	200 bis 500	0,05 bis 0,25	bis 6
	Polycarbonat		PC		5 bis 10	0 bis 5	45 bis 60	200 bis 300	0,05 bis 0,25	bis 6
	Polyfluorethylen		PTFE		10 bis 15	15 bis 20	9 bis 11	100 bis 300	0,05 bis 0,25	
	Polyvinylchlorid hart und VC-Copolymere		PVC CA		5 bis 10	0 bis 5	45 bis 60	200 bis 500	0,05 bis 0,25	bis 6
	Celluloseester		CAB		5 bis 15	0 bis 10	45 bis 60	200 bis 500	0,05 bis 0,25	bis 6
	Polyolefin		PE, PP							
	Polyamid		PA							

v_c = Schnittgeschwindigkeit in m/min
c_f = Vorschub in mm/U
a_p = Spantiefe in mm

Hp = Hartpapier
Hgw = Hartgewebe
GFK = Glasfaserverstärkte Kunststoffe

* Vorschub s = 0,05 bis 0,5 mm/U in Abhängigkeit von Einspannung und Stabilität des Werkstücks sowie der Maschine und der Oberflächengüte

** Spantiefe a bis zu 10 mm in Abhängigkeit von Einspannung und Stabilität des Werkstücks und der Maschine

Zum Ausdrehen haben sich Spezialbohrer gemäß Bild 7.33 bewährt, da die üblichen Innenausdrehstähle Probleme bei der Spanabfuhr ergeben. Radiales und tangentiales *Formdrehen* ist möglich, wenn das Werkstück genügend steif ist. Abstechen ist mit den üblichen Werkzeugen für alle Werkstoffe aus Thermoplasten und Duroplasten möglich.

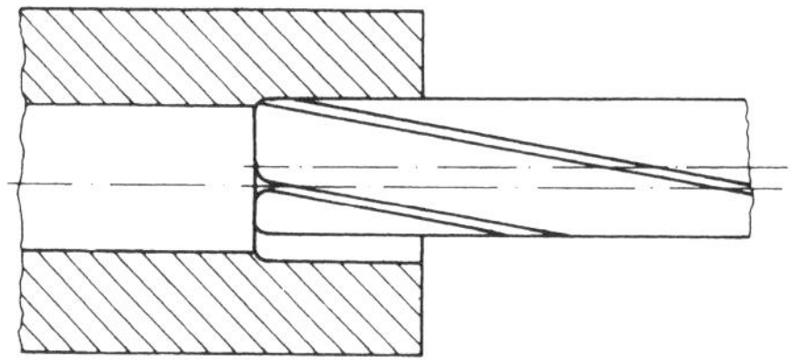

Bild 7.33
Spezialbohrer

Literatur zu Abschnitt 7.1

Bruins, P. F.: Basic Principles of Thermoforming, Gordon and Break Sciences Publishers, New York, London, Paris, 1973

Höger, A.: Warmformen von Kunststoffen, Kunststoffverarbeitung, Folge 18, Carl Hanser Verlag, München, 1971

Illig, A.: Thermoformen in der Praxis, 2. Aufl., Carl Hanser Verlag, München, 2008

Moser, A.: Nutzung von Prozesswissen beim Thermoformen von Verpackungen, Dissertation an der Universität Duisburg-Essen, 2013

Neitzert, W. A.: Preßluftformung von thermoplastischen Kunststoff-Folien, Rudolf Zechner Verlag, Speyer, Wien, Zürich, 1962

Neitzert, W. A.: Vakuum-Formung von thermoplastischen Kunststoff-Folien, Zechner & Hüthig Verlag, Speyer/Rhein, 1967

Poller, S.: Verbesserte Prozeßführung von Thermoformmaschinen, Dissertation an der RWTH Aachen, 1993

Thiel, A.: Grundzüge der Vakuumformung, Zechner & Hüthig Verlag, Speyer/Rhein, 1967

Throne, J. L. und *Beine, J.*: Thermoformen, Carl Hanser Verlag, München, 1999

van Marwick, J.: Wanddickenmessung und -regelung beim Thermoformen, Dissertation an der RWTH Aachen, 1997

N. N.: Folien für thermogeformte Verpackungen, VDI-Verlag, Düsseldorf, 1998

Literatur zu Abschnitt 7.2

Ehrenstein, G. W.: Handbuch Verbindungstechnik, Carl Hanser Verlag, München, 2004

Grewell, D., Benatar, A. und *Park, J. P.:* Plastics and Composites Welding Handbook, Carl Hanser Verlag München, 2003

Hopmann, C.: Fügen und Umformen von Kunststoffen, Vorlesungsumdruck RWTH Aachen, 2014

Hopmann, C., Michaeli, W., Greif, H. und *Wolters, L.:* Technologie der Kunststoffe, 4. Auflage, Carl Hanser Verlag, München 2015

Menges, G., Thim, J. und *Kaufmann, H.:* Lernprogramm: Technologie der Kunststoffe, Carl Hanser Verlag, München, 1981

Potente, H.: Fügen von Kunststoffen, Carl Hanser Verlag, München, 2004

Rotheiser, J.: Joining of Plastics, 2. Aufl., Carl Hanser Verlag, München, 2004

Schwarz, O., Eberling, F. W., Lüpke, G. und *Schelter, W.:* Kunststoffverarbeitung, 6. Aufl., Vogel Verlag, Würzburg, 1991

N. N.: Fügen von Kunststoffen, Taschenbuch DVS - Merkblätter und Richtlinien, Band 68 IV, DVS Verlag GmbH, Düsseldorf, 2014

Literatur zu Abschnitt 7.3

Habenicht, G.: Kleben – erfolgreich und fehlerfrei. Handwerk, Haushalt, Ausbildung, Industrie. 3., ergänzte und korrigierte Auflage, Vieweg Verlag, Wiesbaden, 2003

Habenicht, G.: Kleben, Grundlagen, Technologien, Anwendungen, 5., erweiterte und aktualisierte Auflage, Springer Verlag, Berlin 2006

Hopmann, C., Michaeli, W., Greif, H. und *Wolters, L.:* Technologie der Kunststoffe, 4. Auflage, Carl Hanser Verlag, München 2015

Literatur zu Abschnitt 7.4

Degner, W., Lutze, H. und *Smejkal, E.:* Spanende Formung, 16., aktualisierte Auflage, Carl Hanser Verlag, München, 06/2009

Schwarz, O. und *Ebeling, F.-W.:* Kunststoffverarbeitung, 11. Auflage, Vogel Verlag, Würzburg, 2009

Spur, G.: Handbuch Spanende Fertigung, 2. Auflage, Carl Hanser Verlag, München, 1/2014

VDI 2003: Spanende Bearbeitung von Kunststoffen, Beuth Verlag, Berlin, 1/1976

8 Recycling von Kunststoffen

8.1 Einleitung

Das Recycling von Kunststoffen gewinnt seit Jahren immer mehr an Bedeutung und ist heute eine feste Größe in der Kunststofftechnik. Dazu haben vor allem sich ändernde ökonomische, ökologische und gesellschaftliche bzw. gesetzgeberische Zusammenhänge beigetragen. Ein wachsendes Umweltbewusstsein, strengere gesetzliche Auflagen, aber auch steigende Rohstoffkosten sorgen dafür, dass die Wiederverwendung oder Verwertung von Kunststoffen vorangetrieben wird. Es ist absehbar, dass diese Entwicklung auch in Zukunft anhalten wird.

Vermeidung von Abfällen

Ein wesentlicher Gesichtspunkt, der für diese Entwicklung mitverantwortlich ist, war zunächst das 1986 in Kraft getretene „Gesetz über die Vermeidung und Entsorgung von Abfällen". Im Oktober 1996 trat das neue Kreislaufwirtschafts- und Abfallgesetz in Kraft, das schließlich im Jahre 2012 durch eine Neufassung ersetzt wurde. Darin werden zwei wesentliche Lösungsansätze für das Problem wachsender Müllberge und schwindender Ressourcen genannt: Oberstes Ziel muss danach zunächst die Vermeidung von Abfällen sein. Die Produktion und der Konsum müssen so gestaltet werden, dass so wenig Abfälle wie möglich entstehen. Sofern Abfälle nicht vermeidbar sind, müssen diese einer Verwertung zugeführt werden, d. h. die Abfälle müssen in den Wirtschaftskreislauf rückgeführt werden. Letztendlich dürfen ausschließlich nicht mehr verwertbare Abfälle umweltverträglich beseitigt werden.

Abfälle zur Verwertung

Nach dem Kreislaufwirtschaftsgesetz werden alle Stoffe, die in einem Produktionsprozess anfallen und die nicht das Produkt selbst darstellen, als Abfall definiert. Diese Abfälle werden eingeteilt in „Abfälle zur Verwertung" und in „Abfälle zur Beseitigung". Dabei sind Abfälle zur Verwertung Wirtschaftsgüter, die weiter genutzt werden können. Die Nutzung erfolgt entweder stofflich, also durch Rückgewinnung von Rohstoffen aus Abfällen oder energetisch, indem Energie in der Regel durch Verbrennung aus den Abfällen gewonnen wird. Eine Deponierung von unbehandeltem Siedlungsabfall ist in Deutschland seit Mitte 2005 gesetzlich untersagt, dies betrifft auch Kunststoffabfälle, wie z. B. Verpackungen im Hausmüll, Fensterprofile aus Kunststoff im Bauschutt etc.

Das Kreislaufwirtschaftsgesetz wird in seinem weiten Abfallbegriff konkretisiert durch ein untergesetzliches Regelwerk. Dies sind Verordnungen, die den Vollzug des Gesetzes erst ermöglichen. So haben die Einführung der Verpackungsverordnung („Grüner Punkt") im Jahr 1991 und deren Novellierung im Jahr 2003 („Einwegpfand/Dosenpfand") dazu beigetragen, dass der Verwertung von Kunststoffabfällen ein höherer Stellenwert zukommt. Die Vorgaben zu Recyclingquoten von Kraftfahrzeugen (Altfahrzeug-Verordnung aus dem Jahr 1997; Neufassung 2002) führen dazu, dass auch Kunststoffe in Altfahrzeugen der Verwertung zugeführt werden müssen. Daraus resultiert, dass schon bei der Konstruktion von Kraftfahrzeugen ein Augenmerk auf die spätere Recyclingfähigkeit der Komponenten und Bauteile gelegt werden muss.

Lebenszyklus

Die Gewinnung von Sekundärrohstoffen aus Abfällen hat zur Folge, dass die in Bild 8.1 dargestellten Kreisläufe entstehen. Auf dem Weg vom Rohstoff über das Produkt zum Abfall setzen sie an unterschiedlichen Stellen an.

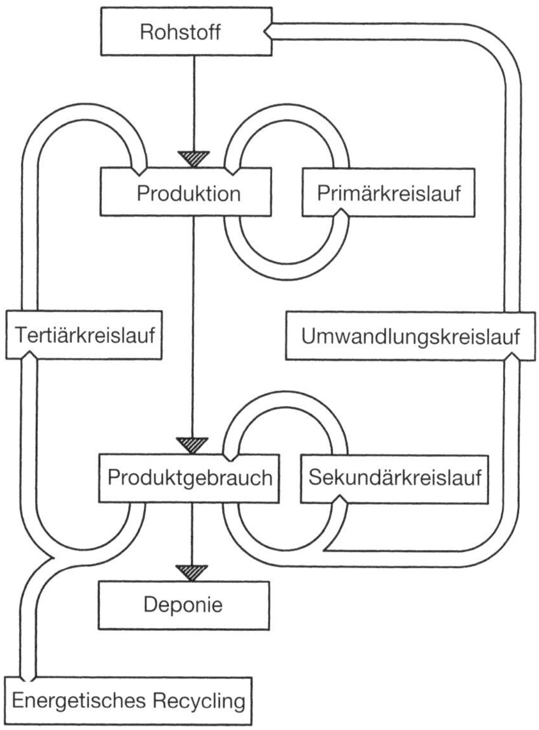

Bild 8.1 Recyclingkreisläufe

Recyclingkreisläufe

Grundsätzlich sind vier verschiedene Kreisläufe zu erkennen. Im Primärkreislauf werden Produktionsabfälle wieder in einsetzbare Werkstoffe überführt, was im Allgemeinen als *innerbetriebliches Recycling* bezeichnet wird. Im Sekundärkreislauf wird ein Produkt, das nach seinem Erstgebrauch potenziellen Abfall darstellt, durch *Wiederverwendung* als neues oder anderes Produkt genutzt. Ein Beispiel hierfür sind ausgediente abgefahrene Autoreifen, die als Fender in Häfen eine sinnvolle Weiterverwendung finden. Aber auch die Verwendung von Mehrwegflaschen fällt nach der obigen Definition in den sekundären Recyclingkreislauf. Der Tertiärkreislauf umschließt die Stationen Produktion und Produktgebrauch sowie die anschließende Aufbereitung der Abfälle und deren Wiederverwendung als Sekundärwerkstoff. Dieser Weg wird auch als *werkstoffliches Recycling* bezeichnet. Der Werkstoff bleibt in seiner eigentlichen Struktur erhalten, er wird lediglich aufbereitet und wieder zur Produktion neuer Waren eingesetzt. Dagegen erfolgt im vierten Recyclingkreislauf eine Aufbereitung der Abfälle zurück zu niedermolekularen Stoffen, die einer Wiederverwendung als Sekundärrohstoffe zugeführt werden. Dieser Weg wird auch als *rohstoffliches Recycling* bzw. als Umwandlungskreislauf bezeichnet.

Produktlebenszeit

Die Tatsache, dass die Kunststoffproduktion seit Jahrzehnten kontinuierlich angestiegen ist und auch in Zukunft weiter ansteigen wird, trägt ebenfalls dazu bei, dass das Recycling von Kunststoffabfällen eine große Bedeutung hat. Im Jahr 2015 lag die Kunststoffproduktion in Deutschland bei ca. 18,5 Mio. t (siehe Bild 8.2). Hiervon sind 10,15 Mio. t für die Erzeugung von Kunststoffprodukten relevant, der verbleibende Teil beschreibt z.B. Lacke, Klebstoffe etc. Durch weitere Importe von Kunststoffen wurden 2015 ca. 12,06 Mio. t Kunststoffe in Deutschland verarbeitet. Die Menge von Kunststoffabfall zur Verwertung und Beseitigung fällt mit 5,92 Mio. t deutlich geringer aus. Aufgrund unterschiedlicher Produktlebenszeiten enden viele Kunststoffe erst mit großer Verzögerung in den Abfallströmen.

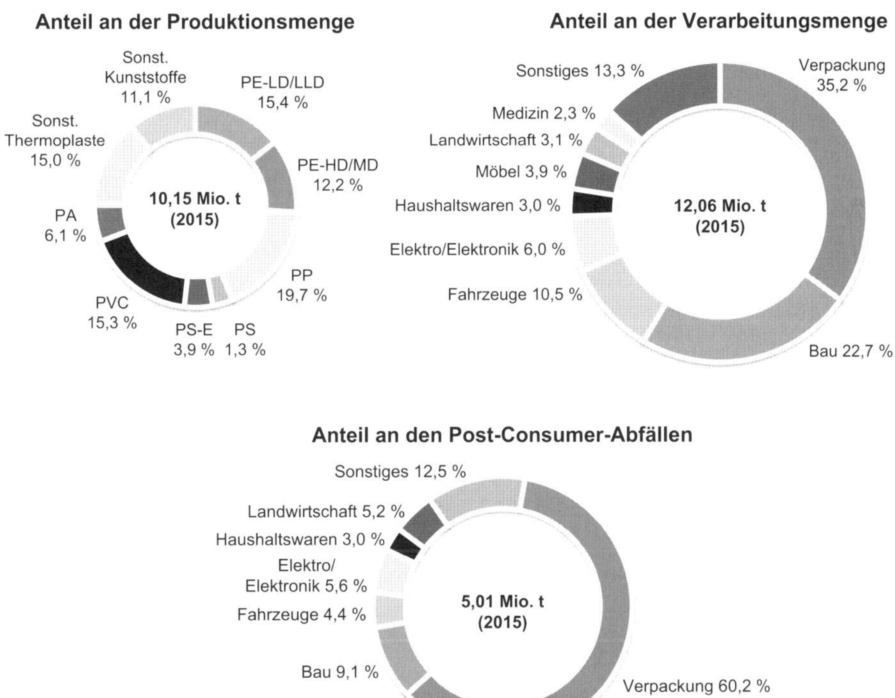

Bild 8.2 Kunststoffe in Deutschland 2015, Produktion, Verbrauch, Abfall (Quelle: Consultic Marketing & Industrieberatung GmbH)

So weisen Produkte aus dem Baubereich, wie z. B. Fensterprofile, Lebenszeiten von vielen Jahren auf, während die Kunststoffe aus dem Verpackungsbereich oftmals schon nach wenigen Wochen als Abfall anfallen.

Die verwertete Menge von Kunststoffabfällen lag 2015 bei 5,88 Mio. t, davon waren 5,01 Mio. t Post-Consumer-Abfälle. Von diesen Post-Consumer-Abfällen wurden 99 % einer Verwertung zugeführt, nur 1 % der Abfälle wurde durch Deponierung beseitigt. Bezogen auf die Gesamtmenge der Post-Consumer-Abfälle wurden 37 % werkstofflich und 1 % rohstofflich rezykliert, 61 % wurden energetisch verwertet. Den Hauptanteil der Post-Consumer-Abfälle aus Kunststoff machen mit 60,2 % die Verpackungsabfälle aus, gefolgt von der deutlich geringeren Menge von Kunststoffabfällen aus dem Bereich „Bau" (9,1 %).

Werkstoffvielfalt

Der steigende Einsatz von Kunststoffen ist auf die sehr große Anwendungsbreite dieses Werkstoffs und auf seine vielfältigen Eigenschaften zurückzuführen. Kunststoffe zeichnen sich u. a. durch ihre sehr niedrige Dichte, in weiten Grenzen einstellbare mechanische Eigenschaften, gute Verarbeitbarkeit und nicht zuletzt durch sehr gute Wiederverarbeitbarkeit aus. Unterschiedlicher molekularer Aufbau, verschiedene Füll- und Verstärkungsstoffe sowie Additive und an die Anforderungen der Produkte angepasste Aufbereitungs- und Verarbeitungsprozesse ermöglichen es, „Werkstoffe nach Maß" gemäß den Anforderungen ihrer Einsatzbereiche herzustellen. Hieraus ergibt sich eine Fülle von verschiedenen Kunststoffen, die durch moderne Herstellungsverfahren auch zu Produkten aus mehreren Werkstoffen (Bsp. Mehrkomponenten-Spritzgussteile, Multilayer-Folien, Faserverbundwerkstoffe) verarbeitet werden können.

Die zahlreichen Kunststoffsorten und die Verwendung verschiedener Kunststoffe in einem Produkt führen jedoch bei der Sammlung und der Wiederverwertung teilweise zu Problemen. Daher galten die Kunststoffe lange Zeit als nicht oder nur sehr begrenzt recyclingfähig. Inzwischen konnten jedoch Aufbereitungs- und Verarbeitungsprozesse sowohl im werkstofflichen wie auch im rohstofflichen Bereich entwickelt werden, die zahlreiche Möglichkeiten des Kunststoffrecyclings bieten. Sortierverfahren, wie z. B. die Sortierung mittels IR-Spektroskopie oder digitaler Bildverarbeitungsverfahren zum Erkennen von eingefärbten Kunststoffen, ermöglichen eine effiziente und sortenreine Sortierung vieler Abfälle. Neue Verfahren zur Aufbereitung von Abfällen, wie z. B. das Bottle-to-Bottle Recycling von PET Flaschen, ermöglichen es, Rezyklate von hoher Qualität herzustellen, die für hochwertige Produkte eingesetzt werden können.

Werkstoffkreislauf

Die Verwertungswege des *werkstofflichen und rohstofflichen Recyclings* sowie der *energetischen Verwertung* werden für unterschiedliche Kunststoffabfallfraktionen entsprechend ihres Zustandes gewählt. Entscheidend ist dabei der Verschmutzungsgrad, die Vermischung mit anderen Kunststoffen oder auch sonstigen Fremdstoffen und weiterhin der molekulare Aufbau bzw. eine mögliche Vernetzung der Polymermoleküle. Produktions- oder Verarbeitungsabfälle fallen im Allgemeinen sortenrein und weitgehend unverschmutzt an und eignen sich daher vorwiegend für werkstoffliches Recycling. Häufig werden diese Abfälle unmittelbar vom Produktionsbetrieb in den Werkstoffkreislauf zurückgeführt. Beispiele hierfür sind Stanzgitter (Thermoformen), Angüsse (Spritzgießen) oder Randbeschnitte (Folienextrusion), aber auch Fehlchargen von Produkten, die z. B. mit falschen Abmaßen hergestellt wurden. Diese Abfälle können, zum Teil direkt, zum Teil nach einer Zerkleinerung oder Kompaktierung, erneut verarbeitet werden. Man spricht in diesem Fall vom innerbetrieblichen Recycling. Es ermöglicht den Unternehmen, die Rohstoffkosten zu senken, da Produktionsabfälle als Rohstoff verwendet werden, gleichzeitig entfallen die Entsorgungskosten des Abfalls. Handelt es sich bei den Produktionsabfällen um Verbundwerkstoffe, so erfolgt die Aufbereitung zunächst durch ein Aufbereitungsunternehmen.

Wirtschaftlichkeit

Je stärker die Kunststoffabfälle verschmutzt sind oder als Mischfraktionen vorliegen, desto höher wird der Aufwand, der vor einer werkstofflichen Wiederverarbeitung notwendig ist. Technisch gesehen sind hierfür durchaus Prozesse vorhanden, aus wirtschaftlichen Gründen muss jedoch entschieden werden, für welche Abfälle eine werkstoffliche Verwertung noch sinnvoll ist bzw. in welchen Fällen das rohstoffliche Recycling oder die energetische Verwertung vorzuziehen sind.

Aufgrund ihres molekularen Aufbaus bleibt die werkstoffliche Aufbereitung überwiegend den thermoplastischen Kunststoffen vorbehalten, da nur diese wiederaufgeschmolzen werden können. Duroplastische Kunststoffe und Elastomere müssen demgegenüber chemisch gespalten oder energetisch verwertet werden. Nur in Einzelfällen haben sich werkstoffliche Verwertungsprozesse für Duroplaste und Elastomere in Form eines Partikelrecyclings durchgesetzt. Hierzu werden die entsprechenden Kunststoffe gemahlen und in Form kleiner Partikel einem neuen Produkt beigemischt. Dabei können jedoch Veränderungen der Werkstoffeigenschaften eintreten, die im Einzelfall untersucht werden müssen.

8.2 Aufbereitung von Kunststoffabfällen

Vor der eigentlichen Wiederverwertung der Kunststoffabfälle müssen diese in den meisten Fällen einer Aufbereitung unterzogen werden. Selbst für rohstoffliche oder energetische Verwertungsverfahren können die Kunststoffe nicht so eingesetzt werden, wie sie zunächst anfallen. Die notwendige Aufbereitung setzt sich zumeist aus mehreren Schritten, wie z. B. Zerkleinern, Reinigen, Trennen, Trocknen und Agglomerieren zusammen. Welche Schritte dann tatsächlich eingesetzt werden, hängt einerseits vom Zustand der Abfälle und andererseits von den Anforderungen des Verwertungsverfahrens ab.

Sammlung

Am Anfang jeder Aufbereitung steht zunächst die Sammlung der Altkunststoffe. Die Art der Erfassung beeinflusst bereits in großem Maße die erforderliche Aufbereitung und auch die Qualität des später daraus herstellbaren Produkts. Grundsätzlich wird die Sammlung unterteilt in den industriellen und den privaten Bereich, wobei die gewerblichen Kleinverbraucher zum privaten Bereich hinzugezählt werden.

innerbetriebliches Recycling

Im industriellen Bereich fallen die Kunststoffabfälle üblicherweise in großen Mengen in Form von Produktionsabfällen an und können nach einem Zerkleinerungsschritt meist direkt in den Produktionskreislauf zurückgeführt werden. Diese Form des innerbetrieblichen Recyclings wird bereits seit vielen Jahren aus ökonomischen Gründen betrieben.

Hol- und Bringsysteme

Zur Erfassung von Wertstoffen aus Abfällen von Haushalten haben sich verschiedene „Holsysteme" und „Bringsysteme" durchgesetzt. In Deutschland sind dies vor allem die „Wertstofftonne" bzw. der „Wertstoffsack", der „Wertstoffmonocontainer" und teilweise auch der „Recyclinghof". Für Kunststoffe hat der „Gelbe Sack" des Dualen Systems die mit Abstand größte Bedeutung erreicht.

Der Vorteil dieses Systems liegt in der hohen Sammelquote, da der Verbraucher bis auf ggf. das Beschaffen des zusätzlichen Wertstoffsacks keinen unmittelbar sichtbaren Mehraufwand hat. Nachteilig an diesem System ist jedoch, dass die eingesammelten Werkstoffe (Kunststoffe, Metalle, Verbundwerkstoffe usw.) vermischt und stark verschmutzt vorliegen, wodurch der nachgeschaltete Aufbereitungsaufwand entsprechend hoch ausfällt.

Aufbereitung

Nach dem Sammeln folgen die Aufbereitungsschritte Zerkleinern, Reinigen, Trennen, Trocknen und Agglomerieren. Hierfür wurde eine Vielzahl spezieller Verfahren entwickelt, die entsprechend dem Zustand der Abfälle und den Anforderungen des nachfolgenden Verwertungsverfahrens eingesetzt werden müssen. Damit ist es technisch möglich, eine Aufbereitung durchzuführen, die eine einwandfreie Reinigung bis hin zur Entfernung von Farbstoffen und anwendungsspezifischen Additiven und eine vollständige Sortierung beinhaltet. Nicht immer ist dieser Weg aber auch sinnvoll und ökonomisch. Welche Schritte für welche Verwertungsverfahren eingesetzt werden, ist in Tabelle 8.1 dargestellt.

Tabelle 8.1 Die häufigsten Aufbereitungsschritte in Abhängigkeit der Verwertung

Werkstoffe	Aufbereitung
Werkstoffliche Verwertung	▪ Zerkleinern ▪ Reinigen (post-consumer Abfälle) ▪ Trennen (gemischte Abfälle) ▪ Trocknen
Rohstoffliche Verwertung	▪ Zerkleinern ▪ Agglomerieren

Agglomerieren

Die Aufbereitungsschritte Zerkleinern, Reinigen, Trennen und Trocknen sind weitgehend selbsterklärend, so dass auf die Verfahrenstechnik an dieser Stelle nicht weiter eingegangen werden soll. Unter Agglomerieren versteht man das Zusammenfügen von Partikeln unter Druck und Temperatureinwirkung. Das Material wird dabei meistens durch starke Friktion nur angeschmolzen, so dass Haftung eintritt, es wird jedoch nicht vollständig aufgeschmolzen. Damit können die Schüttguteigenschaften, (insbesondere durch Erhöhung der Schüttgutdichte) und die Rieselfähigkeit verbessert werden.

8.3 Werkstoffliche Verwertung von Kunststoffabfällen

Unter werkstofflichem Recycling versteht man die Wiederverarbeitung von Kunststoffabfällen zu neuen Produkten, ohne dass die Molekülstruktur der Polymermoleküle wesentlich verändert wird. In der Regel geschieht dieser Vorgang durch Umschmelzen der Kunststoffe. Damit ist gleichzeitig vorgegeben, dass dieser Weg fast ausschließlich für thermoplastische Kunststoffe gewählt werden kann.

Direktverarbeitung
Regranulierung

Nach der Aufbereitung erfolgt einerseits entweder eine Direktverarbeitung zu neuen Produkten, z.B. durch die Verarbeitungsprozesse Extrusion, Spritzgießen, Blasformen usw., wobei die aufbereiteten Werkstoffe häufig mit Neuware abgemischt werden. Dadurch wird ein eventuell vorhandener negativer Einfluss auf die Produktqualität reduziert. Andererseits kann eine Regranulierung zwischen Aufbereitung und Verarbeitung geschaltet werden. Damit ist es möglich, gezielt Einfluss auf die Werkstoffeigenschaften der Rezyclate zu nehmen. Dies kann erfolgen durch Beimischung von Additiven, Verstärkungs- oder Füllstoffen, durch reaktive Extrusion oder durch Entgasung. Man erhält am Ende ein Rezyclat, das in seiner Erscheinung dem Granulat von Neuware sehr nahe kommt. Sind die aufbereiteten Chargen groß genug, so werden die Werkstoffeigenschaften und die Qualität von den Aufbereitungsunternehmen zunehmend dokumentiert und garantiert.

Qualitätsveränderung

Dennoch sollte nicht übersehen werden, dass mit dem werkstofflichen Recycling zumeist eine Qualitätsveränderung und häufig eine Qualitätsverschlechterung verbunden ist. Dies ist darauf zurückzuführen, dass sich der molekulare Aufbau zumindest geringfügig bei jeder Verarbeitung und teilweise auch im Gebrauch ändert. Bei der Verarbeitung kann anwesender Sauerstoff zu Oxidation führen, Temperatureinfluss führt zu thermisch induziertem Kettenabbau oder die Anwesenheit von Feuchtigkeit zur hydrolytischen Kettenspaltung. Auch während des Gebrauchs kann durch Oxidation, durch in die Kunststoffe eindiffundierende Substanzen oder durch die Bestrahlung mit UV-Licht auf unterschiedliche Art und Weise eine Kettenspaltung induziert werden. Außerdem sind die gebrauchten Kunststoffe auch nach ihrer Aufbereitung zumindest noch geringfügig mit anderen Polymeren vermischt oder verschmutzt.

Anforderungen

Welche Eigenschaften sich verschlechtern und welche bei einer Wiederverarbeitung konstant bleiben, kann nicht pauschal vorausgesagt werden. Daher ist es wichtig, vor der Herstellung von Produkten aus Rezyclat zu überprüfen, welche Anforderungen an den Werkstoff gestellt werden und welche Anforderungen das Rezyclat erfüllt. Eine Erhöhung des Schmelzfließindexes (MFI), ausgelöst durch Molekulargewichtsabbau bei mehrfach extrudiertem PE, wird in Bild 8.3 gezeigt. Bild 8.4 demonstriert dagegen, dass sich die Streckspannung von Polycarbonat (PC) bei unterschiedlicher Abzugsgeschwindigkeit und Umgebungstemperatur beim Zugversuch auch nach mehrfacher Verarbeitung praktisch nicht verändert.

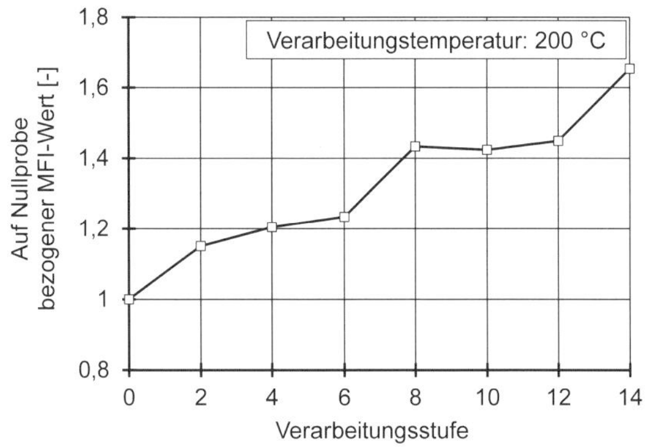

Bild 8.3 Fließverhalten einer PE-LD Schmelze nach mehrfacher Verarbeitung

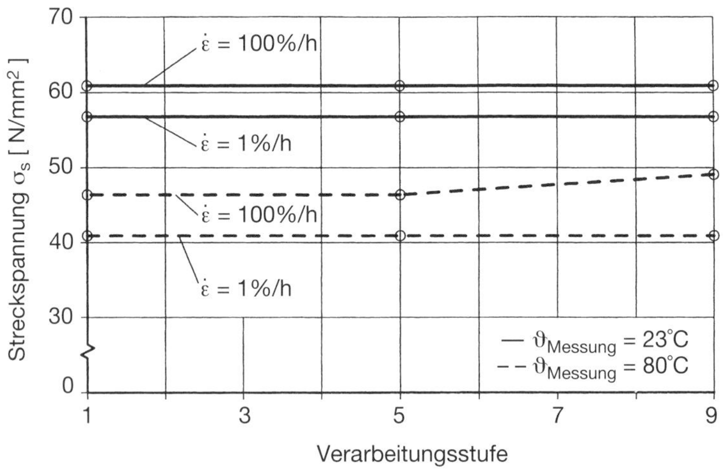

Bild 8.4 Streckspannung von PC nach mehrfacher Verarbeitung

Verträglichkeit

Bei der Vermischung von Kunststoffen besteht das Problem, dass die meisten Kunststoffe nicht miteinander verträglich sind. Dies hat zur Folge, dass sie sich nicht ohne weiteres miteinander vermischen lassen. Aufgrund ihres unterschiedlichen molekularen Aufbaus bilden sich zwei voneinander getrennte Phasen aus, d.h. eine der beiden Mischungskomponenten liegt tröpfchenartig in der anderen Komponente vor. In Tabelle 8.2 ist eine Matrix dargestellt, die Auskunft über die Mischbarkeit verschiedener Polymere gibt. Allerdings kann durch Verträglichkeitsverbesserer (Compatibilizer) teilweise Abhilfe geschaffen werden.

Tabelle 8.2 Verträglichkeit verschiedener Thermoplaste

	PS	SAN	ABS	PA	PC	PMMA	PVC	PP	PE-LD	PE-HD	PET
PS	1										
SAN	6	1									
ABS	6	1	1								
PA	5	6	6	1							
PC	6	2	2	6	1						
PMMA	4	1	1	6	1	1					
PVC	6	2	3	6	5	1	1				
PP	6	6	6	6	6	6	6	1			
PE-LD	6	6	6	6	6	6	6	6	1		
PE-HD	6	6	6	6	6	6	6	6	1	1	
PET	5	6	5	5	1	6	6	6	6	6	1

1 = gut mischbar, 6 = schlecht mischbar

Verarbeitungstemperatur

Ein weiteres Problem der gemeinsamen Verarbeitung unterschiedlicher Kunststoffe ist deren oft sehr unterschiedliche Verarbeitungstemperatur, die in Bild 8.5 für einige Kunststoffe dargestellt ist. So lässt sich PE-LD schon bei 160 °C aufschmelzen und verfügt gleichzeitig über ein sehr breites Temperaturfenster, während beispielsweise Polyamid erst oberhalb von 240 °C verarbeitet werden kann.

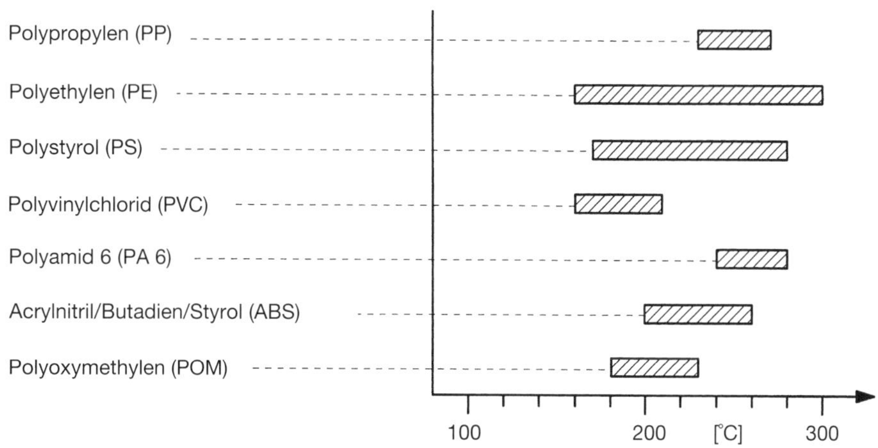

Bild 8.5 Verarbeitungstemperaturen thermoplastischer Kunststoffe in der Extrusion

Verschmutzungen

Auch im Material vorhandene Verschmutzungen führen teilweise noch zu Problemen. Verschmutzungen können in Form anorganischer Partikel (z. B. Aluminium oder Sand) oder organischer Verschmutzungen (z. B. Fett, Wasser, Füllgut oder Papier) vorliegen, die durch die Aufbereitung nicht entfernt worden sind. Dadurch kommt es zu Markierungen, Fehlstellen, Unverträglichkeiten oder zu Wechselwirkungen mit den Polymermolekülen, die dann zu einer Qualitätsverschlechterung führen.

Aufgrund dieser angesprochenen Probleme beim werkstofflichen Recycling sind eine Reihe von Möglichkeiten entwickelt worden, die bei der Regranulierung der Abfälle oder direkt bei der Wiederverarbeitung zu einem neuen Produkt eingesetzt werden können, um die Werkstoffqualität zu verbessern:

- Verwendung von Stabilisatoren,
- Verwendung von Compatibilizern,
- Einarbeitung von Füll- und Verstärkungsstoffen,
- Entfernung von festen Schmutzpartikeln durch Schmelzefiltration,
- Entfernung von flüchtigen Bestandteilen durch Schmelzeentgasung.

8.4 Rohstoffliche Verwertung

chemische Sekundärrohstoffe

Die rohstoffliche Verwertung kann eingesetzt werden, wenn durch werkstoffliche Verfahren keine ausreichende Qualität mehr erzielt werden kann. Dies ist insbesondere für gemischte und stark verschmutzte Abfälle der Fall oder für Kunststoffe, die sich aufgrund von Vernetzungen nicht mehr wieder aufschmelzen lassen. Ziel ist es jeweils, die Altkunststoffe als Rohstoffquelle zur Herstellung von chemischen Sekundärrohstoffen zu nutzen. Diese können dann zur Herstellung neuer Kunststoffe oder für andere chemische Prozesse eingesetzt werden.

solvolytische Verfahren, Polykondensate

Für eine Reihe von bestimmten Kunststoffen ist durch chemische Reaktionen eine Aufspaltung der Polymere zu ihren jeweiligen Monomeren möglich, die dann nach einem Reinigungsschritt wieder zur Polymerisation neuer Kunststoffe genutzt werden können. Diese Verfahren werden unter dem Sammelbegriff der solvolytischen Verfahren zusammengefasst. Hierfür eignen sich vor allem die Polykondensate. Bei der Polykondensation handelt es sich um eine Gleichgewichtsreaktion, bei der niedermolekulare Substanzen, z.B. Wasser oder Glykol, abgespalten werden. Durch Veränderung der Reaktionsbedingungen und unter gleichzeitiger Zugabe der entsprechenden Substanz kann daher das Gleichgewicht vom Polymeren in Richtung des Monomeren verschoben werden. Die Reaktion verläuft dann umgekehrt zur Polykondensation und das Monomer kann zurückgewonnen werden.

Derartige rohstoffliche Verwertungsverfahren werden nach der jeweiligen zugegebenen Substanz benannt. Somit steht die Alkoholyse für Verfahren, bei denen Polymere durch Zugabe von Alkoholen gespalten werden, insbesondere Methanolyse für die Zugabe von Methanol und Glykolyse für die Zugabe von Glykol. Ein weiteres wichtiges Verfahren ist die Hydrolyse, bei der die Aufspaltung durch Zugabe von Wasser unter den entsprechenden Reaktionsbedingungen funktioniert. In Tabelle 8.3 sind den Polymeren die jeweiligen Verfahren zugeordnet, die in der Praxis Bedeutung erlangt haben.

Tabelle 8.3 Rohstoffliche Verwertungsverfahren für spezielle Polymere

Polymer	Verfahren	Produkte
Polyethylenterephthalat (PET)	Glykolyse	Bishydroxyethylterephthalat (BHET) und Oligomere
	Methanolyse	Dimethylterephthalat (DMT) und Ethylenglykol (EG)
	Hydrolyse	Terephthalsäure (TS)
Polyamid 6 (PA 6)	Thermolyse	Oligomere
	Hydrolyse	ε-Caprolactam und Oligomere
Polyoxymethylen (POM)	Acidolyse	Formaldehyd und Trioxan
Polyurethan (PUR)	Hydrolyse	Polyol und Amine
	Glykolyse	Polyol
Polymethylmethacrylat (PMMA)	thermische Depolymerisation	Methylmethacrylat (MMA)

Ferner existieren Verfahren, die ausschließlich durch Zuführung von thermischer Energie eine Rückführung vom Polymeren zum Monomeren ermöglichen. In diesem Fall spricht man von thermischer Depolymerisation oder von der Thermolyse.

Einige rohstoffliche Verwertungsverfahren wurden aus der petrochemischen Industrie übernommen. Es handelt sich dabei um Prozesse, die schon seit langem beispielsweise zur Kohlevergasung oder zum Cracken von Erdöl eingesetzt werden. Daher besteht Erfahrung mit diesen Verfahren, die jedoch für die Verarbeitung von Kunststoffen modifiziert werden müssen. Zu dieser Gruppe zählen die Pyrolyse und die Hydrierung von Kunststoffabfällen, die jeweils unter Sauerstoffausschluss funktionieren. Ebenso wird die Vergasung eingesetzt, wobei es sich hierbei um eine partielle Oxidation handelt.

Pyrolyse

Die Pyrolyse entspricht einer thermischen Zersetzung von Polymeren unter Ausschluss von Sauerstoff. Damit können niedermolekulare Öle und Gase gewonnen werden. Zurück bleibt ein Pyrolyserückstand, der in der Regel auch die aufkonzentrierten Schadstoffe enthält, die z. B. von metallhaltigen Stabilisatoren oder von Heteroatomen stammen. Als Reaktoren werden vor allem Drehrohröfen oder Wirbelschichtreaktoren eingesetzt.

Hydrierung

Werden die bei der thermischen Zersetzung entstehenden radikalischen Kettenenden unter Wasserstoffüberschuss abgesättigt, so kann eine Rekombination der Radikale und damit ein beschleunigter Abbau erzielt werden. Diese Vorgehensweise wird mit Hydrierung bezeichnet. Ferner können auf diese Weise Heteroatome von den Polymeren abgespalten und durch Wasserstoff ersetzt werden. Die exakte Zusammensetzung der Produkte hängt vom Einsatzmaterial ab, prinzipiell werden jedoch auch hier Gase, Öle und ein fester Hydrierrückstand gebildet. Bei gemischten Kunststoffen aus dem Dualen System Deutschland (DSD) überwiegt die flüssige Komponente (80 %), die sich hervorragend für den Einsatz in einer Raffinerie und damit zur Weiterverarbeitung zu Treibstoff eignet.

Vergasung

Die Vergasung von Kunststoffabfällen kann in Gemischen zusammen mit Braunkohle durchgeführt werden. Die Zuführung der benötigten Energie erfolgt durch eine Teilverbrennung des Einsatzmaterials. Als Produkte fallen Synthesegas, also H_2 und CO, an. Diese Gase werden zur Synthese von Methanol eingesetzt.

Hochofen

Ein weiteres Verfahren, das sich im großtechnischen Einsatz bewährt hat, ist die Reduktion von Eisenerz im Hochofen. Durch die Verwendung von Kunststoffabfällen kann das ansonsten dazu eingesetzte Schweröl teilweise ersetzt werden. Auch hier erfolgt zunächst die Aufspaltung zu Synthesegas, das dann durch weitere Oxidation zu H_2O und CO_2 reagiert. Die gleichzeitig dabei freigesetzte Energie dient zur Erwärmung des Hochofens.

Welches rohstoffliche Verfahren sich eignet, hängt also in starkem Maße von dem aufzubereitenden Kunststoffabfall ab. Für alle Verfahren gilt jedoch, dass sie nur in einem Verbund von weiteren Verfahren, die zur Weiterverarbeitung der Produkte zur Verfügung stehen, sinnvoll eingesetzt werden können. Damit können sie nur von Rohstoffherstellern, die die Produkte zur Synthese neuer Kunststoffe einsetzen, oder von der petrochemischen Industrie betrieben werden. Ein Beispiel ist das rohstoffliche Recycling von teuren Fluorpolymeren durch Pyrolyse. Hierbei werden Abfälle aus Fluorpolymeren, wie z. B. Polytetrafluorethylen (PTFE, „Teflon"), Perfluoralkoxy-Polymeren (PFA) oder Tetrafluorethylen-Perfluorpropylen (FEP) durch Pyrolyse in ihre gasförmigen Monomere ersetzt. Diese werden schließlich gereinigt und für die Herstellung neuer Polymere eingesetzt. So lassen sich sowohl Kosten für die Beschaffung der teuren Monomere als auch Energiekosten bei der Herstellung der Polymere einsparen. Insgesamt spielt das rohstoffliche Recycling mit einem Mengenanteil von 1 % der Post-Consumer-Abfälle aus Kunststoff (Deutschland, 2013) eine allerdings deutlich geringere Rolle als das werkstoffliche Recycling (32 %) oder die energetische Verwertung (66 %).

8.5 Energetische Verwertung

Wirtschaftlichkeit

Aufgrund der technischen Entwicklungen der letzten Jahre ist es heute praktisch für alle Kunststoffabfälle möglich, diese einer werkstofflichen oder rohstofflichen Verwertung zuzuführen. Dennoch ist dies unter wirtschaftlichen und ökologischen Gesichtspunkten nicht immer sinnvoll. Aufwendiges Reinigen, Sortieren, Trennen und Aufbereiten von Abfällen kann dazu führen, dass die Kosten des Recyclings die Preise für Kunststoff-Neuware überschreiten oder die eingesetzte Energiemenge zur Rezyklierung der Abfälle höher ist als bei der Herstellung der Kunststoffe. Daher wird Kunststoffabfall im zugelassenen gesetzlichen Rahmen auch energetisch verwertet. Zur energetischen Verwertung gehört der Einsatz von Kunststoffen in Müllverbrennungsanlagen (MVA) mit dem Ziel der Energiegewinnung (Elektrizität, Wärme) oder der Einsatz von Abfällen als Ersatzbrennstoff (EBS), zum Beispiel in Zementwerken zur Substitution von fossilen Brennstoffen. In 2013 wurden in Deutschland 66 % der gesammelten Post-Consumer-Abfälle aus Kunststoff energetisch verwertet, womit diese Form der Verwertung den deutlich größten Anteil ausmacht.

8.6 Abschließende Bemerkungen

Aus der bisherigen Entwicklung ist ersichtlich, dass Kunststoffe zu den Werkstoffen gehören, die mit Sicherheit über die vielfältigsten Recyclingmethoden verfügen. Nachdem technisch heute eine Vielzahl ausgezeichneter Verfahren zur Verfügung steht, wird vor allem die Wirtschaftlichkeit der Verwertungsverfahren weiter in den Fokus rücken. Verfahren, die gegenüber der Verwendung von Kunststoffneuware keinen ökonomischen Vorteil bieten, werden sich langfristig nicht behaupten können, sofern sie nicht subventioniert werden bzw. gesetzlich vorgeschrieben sind Aber auch die Entwicklung von neuen Produktionsverfahren kann dazu beitragen, vermehrt Rezyklate einzusetzen, die bisher noch nicht für die Herstellung neuer Produkte verwendet wurden.

Die Weiterentwicklung des Kunststoffrecyclings wird daher auch in Zukunft stark von gesellschaftlichen und ökonomischen Randbedingungen beeinflusst werden, wobei sich insbesondere Entwicklungen in der Europäischen Union auf die Situation in Deutschland auswirken werden.

Literatur zu Abschnitt 8.1

Menges, G., Michaeli, W. und *Bittner, M.*: Recycling von Kunststoffen, Carl Hanser Verlag, München, 1992

N. N.: Kreislaufwirtschafts- und Abfallgesetz, in Kraft getreten am 8.10.1996, BGBl I S. 2705, Neufassung vom 24.2.2012, BGBl I S. 212

N. N.: Verordnung über die Vermeidung und Verwertung von Verpackungsabfällen, in Kraft getreten am 1.6.1995, BGBl 1992/645 u. BGBl 1995/334, Neufassung vom 21.8.1998, BGBl I S. 2379

N. N.: Verordnung über die Überlassung, Rücknahme und umweltverträgliche Entsorgung von Altfahrzeugen, in Kraft getreten am 4.7.1997, BGBl I S. 1666, Neufassung vom 21.6.2002, BGBl I S. 2214

N. N.: Produktion, Verarbeitung und Verwertung von Kunststoffen in Deutschland 2013, Consulting Marketing und Industrieberatung GmbH, Alzenau, 2014

N. N.: Nachhaltigkeitsbericht, IK Industrievereinigung Kunststoffverpackungen e. V., Bad Homburg, 2014

Literatur zu Abschnitt 8.2

Langen, M. u. a.: KAKTUS: A new plant design for processing of plastic packaging waste – experiences of pilot scale Operation, Proceedings of the XX International Mineral Processing Congress (IMPC), Aachen, 1997

Martens, H.: Recyclingtechnik: Fachbuch für Lehre und Praxis, Spektrum Akademischer Verlag, Heidelberg, 2011

Michaeli, W., *Bittner, M.* und *Wolters, L.*: Stoffliches Kunststoff-Recycling, Carl Hanser Verlag, München, 1993

Schultz, T.: Einfluß von Stoffparametern auf die elektrostatische Trennung von Kunststoffen, Kolloquium der Forschergruppe MARECK, Aachen, 4. Februar 1997

Wolters, L. und *van Marwick, J.*: Kunststoff-Recycling, Grundlagen, Verfahren, Praxisbeispiele, Carl Hanser Verlag, München, 1997

■ Literatur zu Abschnitt 8.3

Albert, D. und *Schnell, H.*: Ohne Wenn und Aber – Bottle-to-Bottle-Recycling mit dem Ohl-Prozess, Kunststoffe (93) 1, 2013, S. 24-28

Lemmens, J.: Verträglichmacher für Kunststoffe, aus: Die Wiederverwertung von Kunststoffen, Hrsg. *Brandrup, Bittner, Michaeli, Menges*, Carl Hanser Verlag, München, 1995

Nickel, W.: Recycling Handbuch: Strategien – Technologie – Produkte, VDI-Verlag, Düsseldorf, 1996

Pfaendner, R.: Perspektiven zum werkstofflichen Kunststoffrecycling – Mit Additiven die Marktchancen von Recyclaten verbessern, Kolloquium der Forschergruppe MARECK, Aachen, 4. Februar 1997

Wolters, L. und *van Marwick, J.*: Kunststoff-Recycling, Grundlagen, Verfahren, Praxisbeispiele, Carl Hanser Verlag, München, Wien, 1997

■ Literatur zu Abschnitt 8.4

Hecka, C. und *Niemann, K.*: Die hydrierende Aufarbeitung von Kunststoffen, aus: Verwertung von Kunststoffabfällen, VDI Berichte 1288, VDI-Gesellschaft Energietechnik, VDI-Verlag, Düsseldorf 1996

Lackner, V.: Thermische Aufbereitung von Kunststoffen im Extrusionsprozeß für rohstoffliche Verwertungsverfahren, Dissertation an der RWTH Aachen, 1996

Kopietz, M. und *Seeliger, U.*: Depolymerisation von Polyamiden, aus: Die Wiederverwertung von Kunststoffen, Hrsg.: *Brandrup, Bittner, Michaeli, Menges*, Carl Hanser Verlag, München, 1995

Weiss, W. und *Janz, J.*: Kunststoff Verwertung im Hochofen – Ein Beitrag zum ökologischen und ökonomischen Recycling von Altkunststoffen, aus: Verwertung von Kunststoffabfällen, VDI Berichte 1288, VDI-Gesellschaft Energietechnik, VDI-Verlag, Düsseldorf, 1996

Woidasky, J.: Kreislaufwirtschaft und Recycling, aus: Kunststoffe: Eigenschaften und Anwendungen, Hrsg.: *Domininghaus, H.*, Springer Verlag, Heidelberg, 2005

N. N.: Die weltweit erste Fluorpolymer Up-Cycling Anlage geht in Betrieb, 3M Pressemitteilung, 26.3.2015

Literatur zu Abschnitt 8.5

Dirks, E.: Thermische Verwertung von Kunststoffabfällen in Abfallverbrennungsanlagen, aus: Die Wiederverwertung von Kunststoffen, Hrsg. *Brandrup, Bittner, Michaeli, Menges*, Carl Hanser Verlag, München, Wien, 1995

Hecka, C. und *Niemann, K.*: Die hydrierende Aufarbeitung von Kunststoffen, aus: Verwertung von Kunststoffabfällen, VDI Berichte 1288, VDI-Gesellschaft Energietechnik, VDI-Verlag, Düsseldorf, 1996

Mark, F.: Thermische Verwertung von Altkunststoffen: Überblick über APME-Programm, aus: Verwertung von Kunststoffabfällen, VDI Berichte 1288, VDI-Gesellschaft Energietechnik, VDI-Verlag, Düsseldorf, 1996

Woidasky, J.: Kreislaufwirtschaft und Recycling, aus: Kunststoffe: Eigenschaften und Anwendungen, Hrsg.: *Domininghaus, H.*, Springer Verlag, Heidelberg, 2005

Index

C

D

E

F

T

U

V

W

Z